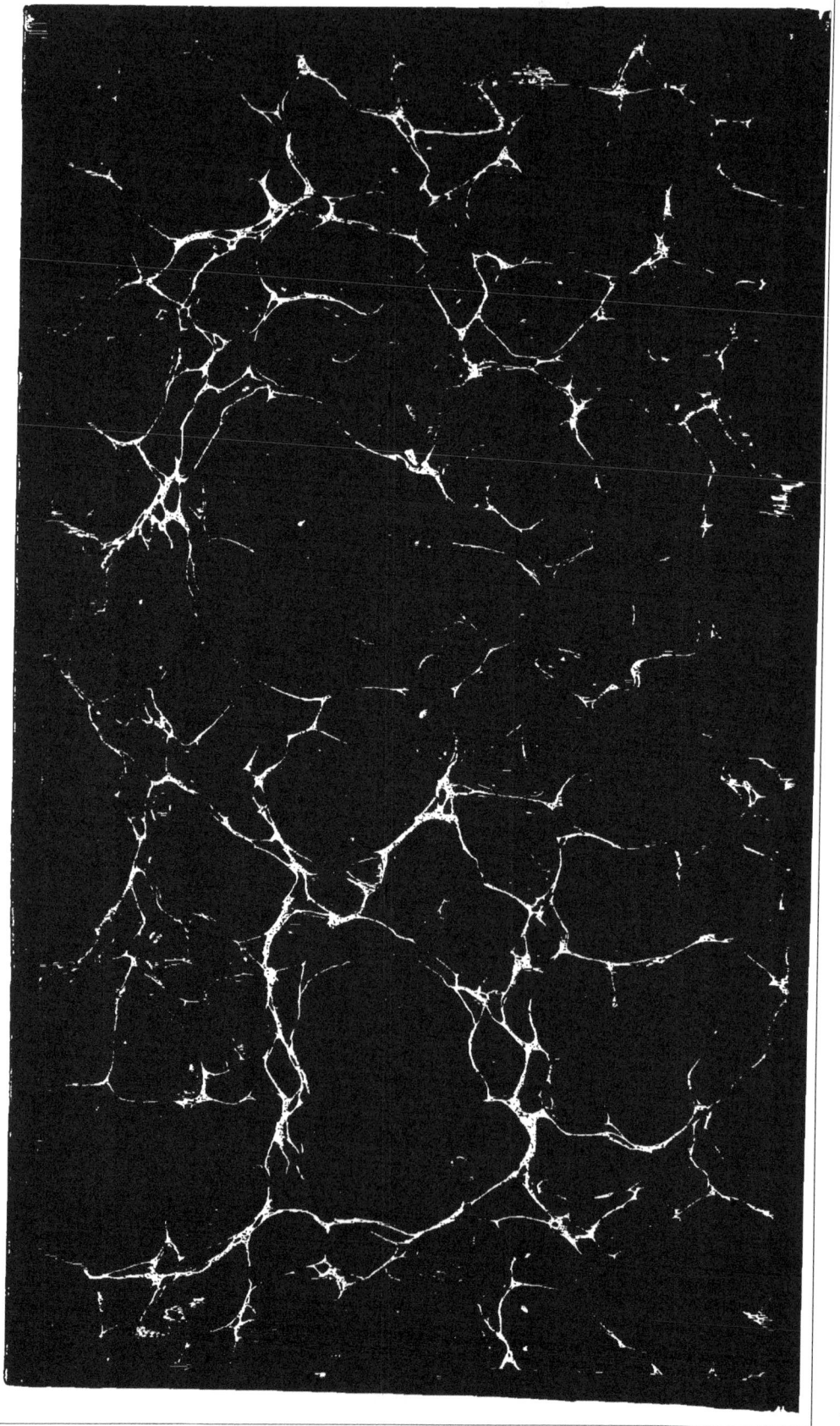

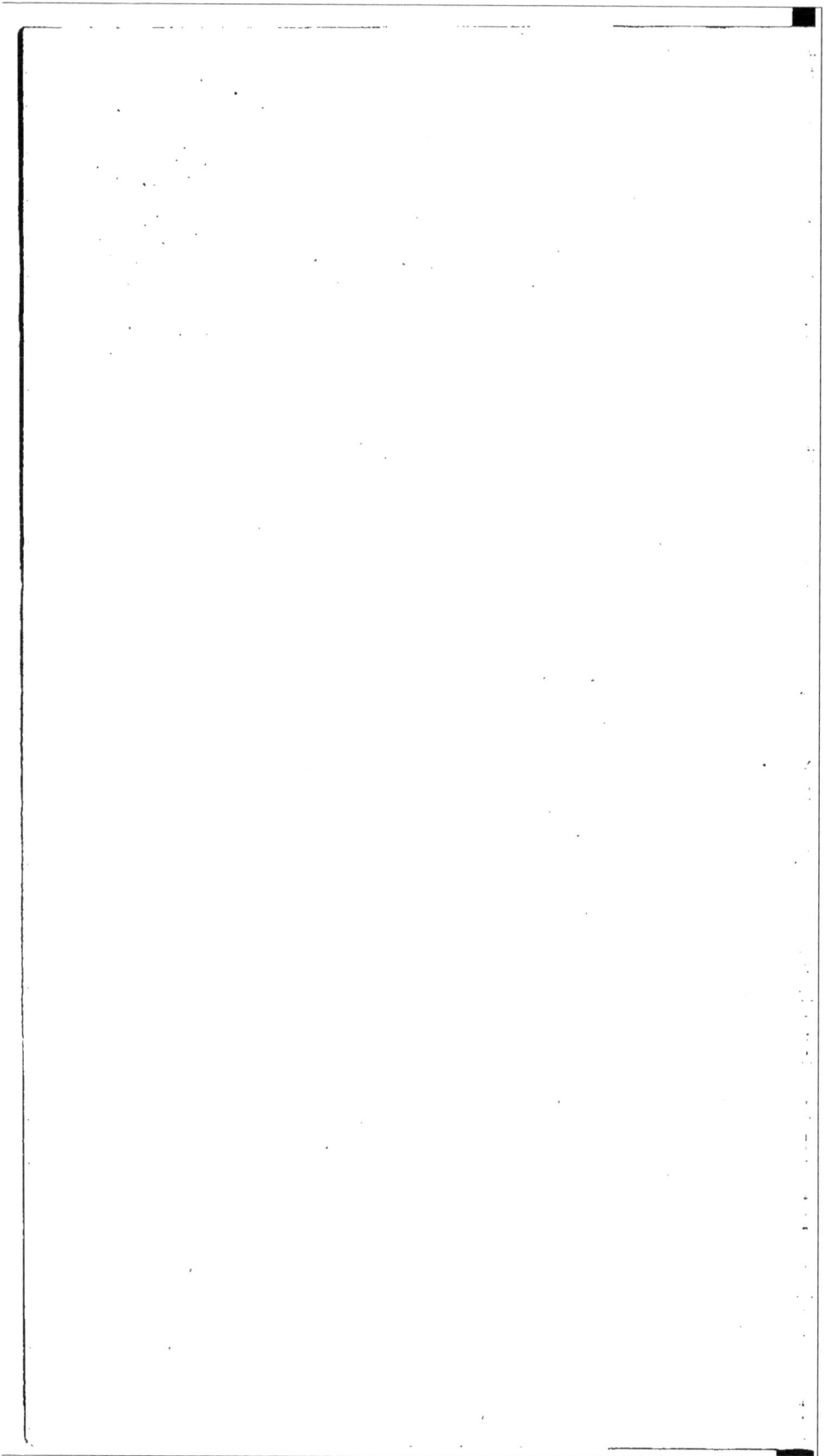

# TRAITÉ

DE

# MÉCANIQUE RATIONNELLE

2687-7. — CORBEIL. Typ. et stér. de CRÉTÉ.

# TRAITÉ

DE

# MÉCANIQUE RATIONNELLE

PAR

## M. CH. DELAUNAY

MEMBRE DE L'INSTITUT ET DU BUREAU DES LONGITUDES

INGÉNIEUR EN CHEF DES MINES

PROFESSEUR A L'ÉCOLE POLYTECHNIQUE ET A LA FACULTÉ DES SCIENCES DE PARIS

SIXIÈME ÉDITION

# PARIS

GARNIER FRÈRES
Rue des Saints-Pères. 6

G. MASSON
Boulev. St-Germain, en face de l'École de Médecine

M DCCC LXXVIII

Les éditeurs se réservent le droit de traduction

Q

# TRAITÉ

DE

# MÉCANIQUE RATIONNELLE

§ 1. La Mécanique est la science des forces et du mouvement.

Un corps est dit *en mouvement*, lorsqu'il occupe successivement différentes positions dans l'espace. Il est *en repos*, lorsque, au contraire, il conserve la position qu'il avait d'abord.

Un corps qui est en repos ne tend pas de lui-même à sortir de cet état pour passer à l'état de mouvement ; une fois en mouvement, il continue de lui-même à se mouvoir suivant certaines lois. Toutes les fois qu'un corps passe de l'état de repos à l'état de mouvement, ou bien que ce corps, une fois en mouvement, se meut suivant des lois différentes de celles dont nous venons de parler, c'est qu'il est soumis à l'action de quelque cause qui détermine ces changements dans son état de repos ou de mouvement. Cette cause, quelle qu'elle soit, on la nomme *force*. Une force est donc une cause quelconque de mouvement ou de modification de mouvement.

§ 2. On peut étudier le mouvement d'un corps sans s'occuper en aucune manière des forces auxquelles sont dues les diverses modifications de ce mouvement. Cette étude du mouvement en lui-même constitue une branche de la Mécanique, à laquelle on a donné le nom de *Cinématique* (du mot grec Κίνημα, qui signifie mouvement). Il est clair que, dans une pareille étude du mouvement des corps, on peut faire abstraction de la matière dont ils sont formés, de manière à les réduire à des corps purement géométriques.

On considère déjà des mouvements en Géométrie : en faisant mouvoir des lignes données, suivant certaines conditions, on engendre des surfaces. Mais on ne s'occupe que des diverses positions que prennent successivement les lignes mobiles, sans s'inquiéter du temps qu'elles ont pu employer pour aller de l'une à l'autre. Dans la Cinématique, l'idée de temps se joint à celle des déplacements que prennent les corps ou les figures que l'on considère.

Lorsque, aux idées de déplacement et de temps, on joint l'idée de force, on entre dans une autre branche de la Mécanique, à laquelle nous attribuerons le nom de *Dynamique* (du mot grec Δύναμις, qui signifie force). Alors il n'est plus permis de faire abstraction de la matière dont les corps sont formés ; la quantité plus ou moins grande de matière, qui constitue un corps tout entier ou bien les diverses parties dans lesquelles on le divise par la pensée, doit nécessairement entrer en considération dans l'étude du mouvement que prend ce corps sous l'action de certaines forces.

Ainsi, la Mécanique se divise naturellement en deux branches, savoir : la Cinématique et la Dynamique. La Dynamique ayant un développement beaucoup plus grand que la Cinématique, nous la diviserons elle-même en trois parties. L'ensemble des théories que nous allons exposer sera donc réparti entre quatre livres, de la manière suivante :

LIVRE I. — Cinématique.

LIVRE II. — Dynamique, 1re partie. — De l'équilibre et du mouvement d'un point matériel.

LIVRE III. — Dynamique, 2e partie. — De l'équilibre des systèmes matériels.

LIVRE IV. — Dynamique, 3e partie. — Du mouvement des systèmes matériels.

# LIVRE PREMIER

# CINÉMATIQUE

## CHAPITRE PREMIER

MOUVEMENT D'UN POINT.

§ 3. **Trajectoire.** — La suite des positions par lesquelles passe successivement un point mobile, forme une ligne droite ou courbe, que l'on nomme sa *trajectoire*. Le point décrit cette ligne d'une manière continue ; c'est-à-dire qu'il ne peut pas aller d'une position à une autre sans passer par toutes les positions intermédiaires que l'on peut imaginer sur sa trajectoire.

Le mouvement d'un point est dit *rectiligne* ou *curviligne*, suivant que sa trajectoire est une ligne droite ou une ligne courbe.

§ 4. **Équation du mouvement sur la trajectoire.** — Pour que le mouvement d'un point soit complétement connu, il faut que l'on connaisse, non-seulement sa trajectoire, mais encore la loi suivant laquelle il en parcourt les diverses parties ; il faut que l'on sache quel temps il emploie à passer d'une quelconque des positions qu'il occupe successivement à une autre de ces positions.

Soient AB, *fig.* 1, la trajectoire d'un point mobile, O un point fixe pris sur cette trajectoire, et M la position du point mobile à la fin du temps $t$. Désignons par $s$ la distance OM comptée

Fig. 1.

sur la trajectoire, distance qui sera positive ou négative, suivant que le point M se trouvera d'un côté ou de l'autre du point fixe O. Le mouvement du point mobile sera connu, si, à la connaissance de la trajectoire AB, on joint celle de la relation

$$s = f(t)$$

qui existe entre la distance $s$ et le temps $t$. A l'aide de cette relation, qu'on nomme l'*équation du mouvement sur la trajectoire*, on peut déterminer toutes les circonstances que présente le mouvement.

§ 5. **Représentation graphique de la loi du mouvement.** — Convenons de représenter un temps quelconque par une ligne dont la longueur soit proportionnelle à ce temps; et pour cela adoptons arbitrairement une certaine ligne pour représenter l'unité de temps. Si nous regardons la ligne qui représente le temps $t$, et la valeur correspondante de la distance $s$, comme étant l'abscisse et l'ordonnée d'un point rapportées à un système d'axes coordonnés rectangulaires OT, OS, *fig.* 2, les divers systè-

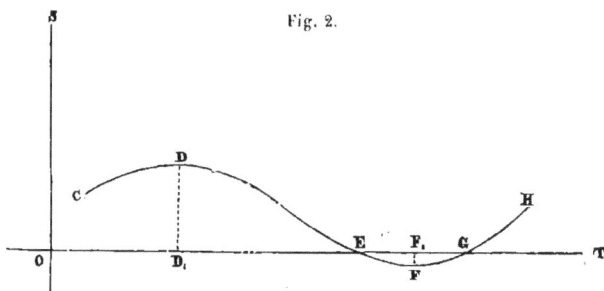

Fig. 2.

mes de valeurs des variables $s$ et $t$ fourniront, sur le plan SOT, une série de points formant une ligne telle que CDEFGH. Cette ligne, dont l'équation n'est autre chose que l'équation du mouvement

$$s = f(t).$$

permet de saisir d'un coup d'œil les diverses particularités que présente successivement le mouvement dont on s'occupe.

C'est ainsi que, d'après la forme qui a été donnée à la ligne dont il s'agit, sur la *fig.* 2, on voit que le point mobile s'éloigne d'abord de plus en plus du point fixe à partir duquel on compte la distance $s$, jusqu'à ce que le temps $t$ ait pris la valeur qui correspond à l'abscisse $OD_1$ du point D : alors la distance du mobile au point fixe est égale à l'ordonnée du point D. A partir de cet instant, le mouvement change de sens ; le point mobile revient vers le point fixe, et finit par l'atteindre, lorsque le temps $t$ prend la valeur correspondant à l'abscisse OE. Alors, la courbe s'abaissant au-dessous de l'axe OT, $s$ prend des valeurs négatives ; c'est-à-dire que le point mobile, après avoir atteint le point fixe, le dépasse en continuant à se mouvoir dans le même sens. Lorsque le temps $t$ acquiert la valeur qui correspond à l'abscisse OF, du point F, le point mobile cesse de s'éloigner du point fixe, le sens de son mouvement change de nouveau ; il se rapproche de ce point fixe, l'atteint lorsque le temps $t$ devient égal à l'abscisse $OG_1$, puis le dépasse et revient ainsi se placer du côté où il se trouvait d'abord.

Il est clair que, dans la construction de la courbe destinée à la représentation de la loi d'un mouvement, il n'est pas nécessaire de prendre les diverses ordonnées précisément égales aux distances $s$ du point mobile au point fixe : on peut réduire ces distances dans un rapport quelconque, pris arbitrairement, c'est-à-dire adopter une ligne quelconque pour représenter l'unité de longueur avec laquelle les distances $s$ sont évaluées. Les abscisses et les ordonnées se trouvent ainsi construites à des échelles que l'on choisit à volonté ; en sorte que l'on peut donner à la figure totale telles dimensions qu'on veut dans les deux sens.

Il faut bien se garder de confondre la ligne que nous venons de définir, et qui sert à représenter la loi du mouvement d'un point, avec la ligne que ce point décrit dans l'espace, et que nous nommons sa trajectoire.

§ 6. **Mouvement uniforme, vitesse.** — Le mouvement d'un

point est dit *uniforme*, lorsque ce point parcourt sur sa trajectoire des espaces égaux en temps égaux, quels que soient ces
temps; ou, en d'autres termes, lorsque les espaces qu'il parcourt dans des temps quelconques sont proportionnels aux
temps employés à les parcourir. Il résulte de cette définition
que l'équation du mouvement uniforme est

$$s = a + bt.$$

$a$ est la distance du point mobile au point fixe, à l'instant à partir duquel on compte le temps $t$. Le coefficient $b$ est positif ou
négatif, suivant que la distance $s$ augmente ou diminue avec le
temps, c'est-à-dire suivant que le mouvement a lieu dans le
sens des $s$ positifs, ou en sens contraire.

Les mouvements uniformes se distinguent les uns des autres
par le degré plus ou moins grand de rapidité ou de lenteur de
chacun d'eux. Il est naturel de prendre pour mesure de ce degré de rapidité ou de lenteur, le chemin que parcourt le point
mobile pendant l'unité de temps : c'est ce qu'on nomme la
*vitesse* du mobile.

D'après la forme que nous venons d'assigner à l'équation du
mouvement uniforme, il est clair que la valeur absolue du coefficient $b$ n'est autre chose que la quantité dont la distance $s$ varie
pendant l'unité de temps; c'est-à-dire que cette valeur absolue
de $b$ est précisément la vitesse du mobile. D'ailleurs, en attribuant à la vitesse le sens dans lequel s'effectue le mouvement,
on voit qu'elle est dirigée dans le sens des $s$ positifs ou en sens
contraire, suivant que $b$ est positif ou négatif. Si donc nous
convenons de regarder la vitesse comme positive lorsqu'elle
est dirigée dans le premier sens, et comme négative lorsqu'elle
est dirigée dans le sens opposé, nous pouvons dire que, dans
tous les cas, la vitesse du mouvement uniforme est égale à $b$.

§ 7. Dans le cas du mouvement uniforme, la ligne qui représente la loi du mouvement (§ 5) se réduit à une ligne droite.
Cette ligne CD est dirigée, comme on le voit, sur la *fig*. 3 ou sur
la *fig*. 4, suivant que le mouvement a lieu dans le sens des $s$
positifs ou en sens contraire.

Pour trouver la vitesse du mouvement uniforme représenté par la ligne CD, dans l'un ou l'autre cas, il suffit de tracer, à partir d'un point quelconque E, une ligne droite EF parallèle à OT et égale à la ligne qui représente l'unité de temps, puis de mener par le point F une parallèle à OS jusqu'à la rencontre de la ligne CD, en G. La ligne FG représente la quantité dont $s$ varie dans l'unité de temps, c'est-à-dire la valeur absolue de la vitesse du mobile. Quant au signe de cette vitesse, il est indiqué par la position de la ligne CD ; la vitesse est positive dans le cas de la *fig.* 3, négative dans le cas de la *fig.* 4.

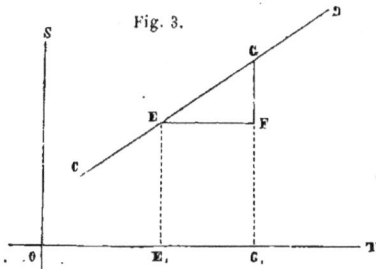

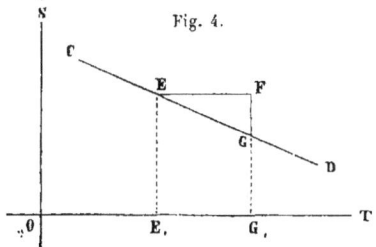

Fig. 3.

Fig. 4.

§ 8. **Mouvement varié, vitesse.** — Tout mouvement qui n'est pas uniforme est dit *varié ;* dans un pareil mouvement, les espaces parcourus dans des temps quelconques ne sont généralement pas proportionnels aux temps employés à les parcourir.

Imaginons que le temps total, pendant lequel s'effectue un mouvement varié, soit divisé en un nombre quelconque de parties égales. Concevons en outre que le mouvement du mobile, pendant chacun de ces intervalles de temps partiels, soit remplacé par un mouvement uniforme, en vertu duquel ce mobile parcoure la même portion de sa trajectoire pendant la durée de cet intervalle de temps partiel. La succession des mouvements uniformes, que nous substituons ainsi au mouvement varié, dans les diverses parties dans lesquelles la durée totale du mouvement a été décomposée, constituera un nouveau mouvement varié différent de celui que nous avions d'abord. Mais la différence qui existe entre ces deux mouvements sera de plus en plus faible, à mesure que le nombre des parties égales dans

lesquelles nous avons divisé le temps total sera plus considé-
sable ; et nous pouvons regarder le second mouvement comme
tendant indéfiniment à se confondre avec le premier, si nous
supposons que le nombre de ces parties du temps total augmente jusqu'à l'infini. C'est ce qu'on exprime simplement, en
disant qu'un mouvement varié quelconque peut être regardé
comme étant la succession d'une infinité de mouvements uniformes, dont chacun a lieu pendant un intervalle de temps infiniment petit. Ces mouvements uniformes successifs constituent les *éléments* du mouvement varié que l'on considère.

En nous plaçant à ce point de vue, il nous sera facile d'é-
tendre au mouvement varié la notion de vitesse à laquelle
nous avons été conduits en nous occupant du mouvement uniforme. On nomme vitesse à un instant quelconque, dans un
mouvement varié, la vitesse du mouvement uniforme élémentaire qui fait partie du mouvement varié à cet instant.

Si l'on mène une tangente à la trajectoire, au point où se
trouve le mobile à un instant quelconque, c'est suivant cette
tangente qu'est dirigé le mouvement élémentaire du mobile à
cet instant. Il suffit alors de porter sur la tangente, à partir du
point de contact, et dans le sens du mouvement, une longueur
égale à la vitesse que possède le mobile dans ce mouvement élémentaire, pour avoir une ligne droite qui représente à la fois la
grandeur, la direction et le sens de cette vitesse du mobile.

§ 9. *Détermination analytique de la vitesse.* — Si nous supposons que l'on connaisse l'équation du mouvement sur la
trajectoire

$$s = f(t),$$

nous en déduirons facilement la valeur de la vitesse $v$ du point
mobile à un instant quelconque. La distance du mobile au point
fixe étant $s$ à la fin du temps $t$, et $s + ds$ à la fin du temps
$t + dt$, il est clair que $ds$ est le chemin parcouru par ce mobile
sur sa trajectoire pendant le temps $dt$. Si nous regardons le
mouvement comme uniforme pendant le temps infiniment petit
$dt$, conformément aux considérations qui viennent d'être indi-

quées (§ 8), la vitesse de ce mouvement uniforme sera la vitesse du mobile à la fin du temps $t$. Or, le chemin parcouru pendant le temps $dt$ étant égal à $ds$, le chemin qui serait parcouru dans l'unité de temps, en vertu du même mouvement uniforme, est égal à $\dfrac{ds}{dt}$ : donc la vitesse $v$ que l'on cherche est donnée par l'expression

$$v = \frac{ds}{dt} = f'(t).$$

Il est bon d'observer que $ds$ étant positif ou négatif suivant que le mouvement est dirigé dans le sens des $s$ positifs ou en sens contraire, l'expression qui vient d'être obtenue pour la vitesse $v$ du mobile fait connaître à la fois la grandeur et le sens de cette vitesse.

§ 10. *Détermination géométrique de la vitesse.* — Soit CD, *fig.* 5, la courbe qui représente la loi d'un mouvement varié (§ 5). La substitution d'un mouvement uniforme au mouvement

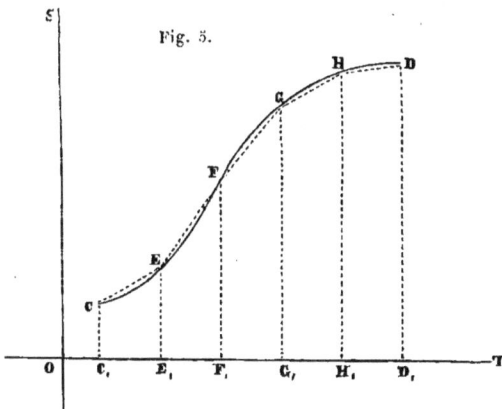

Fig. 5.

varié, pendant le temps qui est représenté par $C_1$ $E_1$, avec la condition que le chemin parcouru par le mobile pendant ce temps soit le même que celui qu'il parcourt dans le même temps en vertu de ce mouvement varié, revient à la substitution de la corde CE à la portion de la courbe CD que cette corde sous-tend. En sorte que, si nous divisons la durée totale du mouvement, représentée par $C_1 D_1$, en cinq parties égales, et que nous supposions que le mouvement varié soit remplacé par un mouvement uniforme dans chacune de ces cinq parties, toujours avec la condition que le chemin parcouru dans chacune d'elles reste le même, cela revient à remplacer la courbe CD par un polygone formé des cinq cordes CE, EF, FG, GH, HD. Telle est la traduction géométrique de la considération indiquée au commencement du § 8.

D'après cela, quand nous disons qu'un mouvement varié peut être regardé comme étant la succession d'une infinité de mouvements uniformes, dont chacun a lieu pendant un intervalle de temps infiniment petit, nous faisons exactement la même chose que si nous disions que la courbe CD, qui représente la loi de ce mouvement, peut être regardée comme un polygone formé d'une infinité de côtés, dont chacun est infiment petit. Cette dernière idée, avec laquelle on est familiarisé en géométrie, permet de saisir plus facilement la véritable signification de la première.

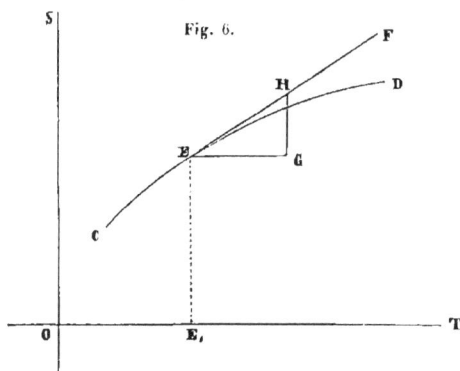

Fig. 6.

Pour trouver la vitesse du mobile à la fin du temps $t$ représenté par l'abscisse $OE_1$, *fig*. 6, il faut chercher la vitesse du mouvement uniforme représenté par l'élément rectiligne de la courbe CD auquel appartient le point E de cette courbe. Si ce mouvement uniforme, qui n'a lieu que pendant un intervalle de temps infiniment petit, persistait pendant un temps quelconque, il serait représenté par le même élément rectiligne prolongé indéfiniment en ligne droite, c'est-à-dire par la tangente EF menée par le point E à la courbe CD. Or nous savons trouver la vitesse d'un mouvement uniforme, lorsque nous connaissons la ligne droite qui le représente (§ 7). Menons par le point E une ligne droite EG parallèle à OT, et égale à la ligne que nous avons adoptée pour représenter l'unité de temps ; menons ensuite, par le point G, la ligne GH parallèle à OS : cette dernière ligne, terminée à la tangente EF, représente la vitesse que nous cherchons (1).

§ 11. **Mouvement uniformément varié.** — Comme exemple de mouvement varié, prenons le mouvement qui a pour équation

$$s = a + bt + ct^2.$$

La vitesse, à un instant quelconque, a pour valeur (§ 9

$$v = b + 2ct.$$

On voit que la vitesse varie proportionnellement au temps. C'est pour cela qu'on donne au mouvement dont il s'agit le nom de *mouvement uniformément varié*.

Si $b$ et $c$ sont de même signe, la vitesse $v$ conserve toujours le même signe que chacune de ces deux quantités ; le mouvement s'effectue donc toujours dans le même sens : il reste constamment dirigé dans le sens des $s$ positifs ou dans le sens contraire, suivant que $b$ et $c$ sont positifs ou négatifs. La valeur absolue de la vitesse allant constamment en croissant de quantités égales en temps égaux, on dit que le mouvement est *uniformément accéléré*.

Si $b$ et $c$ sont de signes différents, $v$ est d'abord de même signe que $b$ ; mais, à mesure que $t$ augmente, la valeur absolue

(1) L'équation du mouvement étant

$$s = f(t),$$

la vitesse à un instant quelconque est exprimée par $f'(t)$. Il ne faut pas en conclure que la vitesse a pour valeur la tangente trigonométrique de l'angle que la tangente EF fait avec l'axe des abscisses OT ; parce que l'échelle des abscisses et celle des ordonnées sont tout à fait indépendantes l'une de l'autre (§ 5), et que, par conséquent, l'angle FEG peut être plus ou moins grand. tout en correspondant toujours à une même vitesse, suivant qu'on fera varier une de ces échelles dans un sens ou dans l'autre. Cette conclusion ne serait exacte qu'autant que la ligne par laquelle on représente l'unité de temps serait égale à celle par laquelle on représente l'unité de distance $s$.

de $v$ diminue, et cette valeur finit bientôt par devenir nulle ; à partir de là, $v$ prend et conserve indéfiniment un signe contraire à celui de $b$, et sa valeur absolue va constamment en augmentant. Le mouvement a donc lieu d'abord dans le sens indiqué par le signe de $b$, et se ralentit de plus en plus ; il est alors *uniformément retardé*. Puis, au bout de quelque temps, il change de sens, et dès lors il s'accélère indéfiniment : il devient *uniformément accéléré*.

§ 12. **Projection du mouvement sur un plan fixe**. — Pendant qu'un point se meut dans l'espace, en décrivant une trajectoire AB, *fig.* 7, on peut concevoir qu'on le projette à

Fig. 7.

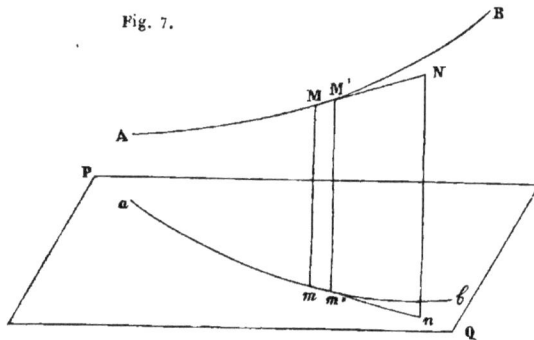

chaque instant sur un plan fixe PQ, en menant par la position M qu'il occupe une droite M*m* parallèle à une ligne fixe donnée. Les projections ainsi obtenues, pour les diverses positions du point mobile dans l'espace, peuvent être regardées comme les positions successives d'un second point qui se mouvrait dans le plan PQ. Le mouvement de ce second point est ce qu'on nomme la projection du mouvement du premier point sur le plan PQ.

Il est clair que la trajectoire *ab* du mouvement projeté n'est autre chose que la projection de la trajectoire AB du mouvement dans l'espace.

Soient MM′ et *mm′* les chemins infiniment petits parcourus, pendant le même élément *dt* du temps, par le point mobile dans l'espace, et par sa projection sur le plan PQ.; $mm'$ est évidemment la projection de MM'. Pour avoir la vitesse MN du point mobile dans l'espace, il faut diviser MM' par $dt$; la vitesse $mn$ de la projection de ce point sur le plan PQ s'obtiendra de même en divisant $mm'$ par $dt$. Ces deux vitesses sont donc entre elles dans le même rapport que les lignes infiniment petites MM', $mm'$; et comme leurs directions sont les mêmes que celles de ces lignes MM', $mm'$, il en résulte que la vitesse $mn$ du mouvement projeté est la projection de la vitesse MN du mouvement de l'espace.

Ce que nous venons de dire, ayant lieu pour une projection oblique quelconque, a lieu également pour la projection orthogonale, qui n'en est qu'un cas particulier.

§ 13. **Projection du mouvement sur une droite fixe.** — Au lieu de projeter le point mobile sur un plan fixe, on peut le projeter sur une droite fixe, en menant par chacune de ses positions successives un plan parallèle à un plan directeur donné. Le mouvement projeté est alors un mouvement rectiligne dirigé suivant la droite fixe.

En raisonnant comme dans le cas de la projection sur un plan, on reconnaît facilement que la vitesse du point projeté, à un instant quelconque, est la projection de la vitesse que possède le point de l'espace au même instant.

Cette propriété de la projection du mouvement sur une droite fixe, a lieu de quelque manière que le plan directeur soit placé par rapport à la droite fixe, et convient par conséquent aussi au cas où la projection est orthogonale.

§ 14. Prenons pour exemple le mouvement uniforme d'un point suivant une circonférence de cercle, *fig.* 8, et cherchons la projection orthogonale de ce mouvement sur le diamètre AB. Désignons par $r$ le rayon du cercle, par $v$ la vitesse du mobile, par $t$ le temps compté à partir de l'instant où le mobile part

Fig. 8.

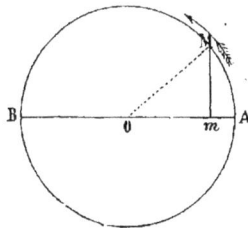

du point A, et par $x$ la distance O$m$ de la projection $m$ du point mobile au centre du cercle. L'arc AM décrit par le mobile pendant le temps $t$ est égal à $vt$ ; l'angle AOM est donc égal à $\dfrac{vt}{r}$, et par suite on a

$$x = r \cos \frac{vt}{r}.$$

Telle est l'équation du mouvement projeté. Soit $u$ la vitesse de ce mouvement, on aura (§ 9)

$$u = - v \sin \frac{vt}{r}.$$

On vérifie sans peine que la vitesse $u$ du point $m$ est bien la projection de la vitesse $v$ du point M, conformément à ce qui vient d'être dit. On voit en outre que cette vitesse $u$ est proportionnelle à la ligne M$m$.

# CHAPITRE II

MOUVEMENT D'UN SOLIDE OU SYSTÈME INVARIABLE.

§ 15. Après avoir donné quelques notions générales sur le mouvement d'un point, occupons-nous du mouvement d'un solide, c'est-à-dire d'un système de points dont les distances mutuelles restent invariablement les mêmes, quel que soit le déplacement que le système tout entier prenne dans l'espace.

On peut concevoir que la figure du système soit définie : 1° par la connaissance des distances mutuelles de trois points A, B, C, non en ligne droite ; 2° par la connaissance des distances de chacun des autres points du système aux trois points A, B, C. D'après cela, on voit qu'il suffit de connaître la position du triangle dont les trois points A, B, C, sont les sommets, pour que la position du système tout entier soit connue. La connaissance des mouvements que prennent simultanément les trois points A, B, C, suffit donc pour que le mouvement du système soit complétement connu.

La trajectoire d'un point mobile peut être regardée comme un polygone infinitésimal dont ce point parcourt successivement les différents côtés. Imaginons que les trajectoires des divers points d'un solide en mouvement soient ainsi assimilées à des polygones, avec la condition que, lorsque l'un des points mobiles se trouve à l'un des sommets du polygone qu'il parcourt, tous les autres points soient dans le même cas. Alors le mouvement du solide sera tel que, pendant un premier élé-

ment du temps, les divers points qui le composent parcourront
chacun le premier côté de sa trajectoire polygonale ; pendant
un second élément du temps, ces mêmes points parcourront
les seconds côtés de leurs trajectoires ; et ainsi de suite. Chacun de ces mouvements successifs, qui s'effectuent pendant les
divers éléments du temps, est ce que nous nommerons un *mouvement élémentaire* du solide.

§ 16. **Mouvement de translation**. — Supposons qu'un solide
se déplace de telle manière que les trois côtés du triangle A B C,
formé par les trois points A, B, C, non en ligne droite, restent
constamment parallèles à leurs positions primitives ; il est aisé
de voir que les lignes droites qui joignent un autre point quelconque aux trois points A, B, C, resteront également parallèles
à leurs positions primitives, et qu'il en sera encore de même de
toute autre ligne droite tracée entre deux points pris comme
on voudra dans le solide. Un pareil mouvement se nomme
*mouvement de translation*.

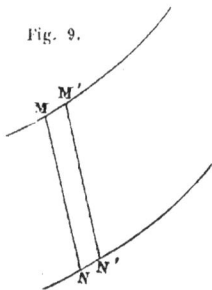

Fig. 9.

Si l'on considère les chemins infiniment petits MM′, NN′, *fig*. 9, parcourus par
deux points quelconques M, N, du solide
pendant un même élément du temps, on
voit que ces deux chemins, que l'on peut
regarder comme rectilignes, sont égaux
et parallèles : car M′ N′ est égal et parallèle
à M N, et par conséquent la figure MM′NN′
est un parallélogramme. Mais les vitesses
dont les points M et N sont animés en même temps, sont dirigées suivant les éléments MM′, NN′, de leurs trajectoires respectives ; et de plus elles sont proportionnelles aux longueurs de
ces éléments : donc ces vitesses des points M et N sont égales
et parallèles. Ainsi, lorsqu'un solide est animé d'un mouvement de translation, tous ses points ont en même temps des
vitesses égales et parallèles. Cette vitesse commune de tous les
points à un même instant, est ce qu'on nomme la vitesse du
solide à cet instant.

La vitesse d'un solide animé d'un mouvement de translation

peut changer de grandeur et de direction, d'une manière quelconque, d'un instant à un autre.

Une figure plane, mobile dans son plan, peut être animée d'un mouvement de translation, tout aussi bien qu'un solide mobile dans l'espace; ce que nous venons de dire du mouvement de translation d'un solide est directement applicable au cas d'une figure plane mobile dans son plan.

§ 17. **Mouvement de rotation ; vitesse angulaire.** — Si deux points d'un solide en mouvement restent constamment immobiles dans l'espace, tous les autres points du solide, situés sur la direction de la ligne droite qui joint les deux premiers, restent également immobiles ; le solide ne fait alors que *tourner* autour de cette ligne droite, à laquelle on donne le nom d'*axe de rotation*. Le mouvement du solide est, dans ce cas, un *mouvement de rotation*.

Soient M, *fig.* 10, un point quelconque du solide, et AB son axe de rotation. Si l'on abaisse la perpendiculaire MP sur l'axe AB, cette ligne MP restera perpendiculaire à AB dans toutes les positions que prendra le solide : donc elle décrira un plan perpendiculaire à AB. D'ailleurs, la distance MP ne varie pas : le point M se mouvra donc dans le plan dont nous venons de parler, en parcourant une circonférence de cercle ayant le point P pour centre. Ainsi, lorsqu'un solide est animé d'un mouvement de rotation autour d'un axe, chacun de ses points décrit une circonférence de cercle, dont le plan est perpendiculaire à l'axe et dont le centre est sur cet axe.

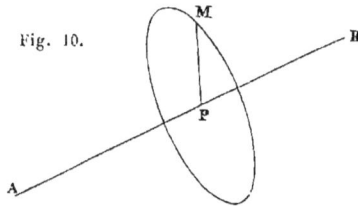

Soient M, N, *fig.* 11, deux points quelconques du solide ; M′, N′ les positions qu'ils occupent au bout d'un certain temps ; et P, Q les centres des circonférences de cercle qu'ils décrivent. Il est facile de voir que les angles MPM′, NQN′ sont égaux. En effet, menons P*n* parallèle à QN ; cette ligne P*n* sera perpendiculaire à AB, et par conséquent située dans le plan du cercle

2

pécrit par le point M. Lorsque les points M, N viennent prendre
les positions M', N', la ligne P$n$ prend la direction P$n'$ parallèle
à QN', et l'angle
$n$P$n'$ qu'elle fait
avec sa position
primitive est égal
à l'angle NQN'.
Mais l'angle $n$PM
ne change pas
pendant la rota-
tion du solide ;
$n'$PM', qui est la
nouvelle position
de cet angle, est
donc égal à $n$PM.
Si l'on retranche

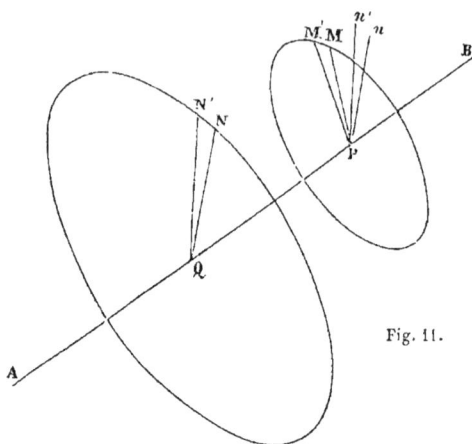

Fig. 11.

de chacun de ces deux angles la partie commune $n'$PM, il
reste les angles $n$P$n'$ et MPM', qui sont par conséquent aussi
égaux. Donc les angles NQN', MPM', égaux tous deux à l'angle
$n$P$n'$, sont égaux entre eux. Ainsi dans le mouvement de rotation d'un solide autour d'un axe, les perpendiculaires abaissées
des divers points du solide sur l'axe décrivent dans le même
temps des angles égaux ; la valeur commune de ces divers angles correspondant à un temps quelconque, est ce qu'on ap-
pelle l'angle dont le solide a tourné pendant ce temps.

§ 18. Le mouvement de rotation d'un solide autour d'un axe
est uniforme lorsque ce solide tourne d'angles égaux en temps
égaux, quels que soient ces temps ; ou, en d'autres termes,
lorsque les angles dont il tourne dans des intervalles de temps
quelconques sont proportionnels à ces intervalles de temps.
Le degré plus ou moins grand de rapidité ou de lenteur d'un
pareil mouvement se mesure par l'angle dont le solide tourne
dans l'unité de temps ; cet angle se nomme la *vitesse angulaire*
du solide.

Lorsqu'un solide est animé d'un mouvement de rotation uniforme autour d'un axe, ses divers points se meuvent uniformé-

ment sur leurs circonférences de cercle respectives ; mais les vitesses de ces points ne sont pas les mêmes. Les arcs MM', NN', *fig.* 11, décrits dans le même temps par deux points quelconques M, N, sont proportionnels à leurs rayons MP, NQ, puisque les angles MPM', NQN' sont égaux ; les arcs que les deux points décrivent dans l'unité de temps, dans le cas du mouvement de rotation uniforme, sont donc aussi proportionnels aux rayons MP, NQ. On en conclut que les vitesses des différents points d'un solide animé d'un mouvement de rotation uniforme autour d'un axe, sont entre elles comme les distances de ces points à l'axe.

Si l'on mesure les angles par les longueurs des arcs qui leur correspondent sur la circonférence dont le rayon est l'unité de longueur, la vitesse angulaire d'un solide animé d'un mouvement de rotation uniforme ne sera autre chose que l'arc décrit dans l'unité de temps par un point du solide situé à l'unité de distance de l'axe, c'est-à-dire la vitesse de ce point. Il résulte de là que si l'on nomme $\omega$ la vitesse angulaire, et $v$ la vitesse d'un point quelconque situé à une distance $r$ de l'axe de rotation, on aura

$$v = r\omega.$$

§ 19. Tout mouvement de rotation qui n'est pas uniforme est dit varié.

Un mouvement de rotation varié peut être regardé comme étant la succession d'une infinité de mouvements de rotation uniformes, dont chacun a lieu pendant un intervalle de temps infiniment petit. On nomme vitesse angulaire à un instant quelconque, dans un mouvement de rotation varié, la vitesse angulaire du mouvement de rotation uniforme élémentaire qui fait partie du mouvement de rotation varié à cet instant.

Si $\theta$ est l'angle dont le solide a tourné pendant un temps quelconque $t$, c'est-à-dire le chemin parcouru pendant ce temps par un point du solide situé à l'unité de distance de l'axe de rotation, $\dfrac{d\theta}{dt}$ sera la vitesse de ce point à la fin du temps $t$ ; ce sera donc aussi la vitesse angulaire du solide à cet instant. En sorte que, si l'on nomme ω cette vitesse angulaire, on aura

$$\omega = \frac{d\theta}{dt}.$$

Un mouvement de rotation varié pouvant être regardé, à chaque instant, comme étant uniforme pendant un intervalle de temps infiniment petit, il est clair que les vitesses dont sont animés les divers points du solide à un même instant, ont entre elles les mêmes rapports que dans le cas d'un mouvement de rotation uniforme; ces vitesses sont proportionnelles aux distances des points à l'axe de rotation. Si l'on nomme $v$ la vitesse d'un point situé à la distance $r$ de l'axe, on aura encore

$$v = r\omega.$$

§ 20. Si l'on imagine qu'une figure plane soit animée d'un mouvement de rotation autour d'un axe perpendiculaire à son plan, on voit que cette figure ne sortira pas de ce plan. On peut la regarder comme tournant dans son plan, autour du point d'intersection de ce plan avec l'axe dont nous venons de parler : ce point prend le nom de *centre de rotation* de la figure.

Tout ce qui a été dit du mouvement de rotation d'un solide autour d'un axe, peut s'appliquer directement au mouvement de rotation d'une figure plane dans son plan.

§ 21. **Mouvement élémentaire d'une figure plane dans son plan.** — Pour nous rendre compte de la manière dont s'effectue un mouvement élémentaire (§ 15) quelconque d'une figure plane qui se déplace dans son plan, nous commencerons par établir la proposition suivante : Une figure plane, mobile dans son plan, peut être amenée d'une quelconque de ses positions à une autre, par un mouvement de rotation autour d'un des points du plan.

Pour le démontrer, considérons une droite faisant partie de la figure mobile ; et supposons que cette droite soit dirigée suivant MN, *fig*. 12, dans la première position de la figure, et suivant M'N' dans sa seconde position. En A se trouvent deux points, l'un de la ligne MN, l'autre de la ligne M'N'. Soit B le point de la ligne MN qui est venu se placer en A sur M'N'; soit de même

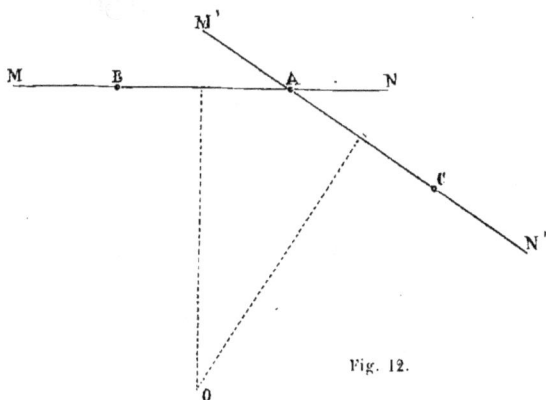

Fig. 12.

C le point de M'N' où est venu se placer le point A considéré comme appartenant à MN. On aura nécessairement

$$AB = AC.$$

Soit enfin O le centre du cercle passant par les trois points A, B, C. Si l'on fait tourner la droite MN autour du point O comme centre, jusqu'à ce que le point B vienne en A, le point A de cette droite viendra en C; la droite MN se placera suivant M'N'; et la figure mobile, supposée liée à cette droite qui l'entraîne dans son mouvement, passera de la première position à la seconde.

Cette démonstration suppose que les deux positions MN, M'N' de la droite que l'on considère se coupent en un certain point A. Il pourrait arriver qu'il n'en fût pas ainsi : les deux lignes MN, M'N' pourraient être parallèles, ou bien se superposer. Dans ce cas, pour amener tous les points de MN à coïncider avec les points qui leur correspondent sur M'N', il suffirait de donner à MN, et par conséquent à la figure mobile que nous supposons liée à cette ligne, un mouvement de translation rectiligne d'une direction convenable. Or un mouvement de ce genre peut être regardé comme étant un mouvement de rotation autour d'un centre situé à l'infini. La proposition énoncée ci-dessus est donc toujours vraie, à la condition de regarder le mouvement de translation rectiligne d'une figure plane dans son plan comme n'étant qu'un cas particulier du mouvement de rotation autour d'un point du plan.

§ 22. Quel que soit le mouvement d'une figure plane dans son plan, nous pouvons le décomposer en une suite de mouvements élémentaires, conformément à ce que nous avons dit précédemment (§ 15). Considérons donc un de ces mouvements élémentaires.

La figure peut être amenée de la position qu'elle occupe au commencement de ce mouvement à celle qu'elle occupe à la fin, au moyen d'une rotation autour d'un certain point du plan. Mais, les chemins parcourus par les divers points de la figure mobile, dans ce mouvement de rotation, étant évidemment infiniment petits, on peut les regarder comme rectilignes ; et par conséquent ils coïncident exactement avec les chemins que ces points parcourent dans le mouvement élémentaire dont nous nous occupons : donc ce mouvement élémentaire est identique avec la rotation à l'aide de laquelle on a amené la figure de sa position initiale à sa position finale.

On voit par là que tout mouvement élémentaire d'une figure plane, dans son plan, est un mouvement de rotation infiniment petit autour d'un des points du plan, point qui peut être situé à l'infini. Les centres autour desquels s'effectuent ainsi les divers mouvements élémentaires dont la succession constitue le mouvement total de la figure, sont généralement différents les uns des autres ; et la figure ne tourne autour de chacun d'eux que pendant un intervalle de temps infiniment petit : c'est pour cela qu'on donne à chacun de ces points le nom de *centre instantané de rotation*.

§ 23. Il résulte de ce que nous venons de dire que, dans le mouvement d'une figure plane qui se déplace d'une manière quelconque dans son plan, les chemins infiniment petits parcourus par les différents points de la figure pendant un même élément de temps, sont des arcs de cercle ayant tous pour centre le centre instantané de rotation de la figure correspondant à cet élément du temps; ou, en d'autres termes, les normales aux trajectoires des différents points de la figure mobile, menées par les positions que ces points occupent à un même instant, passent toutes par un même point du plan, qui est le centre instantané de rotation relatif à cet instant. Il en résulte encore que les vitesses des divers points de la figure, à un même instant, sont proportionnelles aux distances de ces points au centre instantané de rotation.

Si l'on connaît les directions des vitesses de deux des points de la figure mobile, à un instant quelconque, on trouvera le centre instantané de rotation relatif à cet instant en menant par chacun des points une perpendiculaire à la direction de sa vitesse et cherchant le point de rencontre de ces deux perpendiculaires. Il faut pour cela, bien entendu, que les deux points ne soient pas tels que leurs vitesses soient perpendiculaires à la ligne droite qui les joint. Si les deux perpendiculaires aux directions des vitesses des deux points sont parallèles entre elles, le centre instantané de rotation se trouve à l'infini, et le mouvement élémentaire de la figure est un mouvement de translation.

Si, outre les directions des vitesses de deux des points de la figure mobile, on connaît la grandeur de l'une de ces vitesses, on peut en déduire les vitesses de tous les autres points de la figure. Il suffit, en effet, pour cela, de déterminer d'abord le centre instantané de rotation, comme il vient d'être dit, et de s'appuyer ensuite sur ce que la vitesse d'un point quelconque est à la vitesse connue dans le rapport des distances du centre instantané de rotation aux deux points auxquels se rapportent ces vitesses.

Il faut bien se garder de croire que le centre instantané de rotation d'une figure plane, mobile dans son plan, est le centre de courbure des trajectoires des divers points de la figure. Dans le mouvement de rotation élémentaire autour de ce centre instantané, chaque point ne décrit qu'un élément de sa trajectoire. La position du centre instantané de rotation fait donc seulement connaître la direction de la tangente à la trajectoire, sans rien indiquer relativement à sa courbure.

§ 24. Appliquons ce qui précède à quelques exemples.

Soit AB, *fig.* 13, une ligne droite de longueur constante qui

glisse dans l'angle droit YOX, de manière que son extrémité A
reste toujours sur
l'axe OX, et que son
extrémité B reste
toujours sur l'axe
OY. Dans la position
qu'occupe la ligne
mobile AB, les nor-
males aux trajec-
toires des deux
points A, B sont les
lignes AC, BC me-
nées perpendiculairement aux axes OX, OY : le point C est donc
le centre instantané de rotation de la ligne AB. On sait que, d'après
la manière dont la ligne AB se déplace, la trajectoire du point
D est une ellipse ayant ses axes dirigés suivant OX et OY ;
d'ailleurs la ligne DC doit être normale à la trajectoire de ce
point D : donc la ligne EF, perpendiculaire à DC, est la tangente à l'ellipse dont nous venons de parler.

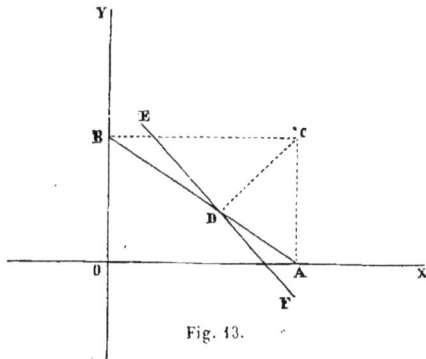

Fig. 13.

Soit encore ABD, *fig.* 14, une ligne droite qui se meut de
manière à passer toujours par
un point fixe O, et à avoir toujours son point B sur la ligne fixe
MN. La vitesse du point B étant
dirigée suivant MN, la perpendiculaire BC à la ligne MN doit passer par le centre instantané de
rotation de la ligne mobile. Le
point de cette ligne ABD, qui est
actuellement en O, va s'en éloigner pour se placer à une distance infiniment petite de O, sur
la position infiniment voisine
de la droite mobile ; la vitesse de ce point, qui est actuellement en
O, est donc dirigée suivant la position que la ligne mobile prendra
après s'être déplacée d'une quantité infiniment petite, et par

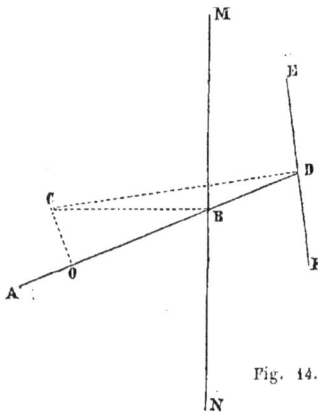

Fig. 14.

conséquent sa direction se confond avec celle de la ligne ABD elle-même : la perpendiculaire OC à la ligne ABD doit donc aussi passer par le centre instantané de rotation. Ainsi le centre autour duquel s'effectue le mouvement élémentaire de la droite mobile, à partir de sa position actuelle, est le point C où se coupent les deux perpendiculaires BC, OC. On sait que le point D décrit une conchoïde ; CD est la normale à cette courbe ; et la ligne EF, perpendiculaire à CD, est sa tangente.

Soit enfin AB, *fig.* 15, une ligne droite de longueur constante, dont les extrémités A, B se meuvent sur deux circonférences de cercle ayant les points O, O' pour centres. Les normales aux trajectoires des points A et B sont les rayons OA, O'B des circonférences de cercle suivant lesquelles ces deux points se meuvent : le point de concours C de ces deux rayons est donc le centre instantané de rotation de la droite AB. On trouvera, comme précédemment, les tangentes EF, E'F' aux trajectoires des points D, D', pris comme on voudra sur cette droite mobile.

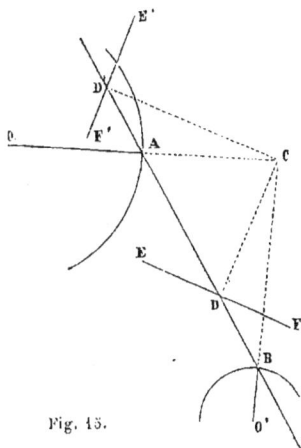

Fig. 15.

§ 25. **Mouvement élémentaire d'un solide dont tous les points se déplacent parallèlement à un même plan.** — Pour voir en quoi consiste un mouvement élémentaire quelconque d'un solide dont tous les points se déplacent parallèlement à un plan fixe P, considérons les points du solide qui se trouvent dans un même plan P' parallèle à P. L'ensemble de ces points forme une figure plane mobile dans son plan P'. Or tout mouvement élémentaire de cette figure plane est un mouvement de rotation autour d'un certain point C du plan P', ou, ce qui est la même chose, un mouvement de rotation autour de la perpendiculaire au plan P', ou au plan P, menée par le point C. Le solide tout entier, qui est lié invariablement à la figure dont nous parlons, participe au même mouvement : donc tout mouvement élémentaire d'un solide dont tous les points se déplacent parallèlement à un plan fixe, est un mouvement de rotation autour d'un axe perpendiculaire à ce plan.

Il peut arriver que l'axe de rotation autour duquel s'effectue le mouvement élémentaire du solide se trouve à l'infini : dans ce cas, ce mouvement élémentaire se réduit à un mouvement de translation.

Les axes autour desquels le solide tourne pendant les divers éléments du temps qui se succèdent, sont généralement différents les uns des autres ; c'est pour cela qu'on donne à l'axe autour duquel s'effectue la rotation élémentaire du solide à un instant quelconque, le nom d'*axe instantané de rotation*.

§ 26. **Mouvement élémentaire d'une figure sphérique sur sa sphère.** — En appliquant le raisonnement du § 21 au cas d'une figure sphérique mobile sur la sphère où elle est placée, et remplaçant les lignes droites que l'on a considérées par des arcs de grands cercles, on démontre la proposition suivante : Une figure sphérique peut être amenée d'une quelconque de ses positions à une autre, par un mouvement de rotation autour d'un point de la sphère comme pôle, ou, ce qui est la même chose, par un mouvement de rotation autour d'un diamètre de la sphère comme axe.

On en conclut, comme dans le § 22, que tout mouvement élémentaire d'une figure sphérique sur sa sphère est un mouvement de rotation infiniment petit autour d'un point de la sphère comme pôle, ou bien encore autour d'un diamètre de la sphère comme axe.

§ 27. **Mouvement élémentaire d'un solide dont un point reste immobile.** — Lorsqu'un solide se meut de telle manière qu'un point O qui en fait partie reste constamment en repos, les divers points du solide qui se trouvaient d'abord sur la surface d'une sphère ayant le point O pour centre, forment une figure sphérique qui se déplace en restant sur cette sphère. Or tout mouvement élémentaire de cette figure sphérique est un mouvement de rotation autour d'un diamètre de la sphère :

le mouvement que prend en même temps le solide tout entier est donc aussi une rotation autour de ce diamètre. Ainsi tout mouvement élémentaire d'un solide dont un point reste immobile est une rotation autour d'un axe instantané passant par ce point.

La considération de la figure sphérique formée par les divers points du solide situés à une même distance du point immobile O, fait voir encore que le solide peut être amené d'une quelconque de ses positions successives à une autre par une rotation autour d'un axe mené par le point O.

§ 28. **Mouvement élémentaire d'un solide qui se déplace d'une manière quelconque dans l'espace.** — Quel que soit le mouvement d'un solide dans l'espace, on peut l'amener d'une de ses positions à une autre, en lui donnant d'abord un mouvement de translation, ensuite un mouvement de rotation autour d'un certain axe.

Soient en effet A, B, C, D, *fig.* 16, divers points du solide dans sa première position, et A′, B′, C′, D′, ces mêmes points, pris dans la seconde position du solide. Joignons le point A au point A′ par une ligne droite, et menons par les points B, C, D, des droites BB″, CC″, DD″, égales et parallèles à la droite AA′.

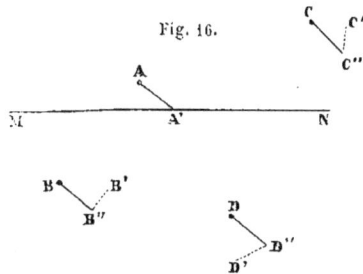

Fig. 16.

Pour amener le solide de la première position (ABCD) à la seconde (A′B′C′D′), donnons-lui d'abord un mouvement de translation rectiligne représenté en grandeur et en direction par la ligne AA′; les points B, C, D, viendront en B″, C″, D″. Il n'y aura donc plus qu'à donner au solide un second mouvement en vertu duquel, le point A′ restant immobile, les points B″, C″, D″, viendront en B′, C′, D′. Mais nous savons que ce second déplacement du solide peut s'effectuer par une rotation autour d'un axe passant par le point immobile A′ (§ 27). Donc, en définitive, on peut amener le solide de la première position (ABCD) à la seconde (A′B′C′D′) en lui faisant subir : 1° une translation suivant AA′; 2° une rotation autour d'un axe MN passant par A′.

§ 29. Le système de ces deux mouvements que l'on donne au solide peut être varié d'une infinité de manières, tout en produisant le même résultat définitif. Il suffit en effet, pour cela, de faire jouer successivement, à chacun des points que l'on peut imaginer faire partie du solide, le rôle que l'on a fait jouer au point A. Parmi ces divers systèmes de mouvements, il en existe toujours un dans lequel la translation s'effectue parallèlement à l'axe de la rotation.

Menons en effet un plan P perpendiculaire à l'axe MN, et considérons la figure F suivant laquelle ce plan coupe le solide. Dans la translation suivant AA′, la figure F se transporte dans un plan P′, parallèle au plan P ; dans la rotation qui s'effectue ensuite autour de MN, cette figure F tourne dans le plan P′, et y prend une certaine position F′. Mais pour faire passer la figure plane dont il s'agit de sa première position F à sa dernière position F′, on peut d'abord lui donner un mouvement de translation suivant la perpendiculaire qui mesure la distance des plans P, P′, puis la faire tourner dans ce dernier plan autour d'un point convenablement choisi : si l'on conçoit que le solide soit entraîné par cette figure, on voit que la succession des deux mouvements qui viennent d'être indiqués l'amènera de la position (ABCD) à la position (A′B′C′D′). Il résulte de là que l'on peut amener un solide mobile, d'une quelconque des positions qu'il occupe successivement, à une autre de ces positions, au moyen d'une translation suivie d'une rotation autour d'un axe de même direction que la translation.

§ 30. Considérons maintenant un mouvement élémentaire d'un solide qui se déplace d'une manière quelconque dans l'espace. Il résulte de ce qui vient d'être dit que le solide peut être amené de la position qu'il occupe au commencement de ce mouvement à celle qu'il occupe à la fin, par une translation infiniment petite suivie d'une rotation infiniment petite autour d'un axe de même direction que la translation. Mais ce n'est pas dans la succession de ces deux mouvements infiniment petits que consiste le mouvement élémentaire du solide ; car, dans ce mouvement élémentaire, chacun des points du solide décrit un élément rectiligne de sa trajectoire ; tandis qu'en vertu de la succession de la translation et de la rotation dont nous venons de parler, chaque point va de sa position initiale à sa position finale, en parcourant une ligne brisée formée de deux éléments rectilignes perpendiculaires l'un à l'autre. Voyons donc par quoi nous pourrons remplacer la succession de la translation et de la rotation, pour avoir le mouvement élémentaire tel qu'il se produit en réalité.

Lorsqu'une vis se meut en pénétrant à l'intérieur d'un écrou fixe, chacun des points de la vis décrit une hélice : les diverses hélices qui forment ainsi les trajectoires des différents points de la vis sont tracées sur des surfaces cylindriques de même axe, et ont toutes un même pas. Un mouvement de ce genre peut être désigné sous le nom de *mouvement hélicoïdal*. Dans un mouvement élémentaire de cette vis, chacun de ses points décrit un élément rectiligne de sa trajectoire hélicoïdale ; d'ailleurs la vis pourrait évidemment être amenée de la position qu'elle a au commencement de ce mouvement élémentaire à celle qu'elle occupe à la fin, au moyen d'une translation infiniment petite dans la direction de son axe, suivie d'une rotation infiniment petite autour de cet axe.

On conclut facilement de là que le déplacement total d'un solide, dû à la succession d'une translation infiniment petite et d'une rotation infiniment petite autour d'un axe de même direction que la translation, peut être produit par un mouvement hélicoïdal infiniment petit autour du même axe ; et par suite que tout mouvement élémentaire d'un solide qui se déplace d'une manière quelconque dans l'espace est un mouvement hélicoïdal, c'est-à-dire qu'il peut être assimilé au mouvement d'une vis qui pénètre dans son écrou.

§ 31. Lorsqu'une vis se meut à l'intérieur de son écrou, on la regarde souvent comme animée de deux mouvements existant simultanément : on dit qu'elle glisse le long de son axe, et qu'en même temps elle tourne autour de cet axe. D'après cette manière de voir, un mouvement élémentaire quelconque d'un solide mobile peut être regardé comme dû à la *coexistence* d'une rotation autour d'un certain axe et d'un glissement le long de cet axe.

La ligne droite autour de laquelle le solide tourne et le long de laquelle il glisse, dans chacun de ses mouvements élémentaires successifs, change généralement de position dans l'espace d'un instant à un autre. C'est pour cela qu'on lui donne le nom d'*axe instantané de rotation et de glissement du solide*.

Si l'on se fonde sur la première manière que nous avons indiquée pour amener un solide d'une quelconque de ses positions à une autre (§ 28), on peut dire encore que tout mouvement élémentaire du solide est dû à la coexistence d'une translation égale et parallèle au mouvement élémentaire d'un de ses points, et d'une rotation autour d'un axe passant par ce point.

§ 32. Soit ε la quantité infiniment petite dont le solide glisse le long de son axe instantané de rotation et de glissement, pendant le temps infiniment petit *dt*. Il est clair que les déplacements correspondants des différents points du solide sont tels que leurs projections sur cet axe sont toutes égales à ε. La vitesse d'un point quelconque s'obtient en divisant son déplacement pendant le temps *dt*, par ce temps ; la projection de cette vitesse sur l'axe instantané de rotation et de glissement s'obtiendra donc en divisant ε par *dt*. Donc les vitesses dont tous les points du solide sont animés simultanément, à un instant quelconque, sont telles que leurs projections sur l'axe instantané de rotation et de glissement relatif à cet instant, sont toutes égales entre elles.

Il résulte de là que si l'on mène, à partir d'un même point O de l'espace, des lignes droites égales et parallèles aux vitesses dont les divers points du solide sont animés à un même instant, les extrémités de ces lignes droites seront toutes dans un même plan perpendiculaire à l'axe instantané de rotation et de glissement ; en sorte que, si l'on abaisse du point O une perpendiculaire sur ce plan, cette perpendiculaire sera parallèle à l'axe instantané. Or, pour déterminer le plan dont il s'agit, il suffit d'en connaître trois points non en ligne droite ; il suffit donc aussi d'avoir mené par le point O trois lignes droites égales et parallèles aux vitesses simultanées de trois points du solide, avec la condition que ces trois vitesses ne soient pas parallèles à un même plan.

§ 33. **Mouvement continu d'une figure plane dans son plan.** — Pour arriver à nous représenter nettement le mouvement continu d'une figure plane dans son plan, nous commencerons par considérer le cas suivant.

Supposons que la figure mobile tourne d'abord d'un angle α autour d'un point O, *fig.* 17, puis d'un angle α' autour d'un second point O', ensuite d'un angle α'' autour du point O'', etc. Prenons la figure à l'instant où elle va commencer sa rotation autour du point O, et traçons-y la droite OO'₁ égale à OO', et faisant avec celle-ci un angle α; après avoir mené par O'₁ la droite O'₁M, telle que l'angle OO'₁M soit égal à l'angle OO'O'', traçons la droite O'₁O''₁, égale en longueur à O'O'', et faisant avec O'₁M un angle α'; construisons de même l'angle O'₁O''₁N égal à l'angle O'O''O''', puis menons la ligne O''₁O'''₁, égale à O''O''', et faisant un angle α'' avec O''₁N; et ainsi de suite. Lorsque la figure mobile aura tourné de l'angle α autour du point O, le point O'₁, entraîné par elle, sera venu en O', et O'₁M aura pris la direction O'O''. La figure tournant alors d'un angle α' autour de O', la droite O'₁O''₁ viendra coïncider avec O'O'', et le point O''₁ tombera en O''. La troisième rotation de cette figure amènera le point O''₁ en O''', et ainsi de suite : en sorte que, pendant le mouvement de la figure mobile, le polygone OO'₁O''₁O'''₁.... roulera sur le polygone OO'O''O'''....; ou bien encore, si le premier polygone roule sur le second, en entraînant avec lui la figure mobile, il donnera à cette figure précisément le mouvement que nous lui avions supposé.

§ 34. Passons maintenant au cas où une figure plane se meut d'une manière quelconque dans son plan. Cette figure est ani-

Fig. 17.

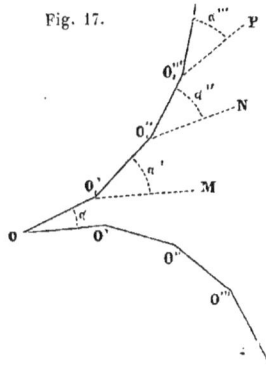

mée d'une rotation infiniment petite autour d'un centre instantané, pendant chaque élément du temps (§ 22). Ce centre instantané de rotation occupe généralement des positions différentes sur le plan, d'un instant à un autre ; généralement aussi il coïncide successivement avec divers points de la figure mobile. Supposons que l'on cherche : 1° le lieu géométrique des positions successives de ce centre instantané sur le plan ; 2° le lieu géométrique des points de la figure mobile avec lesquels il coïncide successivement. Il est clair qu'on pourra regarder le mouvement de cette ligne comme dû au roulement du second lieu géométrique sur le premier.

Dans le premier des trois exemples que nous avons donnés dans le § 24, la diagonale OC, *fig.* 13, est toujours égale à AB : donc le lieu géométrique des positions successives du centre instantané C sur le plan YOX est une circonférence de cercle ayant le point O pour centre et la ligne AB pour rayon. D'un autre côté, l'angle BCA étant toujours droit, le lieu géométrique des points de la figure mobile avec lesquels coïncide successivement le centre instantané de rotation, est une circonférence de cercle décrite sur AB comme diamètre. Le mouvement de la ligne AB, dont les extrémités glissent sur les axes OX, OY, peut donc être produit par le roulement de la seconde de ces deux circonférences à l'intérieur de la première.

§ 35. **Mouvement continu d'un solide dont un point reste immobile.** — On peut étendre immédiatement ce qui vient d'être dit du mouvement continu d'une figure plane dans son plan, au mouvement continu d'un solide dont un point reste immobile.

Les positions que l'axe instantané de rotation du solide prend successivement dans l'espace, forment un cône ayant pour sommet le point qui reste immobile. Les positions que cet axe instantané occupe successivement à l'intérieur du corps forment un second cône ayant le même sommet que le premier. Le mouvement continu du solide peut être regardé comme dû au roulement du second cône sur le premier.

§ 36. **Mouvement continu d'un solide qui se déplace d'une manière quelconque dans l'espace.** — Nous pouvons considérer ce mouvement de deux manières différentes.

Tout mouvement élémentaire d'un solide peut être regardé comme dû à la coexistence d'une translation égale et parallèle au mouvement élémentaire d'un des points du solide, et d'une rotation autour d'un axe passant par ce point (§ 31). Si l'on prend toujours le même point du solide pour appliquer cette considération dans les divers éléments du temps qui se succèdent, on arrive au résultat suivant : tout mouvement continu d'un solide peut être attribué au roulement d'un cône lié au solide, sur un cône qui est animé en même temps d'un mouvement de translation dans l'espace.

D'un autre côté, si l'on considère l'axe instantané de rotation et de glissement du solide relatif à chaque élément du temps, on voit que les positions que cet axe occupe successivement dans l'espace forment une surface réglée ; et que les positions qu'il occupe successivement à l'intérieur du solide forment une autre surface réglée. Le mouvement du solide peut être regardé comme dû au roulement de la seconde de ces deux surfaces sur la première, accompagné d'un glissement le long de la génératrice suivant laquelle les deux surfaces se touchent.

# CHAPITRE III

**§ 37. Définition du mouvement relatif.** — Pour étudier le mouvement d'un point dans l'espace, on compare la position qu'il occupe à chaque instant à celle de certains points fixes qu'on nomme *points de repère*. Le mouvement du point mobile est complétement déterminé par la connaissance des changements qu'éprouvent successivement ses distances aux points fixes.

Mais si, au lieu de comparer les positions successives du point mobile à des points fixes, on les compare à des points de repère qui sont eux-mêmes en mouvement, il est clair que le mouvement que l'on trouvera ainsi, pour le point mobile dont on s'occupe, ne sera pas son mouvement réel. Un pareil mouvement, obtenu en se servant de points de repère qui ne sont pas fixes, se nomme *mouvement relatif*; c'est le mouvement du point mobile par rapport à ces points de repère. Par opposition, le mouvement réel du point dans l'espace se nomme *mouvement absolu*.

**§ 38. Ce qu'on entend par mouvements simultanés d'un point.** — Considérons un point en mouvement sur le pont d'un bateau qui se meut lui-même le long d'une rivière. Un observateur, placé sur le bateau et participant à son mouvement, verra le point mobile se déplacer d'une certaine manière par rapport au bateau et à lui-même; mais ce mouvement *apparent* du point mobile est tout différent de son mouvement réel dans l'espace : ce n'est autre chose que ce que nous venons de nommer mouvement relatif.

La connaissance du mouvement apparent du point, combinée avec celle du mouvement que possède le bateau, conduit facilement à la connaissance du mouvement réel ou absolu de ce point dans l'espace. Supposons en effet que le bateau soit animé d'un mouvement de translation rectiligne et uniforme suivant la direction AB, *fig.* 18, avec une vitesse égale à AD, et que le point mobile ait sur le pont du bateau un mouvement apparent rectiligne

Fig. 18.

et uniforme suivant la direction AC, avec une vitesse égale à AE. Au bout d'une seconde, la ligne AC, emportée parallèlement à elle-même par le bateau, prend la position DF ; mais pendant ce temps, le point mobile a parcouru la portion AE de cette ligne : donc, à la fin de cette première seconde, le point mobile se trouve en G. Au bout d'un temps quelconque $t$, le bateau s'étant mû d'une quantité $AH = AD \times t$, la droite AC se trouve dans la position HL ; mais, pendant le même temps, le point mobile a parcouru sur la ligne mobile AC un chemin $AK = AF \times t$ : donc ce point mobile se trouve en M à la fin du temps $t$. Le rapport de AH à AD étant égal au rapport de AK à AE, ou, ce qui revient au même, au rapport de HM à DG, il s'ensuit que la position M du mobile à la fin du temps $t$ se trouve sur la ligne droite AN qui passe par les deux points A et G ; donc déjà le mouvement absolu de ce mobile est un mouvement rectiligne dirigé suivant la droite AN. La similitude des triangles ADG, AHM montre que l'on a

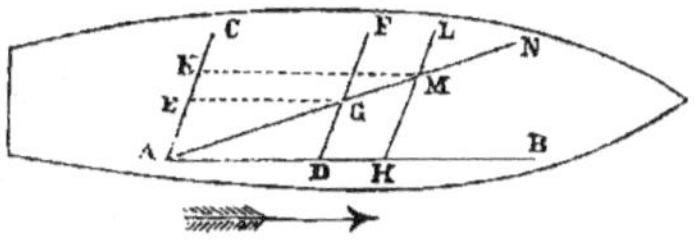

$$AM = AG \times t;$$

donc le mouvement absolu du point mobile est uniforme, et AG est sa vitesse.

§ 39. Concevons en général qu'un point, rapporté à un système d'axes mobiles OX, OY, OZ, *fig.* 19, décrive par rapport à ces axes une ligne quelconque AB ; et que, par suite du mouvement des axes, cette ligne AB prenne successivement dans l'espace les positions A'B', A"B", A"'B"'... Le point mobile aura

dans l'espace un mouvement absolu que nous pourrons facilement déterminer d'après la connais-
sance de son mou-
vement relatif sui-
vant la ligne AB,
et du mouvement
dont sont animés
les axes.

Supposons que
les positions AB,
A'B', A"B",.... de
la courbe que le
mobile décrit par
rapport aux axes,
correspondent aux
valeurs $t$, $t'$, $t''$,....

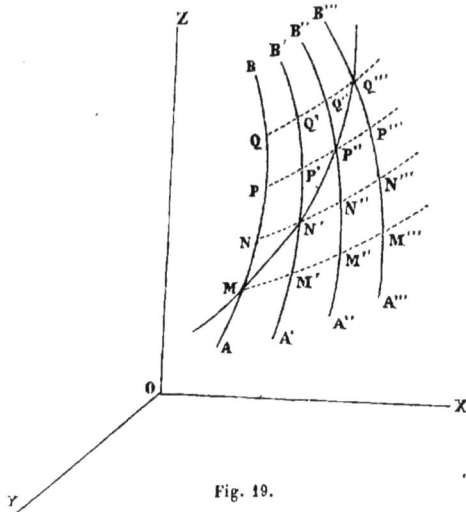

Fig. 19.

du temps ; supposons en outre qu'à ces diverses époques le
mobile se trouve aux points M, N, P,.... de la courbe mobile AB.
A la fin du temps $t$, le mobile est en M. A la fin du temps $t'$, il
est au point N de la courbe AB ; mais cette courbe se trouve
alors dans la position A'B', et le point N a été transporté en N' :
donc à la fin du temps $t'$ le mobile est en N'. On verra de même
qu'à la fin du temps $t''$, il se trouve en P" ; et ainsi de suite. Le
point mobile décrit donc dans l'espace la trajectoire MN'P"Q"',
et il y occupe les positions M, N', P", Q"',.... aux instants qui
correspondent aux valeurs $t$, $t'$, $t''$, $t'''$,.... du temps.

§ 40. Dans les deux cas que nous venons d'examiner, on considère le mouvement du point mobile par rapport au bateau ou
aux axes mobiles, et le mouvement du bateau ou des axes,
comme étant deux mouvements dont le point est animé simultanément. Le mouvement du point par rapport aux points de
repère mobiles auxquels on le compare (bateau ou axes) est
désigné sous le nom de mouvement relatif, comme nous
l'avons déjà dit ; le mouvement des points de repère eux-mêmes
(bateau ou axes) se nomme *mouvement d'entraînement*.

L'opération qui a pour objet de trouver le mouvement absolu d'un point, connaissant son mouvement d'entraînement et son mouvement relatif, constitue ce qu'on nomme *la composition des mouvements*. Le mouvement d'entraînement et le mouvement relatif sont souvent désignés sous le nom collectif *de mouvements composants ;* et alors on donne au mouvement absolu qui résulte de la composition de ces deux mouvements, le nom de *mouvement résultant*.

Un point qui occupe successivement différentes positions dans l'espace, ne peut évidemment avoir qu'un seul mouvement. Quand nous regardons ce point comme animé à la fois de deux mouvements, c'est par une pure opération de l'esprit ; cette décomposition d'un mouvement en deux autres ne peut évidemment avoir rien de réel (*).

§ 41. Il est aisé de comprendre que l'on peut également regarder un point comme animé à la fois de trois, de quatre,....

---

(*) On lit dans le programme officiel de l'enseignement de la Mécanique dans les lycées (classe de rhétorique), et dans la partie de ce programme où il n'est encore question que de l'étude géométrique du mouvement considéré en lui-même :

*Indépendance des mouvements simultanés constatée par l'observation.*

Cela n'a pas de sens. L'existence des mouvements simultanés d'un corps n'a rien de réel ; ce n'est qu'une conception de l'esprit sur laquelle l'observation n'a pas de prise. Un corps se meut dans l'espace ; au lieu de rapporter ses positions successives à des axes fixes, on les rapporte à des axes qui sont eux-mêmes en mouvement, et par suite on trouve ainsi un mouvement qui n'est pas le mouvement réel ; le mouvement ainsi obtenu (mouvement relatif), combiné avec le mouvement dont les axes sont animés, doit évidemment conduire à la connaissance du mouvement réel, et cette combinaison est ce qu'on nomme la *composition des mouvements simultanés* du corps. Le mouvement des axes étant pris comme on voudra, le mouvement du corps par rapport à ses axes est entièrement déterminé, pour que la combinaison de ces deux mouvements conduise au mouvement réel du corps. Que veut donc dire la dépendance ou l'indépendance de ces deux mouvements simultanés ?

L'erreur commise par les auteurs du programme officiel ne peut être attribuée qu'à une étrange confusion d'idées. On aura placé dans la partie purement géométrique ce qui doit se dire plus tard à l'occasion du mode d'action des forces pour produire le mouvement. Alors, en effet, on doit emprunter à l'expérience les notions relatives à l'indépendance de l'effet d'une force et du mouvement antérieurement acquis par le corps sur lequel elle agit, et aussi à l'indépendance des effets des forces qui agissent simultanément sur un même corps. (*Voir* plus loin §§ 89 et 93.)

mouvements. Un point se meut sur un bateau, le bateau se meut sur une rivière, la terre tourne autour de la ligne des pôles, elle se transporte en même temps aux différents points de son orbite elliptique autour du soleil. Tous ces mouvements peuvent être considérés comme étant des mouvements simultanés du point dont on s'occupe ; le mouvement absolu de ce point peut être obtenu d'après la connaissance de ces mouvements simultanés, tout aussi bien que s'il n'y en avait que deux.

Le mouvement du point sur le bateau est un mouvement relatif ; le mouvement du bateau par rapport à la terre est un mouvement d'entraînement ; la composition de ces deux mouvements donnera le mouvement du point mobile par rapport à la terre. Le mouvement résultant de cette composition est encore un mouvement relatif, puisque la terre n'est pas en repos : le mouvement de rotation de la terre autour de la ligne des pôles est un mouvement d'entraînement : la composition de ces deux nouveaux mouvements donnera le mouvement du point mobile par rapport à des axes de direction constante, passant par le centre de la terre, et ainsi de suite.

§ 42. **Composition des vitesses.** — Lorsqu'un point mobile est regardé comme animé à la fois de plusieurs mouvements, son mouvement réel s'obtient par la composition de ces mouvements simultanés. Nous allons voir que la vitesse du point, à chaque instant, peut se déduire d'une manière très-simple des vitesses qu'il possède au même instant dans chacun des mouvements composants.

Dans l'exemple que nous avions pris d'abord, d'un point animé d'un mouvement rectiligne et uniforme sur un bateau qui se meut lui-même d'un mouvement de translation rectiligne et uniforme (§ 38), nous avons vu que la vitesse du mouvement absolu du point mobile est AG, *fig.* 18, c'est-à-dire qu'elle est représentée par la diagonale du parallélogramme ADGE dont les côtés sont les vitesses AD, AE des deux mouvements composants.

Nous allons voir que, dans le cas général que nous avons considéré ensuite (§ 39), la vitesse du mobile dans son mouvement absolu se déduit encore de la même manière des vitesses dans les deux mouvements composants. Si nous supposons que l'intervalle de temps $t' - t$, employé par le mobile à aller de M en N', *fig.* 19, soit infiniment petit, la figure MM'NN', devient un parallélogramme ; car, les côtés MN, M'N' étant deux positions infiniment voisines d'un même élément de la trajectoire relative AB, et faisant entre eux par conséquent un angle qui ne peut être qu'infiniment petit, on doit regarder ces côtés MN, M'N' comme égaux et parallèles. On peut donc dire que le déplacement absolu MN' du mobile, pendant un intervalle de temps infiniment petit, est la diagonale du parallélogramme qui aurait pour côtés : 1° son déplacement relatif MN ; 2° son déplacement d'entraînement MM', c'est-à-dire le déplacement qu'il aurait éprouvé pendant ce temps, s'il n'avait pas changé de position par rapport aux axes mobiles. Les dé-

placements infiniment petits MN', MN, MM', sont proportionnels aux vitesses absolue, relative et d'entraînement, puisqu'on obtient ces vitesses en divisant les déplacements MN', MN, MM' par le temps infiniment petit $t' - t$ : donc, si l'on construit un parallélogramme sur les vitesses relative et d'entraînement MS, MR, *fig.* 20, la diagonale MT de ce parallélogramme

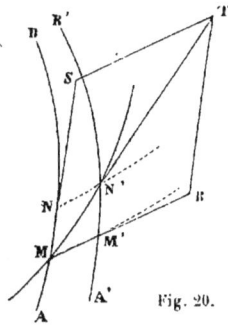

Fig. 20.

représentera en grandeur et en direction la vitesse absolue du mobile. Cette proposition est souvent désignée sous le nom de *parallélogramme des vitesses.*

On peut observer que, si les vitesses MR, MS changeaient de rôle, si la première était une vitesse relative, et la seconde une vitesse d'entraînement, la construction qui donne la vitesse absolue serait exactement la même. Aussi se contente-t-on souvent de dire que MR et MS sont deux vitesses dont le point est animé simultanément, sans indiquer laquelle des deux est une vitesse relative ; et on les confond sous le nom de *composantes* de la vitesse absolue MT, qui est à son tour nommée leur *résultante.*

§ 43. Lorsqu'on regarde un point mobile comme animé à la fois de plus de deux mouvements (§ 41), on obtient sa vitesse absolue au moyen des vitesses des divers mouvements composants, en appliquant successivement la construction du parallélogramme des vitesses, de la manière suivante :

Soient AB, AC, AD, AE, *fig*. 21, les vitesses du point, dans chacun de ses mouvements composants. On trouve d'abord que AF est la résultante des vitesses AB, AC ; ensuite que AG est la résultante des vitesses AF et AD, et par conséquent la résultante des trois vitesses AB, AC, AD ; enfin que AH est la résultante de AG et de AE, c'est-à-dire la résultante des quatre vitesses données.

Pour trouver cette résultante définitive, on peut se contenter de mener, par l'extrémité B de la première vitesse AB, une droite BF égale et parallèle à AC ; puis, par le point F, une droite FG égale et parallèle à AD ; ensuite par le point G, une droite GH égale et parallèle à AE : la droite AH, qui joint le point A à l'extrémité du polygone ABFGH ainsi formé, est la résultante cherchée. Cette construction, à l'aide de laquelle on détermine la résultante d'un nombre quelconque de vitesses dont un point est animé simultanément, se nomme *polygone* des vitesses.

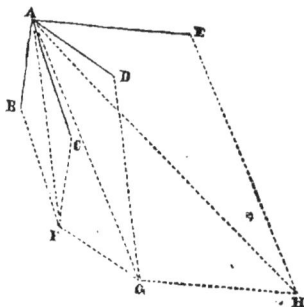
Fig. 21

Il est clair que le polygone des vitesses, dont le parallélogramme des vitesses n'est qu'un cas particulier, permet de composer les vitesses simultanément d'un point dans tous les cas possibles. Si ces vitesses simultanées sont de même direction et de même sens, on en déduit que la vitesse résultante est égale à leur somme, et qu'elle est dirigée dans la direction et dans le sens de chacune d'elles. Si les vitesses simultanées sont de même direction, et que les unes soient dans un sens, les autres dans le sens opposé, on trouvera leur résultante en faisant la somme de celles qui sont dirigées dans un sens, et la somme de

celles qui sont dans le sens contraire, puis retranchant la plus
petite de ces deux sommes de la plus grande : la différence ainsi
obtenue sera la vitesse résultante, et elle sera dirigée dans le sens
de la plus grande des deux sommes dont nous venons de parler.

§ 44. Dans le cas où les vitesses composantes sont au nombre
de trois, et où leurs directions ne sont pas dans un même plan,
on peut trouver la résultante par un moyen un peu différent,
que nous allons faire connaître.

Soient AB, AC, AD, *fig.* 22, les trois vitesses composantes.
En construisant un parallélogramme sur AB et AC, on trouvera
la résultante AE de ces deux vitesses ; si ensuite on mène, par
le point E, une droite EF égale et parallèle à AD, AF sera la
résultante de ces trois vitesses AB, AC, AD. Or, si l'on mène
par les points B, C, des droites BG, CH, aussi égales et parallèles à AD, les extrémités D, F,
G, H des quatre droites égales et
parallèles AD, EF, BG, CH, for-
meront un parallélogramme égal
et parallèle au parallélogramme
ABCE. Donc la vitesse résultante
AF est la diagonale d'un parallélipipède construit sur les trois vitesses composantes, AB, AC, AD.
Cette construction, spéciale au
cas de trois vitesses composantes non situées dans un même
plan, se nomme *parallélipipède des vitesses.*

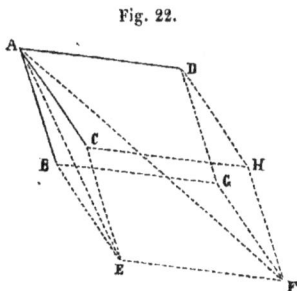

Fig. 22.

§ 45. On a souvent besoin de décomposer une vitesse en deux
ou trois composantes suivant des directions données. Cette
décomposition s'effectue très-fa-
cilement, en se fondant sur ce qui
précède.

Soit AB, *fig.* 23, une vitesse qu'il
s'agit de décomposer en deux autres
dirigées suivant les lignes AC, AD.
On observe d'abord que, pour que
cela soit possible, il faut que la vitesse donnée AB soit dans le plan

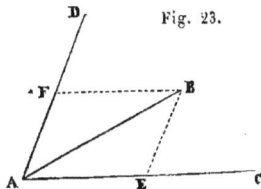

Fig. 23.

CAD. Si cette condition est remplie, il suffit de mener par le point B des parallèles BE, BF aux lignes AD, AC: AE et AF sont les deux composantes cherchées.

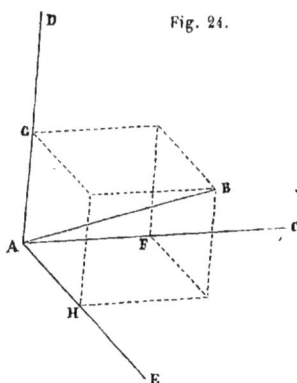

Fig. 24.

Soit encore AB, *fig.* 24, une vitesse qu'il s'agit de décomposer en trois autres dirigées suivant les lignes AC, AD, AE, non situées dans un même plan. Menons par le point B trois plans respectivement parallèles aux plans DAE, CAE, CAD, et cherchons les points F, G, H où ces plans coupent les lignes AC, AD, AE : AF, AG et AH sont les trois vitesses composantes qu'on voulait obtenir.

§ 46. **Mouvement d'un point rapporté à un système de coordonnées rectilignes.** — Pour définir complétement les positions successives d'un point mobile, on peut les rapporter à un système de cordonnées rectilignes ; la connaissance des variations que les coordonnées éprouvent avec le temps entraîne nécessairement la connaissance des diverses circonstances du mouvement de ce point.

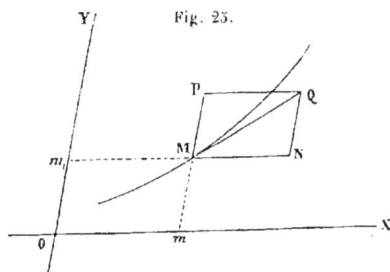

Fig. 25.

Considérons d'abord le mouvement d'un point qui reste toujours dans un même plan, et rapportons ses diverses positions à deux axes coordonnés OX, OY tracés dans ce plan, *fig.* 25. Soient $x$ l'abscisse O$m$, et $y$ l'ordonnée O$m$, du point mobile M à la fin du temps $t$. Ces deux coordonnées, $x$, $y$, varient avec le temps, en sorte qu'on a

$$x = f(t), \qquad y = \varphi(t).$$

Si l'on projette le point M sur l'axe OX, parallèlement à l'axe

OY, la projection sera $m$ ; de même, si on le projette sur l'axe OY, parallèlement à l'axe OX, sa projection sera $m_1$. Les deux relations qui précèdent sont donc les équations du mouvement des projections $m$, $m_1$ du point M sur les deux axes. On les nomme aussi souvent les *équations du mouvement* du point M.

L'élimination de $t$ entre ces deux équations fournit une relation entre les variables $x$, $y$ ; ce n'est autre chose que l'équation de la trajectoire du point M.

Désignons par $u$ et $u_1$ les vitesses des projections $m$, $m_1$ du point M ; nous aurons

$$u = \frac{dx}{dt} = f'(t), \qquad u_1 = \frac{dy}{dt} = \varphi'(t).$$

La connaissance de ces deux vitesses permet de trouver la vitesse $v$ du point M, en se fondant sur ce que $u$ et $u_1$ sont les projections de $v$ sur les axes OX, OY (§ 13). En effet, si nous menons par le point M deux droites MN, MP respectivement égales à $u$, $u_1$, et parallèles aux axes OX, OY, il est aisé de voir que la vitesse $v$ doit être représentée en grandeur et en direction par la diagonale MQ du parallélogramme MNPQ ; cette diagonale MQ est la seule ligne partant du point M dont les projections sur les axes soient $u$, $u_1$. On peut donc dire que la vitesse $v$ du point M est la résultante des vitesses $u$, $u_1$ de ses projections sur les axes OX, OY (§ 42).

Cette conséquence, à laquelle nous venons de parvenir, peut être établie d'une autre manière. On peut concevoir que le point mobile parcoure la droite OX, de manière que l'équation de son mouvement sur cette ligne soit

$$x = f(t);$$

et qu'en même temps la ligne OX soit animée d'un mouvement de translation rectiligne parallèle à OY et représenté par l'équation

$$y = \varphi(t).$$

En vertu de l'existence simultanée de ces deux mouvements, le point M se mouvra dans le plan YOX comme nous l'avions sup-

posé d'abord. Ce mouvement absolu du point M peut donc être
regardé comme résultant de la composition des mouvements
de ses deux projections sur les axes OX, OY ; et par suite, sa
vitesse $v$ doit être la résultante des vitesses $u$, $u_1$ de ces projections.

§ 47. Il est facile d'étendre ce qui vient d'être dit au cas où
l'on rapporte les positions successives d'un point mobile M à
trois axes OX, OY, OZ, *fig*. 26. Si l'on désigne par $x$, $y$, $z$ les
trois coordonnées O$m$, O$m_1$, O$m_2$ du point M, à la fin du
temps $t$, ces quantités varient avec le temps, en sorte qu'on a

$$x = f(t), \quad y = \varphi(t), \quad z = \psi(t).$$

Les points $m$, $m_1$, $m_2$ sont les projections de M sur les axes,
faites parallèlement aux plans YOZ, XOZ, XOY. Les trois rela-

Fig. 26.

tions qui précèdent sont
donc les équations du
mouvement de ces pro-
jections du point M; on
leur donne aussi le nom
d'équations du mouve-
ment du point M.

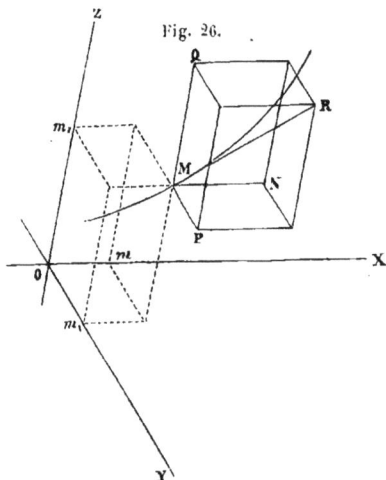

En éliminant la varia-
ble $t$ entre ces trois
équations on trouve
deux relations entre les
variables $x$, $y$, $z$ : ce
sont les équations de la
trajectoire du point M
dans l'espace.

Représentons par $u$, $u_1$, $u_2$ les vitesses des projections $m$,
$m_1$, $m_2$ du point M, nous aurons

$$u = \frac{dx}{dt} = f'(t), \quad u_1 = \frac{dy}{dt} = \varphi'(t), \quad u_2 = \frac{dz}{dt} = \psi'(t).$$

Ces vitesses $u$, $u_1$, $u_2$ sont les projections de la vitesse $v$ du
point M dans l'espace. On en conclura sans peine que, si l'on
mène par le point M trois droites parallèles aux axes OX, OY,

OZ, et égales respectivement à $u$, $u_1$, $u_2$, la vitesse $v$ est la diagonale du parallélipipède construit sur ces trois droites. Donc cette vitesse $v$ du point M est la résultante des trois vitesses $u$, $u_1$ $u_2$, de ses projections sur les axes (§ 44).

On parvient au même résultat en supposant que le point mobile se meuve sur l'axe OX conformément à l'équation

$$x = f(t);$$

qu'en même temps cet axe OX ait un mouvement de translation rectiligne, parallèle à l'axe OY, et représenté par l'équation

$$y = \varphi(t);$$

et qu'enfin le plan XOY ait aussi un mouvement de translation rectiligne, parallèle à l'axe OZ, et représenté par l'équation

$$z = \psi(t).$$

La coexistence de ces trois mouvements équivaut au mouvement du point M dans l'espace, tel que nous l'avions d'abord considéré. On peut donc regarder les mouvements des projections du point M sur les axes comme étant les mouvements composants de son mouvement absolu, et par conséquent les vitesses $u$, $u_1$, $u_2$, des projections $m$, $m_1$, $m_2$, sont les composantes de la vitesse $v$ de ce point M.

§ 48. **Mouvement d'un point rapporté à un système de coordonnées polaires.** — On peut encore rapporter les diverses positions d'un point mobile à un système de coordonnées polaires. Nous allons examiner successivement le cas des coordonnées polaires dans un plan, et celui des coordonnées polaires dans l'espace.

Soient P le pôle, et AP l'axe polaire, *fig.* 27, auxquels sont rapportées les positions du point mobile M, qui se meut en restant dans un plan passant par l'axe AP. Désignons par $r$ le rayon vecteur MP, et par θ l'angle MPA. Les quantités $r$ et θ varient avec le temps $t$; la con-

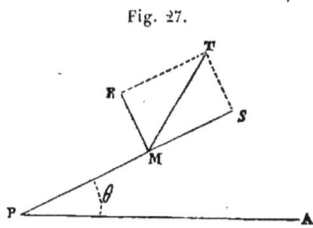

Fig. 27.

naissance des relations qui les lient à cette dernière variable suffit pour que le mouvement du point M soit complétement connu. Ces relations constituent les équations du mouvement du point.

On peut regarder le point M comme marchant le long du rayon vecteur pendant que ce rayon vecteur tourne autour du pôle. La composition de ces deux mouvements simultanés du point M donnera son mouvement réel. Le mouvement du point M le long du rayon vecteur est un mouvement relatif; le mouvement de rotation du rayon vecteur autour du pôle est un mouvement d'entraînement.

La vitesse du point M dans son mouvement le long du rayon vecteur est

$$\frac{dr}{dt}.$$

La vitesse d'entraînement du point M, supposé immobile sur le rayon vecteur, est

$$r\,\frac{d\vartheta}{dt}.$$

Si l'on porte la première en MS, sur le prolongement du rayon vecteur PM, et la seconde en MR, suivant une perpendiculaire à ce rayon vecteur, on trouvera la vitesse absolue MT du point M, en appliquant la construction du parallélogramme des vitesses aux deux composantes MR, MS.

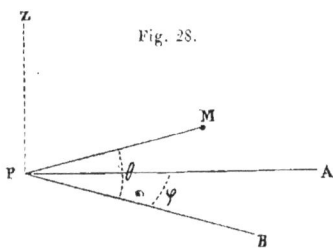

Fig. 28.

§ 49. Lorsqu'un point mobile M se meut d'une manière quelconque dans l'espace, on peut définir sa position à chaque instant en donnant: 1° sa distance $r$ à un point fixe ou pôle P, *fig.* 28; 2° l'angle θ que le rayon vecteur MP fait avec sa projection orthogonale PB sur un plan fixe APB; 3° enfin l'angle φ que la projection PB fait avec une ligne fixe PA tracée dans ce plan. Les trois coordonnées $r$, θ, φ varient avec le temps $t$. Les relations qui les lient à cette dernière variable constituent les équations du mouvement du point M.

On peut regarder le mouvement du point M dans l'espace comme résultant de la composition de trois mouvements simultanés, savoir : 1° un mouvement de glissement du point M le long du rayon vecteur PM ; 2° un mouvement de rotation du rayon vecteur PM autour du point P, dans le plan BPM ; 3° un mouvement de rotation du plan BPM autour de l'axe PZ perpendiculaire au plan ABP. La vitesse de glissement du point M, le long du rayon vecteur, est

$$\frac{dr}{dt}.$$

La vitesse du point M, supposé immobile sur le rayon vecteur, pendant que cette ligne tourne autour du point P, dans le plan BPM, est

$$r\frac{d\theta}{dt}.$$

La vitesse du point M, supposé immobile sur le plan BPM pendant que ce plan tourne autour de PZ, est

$$r\cos\theta\frac{d\varphi}{dt}.$$

Supposons que l'on porte la première de ces trois vitesses sur le prolongement du rayon vecteur PM ; la seconde sur une perpendiculaire à PM, menée par le point M, dans le plan BPM : et la troisième sur une perpendiculaire au plan BPM, menée par le point M : il suffira d'appliquer à ces trois vitesses composantes, perpendiculaires entre elles deux à deux, la construction du parallélipipède des vitesses (§ 44), pour trouver la vitesse du point M dans l'espace.

§ 50. **Méthode de Roberval, pour le tracé des tangentes aux courbes.** — La vitesse d'un point mobile est, à chaque instant, dirigée suivant la tangente à la courbe qu'il décrit. Il en résulte que la connaissance de cette vitesse entraîne celle de la tangente. Concevons que le mouvement du mobile soit décomposé en plusieurs mouvements composants ; si l'on peut trouver les vitesses simultanées dans ces mouvements composants, ou simplement les rapports qui existent entre elles, on en déduira la direction de la vitesse absolue du mobile, et, par suite, la direction de la tangente à sa trajectoire. Telle est la méthode indiquée par Roberval pour le tracé des tangentes aux courbes. Nous allons donner quelques exemples de son application.

Reprenons la conchoïde, dont nous nous sommes déjà occupés (§ 24). On mène par le point fixe O, *fig.* 29, une droite quelconque OAB, et l'on porte sur cette droite une longueur constante AB, à partir du point A où elle coupe une droite fixe MN : la conchoïde est le lieu des points B ainsi obtenus. Si nous regardons le point O comme un pôle autour duquel tourne le rayon vecteur OAB, nous pourrons regarder les vitesses des points A et B comme résultant chacune de la composition d'une vitesse de glissement le long du rayon

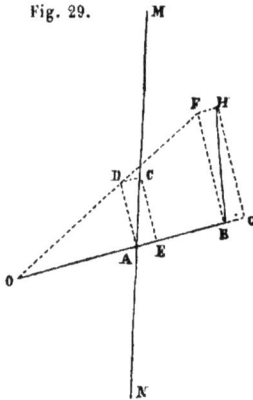

Fig. 29.

vecteur (§ 48), et d'une vitesse d'entraînement due à la rotation du rayon vecteur autour du point O. Les vitesses de glissement de ces deux points A et B sont évidemment égales, puisque la distance de ces deux points ne varie pas. D'un autre côté, leurs vitesses d'entraînement sont proportionnelles à leurs distances OA, OB au point fixe O. La vitesse absolue du point A est dirigée suivant la ligne MN ; soit AC cette vitesse : en construisant le rectangle AECD, on aura AD pour la vitesse d'entraînement du point A, et AE pour sa vitesse de glissement. Si nous traçons BF perpendiculaire à OB, jusqu'à la rencontre de la ligne OD prolongée, BF sera la vitesse d'entraînement du point B ; si nous portons en outre, sur le prolongement de OB, une longueur BG égale à AE, BG sera la vitesse de glissement du point B : la diagonale BH du rectangle BFGH sera donc la vitesse du point B, et, par conséquent, cette ligne BH sera la tangente à la conchoïde au point B.

Fig. 30.

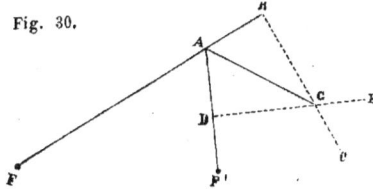

L'ellipse est le lieu des points A, *fig.* 30, tels que la somme de leurs distances AF, AF′, à deux points fixes F, F′, est constante. Si nous regardons le point A comme appartenant au rayon vecteur AF, mobile autour du point F, sa vitesse pourra être décomposée en une vitesse suivant le rayon et une vitesse d'entraînement. Il en sera de même si nous regardons ce point A comme appartenant au rayon vecteur AF′, mobile autour du point F′. La somme AF + AF′ restant constante, il en résulte nécessairement que les deux vitesses du point A suivant les rayons AF, AF′ sont égales, et que, si l'une des deux est dirigée suivant le prolongement de FA, l'autre est dirigée de A vers F′. Soit AB la vitesse du point A sur le rayon vecteur FA ; si nous connaissions la vitesse d'entraînement correspondante, il nous suffirait de la porter sur la perpendiculaire BC au rayon vecteur FAB ; puis de joindre son extrémité au point A : la ligne ainsi obtenue serait la vitesse du point A. Soit de même AD la vitesse de glissement du point A sur le rayon vecteur F′A ; en portant la vitesse d'entraînement correspondante sur la perpendiculaire DE au rayon vecteur F′A, et joignant son extrémité au point A, nous aurions encore la vitesse de ce point. L'extrémité de la ligne qui représente la vitesse du point A, devant se trouver à la fois sur BC et sur DE, sera donc le point G, où les deux lignes BC, DE se rencontrent ; et par conséquent AG sera cette vitesse. L'égalité des lignes AB, AD montre que la ligne AG, qui est la tangente à l'ellipse en A, divise l'angle BAD en deux parties égales.

§ 51. **Mouvements simultanés d'un solide.** — Si l'on rapporte les positions successives des différents points d'un solide en mouvement à des axes coordonnés qui se déplacent dans

4

l'espace, on trouvera ainsi, non pas le mouvement absolu du
solide, mais son mouvement relatif par rapport à ces axes mobiles. On peut regarder le solide comme animé à la fois de
deux mouvements dont l'un est le mouvement relatif, dont
nous venons de parler, et l'autre est le mouvement d'entraînement qu'il aurait s'il était lié invariablement aux axes mobiles.
Le mouvement réel du solide s'obtiendra par la composition
du mouvement relatif et du mouvement d'entraînement que
nous substituons par la pensée à ce mouvement réel.

Nous avons fait usage de cette considération, qui consiste à
regarder le mouvement réel d'un solide comme dû à la coexistence de deux autres mouvements, lorsque nous avons dit
qu'une vis qui pénètre dans son écrou glisse le long de son axe
et tourne en même temps autour de cet axe (§ 31).

Un solide peut d'ailleurs, comme un point, être regardé
comme animé à la fois de trois, de quatre,..... mouvements
distincts, dont la composition fournira toujours le mouvement
réel du solide dans l'espace.

Nous allons voir comment on pourra composer entre eux les
divers mouvements simultanés d'un solide, dans tous les cas
possibles ; et pour cela, il nous suffira de nous occuper de la
composition des mouvements élémentaires simultanés, puisqu'en appliquant les propositions que nous allons établir aux
mouvements élémentaires qui se produisent pendant les éléments successifs du temps, on en déduira sans peine la composition des mouvements continus simultanés du solide, de
quelque nature que soient ces mouvements.

§ 52. **Composition des mouvements élémentaires simultanés d'un solide.** — *Composition des translations.* — Si un solide
est animé à la fois de deux mouvements élémentaires de
translation, chacun de ses points décrira, en vertu du mouvement résultant, la diagonale du parallélogramme construit sur
les chemins infiniment petits qu'il parcourrait en vertu de
chacun des mouvements composants (§ 42). Mais tous les parallélogrammes construits ainsi, pour les divers points du solide,
ont leurs côtés égaux et parallèles ; leurs diagonales seront donc

aussi égales et parallèles : donc le mouvement résultant du solide sera encore un mouvement de translation. On voit de plus que la vitesse du solide, dans ce mouvement résultant, est représentée en grandeur et en direction par la diagonale du parallélogramme construit sur les droites qui représentent les vitesses des mouvements composants.

Si un solide est animé d'un nombre quelconque de mouvements élémentaires de translation, son mouvement résultant sera encore un mouvement de translation; et la vitesse de ce mouvement résultant se déduira des vitesses des mouvements composants, par la construction du polygone des vitesses (§ 43). Dans le cas où il n'y aura que trois mouvements composants, et où les vitesses de ces trois mouvements ne seront pas parallèles à un même plan, la construction du polygone des vitesses pourra être remplacée par celle du parallélipipède des vitesses (§ 44).

§ 53. *Composition d'une translation et d'une rotation.* — Considérons un solide animé à la fois d'une translation et d'une rotation autour d'un axe perpendiculaire à la direction de la translation. Soient O, *fig.* 31, la projection de l'axe autour duquel s'effectue la rotation dans le sens indiqué par la flèche *a;* et AB la direction de la translation, dont le sens est indiqué par la flèche *b.* Désignons par ω la vitesse angulaire de la rotation, et par *v* la vitesse de la translation : ω*dt* sera

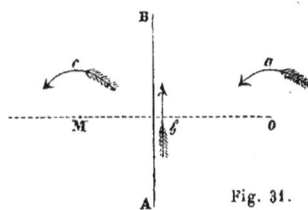

Fig. 31.

l'angle dont le solide tourne autour de l'axe O, pendant le temps *dt,* et *vdt* sera la quantité dont il se déplace parallèlement à AB, en vertu de la translation, pendant le même temps. Abaissons du point O une perpendiculaire sur AB, et prenons sur cette perpendiculaire un point M tel que l'on ait

$$v = \varphi \times OM.$$

Le point M s'abaisse au-dessous de OM, et perpendiculairement à cette ligne, d'une quantité ω*td* × OM, pendant le temps *td*, en vertu de la rotation autour de l'axe O ; il s'élève en même temps, suivant la même direction d'une quantité $vdt$, en vertu de la translation : ces deux quantités étant égales, d'après la manière dont le point M a été choisi, il en résulte que ce point M reste immobile. On conclut immédiatement de là que le mouvement résultant du solide est une rotation, autour d'un axe mené par le point M, parallèlement à l'axe O de la rotation composante. Pour trouver la vitesse angulaire avec laquelle s'effectue cette rotation résultante, nous observerons que le point O se déplace, pendant le temps $dt$, d'une quantité $vdt$, en vertu de la translation, et qu'il ne se déplace pas du tout en vertu de la rotation composante ; son déplacement total est $vdt$, et si nous le regardons comme dû à la rotation résultante, il nous suffira de le diviser par OM, pour avoir l'angle décrit pendant le temps $dt$ en vertu de cette rotation : le quotient

$$\frac{vdt}{\overline{OM}}$$

étant égal à $\omega dt$, d'après la relation qui nous a servi à déterminer OM, il s'ensuit que la vitesse angulaire, dans la rotation résultante, est égale à $\omega$. Le sens de cette rotation résultante est d'ailleurs indiqué par la flèche $c$, c'est-à-dire qu'il est le même que celui de la rotation composante.

Dans le cas où l'on aura un solide animé à la fois d'une translation et d'une rotation autour d'un axe non perpendiculaire à la direction de la translation, on décomposera la translation en deux composantes (§§ 52 et 45), dont l'une soit parallèle à l'axe de la rotation, et dont l'autre lui soit perpendiculaire. On composera la seconde de ces translations composantes avec la rotation, ce qui donnera une rotation égale autour d'un axe parallèle au premier. Il restera alors une rotation, et une translation dirigée suivant l'axe de cette rotation, dont la coexistence équivaut à un mouvement hélicoïdal, tel que le mouvement d'une vis qui pénètre dans son écrou (§ 31).

Le mouvement hélicoïdal élémentaire d'un solide pouvant être regardé comme résultant de la composition d'une rotation

autour de l'axe instantané de rotation et de glissement du solide, et d'une translation le long de cet axe, il est facile d'en -
conclure l'expression de la vitesse d'un point quelconque du
solide mobile. Si l'on désigne par $v$ la vitesse de la translation,
par $\omega$ la vitesse angulaire de la rotation, et par $r$ la distance du
point que l'on considère à l'axe instantané de rotation et de
glissement, on aura

$$v \quad \text{et} \quad \omega r$$

pour les deux composantes de la vitesse du point ; et comme
ces deux composantes sont dirigées à angle droit l'une sur l'autre, la vitesse résultante a pour valeur

$$\sqrt{v^2 + \omega^2 r^2}.$$

On voit par là que la vitesse d'un point du solide mobile est
d'autant plus grande que ce point est plus éloigné de l'axe instantané de rotation et de glissement, et que cet axe est le lieu
des points du solide dont la vitesse est minimum.

§ 54. *Composition des rotations*
*autour d'axes parallèles.* — Sup·
posons qu'un solide soit animé à
la fois de deux rotations autour

Fig. 32.

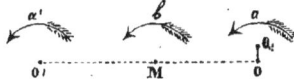

de deux axes parallèles projetés en O, O', *fig.* 32, dans le sens
des flèches $a$, $a'$, et avec des vitesses angulaires $\omega$, $\omega'$. Prenons,
sur la ligne OO', un point M tel que l'on ait

$$\omega \times OM = \omega' \times O'M.$$

En vertu de la rotation $\omega dt$ autour de l'axe O, le point M s'a-
baisse au-dessous de OO' d'une quantité $\omega dt \times OM$ ; en vertu
de la rotation $\omega' dt$ autour de l'axe O', ce point M s'élève au-
dessus de OO' d'une quantité $\omega' dt \times O'M$ : ces deux déplacements simultanés étant égaux et directement opposés, il s'ensuit que le point M reste immobile. Donc le mouvement résultant est une rotation autour d'un axe qui passe par le point M,
et qui est parallèle aux axes des rotations composantes. Cet
axe de la rotation résultante, situé dans le plan des axes des

rotations composantes, et entre ces deux axes, divise la distance OO′ qui les sépare en deux parties OM, OM′, inversement proportionnelles aux vitesses angulaires ω, ω′. Le déplacement total OO₁ du point O est dû uniquement à la rotation ω′$dt$ autour de l'axe O′, et est égal à ω′$dt$ × OO′ ; si l'on regarde ce déplacement total comme dû à la rotation résultante autour de l'axe M, l'angle décrit pendant le temps $dt$, dans cette rotation résultante, sera

$$\frac{OO_1}{OM} = \frac{\omega' t \times OO'}{OM}.$$

En observant que OO′ = OM + O′M, et tenant compte de la relation qui a servi à définir le point M, on trouvera que cet angle décrit pendant le temps $dt$, dans la rotation résultante, est égal à

$$(\omega + \omega')\, dt\,;$$

donc la vitesse angulaire, dans le mouvement résultant, est ω + ω′, c'est-à-dire la somme des vitesses angulaires dans les mouvements composants. La rotation résultante, autour de l'axe M, s'effectue d'ailleurs dans le sens de la flèche $b$, c'est-à-dire dans le même sens que chacune des rotations composantes.

En raisonnant absolument de la même manière, dans le cas où un solide serait animé de deux rotations de sens contraires, autour d'axes parallèles, avec des vitesses angulaires ω, ω′, et supposant ω > ω′, on arrive au résultat suivant. Le mouvement résultant est une rotation autour d'un axe parallèle aux axes des rotations composantes, situé dans le plan de ces deux axes, en dehors de la portion du plan qu'ils comprennent entre eux, et du côté de l'axe correspondant à la plus grande vitesse angulaire ω ; les distances de cet axe de la rotation résultante aux axes des rotations composantes, sont inversement proportionnelles aux vitesses angulaires correspondantes ω, ω′ ; la rotation résultante a lieu dans le sens de la rotation composante dont la vitesse est ω, et la vitesse angulaire de cette rotation résultante est égale à ω — ω′.

Dans le cas particulier où les deux rotations composantes

autour d'axes parallèles, s'effectuent en sens contraire et avec des vitesses angulaires égales, il résulte de ce qui vient d'être dit que le mouvement absolu du solide est une rotation autour d'un axe situé à l'infini, dans le plan des axes des rotations composantes, et que cette rotation s'effectue avec une vitesse angulaire nulle; c'est-à-dire que le mouvement résultant doit être une translation dirigée perpendiculairement au plan des axes des rotations composantes. On peut le reconnaître directement de la manière suivante. Soient O, O', *fig*. 33, les axes des rotations composantes, et $\omega$ leur vitesse angulaire commune. Pendant le temps $dt$, un point quelconque M pris entre les

Fig. 33.

deux axes, et dans leur plan, s'élève d'une quantité $\omega dt \times OM$, perpendiculairement à ce plan, en vertu de la rotation autour de l'axe O ; il s'élève, suivant la même direction, d'une quantité $\omega dt \times O'M$, en vertu de la rotation autour de l'axe O' : son déplacement total est donc $\omega dt \times (MO + O'M)$, ou ce qui est la même chose $\omega dt + OO'$, c'est-à-dire qu'il est indépendant de la position du point M sur le plan des deux axes, O, O', et entre ces deux axes. De même un point quelconque M', pris sur le plan des axes O, O' en dehors de ces axes, s'élève de $\omega dt \times OM'$, pendant le temps $dt$, en vertu de la rotation autour de l'axe O : il s'abaisse en même temps de $\omega dt \times O'M'$, en vertu de la rotation autour de l'axe O' : son déplacement total est donc $\omega dt \times OM' - \omega dt \times O'M'$, ou encore $\omega dt \times OO'$, comme pour le point M. Il suit de là que l'existence simultanée de deux rotations égales et de sens contraires, autour d'axes parallèles, ce qui constitue, suivant l'expression admise, un *couple de rotations*, équivaut à une translation dirigée perpendiculairement au plan des axes des deux rotations, ou au plan du couple ; et que la vitesse de cette translation s'obtient en multipliant la vitesse angulaire commune des deux rotations, par la distance des axes autour desquels ces rotations s'effectuent ($\omega \times OO'$).

Si un solide est animé à la fois d'un nombre quelconque de rotations de même sens autour d'axes parallèles, on trouvera facilement son mouvement résultant, en composant d'abord deux de ces rotations en une seule, comme nous l'avons dit au commencement de ce paragraphe; composant ensuite la rotation résultante ainsi obtenue avec une troisième des rotations dont il s'agit; puis cette seconde rotation résultante avec une quatrième des rotations données, et ainsi de suite. Le mouvement résultant définitif sera donc une rotation, de même sens que les rotations composantes données, autour d'un axe parallèle aux axes de ces rotations composantes; et la vitesse angulaire résultante sera la somme des vitesses angulaires composantes. Dans le cas où un solide sera animé à la fois d'un nombre quelconque de rotations autour d'axes parallèles, les unes dans un sens, les autres dans un sens opposé, on trouvera le mouvement résultant de la manière suivante : on composera d'abord en une seule toutes les rotations qui ont lieu dans un sens, puis on en fera autant des autres rotations qui ont lieu en sens contraire; enfin, on composera entre elles les deux rotations résultantes partielles ainsi obtenues, ce qui donnera, pour le mouvement résultant du solide, une translation ou une rotation, suivant que les vitesses angulaires de ces deux rotations résultantes partielles seront égales ou inégales.

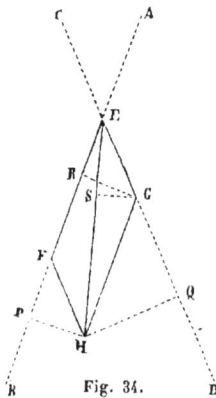

§ 55. *Composition des rotations autour d'axes concourants.* — Considérons un solide animé de deux rotations élémentaires simultanées autour de deux axes, AB, CD, qui passent par un même point E, *fig.* 34, et représentons par ω, ω′, les vitesses angulaires correspondant à chacune d'elles. Le point E ne se déplaçant en vertu d'aucune de ces deux rotations, il est clair que le mouvement résultant sera une rotation autour d'un axe passant par le point E (§ 27). Pour trouver cet axe, imaginons que nous portions sur les directions AB, CD, et, à partir de leur point de rencontre E, des longueurs EF, EG, proportionnelles aux vi-

Fig. 34.

lesses angulaires $\omega$, $\omega'$ ; supposons en outre que ces longueurs soient portées dans un sens tel, qu'en mettant son œil au point E, et regardant, soit dans la direction EF, soit dans la direction EG, on voie la rotation correspondante s'effectuer dans le sens dans lequel nous voyons habituellement tourner les aiguilles sur le cadran d'une horloge ou d'une montre. Cela fait, construisons un parallélogramme EFGH, sur les deux lignes EF, EG ; nous allons voir que la diagonale EH de ce parallélogramme est précisément l'axe de la rotation résultante.

En effet, en vertu de la rotation autour de AB, et pendant le temps $dt$, le point H s'élève au-dessus du plan BED, d'une quantité $\omega dt \times$ HP ; en vertu de la rotation autour de CD et dans le même temps, ce point H s'abaisse au-dessous du plan BED d'une quantité $\omega' dt \times$ HQ. Or, les deux triangles HFP, GHQ étant semblables, il s'ensuit qu'on a

$$\frac{HP}{HQ} = \frac{HF}{HG} = \frac{EG}{EF} = \frac{\omega'}{\omega} ;$$

on en déduit

$$\omega \times HP = \omega' \times HQ ;$$

donc les déplacements simultanés $\omega dt \times$ HP, $\omega' dt \times$ HQ, du point H, dus aux deux rotations composantes, sont égaux entre eux, et comme ils sont tous deux dirigés perpendiculairement au plan BED et en sens contraire l'un de l'autre, il en résulte que le point H reste immobile. La ligne EH est donc bien l'axe autour duquel s'effectue la rotation élémentaire qui constitue le mouvement résultant du solide.

Reste à trouver la grandeur de la vitesse angulaire $\Omega$ dans ce mouvement résultant. Pour y arriver, observons que le point G se déplace d'une quantité $\omega dt \times$ GR, en vertu de la rotation autour de AB, et qu'il ne se déplace pas en vertu de la rotation autour de CD : son déplacement total est donc $\omega dt \times$ GR. D'un autre côté, si l'on regarde ce déplacement total du point G comme dû à la rotation résultante, on trouve qu'il a pour valeur $\Omega dt \times$ GS ; on doit donc avoir

$$\omega dt \times GR = \Omega dt \times GS,$$

d'où l'on tire

$$\frac{\Omega}{\omega} = \frac{GR}{GS}.$$

Or les deux triangles EFH, EGH sont égaux ; les produits EF $\times$ GR et EH $\times$ GS, qui représentent les doubles de leurs surfaces, sont donc aussi égaux ; on en déduit

$$\frac{GR}{GS} = \frac{EH}{EF},$$

et par conséquent on a

$$\frac{\Omega}{\omega} = \frac{EH}{EF}.$$

Il résulte de là que, si les vitesses angulaires composantes $\omega$ et $\omega'$ sont représentées par les longueurs EF, EG, auxquelles elles sont proportionnelles, la vitesse angulaire résultante $\Omega$ sera représentée par la longueur EH. Quant au sens de la rotation résultante, il est aisé de voir qu'il est bien tel, que, si l'on mettait son œil au point E, et qu'on regardât dans la direction EH, on verrait le solide tourner dans le sens où nous voyons tourner les aiguilles d'une horloge.

D'après cela, les lignes EF, EG étant prises de manière à représenter les directions des axes des rotations composantes, ainsi que la grandeur et le sens de la vitesse angulaire autour de chacun de ces axes, la diagonale EH du parallélogramme construit sur les deux lignes EF, EG, représente de même la direction de l'axe de la rotation résultante, ainsi que la grandeur et le sens de la vitesse angulaire correspondante. Cette proposition constitue ce qu'on nomme le *parallélogramme des rotations*.

La construction que nous venons de démontrer, et qui sert à composer entre elles deux rotations élémentaires simultanées d'un solide autour de deux axes qui passent par un même point, est entièrement analogue à la construction à l'aide de laquelle on compose deux vitesses simultanées d'un même point (§ 42). Nous pouvons en conclure de suite que, quand on aura à composer entre elles un nombre quelconque de rotations élémentaires simultanées d'un solide autour d'axes dont les directions concourent toutes en un même point, on y arrivera en opérant de même que quand il s'agit de trouver la résultante d'un nombre quelconque de vitesses simultanées d'un point. On représentera la grandeur et le sens de la vitesse angulaire relative à chacune des rotations composantes au moyen d'une certaine longueur, portée, comme nous l'avons dit, sur l'axe autour duquel s'effectue cette rotation ; on traitera les diverses lignes ainsi obtenues comme si elles étaient les vitesses simultanées d'un point, et, à l'aide du polygone des vitesses (§ 43), on trouvera leur résultante : la ligne ainsi obtenue fera connaître la direction de l'axe de la rotation résultante cherchée, et aussi la grandeur et le sens de la vitesse angulaire de cette rotation résultante. Cette construction, qui a pour objet de trouver la rotation résultante d'un solide animé à la fois d'un nombre quelconque de rotations composantes autour d'axes concourants, se nomme *polygone des rotations*.

Dans le cas où les rotations composantes sont au nombre de trois, et où les axes de ces rotations ne sont pas dans un même plan, on peut remplacer le polygone des rotations par une construction analogue au parallélipipède des vitesses (§ 44) : on désigne cette construction spéciale sous le nom de *parallélipipède des rotations*.

§ 36. *Composition de deux rotations autour d'axes non situés dans un même plan.* — Soient AB, CD, *fig.* 35, les axes des deux rotations élémentaires simultanées d'un solide. Nous supposons que ces axes ne sont pas situés dans un même plan. Par un point E, pris sur AB, menons CD′ parallèle à CD. Nous pouvons regarder la rotation autour de CD comme résultant de la composition d'une

Fig. 35.

rotation égale et de même sens autour de C′D′, et d'une trans-

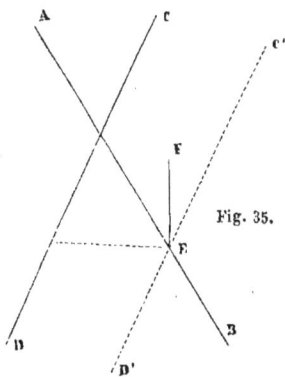

lation dirigée perpendiculairement au plan CDC'D' (§ 53). Cette translation, de même grandeur et de même sens que le déplacement élémentaire du point E dû à la rotation autour de CD, s'effectue suivant EF, avec une vitesse égale au produit de la vitesse angulaire autour de CD par la distance des parallèles CD, C'D'. Si nous substituons à la rotation autour de CD, les deux mouvements simultanés dont nous venons de parler, c'est-à-dire la rotation autour de C'D' et la translation suivant EF, nous aurons à composer entre eux trois mouvements élémentaires, savoir : la rotation autour de AB, la rotation autour de C'D' et la translation suivant EF.

Cette composition s'effectuera de la manière suivante : on composera d'abord les deux rotations autour de AB et de C'D', à l'aide du parallélogramme des rotations (§ 55) ; puis on composera la rotation résultante ainsi obtenue avec la translation suivant EF (§ 53), ce qui donnera nécessairement un mouvement hélicoïdal, puisque EF, perpendiculaire au plan CDC'D , ne peut pas être perpendiculaire à l'axe de la rotation résultante qui est situé dans le plan AEC'.

§ 57. *Composition des mouvements quelconques.* — Tout mouvement élémentaire d'un solide équivaut à la coexistence d'une rotation autour d'un axe et d'une translation le long de cet axe. La composition de deux mouvements élémentaires quelconques d'un solide revient donc à la composition de quatre mouvements simultanés, dont deux sont des mouvements de translation, et les deux autres des mouvements de rotation. Si l'on compose d'abord les deux rotations entre elles, on trouvera en général pour résultat, une rotation unique et une translation (§ 56) ; si l'on compose ensuite les deux translations entre elles et avec celle qui peut résulter de la composition des deux rotations, on obtiendra une translation unique : les mouvements élémentaires donnés seront donc remplacés par une rotation et une translation, ce qui donnera en général un mouvement hélicoïdal (§ 53).

Si un solide est animé à la fois de plus de deux mouvements élémentaires quelconques, on trouvera le mouvement résultant du solide de la manière suivante : on composera entre eux deux des mouvements donnés, et l'on obtiendra ainsi un mouvement résultant partiel de même nature que chacun des mouvements composants, d'après ce que nous venons de dire ; on composera ensuite ce mouvement résultant partiel avec un troisième des mouvements composants ; puis le second mouvement résultant partiel qui en proviendra, avec un quatrième des mouvements composants ; et ainsi de suite. Le résultat définitif sera en général un mouvement hélicoïdal, ce qui devait être nécessairement, puisque le mouvement hélicoïdal est le mouvement élémentaire le plus général dont un solide puisse être animé.

§ 58. *Decomposition d'un mouvement élémentaire quelconque d'un solide, en trois translations parallèles à trois axes rectangulaires, et en trois rotations autour de ces axes.* — Supposons qu'un solide mobile soit rapporté à trois axes coordonnés rectangulaires OX, OY, OZ, et considérons un point faisant partie du solide, ou lié invariablement à lui, qui coïncide avec l'origine O au commencement du mouvement élémentaire dont nous nous occupons. Nous pouvons décomposer ce mouvement élémentaire du solide, en une translation égale et parallèle au mouvement du point dont nous venons de parler, et une rotation autour d'un axe passant par ce point (§ 31). La translation peut toujours se décomposer en trois translations dirigées respectivement suivant les axes OX, OY, OZ (§§ 52 et 45) ; la rotation s'effectuant autour d'un axe qui passe par le point O, peut également se décomposer en trois rotations autour des mêmes axes (§§ 55 et 45). Donc tout mouvement élémentaire d'un solide peut se décomposer en trois translations parallèles à trois axes rectangulaires pris à volonté et en trois rotations autour de ces axes.

§ 59. **Théorie des mouvements relatifs.** — *Mouvement relatif d'un point, par rapport à un système d'axes animé d'un mouvement de translation dans l'espace.* — Un point mobile décrit dans l'espace la trajectoire MM'M'', *fig.* 36, et se trouve en M à la fin du temps $t$, en M' à la fin du temps $t'$, en M'' à la fin du temps $t''$, etc. On rapporte ce point à un système d'axes A$\xi$, A$\eta$,

Aζ, qui se déplacent en restant parallèles aux axes fixes OX, OY, OZ, et on se propose de trouver le mouvement relatif qui en résulte, c'est-à-dire, le mouvement apparent du point mobile, pour un observateur qui participerait au mouvement des axes mobiles Aξ, Aη, Aζ.

Soit AA′A″ la trajectoire de l'origine mobile, qui se trouve en A à la fin du temps $t$, en A′ à la fin du temps $t'$, en A″ à la fin du temps $t''$, etc. A la fin du temps $t$, l'observateur, que nous supposerons placé à l'origine des axes mobiles, voit le point

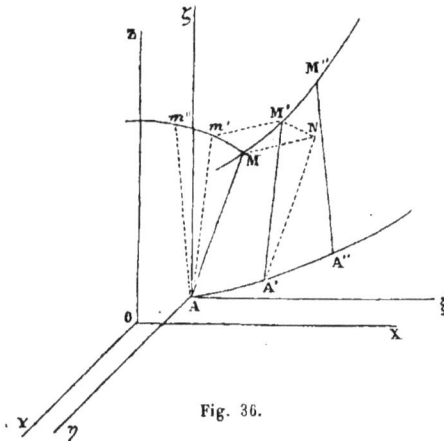

Fig. 36.

mobile suivant la direction AM. A la fin du temps $t'$, il le voit suivant A′M′. Menons A′N égale et parallèle à AM ; il faudrait que le point mobile se trouvât en N à la fin du temps $t'$, pour que l'observateur crût qu'il ne s'est pas déplacé pendant le temps $t' - t$. Au lieu de cela, le point mobile est en M′ à la fin du temps $t'$ : il doit donc sembler être allé de N en M′ pendant ce temps $t' - t$. Mais l'observateur, qui se croit immobile, rapporte au point A ce que nous venons de trouver pour le point A′ ; en sorte que, si par ce point A nous menons une droite A$m'$ égale et parallèle à A′M′, c'est le chemin M$m'$, égal et parallèle à NM′, qui lui semble avoir été parcouru par le point mobile. De même, si l'on mène par le point A une droite A$m''$ égale et parallèle à A″M″, on obtient la position $m''$ où le point mobile semble être venu se placer à la fin du temps $t''$, et ainsi de suite. La ligne M$m'm''$ est la *trajectoire du mouvement relatif*.

Si $t' - t$ est infiniment petit, MM′, M$m'$, MN, sont les déplacements élémentaires simultanés, dans le mouvement absolu du point mobile, dans son mouvement relatif, et dans le mouvement de l'origine des axes mobiles; le premier est la diagonale du parallélogramme construit sur les deux autres. En divisant ces déplacements par $t' - t$, on a les vitesses correspondantes dans ces trois mouvements, vitesses qui sont dirigées suivant les lignes MM′, M$m$′, MN : donc la vitesse absolue du point mobile est la résultante de sa vitesse relative et de la vitesse de l'origine des axes mobiles. Soient MT, MS, MR, *fig.* 37, ces trois vitesses, si l'on prolonge MR, au delà du point M, d'une quantité MR′ égale à MR, MS sera la diagonale du parallélogramme MR′ ST : donc la vitesse relative MS est la résultante de la vitesse

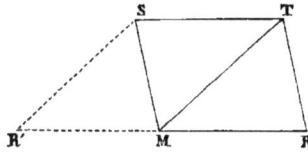

Fig. 37.

absolue MT et d'une vitesse MR′ égale et contraire à la vitesse MR de l'origine des axes mobiles.

Concevons que les coordonnées $x, y, z$ du point mobile, rapportées aux axes fixes OX, OY, OZ, *fig.* 36, soient données en fonction du temps $t$ par les relations suivantes :

$$x = f(t), \quad y = \varphi(t), \quad z = \psi(t).$$

Concevons en outre que les coordonnées $x_1, y_1, z_1$ de l'origine des axes mobiles soient également données en fonction du temps $t$ par les relations :

$$x_1 = f_1(t), \quad y_1 = \varphi_1(t), \quad z_1 = \psi_1(t).$$

Les coordonnées $\xi, \eta, \zeta$ du point mobile, rapportées aux axes mobiles A$\xi$, A$\eta$, A$\zeta$, seront liées au temps $t$ par les relations :

$$\xi = f(t) - f_1(t), \quad \eta = \varphi(t) - \varphi_1(t), \quad \zeta = \psi(t) - \psi_1(t).$$

Ce sont les *équations du mouvement relatif.*

Considérons spécialement le cas où le point dont on cherche le mouvement relatif est en repos absolu. Ses coordonnées, rapportées aux axes fixes OX, OY, OZ, auront alors les valeurs constantes :

$$x = a, \quad y = b, \quad z = c;$$

et par suite les équations de son mouvement relatif deviendront :

$$\xi = a - f_1(t), \quad \eta = b - \varphi_1(t), \quad \zeta = c - \psi_1(t).$$

Menons par le point M dont il s'agit trois axes MX′, MY′, MZ′, parallèles à OX, OY, OZ, *fig.* 38, mais de sens contraires. Les coordonnées $x'$, $y'$, $z'$ de A, rapportées à ces axes, seront évidemment fournies par les formules

$$x' = a - f_1(t), \quad y' = b - \varphi_1(t), \quad z' = c - \psi_1(t).$$

Donc les coordonnées de l'origine mobile A, par rapport aux axes fixes MX′ MY′, MZ′, sont constamment égales aux coordonnées de M rapportées aux axes mobiles Aξ, Aη, Aζ. On en conclut nécessairement que la trajectoire relative ou apparente du point M, par rapport à ces axes mobiles, est symétrique de la trajectoire réelle du point A. Ces trajectoires sont symétriques l'une de l'autre, et non égales, parce que les coordonnées $x'$, $y'$, $z'$ du point A se comptent en sens contraire des coordonnées relatives $\xi$, $\eta$, $\zeta$ du point M ; elles seraient égales, si les coordonnées $x'$, $y'$, $z'$, tout en ayant respectivement les mêmes valeurs que $\xi$, $\eta$, $\zeta$, se comptaient suivant les axes MX″, MY″, MZ″.

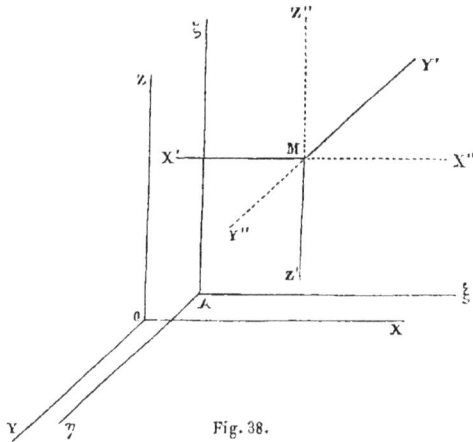

Fig. 38.

Dans le cas particulier où, le point M étant en repos absolu, le point A décrit une trajectoire plane, la trajectoire apparente ou relative du point M est aussi plane. Et comme deux figures planes symétriques sont en même temps égales, on en conclut que, dans ce cas, la trajectoire apparente du point M est exactement la même que la trajectoire réelle du point A : ces deux trajectoires ne diffèrent que par la position qu'elles occupent. Nous pouvons citer, comme exemple, le mouvement annuel de la terre autour du soleil ; dans ce mouvement, la terre décrit une ellipse dont le soleil occupe un des foyers : il en résulte que, pour un observateur placé sur la terre, le soleil semble décrire annuellement une ellipse égale à la précédente, dont un des foyers est occupé par la terre.

§ 60. *Mouvement relatif d'un point, par rapport à un système d'axes animé d'un mouvement de rotation.* — Soit AB, *fig.* 39, l'axe de rotation du système d'axes mobiles par rapport auxquels nous voulons déterminer le mouvement relatif. Nous pouvons, si nous voulons, supposer que le système d'axes mobiles ait été choisi de manière que l'un d'eux coïncide avec cet axe AB.

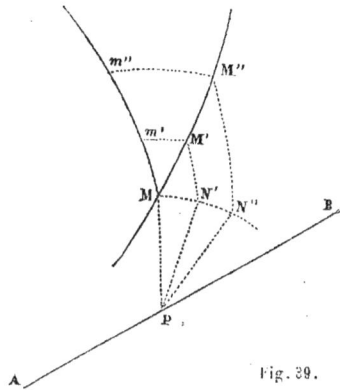

Fig. 39.

Soient M, M', M″ les positions du point mobile à la fin des temps $t$, $t'$, $t''$. Le point M, considéré comme lié aux axes mobiles, décrit un cercle MN'N″, en vertu de la rotation de ces axes autour de AB, et se trouve, par exemple, en N' à la fin du temps $t'$, et en N″ à la fin du temps $t''$ ; P est le centre de ce cercle. Pour que le point mobile parût être dans la même position à la fin du temps $t'$ qu'à la fin du temps $t$, pour l'observateur qui se meut avec les axes, il faudrait que ce point se trouvât en N' à la fin du temps $t'$ ; mais il est alors en M' : donc il a paru aller de N' en M'. L'observateur, ne se croyant pas en mouvement, rapporte cette trajectoire apparente à la position M qu'avait d'abord le point mobile ; en sorte que, pour lui, le mobile a semblé aller de M en $m'$, cette ligne M$m'$ étant la ligne N'M' qu'on a fait tourner autour de AB, jusqu'à ce que N' vienne en M. De même, le point mobile devrait être en N″, à la fin du temps $t''$, pour sembler occuper la même place qu'à la fin du temps $t$; il est alors en $M''$ : il a donc paru aller de $N''$ en $M''$, ou plutôt de $M$ en $m''$, la ligne $Mm''$ n'étant autre que la ligne $N''M''$ qu'on a fait tourner autour de AB, jusqu'à ce que $N''$ vienne en $M$.

La trajectoire du mouvement relatif du point mobile est donc $Mm'm''$. Il est clair que, pour l'obtenir, on peut donner à chaque instant au point mobile un mouvement de rotation autour de AB, égal et contraire au mouvement des axes mobiles autour de cette ligne; en composant le mouvement absolu du point mobile avec ce nouveau mouvement, on trouvera son mouvement relatif ou apparent.

Il résulte de là que, dans le cas particulier où le point dont on cherche le mouvement relatif est en repos absolu dans l'espace, ce mouvement relatif est un mouvement de rotation, égal et contraire au mouvement de rotation des axes mobiles. On en trouve un exemple dans le mouvement diurne des astres; ce mouvement n'est qu'une apparence due à ce que la terre est animée d'un mouvement de rotation égal et contraire, autour de la ligne des pôles.

§ 61. *Mouvement relatif d'un point, par rapport à un système d'axes qui se déplace d'une manière quelconque dans l'espace.* — Il est facile de généraliser ce qui précède, de manière à déterminer le mouvement relatif d'un point par rapport à un système d'axes qui se déplace d'une manière quelconque dans l'espace.

Imaginons que l'on donne à l'ensemble du point mobile et des axes mobiles auxquels on le compare, un mouvement commun quelconque; le mouvement relatif du point par rapport aux axes ne sera pas changé par l'existence de ce mouvement commun. Si l'on choisit ce mouvement commun de telle manière qu'à chaque instant il soit égal et contraire au mouvement que possèdent les axes à cet instant, ceux-ci se trouveront réduits à l'état de repos; quant au point mobile, il sera animé d'un mouvement résultant de la composition du mouvement qu'il avait d'abord, et de celui qu'on vient en outre de lui donner : ce mouvement résultant ne sera autre chose que le mouvement relatif cherché.

Il est aisé de voir, d'après cela, que la vitesse du point mobile à un instant quelconque, dans son mouvement relatif, est la résultante de sa vitesse absolue, et d'une vitesse égale et contraire à celle qu'il aurait s'il était lié invariablement aux axes mobiles, dans la position qu'il occupe à cet instant.

§ 62. *Mouvement relatif de deux solides qui se déplacent chacun d'une manière quelconque dans l'espace.* — Lorsque deux solides A, B, se meuvent d'une manière quelconque dans l'espace, on trouve le mouvement du solide A par rapport au solide B, ou, ce qui revient au même, par rapport à des axes coordonnés que l'on suppose liés invariablement à ce solide B et mobiles avec lui, en opérant comme nous venons de l'indiquer dans le paragraphe précédent. On attribue à l'ensemble des solides A et B un mouvement commun égal et contraire au mouvement du solide B. Ce solide B se trouve ainsi ramené à l'état de repos; et si l'on compose le mouvement qu'avait le solide A avec celui qu'on vient de lui donner, on trouve un mouvement résultant qui est précisément le mouvement relatif cherché.

§ 63. **Théorie du roulement et du glissement des solides les uns sur les autres.** — Nous avons parlé d'une courbe roulant sur une autre courbe, et d'une surface roulant sur une autre surface, lorsque nous avons cherché à nous faire une idée de la manière dont s'effectue le mouvement continu d'une figure plane dans son plan, et d'un solide dans l'espace. Quoique l'on ait facilement compris alors en quoi consistait ce *roulement*, nous allons en donner ici une définition précise, afin que l'on voie clairement quelle est la nature de ce genre de mouvement, dans tous les cas où il peut se présenter.

On dit qu'une courbe roule sur une autre courbe, lorsque la première courbe se meut par rapport à la seconde sans qu'elles cessent d'être tangentes l'une à l'autre, et qu'en outre le point de contact se déplace en même temps de quantités égales sur deux courbes. Cette dernière condition peut d'ailleurs être énoncée autrement, en disant que les diverses parties de la première courbe viennent successivement s'appliquer sur des arcs de même longueur de la seconde courbe.

Lorsque deux solides se meuvent l'un par rapport à l'autre, et que leurs surfaces se touchent constamment par un point, le point de contact se déplace en général sur chacune de ces surfaces. Considérons le lieu géométrique des positions que ce point de contact occupe successivement sur la surface du premier solide, et aussi le lieu géométrique des positions qu'il occupe sur la surface du second solide. Si, dans le mouvement des deux solides l'un par rapport à l'autre, la première de ces deux courbes roule sur la seconde, conformément à la définition que nous venons de donner du roulement des courbes, on dit que le premier solide roule sur le second.

Deux solides peuvent se toucher à la fois par plus d'un point. S'il y a un nombre fini de points de contact isolés les uns des autres, il y aura roulement des deux solides l'un sur l'autre pour ceux de ces points de contact pour lesquels les conditions qui ont été indiquées dans le cas d'un seul point de contact seront remplies.

Dans le cas où deux solides se touchent par un nombre infini de points de contact, formant par leur ensemble ce qu'on nomme une ligne de contact, on dit qu'il y a roulement de l'un sur l'autre dans toute l'étendue de la ligne de contact, lorsque les choses se passent comme nous allons l'indiquer. Concevons qu'on ait tracé une courbe quelconque sur la surface du premier solide, de telle manière que cette courbe rencontre la ligne de contact du premier solide avec le second, dans les diverses positions qu'elle prend successivement sur ce premier solide. Concevons en outre que l'on ait marqué, sur la surface du second solide, la suite des points où cette surface est touchée successivement par la courbe que l'on a tracée sur la surface du premier; cette suite de points de contact formera une autre courbe tracée sur la surface du second solide. Si, dans le mouvement du premier solide sur le second, les deux courbes dont nous venons de parler roulent l'une sur l'autre, de quelque manière que la première de ces courbes ait été tracée sur le solide correspondant, il y a roulement du premier solide sur le second, tout le long de leur ligne de contact.

§ 64. La définition que nous venons de donner du roulement d'une courbe sur une autre, ou d'un solide sur un autre, dans les divers cas qui peuvent se présenter, ne suppose en aucune manière que l'une des deux courbes, ou l'un des deux solides, est en repos. Le roulement est *absolu* ou *relatif*, suivant que l'une des deux courbes ou l'un des deux solides est immobile, ou bien que les deux courbes ou les deux solides se déplacent en même temps dans l'espace. Le roulement relatif peut d'ailleurs être ramené à un roulement absolu, par le moyen que nous avons indiqué pour ramener un mouvement relatif quelconque à un mouvement absolu (§ 62).

Lorsqu'une courbe mobile roule sur une courbe immobile, soit que ces courbes existent seules, soit qu'elles se trouvent tracées sur les surfaces de deux solides qui roulent l'un sur l'autre, il est clair que le point de contact des deux courbes, considéré comme appartenant à la courbe mobile, reste en repos pendant un intervalle de temps infiniment petit ; le mouvement élémentaire de la courbe mobile, ou du solide auquel elle appartient, doit donc être une rotation autour d'un axe passant par ce point de contact (§ 27). Il résulte de là que, si un solide en mouvement touche constamment un solide immobile par plusieurs points, et s'il y a roulement du premier solide sur le second en chacun de ces points de contact, le mouvement élémentaire du solide mobile est à chaque instant une rotation autour d'un axe passant par ses divers points de contact avec le solide immobile ; et que, par conséquent, tous ces points sont nécessairement en ligne droite. Dans le cas où le solide en mouvement touche le solide immobile en une infinité de points, formant une ligne, il ne peut y avoir roulement du premier solide sur le second tout le long de leur ligne de contact, qu'autant que cette ligne est droite. Pour qu'un solide puisse ainsi rouler d'une manière continue, pendant un temps quelconque, sur un autre solide immobile, tout le long d'une ligne de contact de leurs surfaces, il est nécessaire que les surfaces de ces deux solides soient des surfaces *réglées*.

Ce résultat auquel nous venons de parvenir, pour le cas du

roulement absolu d'un solide mobile sur un solide immobile dont il touche la surface en plusieurs points, est directement applicable au cas d'un roulement relatif; puisqu'un pareil roulement peut être ramené à un roulement absolu des mêmes solides se touchant successivement par les mêmes points.

§ 65. Toutes les fois que deux solides sont en mouvement, l'un par rapport à l'autre, sans que leurs surfaces cessent de se toucher, et que les conditions qui caractérisent le roulement (§ 63) ne sont pas remplies, on dit qu'il y a *glissement* de l'un des solides sur l'autre. Le glissement est *absolu* ou *relatif*, suivant qu'un seul des deux solides se meut dans l'espace, ou bien qu'ils sont tous deux en mouvement. Nous n'avons besoin de nous occuper que du glissement absolu, puisque le glissement relatif peut toujours être ramené à être un glissement absolu, par l'application de ce qui a été dit dans le paragraphe 62.

Il peut arriver que le contact de deux solides, que nous supposerons d'abord n'avoir lieu qu'en un point, reste toujours en un même point de la surface de l'un de ces solides, et qu'en même temps il se déplace sur la surface de l'autre. La quantité dont les points des deux surfaces, qui coïncidaient au commencement d'un mouvement élémentaire quelconque du solide mobile, se trouvent écartés l'un de l'autre à la fin de ce mouvement élémentaire, forme ce qu'on nomme le *glissement élémentaire;* la vitesse de celui de ces deux points qui appartient au solide mobile, est la *vitesse de glissement*.

En général, le point de contact se déplace à la fois sur les surfaces des deux solides. Le glissement élémentaire est toujours la quantité dont les deux points qui coïncidaient se sont écartés en vertu d'un mouvement élémentaire du solide mobile, et la vitesse du glissement est toujours la vitesse de celui de ces deux points qui appartient au solide mobile; ce glissement élémentaire, et la vitesse de glissement qui lui correspond, sont toujours dirigés dans le plan tangent commun aux deux solides mené par leur point de contact.

Le mouvement du solide mobile peut se décomposer à chaque instant en un mouvement de rotation autour d'un axe passant par son point de contact avec le solide immobile, et un mouvement de translation : la vitesse de ce mouvement de translation est précisément la vitesse de glissement.

Le solide en mouvement peut toucher le solide immobile par plusieurs points isolés et en nombre fini, ou bien par une infinité de points formant une ligne ou même une surface de contact. Dans ce cas, on peut dire pour chacun de ces points ce que nous venons de dire du point de contact unique, dans le cas où nous supposions qu'il n'y en avait qu'un. Il y a un glissement élémentaire et une vitesse de glissement pour chacun de ces points de contact, et on les déterminera exactement de la même manière que si les solides ne se touchaient que par un point.

§ 66. **Application aux engrenages.** — Les engrenages sont des organes de machines destinés à transmettre le mouvement de rotation d'un arbre à un autre arbre. Ils se composent de roues, garnies de dents sur tout leur contour, où, suivant l'expression admise, de *roues dentées,* que l'on adapte aux arbres entre lesquels on veut établir cette communication de mouvement. Les dents de la roue montée sur le premier arbre pénètrent entre les dents de la roue que porte le second arbre, ou, en d'autres termes, les dents des deux roues *engrènent* les unes avec les autres; en sorte que l'un des deux arbres ne peut pas tourner sans que l'autre tourne en même temps.

On construit les dents des engrenages de telle manière que, si le mouvement de rotation de l'une des deux roues est uniforme, le mouvement qui en résulte pour l'autre roue soit aussi uniforme; ou bien, ce qui revient au même, de manière que le rapport des vitesses angulaires des deux roues reste constant, quel que soit le mouvement de l'une d'elles.

Nous distinguerons les engrenages cylindriques qui servent à établir la communication du mouvement de rotation entre deux arbres de direction parallèles, et les engrenages coniques qui jouent le même rôle dans le cas de deux arbres dont les axes de rotation concourent en un même point.

§ 67. *Engrenages cylindriques.* — Soient O, O', *fig.* 40, les projections des axes de deux arbres parallèles, sur un plan perpendiculaire à leur direction. Désignons par ω la vitesse angulaire de l'arbre O, et par ω′ celle de l'arbre O′; nous supposerons que ces deux vitesses restent constantes pendant le mouvement. Divisons la distance OO′, en deux parties OA, O′A telles que l'on ait

$$\frac{OA}{O'A} = \frac{\omega'}{\omega};$$

puis décrivons deux circonférences de cercle, des points O, O′ comme centres, avec OA et O′A pour rayons : ces deux circonférences se nomment les *circonférences primitives* de l'engrenage.

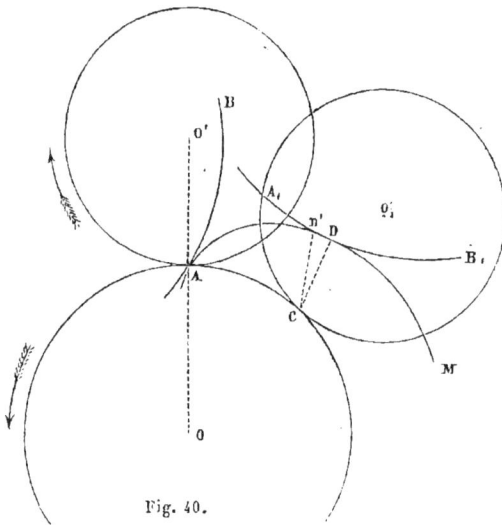

Fig. 40.

L'arc décrit pendant le temps $dt$, par un point de la circonférence OA, est égal à $\omega dt \times OA$; l'arc décrit dans le même temps par un point de la circonférence O′A est égal à $\omega dt \times O'A$ : donc ces deux arcs sont égaux, d'après la position que le point A occupe sur la ligne OO′. Ainsi l'engrenage doit être construit de manière qu'il passe en même temps des arcs égaux des deux circonférences primitives par la ligne des centres. On en conclut facilement que, pendant le mouvement des deux roues, les circonférences primitives roulent l'une sur l'autre (§ 63).

On adopte pour surfaces des dents des roues, des surfaces cylindriques ayant leurs génératrices parallèles aux axes des arbres; on n'a donc qu'à déterminer la forme des bases de ces surfaces cylindriques, c'est-à-dire les profils des dents. Le profil des dents de l'une des deux roues peut être pris arbitrairement ; celui des dents de l'autre roue s'en déduira par la condition que, le mouvement se transmettant par l'intermédiaire de ces dents, les circonférences primitives de l'engrenage roulent l'une sur l'autre.

Soit AB le profil d'une dent de la roue O'. Si l'on fait tourner les deux roues indépendamment l'une de l'autre, en leur donnant les vitesses angulaires $\omega, \omega'$, le profil de la dent correspondante de la roue O devra rester constamment tangent à la courbe AB, tant que ces deux dents se trouveront dans des conditions convenables pour être en prise l'une avec l'autre, eu égard à leur longueur. Il en sera encore de même si, outre les mouvements de rotation isolés dont nous venons de parler, on donne à l'ensemble des deux roues un mouvement commun de rotation égal et contraire au mouvement de la roue O, afin de réduire cette roue O à l'état de repos, et de donner à la roue O' un mouvement absolu qui soit précisément le mouvement relatif qu'elle avait par rapport à la roue O (§ 62). Le mouvement que prendra ainsi la roue O' sera évidemment un roulement de la circonférence primitive O'A, sur la circonférence OA supposée immobile. Donc le profil ADM, que l'on doit donner à la dent de la roue O, est l'*enveloppe* des positions successives que prend la courbe AB, lorsqu'elle est entraînée par le cercle O'A, roulant sur le cercle OA.

Le cercle O'A, roulant, comme nous venons de le dire, sur le cercle OA qui reste immobile, et étant venu dans une position quelconque O'$_1$A$_1$ de manière à toucher le cercle OA en C, on obtient le point où la position correspondante A$_1$B$_1$ de la courbe AB touche son enveloppe, en abaissant du point C la normale CD sur A$_1$B$_1$. Car le cercle mobile, en continuant à rouler, tourne d'abord d'une quantité infiniment petite autour du centre instantané C. Soit DCD' l'angle dont il tourne ainsi : l'arc DD', de la courbe A$_1$B$_1$ peut être regardé comme un arc de cercle décrit du point C comme centre, avec CD pour rayon. Après la rotation infiniment petite dont nous parlons, le point D' de la

courbe $A_1B_1$ sera donc venu en D ; et par suite, le point D est situé à la fois sur la courbe $A_1B_1$ et sur la position infiniment voisine qu'elle va prendre en tournant autour du point C : donc
enfin le point D appartient à l'enveloppe, qui est le lieu géométrique des intersections successives de la courbe mobile AB.

Le profil des dents de la roue O étant déduit, comme nous venons de le dire, du profil adopté arbitrairement pour les dents
de la roue O', considérons ces deux
roues dans une position telle que
les deux profils se touchent en un
point quelconque M, *fig.* 41. D'a-
près ce qui a été dit, la ligne AM est
la normale commune aux deux
profils en M. Le mouvement relatif
de la roue O' par rapport à la roue
O étant un mouvement de roulement du cercle OA, sur le cercle OA'
le mouvement relatif élémentaire
de cette roue O' sera une rotation
infiniment petite autour du point
A ; dans ce mouvement élémentaire le profil EF adapté à la roue O'
glisse d'une certaine quantité sur le
profil GH adapté à la roue O : nous allons déterminer la valeur de ce glis-

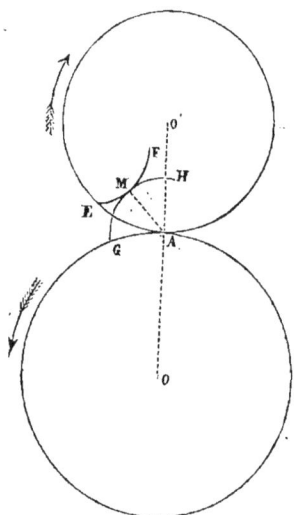

Fig. 41.

ment. La roue O tourne avec une vitesse angulaire $\omega$, et la roue O
avec une vitesse angulaire $\omega'$ ; lorsque nous donnons à l'ensemble des deux roues un mouvement égal et contraire au mouvement de la roue O, pour ramener celle-ci à l'état de repos, et
faire prendre à la roue O' un mouvement absolu égal au mouvement relatif qu'elle avait d'abord, cette roue O' se trouve animée
à la fois d'une vitesse angulaire $\omega$ autour de l'axe O, et d'une
vitesse angulaire $\omega'$ de même sens que la précédente, autour
de l'axe O' : ces deux rotations simultanées de la roue O', considérées pendant l'élément de temps $dt$, équivalent à une rotation unique autour d'un axe parallèle aux axes O,O', mené par

le point A, et la vitesse angulaire de cette rotation résultante est égale à $\omega + \omega'$ (§ 54). L'angle décrit par la roue O', pendant le temps $dt$, en vertu de son mouvement relatif, est donc $(\omega + \omega')\,dt$; et si nous désignons par $p$ la longueur de la normale AM, nous aurons

$$p\,(\omega + \omega')\,dt$$

pour le déplacement relatif élémentaire du point M pris sur le profil EF, c'est-à-dire pour ce que nous nommons le glissement élémentaire (§ 65). Si nous désignons par $ds$ l'arc infiniment petit de chacune des circonférences primitives qui passe par la ligne des centres pendant le temps $dt$, et par $r, r'$, les rayons OA, O'A de ces circonférences, nous aurons

$$\omega dt = \frac{ds}{r}, \qquad \omega' dt = \frac{ds}{r'},$$

et par suite l'expression du glissement élémentaire deviendra

$$p\left(\frac{1}{r} + \frac{1}{r'}\right) ds.$$

§ 68. *Engrenages coniques.* — Dans le cas où les axes de rotation des deux arbres concourent vers un même point S, *fig.* 42, on détermine la forme des dents des roues qui doivent transmettre le mouvement de rotation de l'un de ces deux arbres à l'autre, par des considérations analogues à celles que nous venons de présenter pour le cas où les axes des deux arbres sont parallèles.

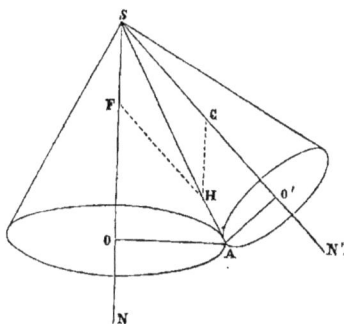

Fig. 42.

Soit encore $\omega$ la vitesse angulaire de l'arbre qui tourne autour de l'axe SN, et $\omega'$ celle de l'autre arbre, qui tourne autour de SN'.

Prenons, dans le plan NSN′, un point A tel que les distances OA, O′A de ce point aux axes SN, SN′ satisfassent à la condition

$$\frac{OA}{O'A} = \frac{\omega}{\omega'} ;$$

puis décrivons, des points O, O′ comme centres, dans des plans respectivement perpendiculaires aux axes SN, SN′, des circonférences de cercle ayant OA et O′A pour rayons. L'intersection des plans de ces deux cercles passe par le point A ; elle est perpendiculaire au plan NSN′, et par conséquent aux deux lignes OA, O′A : donc cette intersection est une tangente commune aux deux cercles en A. Si nous regardons les deux circonférences OA, O′A comme les bases de deux cônes ayant tous deux le point S pour sommet, ces deux cônes, qui se touchent le long de la génératrice AS, se nomment les *cônes primitifs* de l'engrenage.

Pendant le mouvement des deux arbres, les deux circonférences OA, O′A roulent l'une sur l'autre ; on le reconnaît exactement de la même manière que dans le cas des engrenages cylindriques. Les deux cônes primitifs roulent également l'un sur l'autre.

On prend pour surfaces des dents des deux roues des surfaces coniques ayant le point S pour sommet commun. Si l'on donne arbitrairement la surface des dents de l'une des deux roues, on détermine celle des dents de l'autre roue, en faisant rouler le cône primitif de la première roue sur le cône primitif de la seconde : la surface cherchée n'est autre chose que l'*enveloppe* des positions successives que prend la surface donnée, en vertu de ce roulement. Il est aisé de voir, en outre, que le plan qui passe à un instant quelconque par la ligne de contact des deux cônes primitifs et par la ligne de contact des surfaces coniques de deux dents, appartenant l'une à la première roue, l'autre à la seconde roue, est dirigé normalement à ces dernières surfaces, tout le long de leur ligne de contact.

Si l'on veut, à un instant quelconque, déterminer le glissement élémentaire des dents l'une sur l'autre, en un point M pris sur leur ligne de contact, on y arrivera encore comme dans le cas des engrenages cylindriques. Pour trouver le mouvement relatif élémentaire de la roue O', par rapport à la roue O, pendant le temps $dt$, compté à partir de l'instant que l'on considère, appliquons à l'ensemble des deux roues O,O', un mouvement commun égal et contraire au mouvement de la roue O ; cette roue O sera réduite au repos, et la roue O' sera animée à la fois d'une vitesse angulaire $\omega$ autour de l'axe SN, et d'une vitesse angulaire $\omega'$ autour de l'axe SN'. Mais ces deux rotations simultanées de la roue O équivalent à une rotation unique (§ 55) autour d'un axe que l'on reconnaîtra sans peine être dirigé suivant la ligne de contact SA des deux cônes primitifs ; et la vitesse angulaire $\Omega$ de cette rotation résultante sera représentée par la diagonale SH du parallélogramme SFGH, si les côtés SF,SG sont pris de manière à représenter les vitesses angulaires composantes $\omega$, $\omega'$. Si l'on désigne l'angle OSA par $\alpha$, et l'angle O'SA par $\alpha'$, on a

$$SH = SF \cos \alpha + SG \cos \alpha' ;$$

on aura donc aussi

$$\Omega = \omega \cos \alpha + \omega' \cos \alpha'.$$

D'après cela, l'angle décrit par la roue O', dans son mouvement relatif élémentaire autour de l'axe SA, sera égal à

$$(\omega \cos \alpha + \omega' \cos \alpha') \, dt ;$$

et si l'on désigne par $p$ la longueur de la perpendiculaire abaissée du point M dont on veut évaluer le glissement, sur l'axe de rotation instantané SA, on aura

$$p \, (\omega \cos \alpha + \omega' \cos \alpha') \, dt$$

pour le glissement élémentaire de ce point M. Désignons encore par $ds$ l'arc infiniment petit de chacune des circonférences

OA, O'A qui traverse le plan NSN' pendant le temps $dt$, et par $r,r'$ les rayons OA,O'A de ces circonférences, et cette expression du glissement élémentaire du point M deviendra

$$p \left( \frac{1}{r} \cos \alpha + \frac{1}{r'} \cos \alpha' \right) ds.$$

Il est aisé de voir que l'expression analogue, trouvée dans le cas des engrenages cylindriques, n'est qu'un cas particulier de celle que nous venons d'obtenir : il suffit en effet de supposer $\alpha$ et $\alpha'$ nuls dans cette dernière expression, pour qu'elle devienne identique avec celle qui se rapporte aux engrenages cylindriques.

# CHAPITRE IV

## ACCÉLÉRATION DANS LE MOUVEMENT D'UN POINT.

§ 69. **Accélération dans le mouvement rectiligne uniformément varié**. — Considérons un point se mouvant en ligne droite, d'un mouvement uniformément accéléré (§ 11). L'équation de ce mouvement est de la forme.

$$s = a + bt + ct^2,$$

et la vitesse est donnée à un instant quelconque par la relation

$$v = b + 2ct.$$

Ainsi que nous l'avons déjà remarqué, dans un pareil mouvement, la vitesse $v$ s'accroît proportionnellement au temps $t$; et $2c$ est la quantité dont elle s'accroît dans l'unité de temps.

On peut dire que $2c$ sert de mesure au degré plus ou moins grand de rapidité ou de lenteur avec lequel s'effectue l'accroissement de la vitesse dans le mouvement particulier dont on s'occupe. Cette quantité $2c$ est désignée et sous le nom d'*accélération*. On voit qu'elle joue, relativement à la variation de la vitesse, dans le mouvement rectiligne uniformément accéléré, le rôle que joue la vitesse relativement à la variation de l'arc de trajectoire qui sépare le point mobile d'un point fixe de cette trajectoire, dans le mouvement uniforme (§ 6). Cette définition de l'accélération, établie en admettant implicitement que $b$ et $c$ sont tous deux positifs, s'applique, en général, quels que soient les signes de $b$ et $c$; c'est-à-dire que, dans le mouvement rectiligne uniformément varié quelconque, représenté également par l'équation ci-dessus, on désigne toujours $2c$ sous le nom d'accélération. On voit que l'accélération est positive ou négative en même temps que $c$.

Pendant un intervalle de temps infiniment petit $dt$, la vitesse $v$ s'accroît de $2cdt$ : c'est ce que nous nommerons l'*élément de vitesse acquise*, ou la *vitesse acquise élémentaire*, correspondant à ce temps infiniment petit. Il suffit, comme on voit, de diviser la vitesse acquise élémentaire par $dt$, pour avoir l'accélération.

§ 70. **Accélération dans le mouvement rectiligne varié en général.** — Nous avons vu (§ 8) par quelles considérations on est autorisé à regarder un mouvement varié quelconque comme étant la succession d'une infinité de mouvements uniformes dont chacun a lieu pendant un intervalle de temps infiniment petit. Des considérations entièrement analogues, appliquées au cas d'un mouvement rectiligne dans lequel la vitesse varie d'une manière quelconque d'un instant à un autre, nous permettront également de regarder le mouvement rectiligne varié en général, comme étant la succession d'une infinité de mouvements rectilignes uniformément variés, tous de même direction, dont chacun a lieu pendant un intervalle de temps infiniment petit.

Cela posé, on nomme accélération à un instant quelconque, dans un mouvement rectiligne varié, l'accélération du mouvement rectiligne uniformément varié qui forme un des éléments du mouvement rectiligne varié à l'instant que l'on considère. Soit $v$ la vitesse du mobile à la fin du temps $t$, et $v + dv$ ce que devient cette vitesse à la fin du temps $t + dt$, $dv$ est la vitesse acquise par le mobile pendant l'élément du temps $dt$. Si nous regardons le mouvement comme uniformément varié pendant cet élément du temps, conformément à ce que nous venons de dire, nous n'aurons qu'à diviser la vitesse acquise élémentaire $dv$ par le temps $dt$, pour avoir l'accélération à la fin du temps $t$ ; en sorte que, si nous désignons cette accélération par $j$, nous aurons

$$i = \frac{dv}{dt}.$$

Si le mouvement rectiligne varié a pour équation

$$s = f(t),$$

on en déduit

$$v = f'(t),$$

et par suite

$$j = f''(t)$$

§ 71. La loi de variation de la vitesse du mobile, dans le mouvement rectiligne varié, peut être représentée par une ligne courbe, de même que précédemment nous avons représenté par une courbe la loi de variation de la distance qui sépare le mobile d'un point fixe de sa trajectoire (§ 5). Il suffit en effet, pour cela, de représenter un temps quelconque $t$ par une certaine ligne dont la longueur lui soit proportionnelle, et de regarder cette ligne et celle qui représente la vitesse correspondante $v$ du mobile, comme étant l'abscisse et l'ordonnée d'un point, rapportées à un système d'axes coordonnés rectangulaires. La forme de la courbe, dont les différents points correspondent ainsi aux divers systèmes de valeurs de $t$ et de $v$, donnera une idée nette de la manière dont la vitesse du mobile varie avec le temps.

Dans le cas du mouvement uniformément varié, la vitesse variant proportionnellement au temps, la courbe qui représente la loi de cette variation de la vitesse se réduit à une ligne droite AB, *fig.* 43. L'accélération, dans un pareil mouvement, étant la quantité dont la vitesse du mobile s'accroît dans l'unité de temps, on l'obtiendra par une construction analogue à celle qui nous a permis de trouver la vitesse dans le cas du mouvement uniforme dont la loi est également représentée par une ligne droite (§ 7). On mènera, par un point quelconque C, une ligne CD parallèle à l'axe OT et égale à la ligne que l'on a adoptée

6

pour représenter l'unité de temps ; puis, par le point D, on mènera une parallèle DE à l'axe OV, jusqu'à la rencontre de la ligne AB, en E : la longueur de la ligne DE fera connaître la quantité dont la vitesse s'accroît dans l'unité de temps, c'est-à-dire l'accélération. Il est à peine nécessaire d'ajouter que la construction que nous venons d'expliquer, en admettant implicitement que la vitesse augmente avec le temps, s'appliquerait également dans le cas où la vitesse irait en diminuant, c'est-à-dire où l'accélération serait négative.

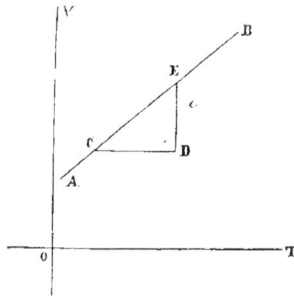

Fig. 43.

Lorsqu'un mouvement rectiligne n'est pas uniformément varié, la ligne qui représente la loi de variation de la vitesse du mobile n'est plus une ligne droite. Il est aisé de voir que la considération sur laquelle nous nous sommes appuyés pour définir l'accélération, et qui consiste à regarder le mouvement varié comme formé par la succession d'une infinité de mouvements uniformément variés ayant lieu chacun pendant un intervalle de temps infiniment petit, revient à regarder la courbe qui représente la loi de variation de la vitesse du mobile comme un polygone infinitésimal.

Soit C, *fig. 44*, le point de cette courbe qui correspond à une valeur quelconque $t$ du temps. Le mouvement uniformément varié qui forme un des éléments du mouvement varié, à l'instant que nous considérons, est représenté par l'élément de la courbe AB correspondant au point C ; et si ce mouvement uniformément varié se continuait pendant un temps quelconque, il serait représenté par le prolongement rectiligne de l'élément de courbe dont nous venons de parler, c'est-à-dire par la tangente CD. L'accélération

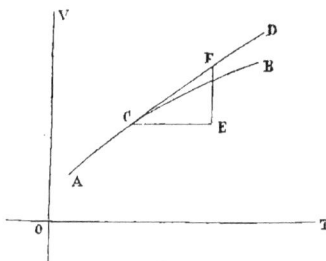

Fig. 44.

dans le mouvement varié à la fin du temps $t$, étant précisément l'accélération de ce mouvement uniformément varié (§ 70), nous en trouverons la valeur en opérant sur la tangente CD comme nous avons opéré il n'y a qu'un instant sur la ligne AB de la *fig.* 43. Traçons la ligne CE parallèle à OT et égale à la ligne qui représente l'unité de temps ; puis menons par le point E une parallèle EF à l'axe OV, jusqu'à la rencontre de la tangente CD : la longueur de la ligne EF nous fera connaître l'accélération dans le mouvement varié, à la fin du temps $t$.

§ 72. **Accélération dans le mouvement curviligne.** — Dans un mouvement rectiligne quelconque, la vitesse acquise élémentaire relative à l'élément du temps $dt$, n'est autre chose que la vitesse infiniment petite qui, en se composant avec la vitesse du mobile à la fin du temps $t$, produit la vitesse qu'il possède à la fin du temps $t + dt$ ; c'est la vitesse qui lui a été communiquée pendant le temps infiniment petit $dt$. Dans le cas où le mouvement sera curviligne, nous nommerons encore *élément de vitesse acquise*, ou *vitesse acquise élémentaire*, la vitesse que le point mobile acquiert pendant le temps infiniment petit $dt$, c'est-à-dire la vitesse qui, en se composant avec la vitesse du mobile à la fin du temps $t$, produit celle dont il est animé à la fin du temps $t + dt$.

En outre, nous nommerons *accélération* du mobile, à la fin du temps $t$, la vitesse qu'acquerrait ce mobile pendant l'unité de temps, si, dans chacune des portions infiniment petites et égales dans lesquelles on peut concevoir que cette unité de temps soit partagée, il acquérait un élément de vitesse de même grandeur et de même direction que l'élément de vitesse qu'il acquiert réellement pendant le même temps infiniment petit à partir de la fin du temps $t$. Il est clair que l'accélération dans le mouvement rectiligne est comprise, comme cas particulier, dans l'accélération telle que nous la définissons pour le mouvement curviligne.

Il résulte de cette définition que l'accélération, à un instant quelconque, dans le cas général, est une vitesse finie, dont la direction et le sens sont les mêmes que la direction et le sens de la vitesse acquise élémentaire relative à cet instant ; et que, de plus, pour avoir la grandeur de cette accélération, il suffit de diviser la vitesse acquise élémentaire par le temps infiniment petit $dt$ qui lui correspond.

Dans le cas où le mouvement est rectiligne, la vitesse du mobile a toujours la même direction ; la vitesse acquise élémentaire, et, par suite, l'accélération, auront donc aussi toujours la même direction, qui est celle du mouvement. Lorsque le mouvement est curviligne, il n'en est plus de même ; la direction de l'accélération n'est pas connue immédiatement, comme dans le mouvement rectiligne. Aussi a-t-on à déterminer, dans chaque cas particulier, à la fois la grandeur et la direction de l'accélération : c'est ce qu'on fait en déterminant les grandeurs de deux composantes de cette accélération suivant des directions connues, ainsi que nous allons l'indiquer.

§ 73. **Accélération tangentielle, accélération centripète.** — Soit AB, *fig.* 45, la trajectoire du point mobile. Supposons qu'il se trouve en M à la fin du temps $t$ et en M′ à la fin du temps $t +$ $dt$. Par un point quelconque C menons une droite CD égale et parallèle à la vitesse $v$ du mobile en M ; puis une seconde droite CE égale et

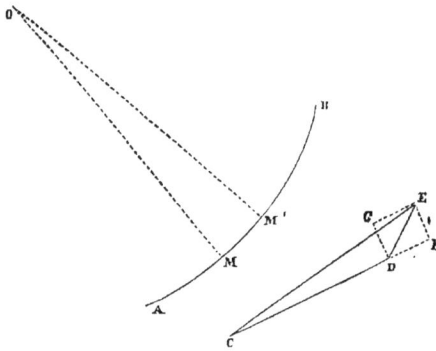

Fig. 45.

parallèle à la vitesse $v + dv$ qu'il possède en M′. La ligne DE est évidemment égale et parallèle à la vitesse qui, en se composant avec la vitesse $v$ du mobile en M, produit la vitesse $v + dv$ du mobile en M′ : donc cette ligne DE est égale et parallèle à la vitesse acquise élémentaire correspondant à l'élément du temps que le mobile emploie à aller de M en M′. Il résulte de là que l'accélération du mobile, à la fin du temps $t$, est dirigée suivant une parallèle à DE menée par le point M, et de plus, que la grandeur de cette accélération s'obtiendra en divisant DE par $dt$.

Si nous abaissons EF perpendiculaire sur CD, et que nous construisions le rectangle DFEG, nous pourrons regarder la vitesse infiniment petite DE comme résultant de la composition des vitesses DF, DG. Nous pouvons donc aussi regarder la vitesse acquise élémentaire du mobile en M, comme résultant de la composition de deux autres vitesses, dont l'une, égale à DF, est dirigée suivant la tangente à la trajectoire en M, et l'autre, égale à DG, est dirigée suivant une perpendiculaire à cette tangente menée dans le plan osculateur de la courbe, c'est-à-dire suivant le rayon de courbure MO. En divisant ces deux composantes de la vitesse acquise élémentaire par $dt$, on aura les grandeurs des deux composantes de l'accélération suivant les mêmes directions.

La composante de l'accélération du mobile suivant la tangente à la trajectoire se nomme l'*accélération tangentielle*. Sa valeur s'obtient en divisant DF par $dt$; mais on a

$$DF = (v + dv) \cos d\alpha - v,$$

en désignant par $d\alpha$ l'angle infiniment petit que forment entre elles les directions des vitesses $v$ et $v + dv$, ou, ce qui revient au même, l'angle des tangentes à la trajectoire menées par les points M, M'; on a donc pour l'expression de l'accélération tangentielle

$$\frac{DF}{dt} = \frac{(v + dv) \cos d\alpha - v}{dt} = \frac{dv}{dt} - \frac{1}{2} v \frac{d\alpha}{dt} d\alpha,$$

quantité qui se réduit simplement à

$$\frac{dv}{dt}.$$

La vitesse $v$, qui est fournie par la relation (§ 9)

$$v = \frac{ds}{dt},$$

est positive ou négative, suivant qu'elle est dirigée dans le sens dans lequel on compte les distances positives sur la trajectoire, ou en sens contraire ; il en est de même de l'accélération tangentielle, qui est également positive ou négative, suivant qu'elle est dans le sens des vitesses positives ou en sens contraire.

La composante de l'accélération suivant le rayon de courbure de la trajectoire se nomme *l'accélération centripète*. Elle est toujours dirigée de la courbe vers le centre de courbure O. Sa valeur s'obtient en divisant DG par $dt$, et comme on a

$$DG = (v + dv) \sin d\alpha,$$

il en résulte que l'accélération centripète est égale à

$$\frac{(v + dv) \sin d\alpha}{dt}$$

ou simplement

$$v \frac{d\alpha}{dt}.$$

Observons maintenant que l'angle $d\alpha$ est égal à l'angle des normales qui joignent les deux points M, M' au centre de courbure O ; en sorte que, si l'on désigne le rayon de courbure MO par $\rho$, on a

$$\frac{d\alpha}{dt} = \frac{ds}{\rho dt} = \frac{v}{\rho}.$$

D'après cela, la valeur de l'accélération centripète devient

$$\frac{v^2}{\rho}.$$

Si l'on construit un parallélogramme sur l'accélération tangentielle $\frac{dv}{dt}$, et l'accélération centripède $\frac{v^2}{\rho}$, la diagonale de ce parallélogramme sera l'accélération $j$ du mobile au point M, à laquelle on donne souvent le nom d'*accélération totale*, pour la distinguer de ses composantes.

Dans le cas du mouvement rectiligne, $\rho$ est infini, l'accélération centripète est nulle, et l'accélération totale se réduit à sa composante tangentielle $\dfrac{dv}{dt}$. Dans le cas du mouvement curviligne uniforme, $\dfrac{dv}{dt}$ est nul, et l'accélération totale se réduit à sa composante normale $\dfrac{v^2}{\rho}$. Enfin, dans le cas du mouvement rectiligne uniforme, les deux composantes de l'accélération totale sont nulles, en sorte que l'accélération totale est aussi nulle.

Il est aisé de voir que, si l'on construit une courbe pour représenter la loi de variation de la vitesse d'un point mobile sur sa trajectoire curviligne, en opérant comme nous l'avons indiqué (§ 71) pour le cas d'un mouvement rectiligne, on pourra se servir de cette courbe pour trouver l'accélération tangentielle à un instant quelconque, exactement de la même manière qu'on s'en sert pour prouver l'accélération dans un mouvement rectiligne ; puisque l'expression de l'accélération tangentielle dans le mouvement curviligne est la même que l'expression de l'accélération dans le mouvement rectiligne.

§ 74. **Accélération dans le mouvement projeté sur un plan fixe.** — Quand on projette le mouvement d'un point sur un plan fixe (§ 12), la vitesse de la projection est à chaque instant la projection de la vitesse du point dans l'espace. Imaginons donc que l'on ait construit, pour le mouvement que l'on projette, le triangle CDE, *fig.* 45, dans lequel les trois côtés CD, CE, DE sont respectivement égaux et parallèles à la vitesse $v$ du mobile à la fin du temps $t$, à la vitesse $v + dv$ relative à la fin du temps $t + dt$, et à la vitesse acquise élémentaire correspondant à l'élément du temps $dt$. Si l'on projette ce triangle CDE sur le plan fixe, on aura un autre triangle que nous désignerons par *cde*. Dans ce triangle projeté, le côté *cd*, projection de CD, sera égal et parallèle à la vitesse de la projection du mobile sur le plan fixe à la fin du temps $t$ ; le côté *ce*, projection de CE, sera aussi égal et parallèle à la vitesse de la projection du mobile à la fin du temps $t + dt$ : donc le troisième côté *de*, projection de DE, jouera par rapport au mouvement projeté, exactement le

même rôle que DE par rapport au mouvement de l'espace,
c'est-à-dire que *de* sera égal et parallèle à la vitesse acquise
élémentaire de la projection du mobile correspondant au temps
infiniment petit *dt*. On en conclut de suite que l'accélération
dans le mouvement projeté est la projection de l'accélération
dans le mouvement de l'espace.

Il faut bien observer qu'il s'agit ici uniquement des accélérations totales, dans le mouvement que l'on projette, et dans la
projection de ce mouvement. Si l'on construit le rectangle à
l'aide duquel l'accélération totale du mouvement de l'espace se
décompose en une accélération tangentielle et une accélération
centripète, et que l'on projette ce rectangle sur le plan fixe, sa
projection sera en général un parallélogramme dont les angles
ne seront pas droits. La diagonale de ce parallélogramme représentera bien l'accélération totale dans le mouvement projeté, d'après ce que nous venons de démontrer; et ses côtés,
dont l'un est dirigé suivant la tangente à la trajectoire du
mouvement projeté, représenteront en même temps deux
composantes de cette accélération; mais ces composantes, qui
ne sont pas rectangulaires, sont nécessairement différentes de
l'accélération tangentielle et de l'accélération centripète, dans
le mouvement projeté. Il ne serait donc pas vrai, en général,
de dire que l'accélération tangentielle et l'accélération centripète, dans le mouvement projeté, sont respectivement les projections de l'accélération tangentielle et de l'accélération centripète dans le mouvement de l'espace.

§ 75. **Accélération dans le mouvement projeté sur une
droite fixe.** — Lorsqu'on projette le mouvement d'un point sur
une droite fixe (§ 13), la vitesse de la projection est encore, à
chaque instant, la projection de la vitesse du point dans l'espace. Il nous sera facile d'en conclure, comme dans le cas précédent, que l'accélération dans le mouvement projeté est la
projection de l'accélération dans le mouvement que l'on projette.

Pour cela, concevons encore que l'on ait construit, pour le
mouvement du point dans l'espace, le triangle CDE de la *fig.* 45,
dont nous venons déjà de nous servir, et supposons que l'on

projette ce triangle sur la droite fixe sur laquelle on projette le mouvement du point. La projection du côté CE sera égale à la somme des projections des côtés CD, DE ; et comme les projections de CD et de CE sont respectivement égales aux vitesses du point projeté, à la fin du temps $t$ et à la fin du temps $t + dt$, il en résulte que la projection de DE sera égale à la différence de ces deux vitesses, c'est-à-dire que ce sera la vitesse acquise élémentaire du point projeté correspondant au temps infiniment petit $dt$. Donc la vitesse acquise élémentaire, dans le mouvement projeté, est la projection de la vitesse acquise élémentaire dans le mouvement de l'espace ; et, par suite, l'accélération dans le mouvement projeté est la projection de l'accélération totale dans le mouvement que l'on projette.

§ 76. **Accélération dans le mouvement d'un point rapporté à un système de coordonnées rectilignes.** — Un point mobile étant rapporté à un système de coordonnées rectilignes, supposons que nous considérions à la fois le mouvement de ce point et les mouvements de ses projections sur les axes. Nous avons déjà vu (§§ 46 et 47) que la vitesse du mobile à un instant quelconque est la résultante des vitesses de ses projections sur les axes ; il est aisé de voir qu'il en est de même pour les accélérations. En effet, d'après ce qui vient d'être démontré (§ 75), l'accélération du mouvement projeté sur un quelconque des axes est la projection de l'accélération totale du mouvement de l'espace : donc, si l'on mène, par la position qu'occupe le point mobile à un instant quelconque, des droites égales et parallèles aux accélérations des projections de ce point sur les axes, et que l'on construise sur ces droites un parallélogramme ou un parallélipipède, suivant qu'il y a deux axes ou qu'il y en a trois, la diagonale de ce parallélogramme ou de ce parallélipipède sera précisément l'accélération totale du point mobile dans l'espace. Ainsi, on peut dire que cette accélération totale du mobile est la résultante des accélérations de ses projections sur les axes coordonnés.

Il sera facile d'après cela de trouver l'accélération totale, dans le mouvement d'un point rapporté à deux ou trois axes coordonnés, lorsqu'on connaîtra les équations du mouvement. Dans le cas où le mouvement, s'effectuant dans un plan, sera rapporté à deux axes seulement, les équations du mouvement étant

$$x = f(t), \quad y = \varphi(t),$$

les accélérations, dans le mouvement des projections du mobile sur les axes, auront pour valeur (§ 70)

$$\frac{d^2 x}{dt^2} = f''(t), \qquad \frac{d^2 y}{dt^2} = \varphi''(t);$$

l'accélération totale du point mobile sera donc la diagonale d'un parallélogramme dont les côtés, parallèles aux axes, seront respectivement égaux à ces deux quantités. Dans le cas où le mouvement sera rapporté à trois axes coordonnés, les équations du mouvement étant

$$x = f(t), \quad y = \varphi(t), \quad z = \psi(t),$$

les accélérations dans les mouvements projetés sur les axes seront

$$\frac{d^2 x}{dt^2} = f''(t), \quad \frac{d^2 y}{dt^2} = \varphi''(t), \quad \frac{d^2 z}{dt^2} = \psi''(t);$$

et par conséquent l'accélération totale du mobile dans l'espace sera la diagonale d'un parallélipipède construit sur trois droites parallèles aux axes et égales respectivement à ces trois quantités.

§ 77. Prenons pour exemple le mouvement circulaire et uniforme que nous avons déjà considéré (§ 14), et rapportons les positions successives du point mobile à deux axes coordonnés rectangulaires passant par le centre du cercle. Les équations de ce mouvement seront de la forme

$$x = r \cos \frac{vt}{r}, \quad y = r \sin \frac{vt}{r}.$$

On trouve d'abord pour les vitesses des projections du point mobile sur les axes

$$\frac{dx}{dt} = -v \sin \frac{vt}{r}, \quad \frac{dy}{dt} = v \cos \frac{vt}{r};$$

et l'on vérifie aisément que ces vitesses sont bien les projections de la vitesse $v$ du mobile dirigée tangentiellement à la circonférence du cercle qu'il décrit. On trouve, en outre, pour les accélérations du mouvement de ces projections du mobile sur les axes,

$$\frac{d^2x}{dt^2} = -\frac{v^2}{r}\cos\frac{vt}{r}, \qquad \frac{d^2y}{dt^2} = -\frac{v^2}{r}\sin\frac{vt}{r}.$$

Les valeurs de ces accélérations montrent que l'accélération totale du mobile à un instant quelconque est égale à $\frac{v^2}{r}$, et qu'elle est dirigée de la position qu'il occupe à cet instant vers le centre de sa trajectoire. C'est en effet ce qu'on devait trouver : car, en vertu de l'uniformité du mouvement sur la circonférence, l'accélération tangentielle est nulle ; et par suite l'accélération totale se réduit à l'accélération centripète, qui, dans ce cas, a pour valeur $\frac{v^2}{r}$ (§ 73).

Considérons encore la projection orthogonale de ce mouvement circulaire et uniforme sur un plan quelconque. Si nous prenons pour axes coordonnés, dans le plan de projection, les axes de l'ellipse suivant laquelle se projette la trajectoire circulaire de l'espace, et si nous désignons par $\alpha$ l'angle que le plan de cette trajectoire circulaire fait avec le plan de projection, nous trouverons sans peine que les équations de ce mouvement sont de la forme

$$x = r\cos\frac{vt}{r}, \qquad y = r\cos\alpha\,\sin\frac{vt}{r}.$$

Les accélérations, dans les projections de ce mouvement sur les axes coordonnés, auront donc pour valeurs

$$\frac{d^2x}{dt^2} = -\frac{v^2}{r}\cos\frac{vt}{r}, \qquad \frac{d^2y}{dt^2} = -\frac{v^2}{r}\cos\alpha\,\sin\frac{vt}{r}.$$

On voit que ces accélérations sont proportionnelles aux valeurs de $x$ et $y$ ; d'où l'on conclut que l'accélération totale du mobile, dans le mouvement elliptique dont il s'agit, est dirigée de la position qu'occupe le mobile, vers le centre de l'ellipse qu'il décrit. De plus, la valeur de cette accélération totale est

$$\frac{v^2}{r} \sqrt{\cos^2 \frac{vt}{r} + \cos^2 \alpha \sin^2 \frac{vt}{r}},$$

et par conséquent elle est proportionnelle à la distance qui sépare le mobile du centre de sa trajectoire elliptique, distance qui a pour expression

$$r \sqrt{\cos^2 \frac{vt}{r} + \cos^2 \alpha \sin^2 \frac{vt}{r}}.$$

Ces résultats sont d'accord avec ce que nous avons démontré en général relativement à l'accélération dans un mouvement projeté sur un plan fixe (§ 74). Car l'accélération totale d'un mouvement circulaire et uniforme étant toujours dirigée de la position qu'occupe le mobile vers le centre du cercle qu'il décrit, et ayant constamment la même valeur, il s'ensuit nécessairement que l'accélération totale de la projection de ce mouvement sur un plan quelconque est toujours dirigée suivant la ligne qui joint le mobile projeté au centre de sa trajectoire elliptique, et que la valeur de cette accélération totale est proportionnelle à la longueur de la même ligne.

### § 78. Détermination de l'accélération d'un point, d'après son déplacement dans l'espace.

— Soit AB, *fig.* 46, la trajectoire d'un point mobile, M la position du mobile à la fin du temps *t*, et MZ la direction de l'accélération totale à cet instant. Menons la tangente MX à la trajectoire, et une ligne MY non située dans le plan osculateur ZMX. Nous pouvons rapporter le mouvement du mobile aux trois axes coordonnés MX, MY, MZ. Désignons par 0 le temps compté à partir de l'instant où le point

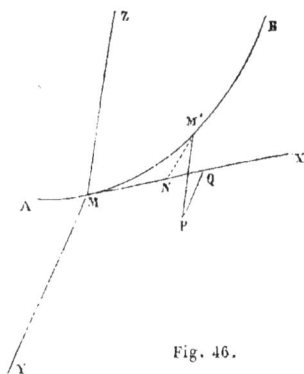

Fig. 46.

mobile se trouve en M, et supposons que ce temps soit assez petit pour que les valeurs des coordonnées $x$, $y$, $z$ du mobile puissent se développer suivant ses puissances croissantes, entières et positives. Si nous représentons la vitesse du mobile en M par $v$, et son accélération totale par $j$, les valeurs de $x$, $y$, $z$, en fonction de $\theta$, seront tes suivantes :

$$x = v\theta + a\,\theta^3 + b\,\theta^4 + \ldots\ldots\ldots,$$
$$y = a_1\theta^3 + b_1\theta^4 + \ldots\ldots\ldots,$$
$$z = \tfrac{1}{2}j\theta^2 + a_2\theta^3 + b_2\theta^4 + \ldots\ldots\ldots;$$

car, pour $\theta = 0$, on doit avoir

$$x = 0, \qquad y = 0, \qquad z = 0;$$
$$\frac{dx}{d\theta} = v, \qquad \frac{dy}{d\theta} = 0, \qquad \frac{dz}{d\theta} = 0;$$
$$\frac{d^2x}{d\theta^2} = 0, \qquad \frac{d^2y}{d\theta^2} = 0, \qquad \frac{d^2z}{d\theta^2} = j;$$

$a$, $b$,...., $a_1$, $b_1$,...., $a_2$, $b_2$,...., sont d'ailleurs des quantités quelconques.

Soit M′ la position qu'occupe le mobile à la fin du temps $\theta$. Menons M′P parallèle à MZ, jusqu'à la rencontre du plan XMY, en P ; et ensuite PQ parallèle à MY, jusqu'à la rencontre de l'axe MX en Q. Prenons enfin MN égal à $v\theta$. Nous pouvons regarder NM′ comme étant la diagonale d'un parallélipipède qui aurait pour côtés NQ, QP et PM′. Portons, sur les directions des trois côtés et de la diagonale de ce parallélipipède qui partent du point N, des longueurs respectivement égales aux quotients de 2NQ, 2QP, 2PM′, et 2NM′ par $\theta^2$ ; nous obtiendrons ainsi quatre lignes, dont la dernière sera également la diagonale du parallélipipède construit sur les trois premières. Nous allons chercher ce que devient la diagonale de ce dernier parallélipipède, lorsque le temps $\theta$ décroît indéfiniment jusqu'à zéro.

Il est aisé de voir que l'on a

$$NQ = x - v\theta = \quad a\,\theta^3 + b\,\theta^4 + \ldots,$$
$$QP = y \quad = \quad a_1\theta^3 + b_1\theta^4 + \ldots,$$
$$PM = z \quad = \tfrac{1}{2}j\theta^2 + a_2\theta^3 + b_2\theta^4 + \ldots;$$

on a donc aussi

$$\frac{2NQ}{\theta^2} = \quad 2a\,\theta + 2b\,\theta^2 + \ldots,$$

$$\frac{2QP}{\theta^2} = \quad 2a_1\theta + 2b_1\theta^2 + \ldots,$$

$$\frac{2PM'}{\theta^2} = j + 2a_2\theta + \theta 2b_2\theta^2 + \ldots.$$

On voit par là que $\dfrac{2NQ}{\theta^2}$ et $\dfrac{2QP}{\theta^2}$ tendent indéfiniment vers zéro, en même temps que $\theta$; tandis que la limite vers laquelle tend $\dfrac{2PM'}{\theta^2}$ est l'accélération $j$. Ainsi, à mesure que $\theta$ décroît, la diagonale $\dfrac{2NM'}{\theta^2}$ du second parallélipipède que nous avons considéré, tend indéfiniment à se confondre avec le côté $\dfrac{2PM'}{\theta^2}$, de ce parallélipipède; et, à la limite, elle a la même grandeur et la même direction que ce côté, c'est-à-dire qu'elle se confond avec l'accélération totale du mobile au point M. C'est ce qu'on énonce simplement en disant que, si M et M′ sont les positions que le mobile occupe à la fin du temps $t$ et à la fin du temps $t + dt$, et si MN est le chemin que ce mobile parcourrait uniformément sur la tangente MX pendant le temps $dt$, en vertu de la vitesse $v$ qu'il possède à la fin du temps $t$, l'accélération totale de son mouvement est dirigée suivant la ligne NM′, et a pour valeur $\dfrac{2NM'}{dt}$.

§ 79. **Accélération dans un mouvement composé.** — Quand on regarde le mouvement d'un point dans l'espace comme résultant de la composition de deux autres mouvements (§ 40), la vitesse du point à un instant quelconque se déduit très-simplement des vitesses dont il est animé au même instant dans chacun des mouvements composants (§ 42). Nous allons voir que l'on peut également trouver l'accélération totale dans le mouvement résultant, d'après la seule connaissance des circonstances que présentent les deux mouvements composants.

Considérons d'abord le cas où celui des deux mouvements composants que nous nommons mouvement d'entraînement est simplement un mouvement de translation; en sorte que, en vertu de ce mouvement, les divers points de la trajectoire relative AB, *fig.* 47, qui se transporte successivement en A′B′, A″B″, A‴B‴,... sont animés à chaque instant de vitesses égales et parallèles. Si les positions AB, A′B′ de cette trajectoire correspondent aux instants qui terminent les temps $t$ et $t + dt$, et si M et N sont les points où le mobile se trouve sur sa trajectoire relative aux mêmes instants, MN′ sera le déplacement absolu de ce

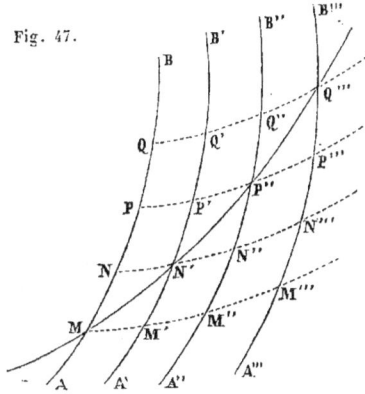

Fig. 47.

mobile dans l'espace pendant le temps $dt$. Soient $v$ la vitesse absolue de ce mobile lorsqu'il est en M, et $v + dv$ sa vitesse lorsqu'il est en N′; $v′$ la vitesse commune aux différents points de la trajectoire relative, à la fin du temps $t$, et $v′ + dv′$ ce que devient cette vitesse, à la fin du temps $t + dt$; enfin $v″$ la vitesse du mobile sur sa trajectoire relative, lorsqu'il y occupe la position M, à la fin du temps $t$, et $v″ + dv″$ sa vitesse relative, lorsqu'il se trouve au point N de cette trajectoire relative, à la fin du temps $t + dt$. A la fin du temps $t$, la vitesse absolue $v$ du mobile, qui est alors en M, est la résultante de la vitesse d'entraînement $v′$ du point M, et de la vitesse relative $v″$. A la fin du temps $t + dt$, la vitesse absolue du mobile est de même la résultante de la vitesse d'entraînement $v′ + dv′$ du point N′, et de la vitesse relative $v″ + dv″$.

Cela posé, menons par un point quelconque D, *fig.* 48, une

droite CD égale et parallèle à la vitesse $v'$ ; puis par le point D
une droite DE égale et parallèle à la vitesse $v''$ : la ligne CE représentera la vitesse $v$ en grandeur et en direction. Si d'un autre côté

Fig. 48.

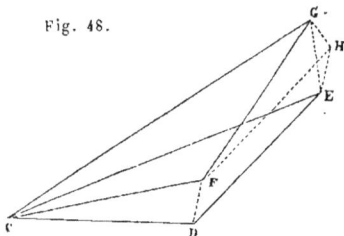

nous menons CF égale et parallèle à la vitesse $v' + dv'$,
puis FG égale et parallèle à
$v'' + dv''$, la ligne CG représentera la vitesse $v + dv$ en
grandeur et en direction. La
ligne EG sera donc égale et
parallèle à la vitesse acquise
élémentaire du mobile dans son mouvement absolu. Mais, si
nous traçons FH égale et parallèle à DE et que nous joignions
le point H aux points E, G, nous pourrons dire que la vitesse infiniment petite EG est la résultante des deux vitesses EH, HG.
D'ailleurs EH, égal et parallèle à DF, est évidemment la vitesse
acquise élémentaire dans le mouvement d'entraînement du
point M de la trajectoire relative ; et HG est de même la vitesse
acquise élémentaire dans le mouvement relatif : donc la vitesse
acquise élémentaire dans le mouvement absolu et la résultante
des vitesses acquises élémentaires correspondantes dans le mouvement d'entraînement et dans le mouvement relatif. On en
conclut nécessairement que l'accélération totale, dans le mouvement absolu, s'obtient en composant les accélérations totales
dans le mouvement d'entraînement et dans le mouvement
relatif, d'après la règle du parallélogramme des vitesses.

Si un point mobile est regardé comme animé à la fois de
plus de deux mouvements, et que les divers mouvements composants qui jouent le rôle de mouvement d'entraînement (§ 41)
soient tous des mouvements de translation, il est clair que
l'accélération totale du mouvement résultant se trouvera en
composant les accélérations totales des divers mouvements
composants, d'après la règle du polygone des vitesses.

§ 80. Voyons maintenant comment l'accélération totale, dans
le mouvement absolu d'un point que l'on regarde comme animé
à la fois d'un mouvement d'entraînement et d'un mouvement re-

latif, peut se déduire des circonstances que présentent ces
deux mouvements composants, dans le cas où le mouvement
d'entraînement ne se réduit pas à une translation.

Considérons encore les deux positions AB, A'B', *fig.* 49, que
la trajectoire relative du mobile
occupe à la fin des temps $t$ et
$t + dt$, et supposons qu'aux mêmes instants le mobile se trouve
aux points M, N de cette ligne.
Nous savons que la courbe AB
peut être amenée à la position
A'B' par un mouvement de translation égal au déplacement infiniment petit MM' du point M, suivi
d'un mouvement de rotation au-
tour d'un axe CD passant par le point M' (§ 28). Soit $A_1B_1$ la
position qu'elle prend ainsi, après avoir reçu seulement le
mouvement de translation dont il vient d'être question. Le
point N, pour aller en N', parcourra d'abord un chemin NN″
égal et parallèle à MM', en vertu de la translation, puis un arc
de cercle $N_1$N' en vertu de la rotation autour de l'axe CD.

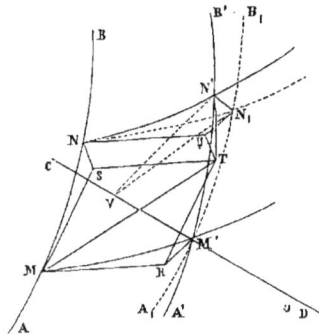

Menons en M la tangente à la trajectoire MM' que décrit ce
point M supposé lié invariablement aux axes mobiles, et aussi
la tangente à la trajectoire relative AB du mobile que l'on considère ; puis portons sur ces tangentes des longueurs MR, MS
respectivement égales aux produits de la vitesse d'entraînement $v'$ du point M, et de la vitesse relative $v''$, par le temps
$dt$, en sorte qu'on ait

$$MR = v'dt, \qquad MS = v''dt.$$

La diagonale MT du parallélogramme construit sur les lignes
MR, MS, sera liée à la vitesse absolue $v$ du mobile, par la relation de même forme

$$MT = vdt ;$$

et, de plus, cette diagonale sera tangente en M à la trajectoire

7

Fig. 49.

absolue de ce point mobile. Il suit de là que, si l'on joint le point T au point N′ où le mobile se trouve réellement à la fin du temps $t + dt$, la ligne TN′ aura la direction de l'accélération totale du mouvement absolu, et que la grandeur de cette accélération totale s'obtiendra en multipliant TN′ par $\dfrac{2}{dt^2}$ (§ 78).

Mais si l'on joint le point S au point N, que par le point T on mène TU égal et parallèle à SN, puis qu'on joigne le point U au point $N_1$, on aura un polygone $TUN_1N'$, dont la ligne TN joint les deux extrémités. Si, de plus, on imagine un polygone semblable à celui-là, ayant ses côtés respectivement parallèles à ceux de ce premier polygone, et égaux à ces mêmes côtés multipliés tous par $\dfrac{2}{dt^2}$, la ligne correspondante à TN′ dans ce nouveau polygone sera précisément l'accélération totale $j$ du mobile dans son mouvement absolu : donc cette accélération totale peut être regardée comme étant la résultante de trois accélérations dont les grandeurs sont

$$\frac{2TU}{dt^2}, \qquad \frac{2UN_1}{dt^2}, \qquad \frac{2N_1N'}{dt^2},$$

et dont les directions sont celles des lignes TU, $UN_1$, $N_1N'$.

Observons maintenant que, TU étant égal et parallèle à SN, la première de ces accélérations composantes est l'accélération totale $j''$ dans le mouvement relatif du mobile le long de la trajectoire AB ; et qu'un $UN_1$ étant évidemment égal et parallèle à RM′, la seconde accélération composante est l'accélération totale $j'$ dans le mouvement d'entraînement, c'est-à-dire dans le mouvement qu'aurait le point mobile s'il restait en repos relativement aux axes mobiles en M. Quant à la troisième accélération, nous en trouverons la valeur en remarquant que, si $\omega$ est la vitesse angulaire dans la rotation instantanée des axes mobiles autour de CD, et si V est le pied de la perpendiculaire abaissée du point $N_1$ sur cette ligne CD, on a

$$N_1N' = \omega\, dt \times N_1V ;$$

et que d'ailleurs, si l'on nomme $\alpha$ l'angle formé par cette ligne

CD avec la direction du déplacement élémentaire M'N₁ dans le mouvement relatif, on a

$$N_1V = M'N_1 \sin \alpha = v''dt \times \sin \alpha;$$

on a donc

$$\frac{2N_1N'}{dt^2} = 2\,\omega\,v'' \sin \alpha.$$

De plus, cette troisième accélération composante est dirigée perpendiculairement au plan qui passe par CD et par l'élément M'N₁ de la trajectoire relative, et dans le sens qui va de N₁ à N'.

D'après tout cela, nous pouvons dire que, lorsque le mouvement d'un point est regardé comme résultant de la composition d'un mouvement d'entraînement et d'un mouvement relatif, on peut obtenir l'accélération totale de ce mouvement de la manière suivante. On imagine que le mouvement d'entraînement élémentaire des axes mobiles, à l'instant quelconque que l'on considère, soit décomposé en une rotation autour d'un axe instantané passant par le point où se trouve le mobile à cet instant, et en une translation égale au mouvement de ce même point supposé lié aux axes mobiles (§ 31); et l'on détermine la vitesse angulaire ω de cette rotation élémentaire, ainsi que l'angle α que l'axe instantané autour duquel elle s'effectue fait avec la direction de la vitesse relative $v''$ du mobile. Cela fait, on compose entre elles :

1° L'accélération d'entraînement $j'$, c'est-à-dire l'accélération du mouvement dont serait animé le point mobile s'il restait en repos relatif dans la position où il se trouve ;

2° L'accélération relative $j''$, c'est-à-dire l'accélération dans le mouvement relatif du point par rapport aux axes mobiles ;

3° Enfin, une accélération égale à $2\omega v'' \sin \alpha$, dirigée perpendiculairement au plan qui passe par la vitesse relative $v''$ et par l'axe instantané de rotation des axes mobiles, et dans le sens dans lequel l'extrémité de la ligne qui représente la vitesse relative tourne dans la rotation instantanée autour de cet axe.

La composition de ces trois accélérations étant effectuée d'après la règle du polygone des vitesses, l'accélération résultante que l'on obtiendra sera l'accélération totale dans le mouvement absolu du point considéré.

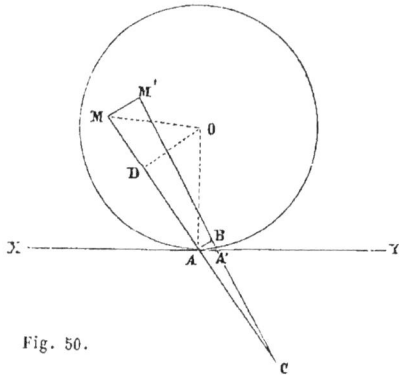

§ 81. Pour donner un exemple de l'application des théories précédentes, considérons un cercle qui se meut dans son plan en roulant uniformément sur une ligne droite XY, *fig.* 50, et cherchons l'accélération totale du mouvement dont est animé le point M lié au cercle mobile.

Fig. 50.

Pour passer de la position actuelle à une position infiniment voisine, le cercle va tourner autour du point de contact A, qui est son centre instantané de rotation. Soit ω la vitesse angulaire dont il est animé dans cette rotation instantanée ; ω est supposé constant. Désignons par $r$ le rayon OA du cercle, par $p$ la distance AM du point M au centre instantané A, et par α l'angle MAO. La vitesse $v$ du point M est liée à la vitesse angulaire ω par la relation.

$$v = p\omega.$$

Pendant le temps $dt$, le point M décrit un arc MM′ égal à $p\omega dt$. En même temps le point O marche de $r\omega dt$ ; et, comme le point de contact A du cercle avec la droite se déplace précisément de la même quantité que le centre O du cercle, il en résulte que la distance AA′ des deux positions successives de ce point de contact est égale à $r\omega dt$. Les deux lignes MA, M′A′ sont deux normales infiniment voisines de la trajectoire du point M ; donc leur point de rencontre C est le centre de courbure de cette trajectoire. Si l'on décrit du point C comme centre, avec CA pour rayon, l'arc de cercle infiniment petit AB, on trouvera le rayon de courbure MC, ou ρ, au moyen de la proportion suivante,

$$\frac{\rho}{\rho - p} = \frac{MM'}{AB} = \frac{p\omega dt^1}{r\omega \cos\alpha\, dt};$$

qui donne

$$\rho = \frac{p^2}{p - r \cos\alpha}.$$

D'après cela, on aura : 1° pour l'accélération tangentielle du point M,

$$\frac{dv}{dt} = \omega\frac{dp}{dt} = \omega\frac{BA'}{dt} = \omega^2 r \sin\alpha = \omega^2 \times OD;$$

2° pour l'accélération centripète du même point,

$$\frac{v^2}{\rho} = \omega^2 (p - r \cos\alpha) = \omega^2 \times MD.$$

On en conclut facilement que l'accélération totale du point M est dirigée suivant MO, et qu'elle est égale à $\omega^2 \times$ MO.

Ce résultat simple peut être obtenu d'une autre manière, en observant que le mouvement du cercle qui roule équivaut à la coexistence d'un mouvement de rotation autour du point O avec la vitesse angulaire $\omega$, et d'un mouvement de translation rectiligne et uniforme de ce point O parallèlement à la droite XY avec la vitesse $r\omega$. Ce dernier mouvement étant considéré comme mouvement d'entraînement, et le premier comme mouvement relatif, l'accélération totale du point mobile M s'obtiendra par la composition des accélérations totales des mouvements composants (§ 79). Mais l'accélération dans ce mouvement d'entraînement est nulle, puisqu'il est rectiligne et uniforme : donc l'accélération totale dans le mouvement résultant se réduit à celle du mouvement de rotation autour du point O. Or, cette accélération du point M, dans sa rotation uniforme autour du point O, a pour valeur le carré de sa vitesse $\omega \times$ OM, divisé par le rayon OM du cercle qu'il décrit : donc elle est égale à $\omega^2 \times$ OM.

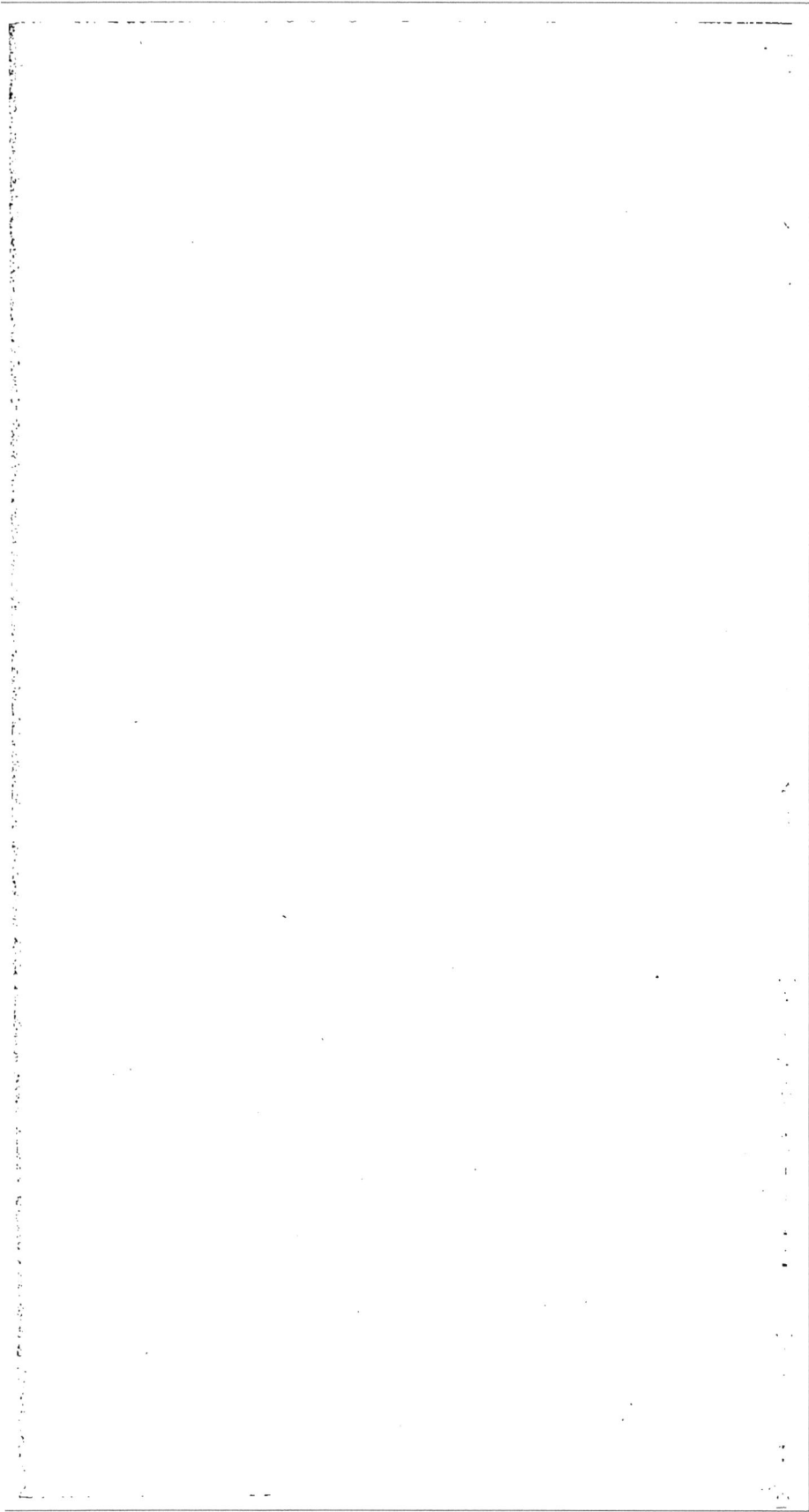

# LIVRE DEUXIÈME

# DYNAMIQUE

## PREMIÈRE PARTIE

### DE L'ÉQUILIBRE ET DU MOUVEMENT D'UN POINT MATÉRIEL

## CHAPITRE PREMIER

MODE D'ACTION ET COMPOSITION DES FORCES APPLIQUÉES A UN POINT MATÉRIEL.

§ 82. **Ce qu'on entend par point matériel.** — Quand on parle du mouvement d'un corps, il arrive très-souvent que l'on fait abstraction des dimensions de ce corps, et qu'on l'assimile à un simple point dans lequel toute sa matière serait condensée. C'est ainsi que, quand on dit qu'un boulet lancé dans l'espace décrit une ligne courbe, on conçoit implicitement que le boulet soit réduit à son centre ; il en est encore de même de la terre et des planètes, quand on dit que ces corps décrivent des ellipses autour du soleil. Un pareil point, dans lequel on imagine que toute la matière d'un corps soit condensée, constitue ce que nous nommerons un *point matériel*. Il faut bien observer que la petitesse des dimensions du corps n'est nullement une condition nécessaire pour qu'on puisse le réduire, par la pensée, à un point matériel.

Nous allons entrer dans l'étude du mouvement des corps, sous l'action des forces qui leur sont appliquées, en les supposant d'abord réduits à de simples points matériels ; c'est-à-dire que nous commencerons par faire abstraction de leurs dimensions. Ensuite, lorsque nous aurons acquis des notions nettes et précises sur la question du mouvement ainsi simplifiée, nous reviendrons à la réalité, en considérant les corps tels qu'ils existent dans la nature.

Nous retrouverons encore plusieurs fois, dans la suite, cette manière de procéder, qui consiste à faire abstraction tout d'abord d'une partie des circonstances qui compliquent les questions dont on s'occupe, et à les ramener ainsi à un certain état de simplicité idéale, pour les aborder ensuite dans toute leur réalité. Cette marche est indispensable pour que nous puissions attaquer la question si complexe du mouvement des corps naturels et arriver à la connaissance des lois d'après lesquelles ce mouvement s'effectue.

§ 83. Premier principe. — **Inertie de la matière**. — Les lois de la dynamique n'ont pu être établies qu'en partant d'un certain nombre de *principes*, ou vérités fondamentales, dont la connaissance a été puisée dans l'observation des faits. Ces principes, qui sont au nombre de quatre, et que nous énoncerons successivement dans ce chapitre, ne sont pas d'une évidence absolue ; il a fallu des hommes de génie pour les démêler dans les phénomènes qui s'accomplissent sur la terre et dans l'univers. Aussi la vérité de ces principes ne peut-elle pas être reconnue d'une manière complète *à priori* ; on ne peut que faire concevoir leur existence, au moyen de certains exemples de phénomènes dans lesquels chacun d'eux se manifeste d'une manière spéciale. Mais leur exactitude est rendue incontestable par l'exactitude des conséquences qu'on en déduit au moyen d'une suite de raisonnements rigoureux. La plus grande preuve de cette exactitude se trouve dans l'accord des mouvements des corps célestes avec les lois théoriques de ces mouvements, obtenues en se fondant sur les principes dont il s'agit.

Le premier principe dont nous parlerons est celui qui est

connu sous le nom de *Principe de l'inertie de la matière*. En voici l'énoncé :

*Un point matériel ne peut passer de lui-même de l'état de repos à l'état de mouvement. Une fois en mouvement, il ne peut modifier de lui-même son état de mouvement ; en sorte que, si aucune cause extérieure n'agit sur lui, sa vitesse sera constamment la même en grandeur et en direction, c'est-à-dire que son mouvement sera rectiligne et uniforme.*

§ 84. **Forces.** — Pour qu'un point matériel passe de l'état de repos à l'état de mouvement, il faut qu'il soit soumis à l'action d'une certaine cause. Pour qu'un point matériel, déjà en mouvement, ne continue pas à se mouvoir uniformément et en ligne droite, il faut également qu'il soit soumis à l'action d'une certaine cause qui modifie les circonstances de son mouvement. Cette cause de mouvement ou de modification de mouvement, quelle qu'elle soit, on la nomme *force*.

Les mouvements que nous observons autour de nous, sur la terre, nous manifestent l'existence de diverses espèces de forces. La chute des corps que l'on abandonne à eux-mêmes, à une certaine distance au-dessus de la surface du sol, est due à l'action d'une force qu'on nomme la *pesanteur*. Lorsqu'on déforme une lame d'acier, et qu'ensuite on l'abandonne à elle-même, ses diverses parties prennent un mouvement de vibration, qui est produit par l'action de ce qu'on nomme les *forces moléculaires*. Les mouvements des corps électrisés ou aimantés, qui s'approchent ou s'éloignent les uns des autres, sont le résultat de l'action de certaines forces d'une nature particulière, qu'on nomme *forces électriques, forces magnétiques*. Les êtres animés, par la contraction de leurs muscles, peuvent exercer une action sur les corps qu'ils touchent, de manière à les mettre en mouvement ou à modifier le mouvement qu'ils possèdent déjà.

Une force appliquée à un point matériel ne détermine pas toujours le mouvement de ce point. Si un obstacle s'oppose à ce mouvement, la force donne lieu à une *pression* ou à une *tension*. L'action de la pesanteur sur un corps qui repose sur

une table détermine une pression exercée sur la table ; si le
corps est suspendu à une corde dont l'extrémité supérieure est
fixe, cette action de la pesanteur détermine une tension de la
corde. Ces deux exemples suffisent pour faire comprendre en
général ce qu'on entend par la pression ou la tension résultant
de l'action d'une force sur un point matériel qui ne peut pas
céder à cette action.

§ 85. **Poids des corps**. — Lorsqu'un corps n'est soumis
qu'à l'action de la pesanteur, et qu'un obstacle l'empêche de
tomber sous cette action, la pression ou la tension qui en résulte se nomme le *poids* du corps. Le poids d'un corps produit
toujours une déformation de l'obstacle qui s'oppose à la chute
du corps ; cette déformation, qui est souvent insensible à l'œil,
est quelquefois au contraire extrêmement marquée, comme
par exemple dans le cas où le corps est suspendu à un appareil
formé de lames de ressort présentant une certaine flexibilité.
On comprend que la grandeur de la déformation produite par
le poids d'un corps, dans un appareil de ce genre, peut servir
à constater l'énergie de ce poids.

On dit que les poids de deux corps sont égaux, lorsque ces
deux corps, suspendus successivement à un même appareil à
ressort, le font fléchir d'une même quantité. Deux corps de
même poids étant réunis ensemble pour ne former qu'un seul
corps, on dit que le poids de ce corps unique est double de
chacun des deux poids primitifs. De même, en réunissant ensemble trois, quatre, cinq,..... corps de même poids, on a un
corps unique dont le poids est triple, quadruple, quintuple,.....
de chacun des premiers.

On conçoit d'après cela qu'il suffit de choisir à volonté un
corps A, dont on prendra le poids pour unité, pour pouvoir évaluer en nombre le poids d'un corps quelconque B. Car, au
moyen de l'appareil à ressort, on pourra se procurer autant de
corps que l'on voudra ayant tous même poids que le corps A ;
puis on pourra chercher combien on doit suspendre de ces corps
ensemble au même appareil à ressort, pour déterminer la même
déformation que le corps B suspendu seul à cet appareil : le

poids du corps B sera représenté par le nombre de ces corps que l'on aura dû suspendre ensemble pour produire sur l'appareil à ressort le même effet que le corps B seul.

On a adopté en France, pour unité de poids, le poids d'un centimètre cube d'eau pure, prise à la température de 4°,1 ; et on lui a donné le nom de *gramme*. On se sert souvent aussi d'une autre unité de poids, le *kilogramme*, qui vaut mille grammes, et qui est par conséquent le poids d'un litre d'eau pure, prise à la température de 4°,1. Le poids d'un corps quelconque peut s'évaluer en grammes ou en kilogrammes, par le moyen qui vient d'être indiqué.

§ 86. **Évaluation des forces en nombres.** — Il est naturel de prendre le poids d'un corps pour mesure de l'intensité de la force qui tend à faire tomber ce corps. La force de la pesanteur agissant sur un corps sera donc représentée par un certain nombre de grammes ou de kilogrammes.

Une force quelconque étant appliquée à un point matériel, et tendant à le mettre en mouvement, on conçoit qu'on peut s'opposer au mouvement du point en l'attachant à un appareil à ressort ; cet appareil éprouvera une tension qui le fera fléchir d'une certaine quantité. La force que l'on considère pourra être regardée comme égale à l'action de la pesanteur sur le corps qui, étant suspendu à l'appareil à ressort, le fléchirait exactement de la même quantité : le poids de ce corps servira donc de mesure à la force. Ainsi, une force quelconque peut toujours être mesurée par un poids, et en conséquence évaluée en nombre au moyen de l'unité de poids. Le plus habituellement, c'est en kilogrammes que l'on évalue les intensités des forces.

Un appareil à ressort, destiné à comparer l'intensité d'une force à celle de l'action de la pesanteur sur un corps, par la déformation que ces forces lui font éprouver, se nomme en général un *dynamomètre*. Il en existe de diverses formes. Nous ne les décrirons pas ici. Nous nous contenterons d'avoir expliqué le principe de leur emploi, en ajoutant seulement qu'au moyen d'une graduation qu'on leur adapte ordinairement, on reconnaît de suite quelle est la valeur numérique d'une force d'après la grandeur de la déformation que cette force a occasionnée.

L'observation indiquant que l'intensité de la pesanteur varie d'un point à un autre de la surface de la terre, le poids d'un litre d'eau pure n'est pas le même partout : ce poids ferait inégalement fléchir un même dynamomètre auquel on le suspendrait, si l'on faisait successivement l'expérience dans divers lieux. Pour que le kilogramme, que nous prenons pour unité de force, soit complétement défini, il est nécessaire d'ajouter dans quel lieu on en détermine la valeur ; on peut dire, par exemple, que le kilogramme est le poids d'un litre d'eau pure, à Paris, cette eau étant prise à la température de 4°,1. Un dynamomètre, gradué à Paris, de manière à faire connaître immédiatement la valeur d'une force en kilogrammes, pourra ensuite être employé dans un lieu quelconque, sans que l'unité de sa graduation cesse d'être exactement la même. On peut ajouter cependant que, dans les applications de la mécanique aux machines, on n'a pas besoin de se préoccuper de ce que le kilogramme n'aurait pas la même valeur, suivant qu'on le déterminerait en un lieu ou en un autre ; la différence est trop faible pour qu'elle puisse avoir la moindre importance dans ce cas.

§ 87. **Direction et sens d'une force.** — Lorsqu'une force agit sur un point matériel, on peut concevoir que l'on maintienne ce point en repos pendant quelque temps, puis qu'on l'abandonne en lui laissant la liberté de se mettre en mouvement sous l'action de la force, sans qu'aucun obstacle le gêne dans ce mouvement : la direction suivant laquelle il commencera à se déplacer est ce qu'on nomme la *direction de la force* à laquelle il est soumis. On regarde également la force comme agissant dans le *sens* dans lequel le point matériel se déplacera suivant cette direction.

§ 88. Deuxième principe. — **Égalité de l'action et de la réaction.** — Après avoir établi, dans ce qui précède, des notions générales sur l'intensité, la direction et le sens d'une force, nous sommes en mesure d'énoncer un deuxième principe de la dynamique, qui est connu sous le nom de *Principe de* *l'égalité de l'action et de la réaction.* Voici en quoi il consiste :

*Toute force, appliquée à un point matériel* A, *émane d'un autre point matériel* B *situé à une distance quelconque du premier; en même temps, le point* B *est soumis à l'action d'une autre force émanant du point* A. *Ces deux forces* (*action et réaction*) *sont égales entre elles, dirigées suivant la droite* AB *et en sens contraire l'une de l'autre.*

L'opposition de sens des deux forces auxquelles les deux points matériels A,B sont soumis, ne suppose rien sur le sens de chacune d'elles prise isolément. Il peut se faire que la force qui agit sur le point A tende à le rapprocher du point B ; et alors la force qui agit sur le point B tend également à le rapprocher du point A ; dans ce cas, les deux forces sont dites *attractives*. Si les deux forces agissent au contraire en tendant à éloigner les deux points A et B l'un de l'autre, on dit qu'elles sont *répulsives*.

§ 89. TROISIÈME PRINCIPE. — **Indépendance de l'effet d'une force et du mouvement antérieurement acquis par le point matériel sur lequel elle agit.** — Après avoir été conduits à la définition des forces par le premier principe que nous avons énoncé (§ 83), et avoir établi par le second principe (§ 88) la manière dont elles existent dans la nature, il nous reste à poser les bases de leur mode d'action pour produire le mouvement des corps auxquels elles sont appliquées : tel est l'objet des deux autres principes que nous avons encore à énoncer. Le premier des deux consiste en ce que :

*L'effet produit par une force sur un point matériel est indépendant du mouvement antérieurement acquis par ce point.*

Pour bien comprendre la signification de ce principe, il faut concevoir que l'on rapporte les positions successives du point matériel dont on s'occupe, à un système d'axes animé d'un mouvement de translation rectiligne et uniforme, dans lequel la vitesse ait la même grandeur et la même direction que la vitesse du point matériel à un instant quelconque de son mouvement. Si, à partir de cet instant, le point matériel n'était soumis à l'action d'aucune force, son mouvement serait rectiligne et uniforme, en vertu du principe de l'inertie ; et en conséquence, il conserverait toujours la même position par rapport aux axes mobiles dont on vient de parler. Le nouveau principe qui vient d'être énoncé signifie que, sous l'action de la force qui lui est appliquée, le point matériel prend, par rapport aux axes mobiles, et à partir du même instant, un mouvement qui est exactement le même que le mouvement absolu que cette force lui communiquerait s'il partait du repos ; en sorte qu'il suffira de composer ce mouvement du point par rapport aux axes mobiles, avec le mouvement des axes eux-mêmes, pour avoir le mouvement absolu du point matériel dans l'espace.

§ 90. **Mouvement d'un point matériel soumis à l'action d'une force de grandeur et de direction constantes.** — Le principe de l'indépendance de l'effet d'une force et du mouvement antérieurement acquis par le point matériel sur lequel elle agit, va nous permettre de déterminer immédiatement le mouvement que prend un point matériel sous l'action d'une force constante en grandeur et en direction. Considérons d'abord le cas où le point matériel se met en mouvement, sous l'action de cette force, sans avoir reçu de vitesse initiale.

Pour faciliter la recherche du mouvement produit par la force, concevons que le temps pendant lequel nous voulons étudier son action soit divisé en un nombre quelconque de parties égales ; et supposons que la force, au lieu d'agir d'une manière continue, n'agisse que par intermittence, au commencement de chacun des intervalles de temps partiels dont nous venons de parler. Entre deux actions consécutives de cette force, le point matériel aura nécessairement un mouvement rectiligne et uniforme ; et c'est la succession des mouvements de ce genre qu'il possèdera après chacune des actions instantanées de la force, qui constituera son mouvement pendant un temps quelconque. Après la première de ces actions successives de la force, le point matériel est animé d'une certaine vitesse, dont la direction et le sens sont précisément la direction et le sens de la force elle-même (§ 87). Pour avoir la vitesse dont le point est animé après la seconde action de la force, il faut composer la vitesse qu'il possédait après la première action, avec une vitesse de même grandeur, de même direction et de même sens, produite par la nouvelle action qu'il a éprouvée de la part de la force : la résultante de ces deux vitesses sera double de chacune d'elles, et elle aura la même direction et le même sens que les composantes. On verra de même que, après une troisième action de la force, la vitesse du point matériel aura encore la même direction et le même sens qu'avant cette action, et que cette vitesse sera triple de celle dont il était animé après la première action de la force ; et ainsi de suite. Le mouvement du point, pendant un temps quelconque, s'effectuera donc le long d'une ligne droite de même direction que la force, et dans le sens dans lequel elle agit : et la vitesse dont ce point sera animé à un instant quelconque sera proportionnelle au nombre total des actions qu'il aura éprouvées de la part de la force avant cet instant.

Si l'on conçoit que les intervalles de temps égaux compris entre les actions successives de la force deviennent de plus en plus petits, on se rapprochera de plus en plus du cas où la force agirait d'une manière continue, et le mouvement qui se produirait dans ce cas est évidemment la limite vers laquelle tend le mouvement que nous venons d'obtenir, lorsque ces intervalles de temps sont supposés décroître indéfiniment jusqu'à devenir nuls. Il résulte de là que, si un point matériel primitivement en repos est mis en mouvement par l'action d'une force constante en grandeur et en direction, la trajectoire du point sera une ligne droite de même direction que la force, et sa vitesse croîtra proportionnellement au temps compté à partir du commencement du mouvement ; en un mot, ce mouvement sera *rectiligne et uniformément accéléré* (§ 11).

Désignons par $j$ l'accélération de ce mouvement (§ 69), par $t$ le temps compté à partir de l'instant où le point matériel se met en mouvement, et par $x$ la distance comprise entre son point de départ et la position qu'il occupe à la fin du temps $t$. L'équation du mouvement sera simplement

$$x = \tfrac{1}{2} jt^2,$$

car $x$ et $\dfrac{dx}{dt}$ doivent être nuls tous deux pour $t = 0$.

On trouve un exemple de ce mouvement dans la chute des corps pesants qu'on laisse tomber librement dans le vide, sans vitesse initiale. L'accélération étant désignée par $g$, dans ce cas, on a pour l'équation du mouvement

$$x = \tfrac{1}{2} gt^2.$$

L'expérience montre que ce mouvement s'effectue bien suivant la loi indiquée par la théorie. A Paris, l'accélération $g$ a pour valeur

$$g = 9{,}8088,$$

le mètre étant pris pour unité de longueur, et la seconde de temps moyen pour unité de temps. Dans ce mouvement, la vitesse $v$, à un instant quelconque, a pour valeur

$$v = gt;$$

et si l'on élimine $t$ entre cette équation et la précédente, on trouve

$$v^2 = 2gx,$$

relation qui permet de calculer la vitesse $v$, connaissant la hauteur de chute $x$, ou inversement.

§ 91. Supposons maintenant que le point matériel se mette en mouvement avec une certaine vitesse initiale $v_0$ de même direction que la force qui lui est appliquée. Si cette vitesse initiale $v_0$ est de même sens que la force, on obtiendra le mouvement du point matériel en composant le mouvement rectiligne et uniforme dont l'équation est

$$x = v_0 t,$$

avec un mouvement rectiligne uniformément accéléré, de même direction et de même sens que le précédent, ayant pour équation.

$$x = \tfrac{1}{2}jt^2.$$

Le mouvement résultant sera rectiligne ; sa direction sera la même que celle de chacun des mouvements composants, et son équation sera

$$x = v_0 t + \tfrac{1}{2}jt^2.$$

Le mouvement d'un point matériel, soumis à l'action d'une force constante en grandeur et en direction, et animé d'une vitesse initiale de même direction et de même sens que la force, est donc encore un mouvement rectiligne uniformément accéléré. La vitesse, qui a pour valeur

$$v = v_0 + jt,$$

est toujours dirigée dans le même sens, et va constamment en croissant.

Si la vitesse initiale $v_0$ est dirigée en sens contraire de la force, on trouvera facilement, en opérant comme nous venons de le faire, que le mouvement du point matériel est encore rectiligne, et que sa distance $x$ à son point de départ, comptée dans le sens de la vitesse $v_0$, est fournie par l'équation

$$x = v_0 t - \tfrac{1}{2}jt^2.$$

La vitesse, à un instant quelconque, a pour valeur

$$v = v_0 - jt.$$

Elle est d'abord positive, et va en décroissant, jusqu'à devenir nulle pour

$$t = \frac{v_0}{j};$$

puis elle devient négative, et augmente dès lors indéfiniment. Le mouvement est donc d'abord dirigé dans le sens de la vitesse initiale $v_0$ ; il se ralentit de plus en plus ; puis il change de sens, et, à partir de là, il s'accélère constamment. Ce mouvement est uniformément varié ; pendant quelque temps il est uniformément retardé, puis il devient uniformément accéléré, en changeant de sens.

8

Un corps pesant, lancé verticalement, de haut en bas ou de bas en haut, se meut conformément à ce qui vient d'être dit; l'accélération $g$ de son mouvement est la même que s'il n'avait pas reçu de vitesse initiale (§ 90). S'il est lancé de bas en haut avec une vitesse $v_0$, il monte jusqu'à ce que le temps $t$ soit égal à $\dfrac{v_0}{g}$. En substituant cette valeur de $t$ dans l'équation du mouvement, qui est

$$x = vt_0 - \tfrac{1}{2}gt^2,$$

on trouve pour la hauteur à laquelle il s'élève

$$x = \frac{v_0{}^2}{2g}.$$

On voit que cette hauteur est précisément celle dont il devrait tomber sans vitesse initiale, pour acquérir la vitesse $v_0$ (§ 90).

§ 92. Considérons enfin le cas où le point matériel se met en mouvement, avec une vitesse initiale dirigée d'une manière quelconque relativement à la direction de la force qui agit sur lui. Soient O, *fig.* 51, le point de départ du mobile, OA la direction de sa vitesse initiale que nous désignerons toujours par $v_0$, et OB une ligne à laquelle la direction de la force reste constamment parallèle. D'après le principe du § 89, nous trouverons le mouvement qui se produit dans ces circonstances, en supposant que le mobile prenne sur la ligne OB le mouvement que la force lui communiquerait s'il n'avait pas de vitesse initiale, et qu'en même temps cette ligne se transporte parallèlement à elle-même, de manière que le point O parcoure uniformément la ligne OA avec la vitesse $v_0$. Si nous représentons toujours par $j$ l'accélération du mouvement que

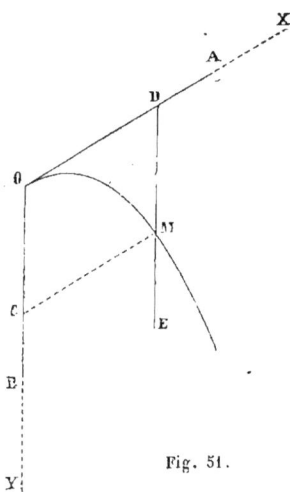

Fig. 51.

la force communiquerait au point matériel, dans le cas où il se mouvrait sans vitesse initiale, nous aurons

$$\tfrac{1}{2}jt^2$$

pour la distance OC qu'il parcourra sur la ligne OB, pendant le temps $t$, compté à partir de l'instant où il commence à se mouvoir. Mais, pendant ce même temps, la ligne OB sera venue prendre la position DE tel que l'on ait

$$OD = v_0 t.$$

Si l'on prend, sur cette ligne DE, une longueur DM égale à OC, le point M ainsi obtenu sera la position qu'occupera réellement le point matériel à la fin du temps $t$.

On peut se faire une idée nette du mouvement qui se produit dans ces circonstances, en rapportant les positions successives du mobile à deux axes coordonnés OX, OY dirigés suivant les lignes OA et OB. D'après ce qui vient d'être dit, les équations du mouvement sont :

$$x = v_0 t, \qquad y = \tfrac{1}{2}jt^2.$$

Si l'on élimine $t$ entre ces deux équations, on trouve

$$y = \frac{j}{2v_0{}^2}x^2$$

pour l'équation de la trajectoire. Cette courbe est une parabole, dont l'axe est parallèle à l'axe des $y$, et qui est tangente à l'axe des $x$, au point O.

Le mouvement d'un corps pesant, lancé obliquement dans le vide, fournit un exemple du mouvement parabolique auquel nous venons de parvenir.

§ 93. QUATRIÈME PRINCIPE. — **Indépendance des effets des forces qui agissent simultanément sur un même point matériel.** — Le dernier principe que nous avons à énoncer, se rapporte à la manière dont un point matériel se met en mouvement, lorsqu'il est soumis à la fois à l'action de plusieurs forces. Voici en quoi il consiste :

*Lorsque plusieurs forces agissent simultanément sur un même*

*point matériel, chacune d'elles produit le même effet que si elle
agissait seule.*

En d'autres termes, si un point matériel est soumis à la fois
à l'action de plusieurs forces, on trouvera le mouvement qu'il
prend à partir d'un instant quelconque, en composant le mouvement rectiligne et uniforme correspondant à la vitesse qu'il
possède à cet instant, avec les divers mouvements que chacune des forces lui communiquerait, si elle agissait seule sur
lui et qu'il partît du repos. Dans cette composition de mouvements, on regardera tous les mouvements composants qui
jouent le rôle de mouvements d'entraînement, comme étant
des mouvements de translation.

§ 94. **Proportionnalité des forces aux accélérations qu'elles
produisent.** — Supposons qu'un point matériel se mette en
mouvement, sans vitesse initiale, sous l'action d'une force F
de grandeur et de direction constantes; et désignons par $j$
l'accélération de son mouvement, qui sera rectiligne et uniformément accéléré (§ 90). Soit de même $j'$ l'accélération du
mouvement que prendrait ce point matériel, s'il était soumis,
dans les mêmes circonstances, à l'action d'une autre force F'.
Le principe de l'indépendance des effets des forces qui agissent
simultanément sur un même point matériel, montre que les
forces F, F' sont entre elles dans le même rapport que les accélérations $j, j'$.

Pour établir cette proportionnalité des forces aux accélérations qu'elles produisent, admettons que les deux forces F, F'
soient entre elles dans le rapport des nombres entiers $n, n'$; en
sorte qu'on ait :
$$F = nF_1, \qquad F' = n'F_1,$$

$F_1$ désignant une certaine force qui sert de commune mesure
aux forces F, F'. D'après la manière dont les poids, et par suite
les forces, sont évalués en nombres (§§ 85 et 86), il est clair que
la force F, agissant sur le point matériel dont on s'occupe,
équivaut à l'ensemble de $n$ forces égales à $F_1$, agissant toutes en
même temps sur ce point matériel, dans la même direction et
dans le même sens que la force F. Soit $j_1$ l'accélération du mou-

vement que chacune des forces $F_1$, agissant seule, communiquerait au même point matériel. Le mouvement que ce point prendra sous l'action simultanée des $n$ forces $F_1$ de même direction et de même sens, s'obtiendra par la composition des divers mouvements rectilignes et uniformément accélérés que chacune d'elles lui donnerait séparément (§ 93); et l'accélération, dans le mouvement résultant, sera la résultante des accélérations dans les mouvements composants (§ 79) : donc l'accélération $j$, produite par l'action de la force $F$ équivalente à l'ensemble des $n$ forces $F_1$, sera égale à $nj_1$. On verra de même que l'accélération $j'$, produite par l'action de la force $F'$ sur le même point matériel, est égale à $n'j_1$, puisque cette force $F'$ est équivalente à l'ensemble de $n'$ forces égales à $F$ et agissant toutes dans la même direction et dans le même sens qu'elle. Les deux égalités

$$j = nj_1, \qquad j' = n'j_1,$$

montrent que les accélérations $j$, $j'$ sont entre elles dans le même rapport que les nombres $n$, $n'$; et par conséquent aussi dans le même rapport que les forces $F$, $F'$.

§ 95. Lorsqu'une force de grandeur et de direction constantes agit sur un point matériel qui est déjà animé d'une certaine vitesse, le mouvement de ce point s'obtient par la composition du mouvement rectiligne et uniforme correspondant à sa vitesse initiale, avec le mouvement rectiligne uniformément accéléré que la force lui communiquerait s'il partait du repos (§§ 91 et 92). Or, l'accélération dans le mouvement résultant est la résultante des accélérations dans les mouvements composants (§ 79); et l'accélération, dans un mouvement rectiligne et uniforme, est égale à zéro : donc l'accélération, dans le mouvement rectiligne ou parabolique qu'un point matériel animé d'une vitesse initiale prend sous l'action d'une force constante en grandeur et en direction est exactement la même que celle que lui communiquerait la force, si sa vitesse initiale était nulle. Il résulte de là que deux forces de grandeurs et de directions constantes, que l'on fait agir sé-

parément sur un même point matériel, sont entre elles comme
les accélérations qu'elles communiquent à ce point, quelle que
soit la vitesse qu'il possède à l'instant où chacune des forces
commence à agir sur lui.

Lorsqu'un point matériel est soumis à l'action d'une force qui
ne satisfait pas à la double condition d'avoir à la fois une grandeur et une direction constantes, l'accélération totale de ce
point, correspondant à un instant quelconque de son mouvement, n'est autre chose que l'accélération que cette force lui
communiquerait, si, à partir de cet instant, elle conservait
constamment la même grandeur et la même direction. Car
cette accélération totale se déduit des circonstances que présente le mouvement, pendant un intervalle de temps infiniment
petit ; et le mouvement qui a lieu pendant ce temps peut être
regardé comme un élément du mouvement que le point matériel prendrait, si la grandeur et la direction de la force ces-
saient de varier à partir du commencement de cet intervalle de
temps. D'après cela, on peut dire, que si l'on considère le mouvement qu'un point matériel prend sous l'action d'une force
quelconque, et qu'on le compare au mouvement que le même
point matériel prend sous l'action d'une autre force aussi
quelconque, les intensités de ces deux forces, prises chacune
à un instant déterminé, sont entre elles comme les accélérations totales correspondant aux mêmes instants, dans les mouvements qu'elles produisent. Les directions des deux forces
sont d'ailleurs évidemment les mêmes que celles de ces accélérations totales.

§ 96. **Définition de la masse d'un point matériel.** — Les
corps, que nous supposons toujours réduits à de simples points
matériels, ne doivent pas être regardés comme identiques les
uns avec les autres, au point de vue des effets qu'ils éprouvent
de la part des forces qui leur sont appliquées. Une même force,
agissant successivement sur différents points matériels, ne leur
communiquera pas à tous une même accélération. Il existe donc
dans les corps une certaine qualité, d'après laquelle ils cèdent
plus ou moins facilement à l'action des forces, et dont on recon-

naît l'existence par l'accélération plus ou moins grande qu'ils éprouvent de la part d'une même force : cette qualité, par laquelle les corps diffèrent les uns des autres, sous ce point de vue, est désignée sous le nom de *masse*.

On dit que deux points matériels ont même masse, lorsque, étant soumis à l'action d'une même force, ils en reçoivent une même accélération. Un point matériel, formé par la réunion de deux points matériels de même masse, est dit avoir une masse double de celle de chacun d'eux. De même, en réunissant trois, quatre, cinq,... points matériels dont les masses sont égales, on forme un point matériel dont la masse est triple, quadruple, quintuple,...... de celle de chacun des points matériels composants. On conçoit par là comment la masse d'un point matériel pourra être évaluée en nombre, quand on aura choisi arbitrairement un corps dont la masse sera prise pour unité de masse. Il suffira de suivre une marche analogue à celle qui a déjà été indiquée pour évaluer en nombre le poids d'un corps quelconque (§ 85).

§ 97. **Proportionnalité des forces aux masses des points matériels auxquels elles donnent une même accélération.** — Soient F, F', deux forces qui, en agissant sur deux points matériels de masses $m$, $m'$, leur communiquent une même accélération. Supposons que les forces F, F' soient entre elles dans le rapport des nombres entiers $n$, $n'$, en sorte qu'on ait

$$F = nF_1, \qquad F' = n'F_1 ;$$

et considérons les deux points matériels comme résultant, le premier de la réunion de $n$ points matériels ayant tous même masse $m_1$, le second de la réunion de $n'$ points matériels ayant tous pour masse $m'_1$, ce qui fait qu'on aura

$$m = nm_1, \qquad m' = n'm'_1.$$

Si la force $F_1$ agissait, sans changer de grandeur ni de direction, sur un point matériel de masse $m_1$ partant du repos, elle lui donnerait un mouvement rectiligne uniformément accéléré, dans lequel l'accélération aurait une certaine valeur dépendant de l'intensité de la force $F_1$ et de la grandeur de la masse $m_1$,

Concevons que $n$ points matériels, ayant tous la même masse $m_1$, se trouvent à côté les uns des autres, et qu'ils se mettent tous en mouvement à un même instant, sous l'action de forces appliquées à chacun d'eux ; si ces forces sont toutes égales à $F_1$, et agissent toutes suivant la même direction et dans le même sens, les $n$ points matériels prendront tous le même mouvement rectiligne et uniformément accéléré, suivant la même direction, et, en conséquence, ils ne cesseront pas de se trouver à côté les uns des autres, comme avant leur départ. On comprend d'après cela que rien ne changera dans le mouvement de l'ensemble de ces points matériels, si on les suppose liés entre eux de manière à ne pouvoir se séparer pendant le mouvement, puisqu'ils ne se séparaient pas lorsqu'ils avaient la liberté de le faire. Mais alors on n'aura plus qu'un point matériel unique dont la masse sera égale à $nm_1$ (§ 96), ou à $m$ ; et les $n$ forces $F_1$, égales, de même direction et de même sens, qui agiront sur ce point matériel unique, pourront être remplacées par une seule force égale à $nF_1$, ou à $F$. Donc la force $F$ agissant sur un point matériel de masse $m$ qui part du repos, lui donnera un mouvement qui sera identiquement le même que celui que la force $F_1$ communiquerait à un point matériel de masse $m_1$, partant également du repos ; et, en conséquence, l'accélération communiquée par la force $F$ au point matériel de masse $m$ est la même que l'accélération communiquée par la force $F_1$ au point matériel de masse $m_1$.

On verra de la même manière que les accélérations communiquées respectivement aux points matériels de masse $m'$, $m''_1$, par les forces $F'$, $F_1$, sont exactement les mêmes.

Mais, par hypothèse, les forces $F$, $F'$ communiquent une même accélération aux points matériels de masses $m$, $m'$. Donc la force $F_1$, appliquée successivement aux deux points matériels de masses $m'$, $m''_1$, leur communique une même accélération, et, en conséquence, ces deux masses $m_1$, $m'_1$, sont égales (§ 96), c'est-à-dire que les masses $m$, $m'$ sont entre elles dans le rapport des nombres $n$, $n'$.

Il résulte de là que les deux forces $F$, $F'$ sont entre elles dans le même rapport que les masses $m$, $m'$ des deux points matériels auxquels elles communiquent une même accélération.

§ 98. **Relation entre une force, la masse du point matériel sur lequel elle agit, et l'accélération qui résulte de cette action.** — Soient F, F′ deux forces quelconques; $m$, $m'$, les masses de deux points matériels auxquels ces forces sont respectivement appliquées ; et $j$, $j'$ les accélérations qu'éprouvent les points matériels par suite de l'action de ces forces. Pour établir une relation entre ces six quantités, considérons une force F″ telle que, si elle agissait sur le point matériel de masse $m$, elle lui donnerait une accélération $j'$. Les deux forces F, F″ donnant les accélérations $j$, $j'$ à un même point matériel, leur rapport est le même que celui des accélérations qu'elles produisent (§ 94), en sorte qu'on a :

$$\frac{F}{F''} = \frac{j}{j'}.$$

D'une autre part, les deux forces F″, F′ donnant une même accélération $j'$ aux deux points matériels de masses $m$, $m'$, auxquels elles sont respectivement appliquées, on a entre elles la proportion

$$\frac{F''}{F'} = \frac{m}{m'}.$$

Si l'on multiplie membre à membre les deux égalités auxquelles on vient de parvenir, on trouve

$$\frac{F}{F'} = \frac{mj}{m'j'}.$$

Donc les forces sont entre elles comme les produits des masses des points matériels sur lesquels elles agissent par les accélérations qu'elles leur communiquent.

L'unité de masse n'a pas été définie jusqu'à présent. Supposons donc que nous choisissions pour unité la masse d'un point matériel qui, sous l'action d'une force égale à 1, prendrait une accélération égale à 1. L'unité de masse étant choisie de cette manière, il en résulte que, si l'on suppose F′ = 1 et $j'$ = 1, on aura $m'$ = 1, et, par conséquent, la relation qui vient d'être établie se réduit à

$$F = mj.$$

Soit P le poids d'un corps, c'est-à-dire la force qui détermine la chute du corps, lorsqu'on l'abandonne à lui-même (§ 86). La force P, en agissant sur le corps, dont nous désignerons la masse par $m$, lui communique un mouvement dans lequel l'accélération est $g$ (§ 90). On doit donc avoir

$$P = mg,$$

d'après ce qui vient d'être établi. On en déduit

$$m = \frac{P}{g},$$

ce qui fournit un moyen très-simple d'évaluer numériquement la masse d'un corps, dans le cas où l'unité de masse est celle que nous venons de définir.

§ 99. **Composition des forces appliquées à un même point matériel.** — Lorsque plusieurs forces agissent simultanément sur un même point matériel, suivant des directions quelconques, ce point prend un certain mouvement dans l'espace. On comprend que le même mouvement pourrait lui être communiqué par l'action d'une force unique, dont la grandeur et la direction dépendent des circonstances que présente ce mouvement. Cette force unique, capable de donner au point matériel le mouvement qu'il prend sous l'action des diverses forces qui lui sont appliquées simultanément, est ce qu'on nomme la résultante de ces forces. Les forces dont elle peut tenir lieu se nomment ses *composantes*. La *composition des forces* a pour objet la détermination de la résultante lorsqu'on connaît les composantes.

Le principe de l'indépendance des effets des forces qui agissent simultanément sur un même point matériel (§ 93) conduit directement à la règle de la composition des forces appliquées à un point. D'après ce principe, le mouvement d'un point matériel soumis à la fois aux actions de plusieurs forces, s'obtient en composant le mouvement rectiligne et uniforme correspondant à la vitesse qu'il possède à un instant quelconque, avec les divers mouvements que chacune des forces lui communiquerait si elle agissait seule sur lui et qu'il partît du repos ; et dans cette composition, on doit regarder tous les mouvements composants qui jouent le rôle de mouvements d'entraînement comme étant des mouvements de translation. Or, nous savons que, dans ce cas, on trouve l'accélération totale du mouvement résultant en composant les accélérations totales des mouvements composants d'après les règles de la composition des vitesses. (§ 79). Nous savons en outre que les forces sont proportionnelles aux accélérations totales des mouvements qu'un même point matériel prend sous l'action de chacune d'elles, et que les directions des forces sont les mêmes que celles de ces accélérations (§ 95). Nous pouvons en conclure immédiatement que, si l'on représente les forces par des droites dont les longueurs soient proportionnelles à leurs intensités, et dont les directions soient

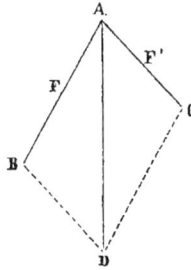

Fig. 52.

celles suivant lesquelles elles agissent, la résultante de plusieurs forces appliquées à un même point s'obtiendra au moyen des composantes, par une construction entièrement pareille à celle qui donne la résultante de plusieurs viteses au moyen des vitesses composantes.

Quand on n'aura que deux forces F, F' à composer en une seule, on construira un parallélogramme sur les deux lignes AB, AC qui les représentent, *fig.* 52, et la diagonale AD de ce parallélogramme représentera leur résultante. Cette construction constitue ce qu'on nomme le *parallélogramme des forces.*

Quand on aura à composer un nombre quelconque de forces F, F', F″, F‴, appliquées à un même point A, *fig.* 53, on tracera

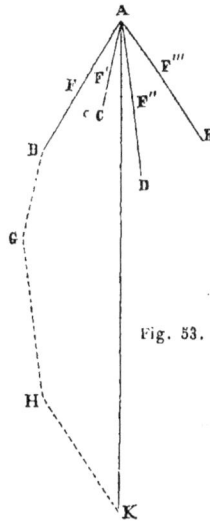

Fig. 53.

les lignes AB, AC, AD, AE qui les représentent ; puis on construira le polygone ABGHK, dont les côtés AB, BG, GH, HK,

sont respectivement égaux et parallèles à ces diverses lignes :
la droite AK, qui joint le point A à l'extrémité K du polygone
ainsi obtenu, représentera en grandeur et en direction la résultante des forces données F, F', F'', F'''. On donne à cette
construction le nom de *polygone des forces*.

Enfin, quand les forces composantes seront au nombre de
trois, et que leurs directions ne seront pas comprises dans un
même plan, le polygone des forces données pourra être remplacé par le *parallélipipède des forces :* c'est-à-dire que la droite
qui représentera la résultante des forces données sera la diagonale du parallélipipède ayant pour arêtes les droites qui représentent les composantes.

Une force étant donnée, on pourra la décomposer en deux
ou en trois composantes suivant des directions déterminées,
en opérant exactement de la même manière que s'il s'agissait
de décomposer une vitesse (§ 45).

§ 100. **Projections des forces sur un plan fixe ou sur une
droite fixe**. — Une force étant représentée par une ligne
droite, conformément à ce qui vient d'être dit (§ 99), si l'on projette cette droite sur un plan fixe, la projection pourra être regardée comme représentant une autre force qui agit dans ce
plan : cette autre force est ce qu'on nomme la projection de la
première force sur le plan fixe. De même, si l'on projette sur
une droite fixe la ligne qui représente une force quelconque,
la projection représente une autre force que l'on dit être la
projection de la première.

Si l'on a construit le polygone qui sert à trouver la résultante
d'un système quelconque de forces appliquées à un même point
matériel, et que l'on projette la figure tout entière sur un plan
fixe, on obtiendra un autre polygone situé dans ce plan : la
considération de ce second polygone montre que la projection
de la résultante des forces sur le plan fixe est la résultante des
projections des forces elles-mêmes sur ce plan.

On trouve exactement de la même manière que, si plusieurs
forces agissent sur un même point matériel, la projection de leur
résultante sur une droite fixe est la résultante des projections

des forces sur cette droite, résultante qui, dans ce cas, se réduit à la somme algébrique des composantes.

Si par le point d'application d'une force on mène trois droites non situées dans un même plan, et qu'on décompose la force en trois composantes dirigées suivant ces trois droites, chaque composante peut être regardée comme la projection de la force sur la droite correspondante, cette projection étant effectuée parallèlement au plan des deux autres droites. D'après cela, on voit que la force est la résultante de ses projections sur les trois droites. Il en est de même lorsqu'une force se trouve décomposée en deux autres suivant deux droites dont le plan passe par la direction de la force : chaque composante est la projection de la force sur la droite correspondante, cette projection étant effectuée parallèlement à l'autre droite ; et par suite la force est la résultante de ses projections sur les deux droites.

Les propositions qui précèdent sont vraies de quelque manière que s'effectuent les projections, et, par conséquent aussi, dans le cas particulier où ces projections sont orthogonales. Toutes les fois que nous aurons occasion de les appliquer, et que nous ne spécifierons pas la nature des projections, on devra toujours entendre qu'il s'agit de projections orthogonales.

§ 101. **Théorie des moments, dans le cas des forces appliquées à un même point matériel.** — Soit O un point quelconque pris sur le plan des deux forces F, F′ appliquées à un même point A, *fig.* 54. Construisons le parallélogramme ABCD, sur les lignes AB, AC, qui représentent les forces F, F′; la diagonale AD représentera leur résultante. Si nous joignons le point O aux quatre

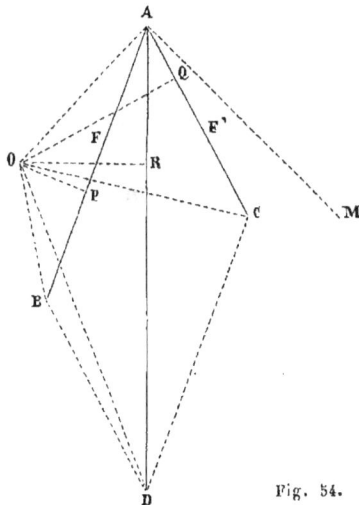

Fig. 54.

sommets A, B, C, D de ce parallélogramme, nous formerons trois triangles ABO, ACO, ADO, dont le dernier ADO est égal à la somme des deux premiers ABO, ACO. En effet, on peut regarder ces trois triangles comme ayant pour base commune A O, et pour hauteurs les distances des points B, C, D à cette base : or, ces hauteurs sont évidemment les projections orthogonales des lignes AB, AC, AD sur la ligne AM menée perpendiculairement à AO, et la projection de AD sur AM est égale à la somme des projections de AB et BD sur cette même ligne, c'est-à-dire égale à la somme des projections de AB et AC : donc aussi la surface du triangle ADO est égale à la somme des surfaces des triangles ABO, ACO. Mais nous pouvons évaluer les surfaces de ces triangles en les regardant comme ayant pour bases AB, AC, AD, et pour hauteurs les perpendiculaires OP, OQ, OR abaissées du point O sur ces bases : nous aurons donc

$$AD \times OR = AB \times OP + AC \times OQ.$$

Chacun des trois termes qui entrent dans cette équation est le produit d'une force par la distance du point O à sa direction ; un pareil produit se nomme le *moment* de la force par rapport au point O. Il résulte donc de ce que nous venons de dire que, si l'on considère deux forces appliquées à un même point matériel et la résultante de ces deux forces, le moment de la résultante, par rapport à un point O pris dans le plan des forces, est égal à la somme des moments des composantes par rapport au même point O.

Pour que ce théorème soit vrai, de quelque manière que le point O soit situé dans le plan des forces AB, AC, AD, il est nécessaire d'attribuer un signe au moment de chacune d'elles, d'après la position qu'elle occupe par rapport au point O ; voici comment ce signe se détermine. On conçoit que chaque force soit appliquée seule à une figure plane matérielle, contenue dans le plan dont il s'agit, et ne pouvant que tourner autour du point O ; sous l'action de cette force, la figure prendra un mouvement de rotation autour du point O, dans un certain sens facile à trouver d'après le sens dans lequel la force agit : on regarde comme positif le moment de toute force qui tend ainsi à faire tourner la figure mobile dans un sens déterminé, que l'on choisit d'ailleurs à volonté, et comme négatif le moment de toute force qui tend à faire tourner cette figure dans le sens opposé.

Si l'on reprend ce qui a été dit au commencement de ce paragraphe, en donnant successivement au point O diverses positions dans le plan des forces F, F', et qu'on attribue au moment de chacune de ces forces et à celui de leur résultante les signes qu'ils doivent avoir dans chaque cas, on reconnaîtra que le moment de la résultante, par rapport au point O, est toujours égal à la somme des moments des composantes par rapport au même point.

§ 102. Si nous considérons un nombre quelconque de forces F, F', F'', F''',...... appliquées à un même point matériel, et dirigées toutes dans un même plan, nous pourrons étendre sans peine à ce système de forces le théorème qui vient d'être établi pour le cas de deux forces seulement.

Composons d'abord les deux forces F, F' entre elles, et nous trouverons une résultante partielle dont le moment, par rapport à un point quelconque O pris dans le plan des forces, sera égal à la somme des moments des forces F, F' par rapport à ce point. Si nous composons ensuite cette résultante partielle avec la force F'', nous aurons une deuxième résultante partielle dont le moment, par rapport au point O, sera égal à la somme des moments de F'' et de la première résultante partielle par rapport au même point : le moment de cette deuxième résultante partielle sera donc égal à la somme des moments des trois forces F, F', F''. En composant la deuxième résultante partielle avec F''', on trouvera une troisième résultante partielle dont le moment sera de même égal à la somme des moments des quatre forces F, F', F'', F'''. En continuant ainsi, on finira par arriver à la résultante de toutes les forces données, et l'on trouvera que le moment de cette force, par rapport au point O, est égal à la somme des moments de ses composantes, par rapport à ce point.

§ 103. Dans le cas où un point matériel est soumis à l'action d'un nombre quelconque de forces non dirigées dans un même plan, nous ne pouvons plus arriver à un résultat simple en ap_

pliquant le théorème du § 101 aux diverses compositions successives que nous venons de considérer, et qui conduisent à trouver
la résultante définitive du système de forces, parce que ces compositions successives ne s'effectuent pas dans un même plan.
Mais, en suivant une autre marche, nous parviendrons à généraliser le résultat que nous avons obtenu (§ 102), de manière à
l'étendre au cas général dont nous nous occupons maintenant.

Soient AB, *fig.* 55, une force appliquée au point A et OP

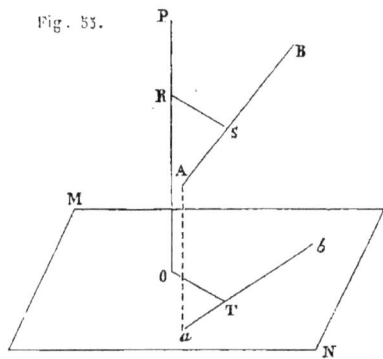

Fig. 55.

une droite dirigée d'une manière quelconque par rap-
port à cette force. On donne
le nom de moment de la
force AB, par rapport à la
droite OP, au produit de
la plus courte distance des
lignes AB, OP, par la projection de la force AB sur
un plan MN perpendicu-
laire à OP. Il est aisé de
voir que la plus courte distance RS des droites AB, OP est
parallèle au plan MN, et que, par conséquent, elle se projette
en vraie grandeur sur ce plan : de plus, la projection OT de
cette plus courte distance est perpendiculaire à la projection
*ad* de la force AB ; donc ce que nous nommons le moment de
la force AB, par rapport à la droite OP, n'est autre chose que
le moment de la projection de cette force sur le plan MN, par
rapport au point O où ce plan est percé par la ligne OP.

Cela posé, concevons que nous projetions sur un plan quelconque les diverses forces qui agissent sur un même point matériel, ainsi que la résultante de ces forces. Nous savons que la
projection de la résultante est la résultante des projections des
forces (§ 100) ; et comme toutes ces projections sont dirigées
dans un même plan, nous pouvons dire (§ 102) que le moment
de la résultante projetée, par rapport à un point quelconque O
du plan de projection, est égal à la somme des moments des
composantes projetées, par rapport au même point. Rem-

plaçons, dans cet énoncé, le moment de chaque force projetée par rapport au point O, par le moment de la force de l'espace par rapport à la perpendiculaire au plan de projection menée par le point O, et nous arriverons ainsi à la proposition suivante : Lorsque plusieurs forces agissent sur un même point matériel, dans diverses directions, le moment de la résultante de ces forces par rapport à une droite quelconque, est égal à la somme des moments des composantes, par rapport à la même droite.

Pour que ce théorème soit toujours vrai, il est nécessaire de regarder le moment d'une force par rapport à une droite comme étant une quantité positive ou négative, suivant les cas. Ce moment n'étant autre chose que le moment de la projection de la force sur un plan perpendiculaire à la droite, par rapport au point où ce plan est percé par la droite, il est naturel de lui donner le signe de ce dernier moment : le moment d'une force, par rapport à une droite, sera donc positif ou négatif, suivant que cette force tendra à faire tourner dans un sens ou dans l'autre, un corps auquel elle serait appliquée, et qui ne pourrait que tourner autour de la droite.

# CHAPITRE II

§ 104. **Équilibre d'un point matériel.** — Lorsqu'un point matériel, que nous supposerons primitivement en repos, vient à être soumis aux actions simultanées de diverses forces, il peut arriver que ces forces se contre-balancent mutuellement, de telle manière qu'il reste en repos malgré l'action des forces. Dans ce cas, on dit que *le point matériel est en équilibre :* on dit aussi que *les forces se font équilibre* sur le point matériel.

Il est aisé de voir à quelle condition les forces doivent satisfaire, pour que le point matériel sur lequel elles agissent soit en équilibre. Ces forces, quelles que soient leurs grandeurs et leurs directions, peuvent être remplacées par leur résultante (§ 99). Le point matériel, soumis à l'action de cette résultante seule, doit donc rester à l'état de repos, tout aussi bien que lorsqu'il est soumis aux actions simultanées des composantes. Or, cela ne peut évidemment avoir lieu qu'autant que la résultante est nulle : donc, pour qu'un point matériel soit en équilibre sous l'action de plusieurs forces, il faut que la résultante de ces forces soit nulle. D'ailleurs, il est bien clair que cette condition est suffisante pour que le point matériel, primitivement en repos, ne se mette pas en mouvement sous l'action des forces qui lui sont appliquées, puisque ces forces peuvent toujours être remplacées par leur résultante, et que, celle-ci étant nulle, le point matériel se trouve dans le même cas que s'il n'était soumis à l'action d'aucune force.

Si plusieurs forces, agissant sur un point matériel en mouvement, ont une résultante nulle, on dit encore qu'elles se font équilibre. Dans le cas où le point matériel serait soumis à ces forces seules, il se trouverait dans les mêmes conditions que si aucune force ne lui était appliquée, et par suite son mouvement serait rectiligne et uniforme.

Lorsque plusieurs forces appliquées à un même point matériel se font équilibre, il est clair qu'une quelconque d'entre elles est égale et directement opposée à la résultante de toutes les autres.

Soient F, F′, F″,... diverses forces qui agissent sur un même point matériel. Menons, par un point quelconque de l'espace, trois axes coordonnés rectangulaires, et décomposons chacune des forces F, F′, F″,... en trois composantes dirigées parallèlement à ces axes. Soient X, Y, Z, les composantes de la force F ; X′, Y′, Z′, les composantes de la force F′, etc. La projection de la résultante des forces F, F′, F″,... sur l'axe des $x$ (§ 100) est égale à

$$X + X' + X'' + \ldots\ldots\ldots, \text{ ou } \Sigma X \; ;$$

de même les projections de cette résultante sur les axes des $y$ et des $z$ sont respectivement

$$Y + Y' + Y'' + \ldots\ldots\ldots, \text{ ou } \Sigma Y,$$
$$Z + Z' + Z'' + \ldots\ldots\ldots, \text{ ou } \Sigma Z.$$

Il est clair que, pour que les forces F, F′, F″... se fassent équilibre, c'est-à-dire pour que leur résultante soit nulle, il est nécessaire et suffisant que les projections de cette résultante sur les axes soient nulles toutes trois : l'équilibre des forces F, F′, F″... se trouve donc exprimé par les équations

$$\Sigma X = 0, \quad \Sigma Y = 0, \quad \Sigma Z = 0.$$

§ 105. **Mouvement rectiligne d'un point matériel.** — Dans ce qui suit, nous allons étudier les lois du mouvement que prend

un point matériel sous l'action d'une ou de plusieurs forces.
Mais, les diverses forces qui agissent simultanément sur un
même point matériel pouvant toujours être remplacées par
leur résultante, nous n'avons pas besoin de nous préoccuper de
l'existence de ces diverses forces, et nous pouvons raisonner,
dans tous les cas, comme si le mouvement du point mobile
était dû à l'action d'une force unique.

Si un point matériel, partant du repos, est soumis à l'action
d'une force dont la direction reste constamment la même, il se
mouvra suivant une ligne droite. Il en sera encore de même si
ce point matériel a reçu une vitesse initiale dont la direction
coïncide avec celle de la force qui lui est appliquée. C'est ce
qu'on reconnaîtra sans peine, en raisonnant comme nous l'a-
vons déjà fait dans le cas où la force est constante en grandeur
et en direction (§§ 90 et 91).

De quelque manière que varie la force qui agit sur le point
matériel, si l'on désigne par $m$ la masse de ce point, par $j$ l'accélération de son mouvement à un instant quelconque, et par
F la valeur de la force à cet instant, on aura toujours la relation (§ 98)

$$F = mj.$$

La connaissance de la loi de variation de la force F entraîne
donc celle de la loi de variation de l'accélération $j$, ce qui permet de déterminer la loi du mouvement.

Soient $t$ le temps compté à partir d'un instant quelconque
pris pour origine ; $x$ la distance du point mobile à un point fixe
de sa trajectoire rectiligne, à la fin du temps $t$ ; et $v$ la vitesse de
ce point au même instant. On a

$$v = \frac{dx}{dt}, \quad j = \frac{dv}{dt} = \frac{d^2x}{dt^2}.$$

L'accélération $j$, ainsi obtenue, est positive ou négative en
même temps que l'accroissement de vitesse infiniment petit $dv$
correspondant à l'élément de temps $dt$. Il est aisé de voir que,
quel que soit le signe de $v$, ou de $\frac{dx}{dt}$, la vitesse acquise élé-

mentaire $dv$ est positive ou négative, suivant qu'elle est dirigée dans le sens des $x$ positifs ou dans le sens des $x$ négatifs ; et par suite il en est de même de l'accélération $j$. On voit donc que la relation

$$F = mj,$$

qui a été établie (§ 98), en ne considérant que les valeurs absolues de $j$ et de F, subsistera encore quand on prendra $j$ avec son signe, à la condition de regarder la force F comme positive ou négative, suivant qu'elle agira dans le sens des $x$ positifs ou bien dans le sens opposé.

En remplaçant $j$ par sa valeur $\dfrac{d^2x}{dt^2}$ dans cette dernière relation, on trouve

$$m\frac{d^2x}{dt^2} = F,$$

qui n'est autre chose que l'équation différentielle du mouvement du point. L'intégration de cette équation différentielle fera connaître l'équation finie du mouvement. Les constantes arbitraires se détermineront d'après les circonstances initiales, c'est-à-dire d'après les valeurs de la distance $x$ du mobile au point fixe, et de sa vitesse $\dfrac{dx}{dt}$, correspondant à $t = 0$.

§ 106. La force F varie, en général, avec $t$, et par conséquent aussi avec les quantités $x$ et $v$; on conçoit qu'elle sera généralement donnée en fonction de ces trois variables $t$, $x$, $v$. L'intégration de l'équation différentielle du mouvement s'effectuera alors en suivant une marche plus ou moins complexe, qui dépendra de la forme de cette fonction, et en tenant compte, en même temps, de la relation

$$v = \frac{dx}{dt}.$$

Nous nous contenterons ici d'indiquer la marche à suivre pour faire cette intégration, lorsque la force F sera donnée en fonction d'une seule des trois variables $t$, $x$, $v$. Nous aurons pour cela à examiner trois cas distincts.

1$^{er}$ cas. — La valeur de F est donnée par la relation

$$F = f(t).$$

L'équation différentielle du mouvement est donc

$$m\frac{d^2x}{dt^2} = f(t).$$

Si l'on multiplie les deux membres par $\dfrac{dt}{m}$, et qu'on intègre, on trouve

$$\frac{dx}{dt} = v_0 + \frac{1}{m}\int_0^t f(t)\,dt,$$

$v_0$ étant la vitesse du mobile correspondant à $t = 0$. Représentons par $\varphi(t)$ cette valeur de $\dfrac{dx}{dt}$, en sorte que nous aurons

$$\frac{dx}{dt} = \varphi(t).$$

En multipliant les deux membres par $dt$, et intégrant de nouveau, on aura définitivement

$$x = x_0 + \int_0^t \varphi(t)\,dt$$

pour l'équation du mouvement; $x_0$ désigne la valeur de $x$ correspondant à $t = 0$.

2$^{e}$ cas. — On donne

$$F = f(x).$$

L'équation différentielle qu'il s'agit d'intégrer est donc alors

$$m\frac{d^2x}{dt^2} = f(x).$$

Si nous remplaçons $\dfrac{d^2x}{dt^2}$ par $\dfrac{dv}{dt}$, cette équation deviendra

$$m\frac{dv}{dt} = f(x).$$

Multiplions le second membre par $\dfrac{2dx}{m}$ et le premier membre

par son égal $\dfrac{2vdt}{m}$, et nous aurons

$$2vdv = \frac{2}{m} f(x)\, dx;$$

d'où en intégrant

$$v^2 = v_0^2 + \frac{2}{m} \int_{x_0}^{x} f(x)\, dx;$$

$v_0$ et $x_0$ désignent, comme précédemment, les valeurs de $v$ et de $x$ qui correspondent à $t = 0$. On tire de cette équation une valeur de $v$ que nous représenterons par

$$v = \varphi(x);$$

en y remplaçant $v$ par $\dfrac{dx}{dt}$, puis résolvant par rapport à $dt$, on trouve

$$dt = \frac{dx}{\varphi(x)};$$

on a donc, en intégrant encore une fois,

$$t = \int_{x_0}^{x} \frac{dx}{\varphi(x)}.$$

3e cas. — On donne

$$F = f(v).$$

L'équation différentielle du mouvement est dans ce cas

$$m \frac{d^2x}{dt^2} = f(v),$$

ou ce qui est la même chose

$$m \frac{dv}{dt} = f(v).$$

On en tire

$$dt = m \frac{dv}{f(v)},$$

d'où en intégrant

$$t = m \int_{v_0}^{v} \frac{dv}{f(v)}.$$

Si l'on résout cette équation par rapport à $v$, ce qui donnera

$$v = \varphi(t),$$

et qu'on observe que l'on a

$$v = \frac{dx}{dt},$$

on en déduira

$$x = x_0 + \int_{0}^{t} \varphi(t) \, dt.$$

Mais on peut aussi remplacer cette dernière opération par la suivante : la relation

$$dx = v dt$$

donne, dans le cas dont il s'agit,

$$dx = m \frac{v dv}{f(v)},$$

d'où l'on tire, en intégrant

$$x = x + m \int_{v_0}^{v} \frac{v dv}{f(v)};$$

il suffit alors d'éliminer $v$, entre cette dernière équation et la relation entre $v$ et $t$ qui résulte de la première intégration, pour avoir la relation cherchée entre $x$ et $t$.

§ 107. **Exemples de mouvements rectilignes.** — Nous allons appliquer ce qui précède à deux exemples.

Considérons d'abord le mouvement d'un point matériel qui part du point O, *fig.* 56, sans vitesse initiale, sous l'action d'une force dirigée suivant la ligne OA et variant en raison inverse du carré de la distance du point mobile au point A de cette ligne. Nous verrons plus tard que le poids d'un corps, placé successivement à différentes hauteurs au-dessus de la surface de la terre, varie sensiblement en raison inverse du carré de la distance qui le sépare du centre du globe terrestre; en sorte que l'exemple que nous allons traiter peut être regardé comme se

Fig. 56.

rapportant au mouvement d'un corps pesant qu'on laisserait tomber d'une certaine hauteur au-dessus de la surface de la terre, sans vitesse initiale, et dans le vide, pour ne pas avoir à tenir compte de la résistance de l'air. Nous supposerons donc que A est le centre de la terre, et que la force qui agit sur le point matériel n'est autre chose que son poids. Soit B le point où la ligne OA perce la surface de la terre : lorsque le mobile est en ce point, son poids est égal à $mg$ (§ 98). Le poids du mobile, en un point quelconque M de la droite suivant laquelle il se meut, aura pour expression

$$mg \frac{r^2}{(a-x)^2},$$

en désignant par $x$ la distance OM, par $a$ la distance OA, et par $r$ le rayon AB de la terre. D'après cela, l'équation différentielle du mouvement sera

$$\frac{d^2x}{dt^2} = g \frac{r^2}{(a-x)^2}.$$

Nous nous trouvons ici dans le second des trois cas qui ont été traités dans le paragraphe 106. En opérant comme nous l'avons dit, en observant que la vitesse initiale $v_0$ est nulle par hypothèse, ainsi que la distance initiale $x_0$ du mobile au point O, nous trouverons d'abord

$$v^2 = \frac{2gr^2}{a} \times \frac{x}{a-x}.$$

En y remplaçant $v$ par $\dfrac{dv}{dt}$, puis résolvant par rapport à $dt$, et remarquant que $dx$ et $dt$ sont de même signe, nous aurons

$$dt = \sqrt{\frac{a}{2gr^2}} \sqrt{\frac{a-x}{x}}\, dx = \frac{1}{r}\sqrt{\frac{a}{2g}} \times \frac{a-x}{\sqrt{ax-x^2}}\, dx$$

$$= \frac{1}{r}\sqrt{\frac{a}{2g}} \times \frac{a-2x}{2\sqrt{ax-x^2}}\, dx + \frac{a}{2r}\sqrt{\frac{a}{2g}} \times \frac{dx}{\sqrt{ax-x^2}}.$$

En intégrant de nouveau, et tenant compte de ce que $x$ est nul en même temps que $t$, nous obtiendrons enfin l'équation finie du mouvement, qui est

$$t = \frac{1}{r}\sqrt{\frac{a}{2g}}\sqrt{ax-x^2} + \frac{a}{2r}\sqrt{\frac{a}{2g}} \operatorname{arc} \cos\frac{a-2x}{a}.$$

§ 108. Considérons encore le mouvement rectiligne d'un point matériel soumis aux actions simultanées de deux forces, dont l'une est constante en grandeur et en direction, et dont l'autre, toujours dirigée en sens contraire du mouvement, varie proportionnellement au carré de la vitesse du mobile. C'est le cas d'un corps pesant qui se meut dans l'air, en supposant que le poids du corps soit constant, et que la résistance qu'il éprouve de la part de l'air varie proportionnellement au carré de sa vi tesse. Nous supposerons donc que la force constante qui agit sur le point matériel soit son poids $mg$, et nous représenterons l'autre force, qui sera la résistance de l'air, par $mg\dfrac{v^2}{k^2}$, $v$ étant la vitesse du mobile à un instant quelconque, et $k$ étant la va- leur particulière de cette vitesse pour laquelle la seconde force devient égale à la première.

Examinons d'abord le cas où le corps dont nous nous occupons commence à se mouvoir sans vitesse initiale. Son mouvement s'effectue suivant la verticale menée par son point de départ, et de haut en bas ; la résistance qu'il éprouve de la part de l'air est donc dirigée verticalement et de bas en haut, c'est-à-dire en sens contraire de l'action de la pesanteur. Ce corps se meut comme s'il était soumis à l'action de la résultante de son poids $mg$ et de la résistance de l'air $mg\,\dfrac{v^2}{k^2}$, résultante qui est évidemment égale à

$$mg - mg\,\frac{v^2}{k^2}.$$

D'après cela, on voit que, si l'on désigne par $x$ la distance du mobile à son point de départ, on aura pour l'équation différentielle du mouvement

$$\frac{d^2x}{dt^2} = g\left(1 - \frac{v^2}{k^2}\right),$$

équation qui rentre dans le troisième cas du § 106. Si nous y remplaçons $\dfrac{d^2x}{dt^2}$ par son égal $\dfrac{dv}{dt}$, et que nous résolvions ensuite par rapport à $dt$, nous trouverons

$$dt = \frac{k^2}{g} \times \frac{dv}{k^2 - v^2} = \frac{k}{2g}\left(\frac{dv}{k+v} + \frac{dv}{k-v}\right);$$

d'où, en intégrant et observant que la vitesse initiale est nulle,

$$t = \frac{k}{2g}\, l \cdot \frac{k+v}{k-v}.$$

Cette équation, résolue par rapport à $v$, donne

$$v = k\,\frac{e^{\frac{2gt}{k}} - 1}{e^{\frac{2gt}{k}} + 1};$$

$e$ désigne la base du système de logarithmes népérien. Si l'on remplace $v$ par $\dfrac{dx}{dt}$, et qu'on multiplie les deux membres de l'équation par $dt$, on trouvera

$$dx = k\,\frac{e^{\frac{2gt}{k}} - 1}{e^{\frac{2gt}{k}} + 1}\,dt = k\,\frac{e^{\frac{gt}{k}} - e^{-\frac{gt}{k}}}{e^{\frac{gt}{k}} + e^{-\frac{gt}{k}}}\,dt;$$

d'où, en intégrant de nouveau, et déterminant la constante de manière que $x$ soit nul pour $t = 0$,

$$x = \frac{k^2}{g} \, l \cdot \left( \frac{e^{\frac{gt}{k}} + e^{-\frac{gt}{k}}}{2} \right).$$

La valeur de $v$ pouvant se mettre sous la forme

$$v = k \, \frac{1 - e^{-\frac{2gt}{k}}}{1 + e^{-\frac{2gt}{k}}},$$

on voit que la vitesse du mobile augmente constamment, sans cependant jamais dépasser la vitesse $k$ ; elle s'approche indéfiniment de cette limite $k$, et ne lui devient égale que lorsque $t$ est infini.

Voyons maintenant comment s'effectue le mouvement du corps sous l'action des mêmes forces, lorsqu'il a été primitivement lancé verticalement, et de bas en haut, avec une vitesse $v_0$. Ce corps commence par s'élever verticalement ; sa vitesse diminue peu à peu ; bientôt il cesse de monter, pour se mettre en mouvement en sens contraire suivant la même droite, en prenant une vitesse de plus en plus grande. Pendant que le corps monte, la résistance qu'il éprouve de la part de l'air est dirigée de haut en bas, de même que l'action de la pesanteur ; la résultante des deux forces auxquelles il est soumis est donc égale à

$$mg + mg \, \frac{v^2}{k^2}.$$

Si nous désignons encore par $x$ la distance du mobile à son point de départ, et si nous remarquons que la force résultante dont nous venons de donner la valeur est dirigée en sens contraire du sens dans lequel se compte cette distance $x$, nous verrons que l'équation différentielle du mouvement ascendant du mobile est la suivante :

$$\frac{d^2x}{dt^2} = - g \left( 1 + \frac{v^2}{k^2} \right):$$

nous sommes donc encore dans le troisième cas du paragraphe 106. Si nous remplaçons $\frac{d^2x}{dt^2}$ par $\frac{dv}{dt}$, et que nous résolvions par rapport à $dt$, nous trouverons

$$dt = - \frac{k^2}{g} \times \frac{dv}{k^2 + v^2};$$

d'où, en intégrant et observant que, pour $t = 0$, on doit avoir $v = v_0$,

$$t = \frac{k}{g} \text{ arc tang } \frac{v_0}{k} - \frac{k}{g} \text{ arc tang } \frac{v}{k} = \frac{k}{g} \text{ arc tang } \frac{kv_0 - kv}{k^2 + vv_0}.$$

Cette équation étant résolue par rapport à $v$, nous donnera

$$v = k \frac{v_0 \cos \frac{gt}{k} - k \sin \frac{gt}{k}}{k \cos \frac{gt}{k} + v_0 \sin \frac{gt}{k}}.$$

Mettant $\frac{dx}{dt}$ à la place de $v$, multipliant de part et d'autre par $dt$, intégrant et déterminant la constante par la condition que pour $t = 0$ on ait $x = 0$, nous trouverons

$$x = \frac{k^2}{g} l . \left( \cos \frac{gt}{k} + \frac{v_0}{k} \sin \frac{gt}{k} \right).$$

Telle est l'équation finie du mouvement ascendant que nous nous étions proposé de déterminer. Le mobile se mouvra conformément à cette équation, tant que sa vitesse sera dirigée de bas en haut, c'est-à-dire tant que $t$ sera inférieur à la valeur pour laquelle l'expression précédente de la vitesse $v$ s'annule. Mais quand $t$ aura atteint cette valeur particulière qui est

$$t = \frac{k}{g} \text{ arc tang } \frac{v_0}{k},$$

le mobile cessera de s'élever, et alors il redescendra, en se mouvant suivant la loi que nous avons trouvée précédemment, pour le cas d'un corps qui tombe dans l'air sans vitesse initiale.

La question qui vient d'être traitée dans tout ce paragraphe nous fournit un exemple d'un mouvement dans lequel la force n'est pas toujours représentée par la même expression analytique.

§ 109. **Mouvement curviligne d'un point matériel.** — Si la direction de la force qui agit sur un point matériel ne reste pas constamment la même, ou bien si, cette direction étant constante, le mobile a reçu une vitesse initiale dirigée autrement que la force qui agit sur lui, le mouvement est curviligne.

Il est aisé de reconnaître que le mouvement s'effectue dans un plan : 1° lorsque la force qui agit sur le point matériel reste constamment parallèle à un plan fixe, et que sa vitesse initiale est également parallèle à ce plan ; 2° lorsque la force est toujours dirigée vers un point fixe, quelle que soit d'ailleurs la direction de la vitesse initiale du mobile. Pour s'en rendre compte, il suffit de substituer à l'action continue de la force une action intermittente, comme nous l'avons déjà fait (§ 90), et d'examiner successivement les divers changements de direction que la vitesse du mobile éprouve chaque fois que la force exerce son action sur lui. En appliquant le principe du § 89, on reconnaît que les vitesses dont le mobile est animé, avant et après chacune de ces actions de la force, sont dirigées dans un plan passant par la direction de la force même. Il s'ensuit que, dans chacun des deux cas indiqués ci-dessus, et dans l'hypothèse d'une force agissant par intermittence, le mobile parcourt un polygone qui se trouve situé tout entier dans un plan. Si l'on se rapproche ensuite peu à peu de la réalité, en admettant que les actions successives de la force soient de plus en plus rapprochées les unes des autres, on voit que les côtés de la trajectoire polygonale du mobile deviennent de plus en plus petits, sans que le polygone cesse d'être contenu tout entier dans un même plan, et à la limite, lorsque l'action intermittente de la force se confond avec une action continue, la trajectoire polygonale devient une trajectoire courbe dont tous les points se trouvent encore dans un même plan.

D'après ce qui a été dit précédemment (§§ 95 et 98), de quelque manière que la force F qui agit sur le point matériel change de grandeur et de direction avec le temps, l'accélération totale du mouvement du point est à chaque instant dirigée suivant la direction de la force ; et la grandeur de cette accélération totale est liée à la valeur de la force F par la relation

$$F = mj,$$

$m$ étant la masse du point matériel dont il s'agit.

§ 110. **Force tangentielle, force centripète.** — Si l'on décompose l'accélération totale $j$, dans le mouvement du point matériel soumis à l'action de la force F, en deux composantes dirigées, l'une suivant la tangente à la trajectoire du mobile, l'autre suivant son rayon de courbure, on trouve deux accélérations dont les valeurs sont

$$\frac{dv}{dt}, \qquad \frac{v^2}{\rho},$$

et que nous avons désignées précédemment sous les noms d'accélération tangentielle et d'accélération centripète (§ 73). Décomposons de même la force F en deux composantes $F_1$, $F_2$, dirigées suivant les mêmes droites. Le parallélogramme qui servira à faire cette décomposition sera évidemment semblable à celui qui sert à faire la décomposition de l'accélération totale ; puisque les directions des côtés et des diagonales de ces deux parallélogrammes sont les mêmes : donc il existera, entre les deux composantes $F_1$, $F_2$ de la force F, et les composantes correspondantes de l'accélération totale $j$, le même rapport qu'entre la force F elle-même et cette accélération totale. Ainsi on aura

$$F_1 = m\,\frac{dv}{dt}, \qquad\qquad F_2 = m\,\frac{v^2}{\rho}.$$

La force $F_1$, qui est la projection de la force F sur la tangente à la trajectoire du mobile, se nomme la *force tangentielle*. La force $F_2$, projection de la force F sur la direction du rayon de courbure de cette trajectoire, se nomme la *force centripète*.

D'après les valeurs que nous venons de trouver pour ces

deux composantes de la force F, on voit que le changement de
grandeur que la vitesse du mobile éprouve avec le temps est
uniquement dû à la force tangentielle; en sorte que, si cette
force tangentielle était constamment nulle, c'est-à-dire si la force
F était toujours normale à la trajectoire, la vitesse du mobile ne
varierait pas, et le mouvement serait uniforme. De même le
changement de direction de la vitesse du mobile est uniquement
dû à la force centripète : c'est-à-dire que, si la force F était à chaque instant dirigée suivant la direction de la vitesse du mobile,
ou, en d'autres termes, suivant la tangente à la trajectoire qu'il
décrit, cette trajectoire serait nécessairement une ligne droite.

§ **111. Projection du mouvement sur un plan fixe.**
— Lorsqu'un point matériel se meut dans l'espace, en vertu
d'une vitesse initiale, et sous l'action d'une force qui lui est appliquée, il est souvent utile d'étudier la projection de son mouvement sur un plan fixe. Nous avons déjà vu que la vitesse
et l'accélération totale dans le mouvement projeté, sont les projections de la vitesse et de l'accélération totale du mobile dans
l'espace (§§ 12 et 74). Si nous tenons compte maintenant de la
liaison qui existe entre la force qui agit sur un point matériel et
l'accélération totale du mouvement de ce point, nous arriverons
à une conséquence importante.

Soient F la force qui agit sur le point matériel, $m$ la masse de
ce point, et $j$ l'accélération de son mouvement; nous savons
que F et $j$ ont la même direction, et qu'en outre on a

$$F = mj.$$

Si F' et $j'$ sont les projections de F et de $j$ sur un plan fixe, ces
deux projections seront dirigées suivant une même droite, et
de plus le rapport de F' à F sera le même que celui de $j'$ à $j$ :
donc on aura aussi

$$F' = mj'.$$

On en conclut nécessairement que le mouvement du mobile,
projeté sur le plan fixe, n'est autre chose que le mouvement
que prendrait dans ce plan un point matériel de masse $m$, sous
l'action de la force projetée F', ce point ayant reçu une vitesse

initiale égale à la projection de la vitesse initiale du mobile de l'espace.

Cette proposition est vraie de quelque manière que les lignes projetantes soient dirigées par rapport au plan de projection.

§ 112. **Projection du mouvement sur une droite fixe.** — Ce que nous venons de dire pour la projection d'un mouvement sur un plan fixe, nous pouvons le répéter pour la projection de ce mouvement sur une droite fixe.

Nous savons déjà que la vitesse et l'accélération dans le mouvement projeté sont les projections de la vitesse et de l'accélération totale dans le mouvement que l'on projette (§§ 13 et 75). En raisonnant comme nous l'avons fait il n'y a qu'un instant (§ 111), nous trouverons en outre que le mouvement projeté est précisément celui que prendrait sur la droite fixe un point matériel de même masse que celui qui se meut dans l'espace, s'il était constamment soumis à l'action de la force projetée, et qu'il eût reçu primitivement une vitesse égale à la projection de la vitesse initiale du mobile de l'espace.

Ce résultat est vrai, de quelque manière que s'effectue la projection du mouvement sur la droite fixe, et convient en particulier au cas où la projection est orthogonale.

§ 113. **Théorèmes relatifs aux quantités de mouvement.** — Dans le mouvement rectiligne d'un point matériel de masse $m$ soumis à l'action d'une force F, on a

$$m \frac{dv}{dt} = F,$$

puisque l'accélération $j$ a pour valeur $\frac{dv}{dt}$. Si l'on multiplie les deux membres de cette relation par $dt$, on trouve

$$mdv = Fdt,$$

d'où en intégrant entre les limites 0 et $t$ du temps, et désignant par $v_0$ la valeur de $v$ correspondant à $t = 0$ :

$$mv - mv_0 = \int_0^t Fdt.$$

10

Le produit $mv$ se nomme la *quantité de mouvement* du mobile.

L'intégrale $\int^t Fdt$ se nomme l'*impulsion* de la force F, pendant le temps auquel cette intégrale se rapporte; $Fdt$ est l'*impulsion élémentaire* de la force. Les deux dernières équations qui viennent d'être écrites peuvent donc s'énoncer de la manière suivante : 1° l'accroissement $(mdv)$ qu'éprouve la quantité de mouvement du mobile pendant l'élément $dt$ du temps, est égal à l'impulsion élémentaire de la force F pendant ce temps; 2° l'accomplissement total $(mv - mv_0)$ de la quantité de mouvement du mobile pendant un temps fini quelconque $t$, est égal à l'impulsion de la force F pendant ce temps $t$.

Si l'on considère un point matériel se mouvant d'une manière quelconque dans l'espace, et qu'on projette son mouvement sur une droite fixe, on peut appliquer au mouvement projeté ce qui vient d'être dit d'un mouvement rectiligne. Ainsi l'accroissement qu'éprouve la quantité de mouvement projetée, pendant un intervalle de temps quelconque, infiniment petit ou fini, est toujours égal à l'impulsion de la force projetée pendant le même intervalle de temps. Nous entendons ici par quantité de mouvement projetée, à un instant quelconque, le produit de la masse du mobile par la projection de la vitesse dont il est animé à cet instant.

Dans le cas d'un mouvement curviligne, la force tangentielle étant désignée par $F_1$, on a (§ 110)

$$m\frac{dv}{dt} = F_1.$$

Cette relation nous conduit aux deux suivantes :

$$mdv = F_1 dt, \qquad mv - mv_0 = \int_0^t F_1 dt.$$

On peut donc dire encore, dans ce cas, que l'accroissement de la quantité de mouvement du point matériel, pendant un temps quelconque infiniment petit ou fini, est égal à l'impulsion de la force tangentielle pendant ce temps.

L'intégrale $\int_o^t F dt$, à laquelle nous donnons le nom d'impulsion de la force F, peut se calculer rigoureusement, ou bien se déterminer approximativement à l'aide des méthodes de quadrature, lorsque la force F est connue en fonction du temps $t$. Lorsqu'il n'en est pas ainsi, c'est-à-dire lorsque F est donné en fonction de certaines quantités qui sont des fonctions inconnues du temps $t$, telles que la vitesse du mobile, sa distance à un point fixe, etc., on ne peut plus trouver *à priori* la valeur de l'intégrale $\int_o^t F dt$; ce n'est qu'après qu'on aura trouvé les lois du mouvement, que la force F pourra être exprimée explicitement en fonction de $t$, et qu'on sera en mesure de calculer l'intégrale $\int_o^t F dt$; mais cette intégrale n'en doit pas moins être considérée tout d'abord comme ayant une valeur entièrement déterminée, et cela lors même que des difficultés d'analyse s'opposeraient à ce qu'on pût arriver à en effectuer ultérieurement le calcul complet.

§ 114. Pour arriver à un autre théorème relatif aux quantités de mouvement, considérons d'abord un mouvement s'effectuant tout entier dans un plan. L'accélération totale $j$, dans ce mouvement, est constamment égale à $\dfrac{F}{m}$, et la direction de cette accélération totale est la même que celle de la force F qui la produit. La vitesse acquise par le point matériel, pendant le temps $dt$, étant égale à $jdt$ (§ 70), aura donc pour valeur $\dfrac{F}{m} dt$.

Cela posé, soient MN, *fig.* 57, la ligne qui représente la vitesse $v$ du point matériel à la fin du temps $t$, et MP une ligne égale et parallèle à celle qui représente sa vitesse $v'$ à la fin du temps $t + dt$; MQ, égale et parallèle à NP, est la vitesse acquise par ce point pendant le temps $dt$. La vitesse MP

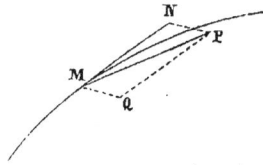

Fig. 57.

ou $v'$ est la résultante des vitesses MN ou $v$, et MQ ou $\dfrac{F}{m} dt$. Or,

si l'on se reporte à la proposition fondamentale de la théorie
des moments des forces agissant sur un même point (§ 101),
et si l'on observe que la composition des vitesses s'effectuant
absolument de la même manière que la composition des
forces, la même proposition fondamentale peut s'appliquer
aux vitesses simultanées d'un point et à leur résultante, on
pourra énoncer le théorème suivant : Le moment de la vitesse
résultante $v'$ par rapport à un point quelconque O du plan dans
lequel s'effectue le mouvement, est égal à la somme des moments des vitesses $v$ et $\dfrac{F}{m}dt$, par rapport à ce point. Nous nommons, bien entendu, moment d'une vitesse par rapport au
point O, le produit de cette vitesse par la distance du point O
à sa direction. Ainsi, en désignant par $p$, $p'$, $p''$ les distances du
point O aux directions des lignes MN, MP, MQ, nous aurons

$$v'p' = vp + \frac{F}{m}\,dt \cdot p''.$$

On en déduit

$$mv' \cdot p' - mv \cdot p = Fdt \cdot p'',$$

équation qui exprime que l'accroissement du moment de la
quantité de mouvement du point matériel par rapport au point
O, pendant le temps $dt$, est égal au moment de l'impulsion élémentaire de la force F, pendant ce temps $dt$, pris par rapport
au même point O. Nous désignons encore ici sous les noms de
moment de la quantité de mouvement $mv$, moment de l'impulsion élémentaire $Fdt$ par rapport au point O, les produits de
$mv$ et de $Fdt$ par les distances du point O aux directions de la
vitesse $v$ et de la force F. Enfin, si nous ajoutons membre à
membre les équations auxquelles cet énoncé correspond, et
qui se rapportent à une série d'éléments successifs du temps,
nous arriverons au théorème suivant :

L'accroissement total qu'éprouve le moment de la quantité
de mouvement du point matériel par rapport à un point du
plan de sa trajectoire, pendant un intervalle de temps quelcon-

que, est égal à la somme des moments, par rapport à ce point, des impulsions élémentaires de la force correspondant aux divers éléments de ce temps.

Ce théorème, qui vient d'être établi pour le cas où un point matériel se meut dans un plan, convient évidemment à la projection d'un mouvement quelconque sur un plan fixe. On peut donc dire que, de quelque manière qu'un point matériel se meuve dans l'espace sous l'action d'une force, si l'on projette son mouvement sur un plan fixe, l'accroissement total qu'éprouve le moment de la quantité de mouvement projetée par rapport à un point du plan de projection, pendant un temps quelconque, est égal à la somme des moments, par rapport à ce point, des impulsions élémentaires de la force projetée correspondant aux divers éléments de ce temps.  ·

§ 115. **Théorème des aires.** — Dans le cas d'un mouvement qui s'effectue tout entier dans un plan, si la direction de la force F passe constamment par un point O de ce plan, le moment de l'impulsion élémentaire F$dt$ de la force F par rapport à ce point O sera toujours nul : donc, d'après le théorème du § 114, le moment $mv \cdot p$ de la quantité de mouvement du mobile par rapport à ce point O ne changera pas de valeur avec le temps. La quantité $\frac{1}{2} vdt \cdot p$, que l'on obtient en multipliant $mv \cdot p$ par $\dfrac{dt}{2m}$, ne variera donc pas non plus, si l'on regarde $dt$ comme constant. Mais cette quantité $\frac{1}{2} vdt \cdot p$ est précisément la mesure de la surface du triangle formé par les rayons vecteurs menés du point O aux deux positions que le mobile occupe à la fin du temps $t$ et à la fin du temps $t + dt$, et par l'élément $vdt$ de trajectoire compris entre ces deux positions : donc les aires décrites, pendant des éléments de temps successifs et égaux, par le rayon vecteur qui joint le mobile au point O, sont égales entre elles. On en conclut que l'aire totale décrite par ce rayon vecteur pendant un temps quelconque est proportionnelle à ce temps. C'est dans cette proposition que consiste le *théorème des aires*.

Ce théorème ne suppose rien sur la manière dont la grandeur de la force appliquée au mobile varie avec le temps : la condition que la direction de cette force passe toujours par un même point du plan dans lequel le mobile se déplace est seule nécessaire pour que le théorème ait lieu. Si cette condition est remplie, peu importe que la force varie d'une manière continue ou discontinue, qu'elle agisse toujours dans le même sens, ou qu'elle change brusquement de sens ; les aires décrites par le rayon vecteur qui joint le point mobile au point par lequel passe constamment la direction de la force, sont toujours proportionnelles aux temps employés à les décrire.

Il est aisé de voir que, réciproquement, si le mouvement d'un point matériel s'effectue dans un plan, de telle manière que le rayon vecteur, qui joint ce point mobile à un point fixe O du plan, décrive des aires proportionnelles aux temps employés à les décrire, la force qui agit sur le point matériel reste toujours dirigée vers ce point O. En effet, s'il en était autrement, le moment de l'impulsion élémentaire de cette force, par rapport au point O, ne serait pas constamment nul ; le moment de la quantité de mouvement du mobile par rapport au même point O changerait donc de valeur avec le temps (§ 114) ; et par suite l'aire élémentaire $\frac{1}{2} v\,dt \cdot p$, qu'on obtient en multipliant le moment $mv \cdot p$ de la quantité de mouvement par $\dfrac{dt}{2m}$, varierait d'un instant à un autre, pour une même valeur de $dt$, ce qui est contraire à l'hypothèse.

Si l'on considère le mouvement d'un point dans l'espace, et qu'on projette ce mouvement sur un point fixe, tout ce qui vient d'être dit peut s'appliquer au mouvement projeté. Le théorème des aires a lieu pour ce mouvement projeté, si la projection de la force est constamment dirigée vers un même point O du plan de projection, c'est-à-dire si la force appliquée au point mobile dans l'espace se trouve à chaque instant dans un plan passant par une parallèle aux lignes projetantes menée par le point O.

§ 116. **Théorème des forces vives**. — Reprenons la relation

$$m\frac{dv}{dt} = \mathrm{F}_1$$

dans laquelle $\mathrm{F}_1$ désigne la composante tangentielle de la force F appliquée au point matériel de masse $m$. Si nous multiplions le second membre par le chemin $ds$ que le mobile parcourt sur sa trajectoire pendant le temps $dt$, et le premier membre par la quantité égale $vdt$, nous trouverons

$$mvdv = \mathrm{F}_1 ds;$$

d'où, en intégrant entre des limites correspondant à deux positions particulières du mobile,

$$mv^2 - mv_0^2 = 2\int_{s_0}^{s} \mathrm{F}_1 ds.$$

$v_0$ est la vitesse dont le mobile est animé lorsqu'il occupe la position pour laquelle l'arc $s$ de sa trajectoire qui le sépare d'un point fixe a pour valeur $s_0$.

Le produit $mv^2$ de la masse d'un point matériel par le carré de sa vitesse, se nomme la *force vive* de ce point. L'intégrale $\int_{s_0}^{s} \mathrm{F}_1 ds$, dans laquelle entre la force $\mathrm{F}_1$, projection de la force F sur la tangente à la trajectoire, se nomme le *travail* de la force F pendant le temps que le mobile emploie à passer de l'une à l'autre des deux positions correspondant aux deux limites de cette intégrale. L'élément $\mathrm{F}_1 ds$ de cette intégrale est le *travail élémentaire* de la force F pendant l'élément de temps $dt$.

A l'aide de ces définitions, nous pouvons énoncer de la manière suivante le théorème auquel correspond l'équation ci-dessus : l'accroissement de la force vive d'un point matériel, en mouvement sous l'action d'une force F, pendant un intervalle de temps quelconque, est égal au double du travail de la force F pendant ce temps. C'est en cela que consiste le *théorème des forces vives*, dans le cas du mouvement d'un point matériel.

Ce que nous avons dit à la fin du § 113, relativement à l'intégrale qui représente l'impulsion de la force appliquée à un point matériel, peut s'appliquer à la nouvelle intégrale que nous venons de considérer et qui représente le travail de la force. Dans le mouvement d'un point matériel soumis à l'action d'une force quelconque, cette intégrale, prise entre deux positions quelconques du mobile sur sa trajectoire, a une valeur entièrement déterminée, quelles que soient d'ailleurs les difficultés qui puissent se présenter lorsqu'on cherche à en effectuer le calcul.

§ 117. **Travail des forces**. — Au point de vue de la détermination des lois du mouvement d'un point matériel sous l'action d'une force donnée F, dont la composante tangentielle est $F_1$, la relation

$$mv - mv_0 = \int_0^t F_1 dt,$$

trouvée dans le § 113, et la relation

$$mv^2 - mv_0^2 = 2\int_{s_0}^s F_1 ds,$$

à laquelle nous venons de parvenir (§ 116), ont le même degré d'importance. L'une et l'autre peuvent également servir à faire connaître la loi suivant laquelle varie la vitesse du mobile sur sa trajectoire ; on sera guidé, dans chaque cas particulier, pour prendre une de ces deux relations de préférence à l'autre, par la facilité plus ou moins grande que l'on trouvera à calculer l'une ou l'autre des intégrales qui y entrent.

Mais, dans les applications de la Mécanique aux machines, il n'en est plus de même. La seconde des deux relations dont il s'agit acquiert une importance beaucoup plus grande que la première. Cela tient à ce que le travail de la force F, représenté par l'intégrale qui entre dans cette seconde relation, joue un très-grand rôle dans ce genre d'applications, ainsi que nous l'expliquerons plus tard. Nous allons établir dès maintenant, sur le travail des forces, certaines propositions qui nous seront utiles dans la suite.

Nous avons donné le nom de travail élémentaire de la force F au produit $F_1 ds$ de la force tangentielle $F_1$ par l'élément de trajectoire $ds$. Si $\alpha$ est l'angle compris entre la direction de la force F et celle de la tangente à la trajectoire, au point M où se trouve le mobile, *fig.* 58, on a

$$F_1 = F \cos \alpha ;$$

et si l'on a soin de prendre toujours pour $\alpha$ l'angle formé par la partie MT de la tangente qui est dirigée dans le sens du mouvement, avec
la droite MA menée dans la direction
de la force F, à partir du point M, et
dans le sens dans lequel la force agit, le
signe de la valeur $F \cos \alpha$ que nous venons d'assigner à la force tangentielle

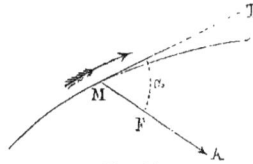

Fig. 58.

$F_1$ sera toujours le même que celui qui résulte de l'autre expression $m \dfrac{dv}{dt}$ de cette force tangentielle : la force $F_1$ sera positive
ou négative, suivant que l'angle $\alpha$ sera aigu ou obtus, c'est-à-
dire suivant que cette composante $F_1$ de la force F sera dirigée
dans le sens du mouvement ou en sens contraire. Cela posé, on
aura pour le travail élémentaire de la force $F_1$ la valeur suivante :

$$F_1 ds = F \cos \alpha \, . \, ds.$$

Ce travail élémentaire est donc le produit de l'élément *ds* de
la trajectoire par la projection $F \cos \alpha$ de la force F sur la direction de cet élément, ou bien encore, c'est le produit de la
force F par la projection $\cos \alpha \, . \, ds$ de l'élément de trajectoire sur
la direction de la force. Cette seconde manière d'envisager le
travail élémentaire de la force F est celle dont nous ferons le
plus d'usage. La projection $\cos \alpha \, . \, ds$ de l'élément *ds* sur la direction de la force est ce qu'on nomme le chemin parcouru par
le point d'application de la force, estimé suivant sa direction.
Le travail élémentaire de la force est positif ou négatif, suivant
que cette projection de *ds* est dirigée dans le sens de la force F
ou en sens contraire ; parce que, dans le premier cas, l'angle $\alpha$
est aigu, et que, dans le second cas, il est obtus. Lorsque l'angle $\alpha$ est droit, le travail élémentaire de la force F est nul.

Dans les applications de la Mécanique aux machines, on

donne habituellement le nom de *travail moteur* à un travail positif, et de *travail résistant* à un travail négatif.

Considérons plusieurs forces appliquées à un même point matériel, ainsi que la résultante de ces forces. Si le point sur lequel elles agissent se déplace d'une quantité infiniment petite ε, suivant une direction quelconque, chacune d'elles donnera lieu à un travail élémentaire qu'on obtiendra en multipliant ε par la projection de la force sur la direction de ce déplacement. Mais nous savons que la projection de la résultante sur cette direction est égale à la somme des projections des composantes sur la même direction (§ 1(0) : donc, si l'on multiplie ces diverses projections de la résultante et des composantes par le déplacement ε, on trouvera que le travail élémentaire de la résultante est égal à la somme des travaux élémentaires des composantes.

§ 118. Le travail total d'une force, pendant que le point sur lequel elle agit parcourt un arc quelconque de sa trajectoire, est égal à la somme des travaux élémentaires de cette force correspondant aux divers éléments dont se compose le chemin parcouru par le point mobile.

Si une force constante F agit sur un point matériel en mouvement, et est toujours dirigée suivant la tangente à la trajectoire de ce point, son travail élémentaire, correspondant à un élément de temps quelconque, aura pour valeur F$ds$; et, par suite, le travail total de cette force, pendant un temps quelconque, sera égal au produit de la force F par la longueur de l'arc décrit par le mobile pendant ce temps. Le travail sera positif ou négatif, suivant que la force agira dans le sens du mouvement ou en sens contraire.

Si une force constante F, appliquée à un point matériel en mouvement, agit toujours parallèlement à une même droite fixe, son travail élémentaire pendant que le mobile parcourt un élément $ds$ de sa trajectoire, sera égal au produit de la force F par la projection de $ds$ sur la droite fixe : le travail total de cette force, pendant que le mobile parcourt un arc quelconque de sa trajectoire, sera donc égal au produit de la force F par la projection de cet arc total sur la droite fixe. On voit que, dans ce cas, le travail total de la force F restera le même, de quelque manière que le point mobile aille d'un point déterminé de l'espace à un autre point aussi déterminé, c'est-à-dire quelle que soit la forme de la trajectoire qu'il décrira entre ces deux points. Lorsqu'un point matériel pesant se déplace d'une manière quelconque, le travail développé pendant un certain temps par la force de la pesanteur qui agit sur ce point, s'obtient en multipliant cette force, c'est-à-dire le poids du point matériel, par la distance des plans horizontaux menés par les positions qu'il occupe au commencement et à la fin de l'intervalle de temps que l'on considère.

En général, la détermination du travail d'une force correspondant à un déplacement fini de son point d'application, ne s'effectuera pas aussi simplement que dans les deux cas particuliers dont nous venons de nous occuper. On trouvera la valeur de l'intégrale définie qui représente ce travail, soit en cherchant l'intégrale indéfinie de l'expression $F \cos \alpha \cdot ds$, pour y substituer ensuite les limites entre lesquelles on veut en trouver la valeur, soit en se servant des méthodes de quadrature approximative.

Si plusieurs forces agissent simultanément sur un même point matériel en mouvement, le travail de la résultante de ces forces, pendant un temps quelconque, est égal à la somme des travaux des composantes ; puisque cette égalité a lieu pour chacun des éléments dont se compose le déplacement total du point soumis à l'action des forces (§ 117).

Un travail, défini comme nous l'avons fait, est le produit d'une force par une longueur. Si nous prenons le kilogramme pour unité de force, et le mètre pour unité de longueur, l'unité de travail sera entièrement déterminée ; ce sera le travail développé par une force constante de 1 kilogramme, lorsque son point d'application se déplace de 1 mètre suivant sa direction : cette unité de travail se nomme *kilogrammètre*.

§ 119. **Cas particulier du théorème des forces vives.** — Soient $x$, $y$, $z$, les coordonnées rectangulaires d'un point mobile à un instant quelconque ; et X, Y, Z, les forces parallèles aux axes coordonnés, dans lesquelles se décompose la force F appliquée à ce point. Le travail élémentaire de la force F, correspondant au déplacement infiniment petit $ds$ du point sur lequel elle agit, est égal à la somme des travaux élémentaires de ses composantes X, Y, Z (§ 117). Mais le travail élémentaire de la force X s'obtient en multipliant cette force par la projection de $ds$ sur sa direction, projection qui n'est autre chose que $dx$, et il en est de même des travaux élémentaires des forces Y, Z, qu'on trouve en multipliant respectivement ces forces par $dy$ et $dz$ : donc le travail élémentaire de la force F a pour valeur

$$X dx + Y dy + Z dz.$$

Ainsi l'équation des forces vives, trouvée dans le § 116, peut toujours s'écrire de la manière suivante :

$$mv^2 - mv_0^2 = 2 \int (X dx + Y dy + Z dz),$$

l'intégrale du second membre étant supposée prise entre les limites correspondant aux positions du mobile pour lesquelles sa vitesse a les valeurs $v_0$ et $v$.

Cela posé, admettons que les composantes X, Y, Z de la force F, soient des fonctions connues des coordonnées $x, y, z$ du mobile, et que la quantité

$$X dx + Y dy + Z dz$$

soit la différentielle exacte d'une certaine fonction de ces coordonnées, que nous désignerons par

$$f(x, y, z).$$

Soient $x_0, y_0, z_0$ les valeurs de $x, y, z$, correspondant à la position qu'occupe le point mobile lorsque sa vitesse est $v_0$. Dans l'hypothèse où nous nous plaçons, l'équation des forces vives devient

$$mv^2 - mv_0^2 = 2[f(x, y, z) - f(x_0, y_0, z_0)].$$

Si nous considérons l'équation

$$f(x, y, z) = C,$$

C étant une constante quelconque, nous voyons que, pour

chaque valeur attribuée à C, cette équation représente une surface. Les diverses surfaces que l'on obtient ainsi, en donnant à C autant de valeurs différentes qu'on voudra, se nomment *surfaces de niveau* (nous verrons plus tard d'où vient cette dénomination). L'équation des forces vives montre que, si le point mobile traverse plusieurs fois une même surface de niveau, il se trouvera chaque fois animé de la même vitesse, puisque, pour tous les points d'une pareille surface, $f(x, y, z)$ a la même valeur. Il faut dire cependant que ce résultat est sujet à quelques exceptions, qui se présentent lorsque les diverses surfaces de niveau se coupent mutuellement, et auxquelles nous ne nous arrêterons pas (*).

L'équation différentielle d'une quelconque des surfaces de niveau est

$$X dx + Y dy + Z dz = 0.$$

Cette équation montre que, dans chacune des positions qu'occupe successivement le point mobile, la force F à laquelle il est soumis, est dirigée normalement à la surface de niveau qui passe par ce point : car $dx$, $dy$, $dz$ sont proportionnels aux cosinus des angles qu'un élément rectiligne quelconque tracé sur la surface, à partir de ce point, fait avec les trois axes coordonnés, et X, Y, Z sont également proportionnels aux cosinus des angles que la force F fait avec ces axes.

Considérons maintenant deux surfaces de niveau infiniment voisines MN, M'N', *fig.* 59, et supposons que le point mobile vienne successivement les traverser plusieurs fois chacune pendant la durée de son mouvement. Toutes les fois que ce point se trouvera sur la surface MN, il y aura une même vitesse, et il en sera de même toutes les fois qu'il viendra se placer sur la surface M'N' : sa force vive variera donc toujours de la même

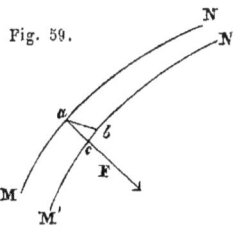
Fig. 59.

quantité, chaque fois qu'il passera de la première surface à la seconde, et par conséquent le travail de la force F pendant ce déplacement infiniment petit aura toujours la même valeur. Mais lorsque le point mobile va de $a$ en $b$, le travail élémentaire de F est égal à $F \times ac$, $ac$ étant la projection de $ab$ sur la force F qui est normale à la surface MN, et par conséquent mesurant la distance des deux surfaces MN, M'N' au point $a$. On voit par là que les diverses valeurs de la force F, lorsque le point mobile passe de la surface MN à la surface M'N', sont inversement proportionnelles aux distances normales $ac$ des deux surfaces, aux points où s'effectuent ces passages.

§ 120. La condition que $X dx + Y dy + Z dz$ soit une différentielle exacte, se trouve remplie dans le cas où la force F qui agit sur le mobile est constante en grandeur et en direction. Si l'on choisit les axes coordonnés de manière que l'axe des $z$ soit parállèle à la direction de la force F, X et Y seront nuls, et Z sera égal à F; $X dx + Y dy + Z dz$ se réduira donc à $F dz$, et l'équation des surfaces de niveau sera

$$Fz = C:$$

ces surfaces seront donc des plans parallèles entre eux et perpendiculaires à la direction constante de la force F. On en trouve une application dans le mouvement d'un corps soumis à la seule action de la pesanteur, lorsque ce mouvement s'effectue dans un espace assez restreint pour que cette action de la pesanteur puisse être regardée comme ayant partout la même grandeur et la même direction : dans ce cas les surfaces de niveau sont des plans horizontaux.

Considérons encore le cas où la force F, appliquée à un point matériel en mouvement, est constamment dirigée vers un point fixe O, *fig.* 60, et où la grandeur de cette force dépend uniquement de la distance OM ou $r$ du mobile M à ce point fixe, en sorte qu'on a

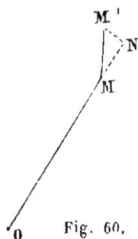

Fig. 60.

$$F = f(r).$$

Le travail élémentaire $Xdx + Ydy + Zdz$ de la force F, pendant que le mobile va de M en M', est égal à $F \times MN$, ou, ce qui est la même chose,

$$f(r)\, dr.$$

Cette quantité étant toujours la différentielle d'une certaine fonction de $r$, et $r$ dépendant de $x, y, z$, en vertu de la relation

$$r^2 = x^2 + y^2 + z^2,$$

il s'ensuit que, dans le cas dont il s'agit, $Xdx + Ydy + Zdz$ est la différentielle exacte d'une certaine fonction de $x, y, z$. Dans ce cas, les surfaces de niveau sont évidemment des surfaces sphériques ayant toutes le point O pour centre.

§ 121. **Équations différentielles du mouvement d'un point matériel.** — Si l'on rapporte le mouvement d'un point matériel à un système d'axes coordonnés rectilignes, rectangulaires ou obliques, ce mouvement est complétement connu lorsque l'on connaît ses projections sur chacun des axes coordonnés. Or, nous savons que chacun de ces mouvements projetés est précisément le mouvement rectiligne que prendrait un point matériel de même masse que celui dont il s'agit, s'il était soumis à l'action de la force projetée, et s'il avait reçu une vitesse initiale égale à la projection de la vitesse initiale du mobile de l'espace (§ 112). Soient donc $m$ la masse du point matériel dont on veut étudier le mouvement, $x, y, z$, les trois coordonnées de ce point à un instant quelconque, et X, Y, Z, les forces parallèles aux axes suivant lesquelles se décompose la force F appliquée au mobile. Les équations différentielles des mouvements projetés sur les trois axes seront (§ 105) :

$$m\frac{d^2x}{dt^2} = X,$$

$$m\frac{d^2y}{dt^2} = Y,$$

$$m\frac{d^2z}{dt^2} = Z.$$

Ces trois équations sont désignées collectivement sous le nom d'équations différentielles du mouvement du point matériel. Si l'on parvient à les intégrer de manière à en déduire les valeurs de $x, y, z$, en fonction du temps $t$, le mouvement du mobile se trouve complétement connu. L'intégration de ces trois équations différentielles, dont chacune est du second ordre, introduit six constantes arbitraires ; on détermine ces constantes d'après les circonstances initiales du mouvement, en exprimant, par exemple, que les coordonnées $x, y, z$ du mobile, et les projections $\frac{dx}{dt}, \frac{dy}{dt}, \frac{dz}{dt}$, de sa vitesse, sont égales à des quantités données, lorsque $t = 0$.

Dans le cas où l'on sait *à priori* que le mouvement du point matériel s'effectue tout entier dans un plan, on peut rapporter ce mouvement à deux axes coordonnés tracés dans le plan dont il s'agit. Alors il n'y a plus que deux équations différentielles au lieu de trois. Si l'on désigne par $x, y$, les coordonnées du point mobile, et par X, Y, les forces parallèles aux axes coordonnés dans lesquelles se décompose la force appliquée à ce mobile, les équations différentielles du mouvement seront

$$m\frac{d^2x}{dt^2} = X,$$

$$m\frac{d^2y}{dt^2} = Y.$$

L'intégration de ces deux équations introduira quatre constantes, que l'on déterminera également d'après les circonstances initiales du mouvement. Nous allons en voir quelques exemples.

§ 122. **Exemples de mouvements curvilignes.** — *Mouvement parabolique des corps pesants.* Prenons pour premier exemple le mouvement d'un corps pesant qu'on a lancé suivant une direction quelconque, et qui se meut ensuite sous la seule action de la pesanteur supposée constante en grandeur et en direction. Nous avons déjà vu que, dans de pareilles circonstances, le mobile décrit une parabole (§ 92) ; mais nous allons étudier ce mouvement plus en détail.

Le mouvement s'effectue évidemment tout entier dans un plan
vertical passant
par la direction
de la vitesse ini-
tiale du mobile
(§ 106); nous
pouvons donc le
rapporter à deux
axes tracés dans

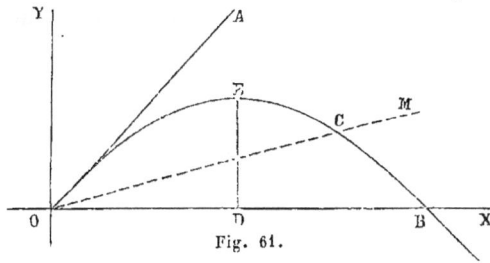

Fig. 61.

ce plan. Nous prendrons le point de départ O du mobile pour
origine, *fig.* 61 ; la verticale OY menée par ce point, pour axe
des *y ;* et l'horizontale OX pour axe des *x*. Nous supposerons,
en outre, que les *y* positifs se comptent en sens contraire du
sens dans lequel agit la pesanteur.

La force qui agit sur le mobile est constamment égale à *mg*
(§ 98), *m* étant sa masse ; cette force est toujours dirigée parallèlement à l'axe OY, et en sens contraire du sens dans lequel
se comptent les *y* positifs. D'après cela, les équations différentielles du mouvement seront

$$\frac{d^2 x}{dt^2} = 0, \qquad \frac{d^2 y}{dt^2} = -g.$$

Désignons par $v_0$ la vitesse initiale du mobile, et par $\alpha$ l'angle
que la direction OA de cette vitesse fait avec l'axe des *x*. Nous
devons donner aux constantes qui seront introduites par l'intégration des équations précédentes, des valeurs telles que l'on
ait

$$x = 0, \qquad y = 0, \qquad \frac{dx}{dt} = v_0 \cos \alpha, \qquad \frac{dy}{dt} = v_0 \sin \alpha,$$

pour $t = 0$. Les intégrales de ces deux équations différentielles sont donc

$$x = v_0 \cos \alpha \cdot t, \qquad y = v_0 \sin \alpha \cdot t - \tfrac{1}{2} g t^2.$$

La valeur de *x* nous montre que $\frac{dx}{dt}$ est constamment égal à

11

$v_0 \cos \alpha$ : donc la projection horizontale de la vitesse du mobile, prise à un instant quelconque, a toujours la même valeur.

Si l'on élimine $t$ entre les deux équations qu'on vient de trouver, on obtient l'équation de la trajectoire, qui est

$$y = \tang \alpha \cdot x - \frac{g x^2}{2 v_0^2 \cos^2 \alpha}.$$

Ainsi, le mobile décrit une parabole du second degré, dont l'axe est vertical, et qui est tangente en O à la direction OA de la vitesse initiale.

La portée OB du jet s'obtient en faisant $y = 0$ dans l'équation de la trajectoire ; on trouve ainsi

$$OB = 2 \frac{v_0^2}{g} \sin \alpha \cos \alpha = \frac{v_0^2}{g} \sin 2\alpha.$$

Cette portée est un maximum, pour une même vitesse initiale $v_0$, lorsque l'angle $\alpha$ est de 45 degrés. On trouverait de même que la portée OC du jet, dans une direction quelconque OM, est un maximum pour une même vitesse initiale $v_0$, lorsque l'angle AOM est la moitié de l'angle YOM ; pour y arriver, il suffit de prendre les lignes OY, OM pour axes coordonnés, au lieu des lignes OY, OX.

L'ordonnée DE du sommet de la parabole s'obtient en remplaçant $x$ par $\frac{1}{2}$ OB dans l'équation de la courbe ; cette ordonnée a pour valeur

$$DE = \frac{v_0^2}{2g} \sin^2 \alpha.$$

La hauteur du jet, qui n'est autre chose que cette ordonnée, est un maximum, pour une même valeur de $v_0$, lorsque $\alpha$ est de 90 degrés, c'est-à-dire lorsque la vitesse initiale est dirigée suivant OY. Cette hauteur maximum du jet est égale à $\frac{v_0^2}{2g}$ ; elle est égale à la moitié de la portée maximum $\frac{v_0^2}{g}$ suivant la direction horizontale OX.

Dans un jet d'eau en forme de gerbe, on peut regarder les diverses molécules d'eau comme lancées toutes avec une même vitesse, et dans des directions différentes, à partir d'un même point. Si l'on fait abstraction de la résistance de l'air, chaque molécule décrit une parabole, conformément à ce que nous venons de dire. Considérons celles de ces paraboles qui sont dans un même plan vertical ; elles seront toutes représentées par l'équation ci-dessus, en y faisant simplement varier l'angle α, pour passer de l'une à l'autre. Si l'on cherche l'enveloppe de toutes ces paraboles, on trouve qu'elle a pour équation

$$y = \frac{v_0^2}{2g} - \frac{gx^2}{2v_0^2};$$

c'est-à-dire que cette enveloppe est une parabole dont l'axe est dirigé suivant OY, dont la concavité est tournée du côté des $y$ négatifs, et dont le foyer est en O : la surface à laquelle se termine l'ensemble de la gerbe formée des divers jets paraboliques, est donc un paraboloïde de révolution ayant cette parabole pour méridienne, et la verticale menée par le point de sortie des jets pour axe de figure. Si l'on considère toutes les molécules liquides qui sont lancées à un même instant dans des directions différentes, leurs positions, au bout d'un temps quelconque $t$ compté à partir du commencement de leur mouvement parabolique, seront fournies par les équations

$$x = v_0 \cos \alpha \cdot t, \qquad y = v_0 \sin \alpha \cdot t - \tfrac{1}{2}gt^2,$$

dans lesquelles on donnera à l'angle α les diverses valeurs correspondant à chacune d'elles ; si l'on élimine α entre ces équations, on trouve

$$x^2 + (y + \tfrac{1}{2}gt^2)^2 = v_0^2 t^2,$$

équation d'un cercle dont le rayon est $v_0 t$, et dont le centre, situé sur l'axe des $y$, a pour ordonnée $- \tfrac{1}{2}gt^2$ : donc ces molécules, lancées à un même instant, restent constamment sur la surface d'une sphère dont le rayon croît proportionnellement au temps, et dont le centre s'abaisse au-dessous de l'origine commune des divers jets paraboliques, comme le ferait un corps pesant qui tomberait de ce point sans vitesse initiale.

§ 123. *Mouvement d'un point matériel attiré vers un centre fixe, proportionnellement à sa distance à ce centre.* — Ce mouvement s'effectue tout entier dans un plan qui passe par le centre d'attraction et par la direction de la vitesse initiale du mobile (§ 109). Nous le rapporterons donc à deux axes rectangulaires dirigés dans ce plan; et nous ferons passer ces axes par le centre d'attraction lui-même.

Soient $m$ la masse du mobile, $x$, $y$ ses coordonnées à un instant quelconque, et $r$ sa distance à l'origine des coordonnées. La force qui lui est appliquée, et qui est dirigée vers cette origine, est par hypothèse proportionnelle à $r$ : nous la représenterons par

$$mk^2r,$$

$k$ étant une constante que l'on déterminera facilement, d'après la grandeur de la force correspondant à une valeur particulière de la distance $r$. Les cosinus des angles que la direction de cette force fait avec les axes coordonnés sont respectivement

$$\frac{x}{r}, \qquad \frac{y}{r};$$

ses composantes parallèles à ces axes sont donc

$$- mk^2x, \qquad - mk^2y,$$

en tenant compte du sens dans lequel chacune d'elles agit. D'après cela, les équations différentielles du mouvement sont

$$\frac{d^2x}{dt^2} = - k^2x, \qquad \frac{d^2y}{dt^2} = - k^2y.$$

Chacune de ces équations différentielles peut s'intégrer indépendamment de l'autre. Leurs intégrales sont

$$x = A \cos kt + B \sin kt,$$
$$y = C \cos kt + D \sin kt,$$

A, B, C, D étant des constantes arbitraires, que l'on déterminera d'après les circonstances initiales du mouvement. Soient

$a$, $b$ les valeurs initiales de $x$ et $y$, et $a'$, $b'$ les composantes de la vitesse initiale du mobile suivant les axes coordonnés. On doit avoir

$$x = a, \qquad y = b, \qquad \frac{dx}{dt} = a', \qquad \frac{dy}{dt} = b',$$

pour $t = 0$ : on en déduit

$$A = a, \qquad B = \frac{a'}{k}, \qquad C = b, \qquad D = \frac{b'}{k},$$

et par suite les équations finies du mouvement dont on s'occupe sont

$$x = a \cos kt + \frac{a'}{k} \sin kt,$$

$$y = b \cos kt + \frac{b'}{k} \sin kt.$$

Si l'on résout ces deux équations par rapport à $\sin kt$ et à $\cos kt$, et qu'ensuite on égale à 1 la somme des carrés des valeurs ainsi obtenues, on trouve

$$(b'x - a'y)^2 + k^2 (bx - ay)^2 = (ab' - ba')^2,$$

équation qui représente une ellipse ayant son centre à l'origine des coordonnées, c'est-à-dire au centre d'attraction.

Le mouvement que nous obtenons ainsi n'est autre chose que le mouvement elliptique, auquel nous avons déjà été conduits en projetant un mouvement circulaire et uniforme sur un plan quelconque (§ 77) ; on se rappelle qu'en effet, dans ce mouvement elliptique, l'accélération totale est constamment dirigée vers le centre de l'ellipse, et proportionnelle à la distance du point mobile à ce centre.

§ 124. *Mouvement d'un point matériel, sous l'action d'une force dirigée vers un centre fixe et variant en raison inverse du carré de la distance du point à ce centre.* — Ce mouvement s'effectue encore tout entier dans un plan : nous le rapporterons donc à deux axes coordonnés rectangulaires tracés dans ce plan. Nous prendrons également le centre d'attraction pour origine des coordonnées.

Si nous désignons la force qui agit sur le mobile à un instant quelconque par

$$\frac{m\mu}{r^2},$$

$m$ étant la masse de ce mobile, $r$ sa distance à l'origine, et $\mu$ une constante qui dépend de l'intensité de la force, nous aurons

$$-\frac{m\mu x}{r^3} \qquad -\frac{m\mu y}{r^3},$$

pour les composantes de cette force suivant les axes : donc les équations différentielles du mouvement seront

$$\frac{d^2x}{dt^2} = -\frac{\mu x}{r^3} \qquad \frac{d^2y}{dt^2} = -\frac{\mu y}{r^3}. \qquad (a)$$

Multiplions la première de ces équations par $y$ et la seconde par $x$ ; puis retranchons la première de la seconde : nous trouverons

$$x\frac{d^2y}{dt^2} - y\frac{d^2x}{dt^2} = 0,$$

équation que l'on peut intégrer immédiatement, une première fois, et qui donne

$$x\frac{dy}{dt} - y\frac{dx}{dt} = C,$$

C étant une constante arbitraire. Si nous passons des coordonnées rectilignes à des coordonnées polaires, en prenant l'origine pour pôle, et l'axe des $x$ pour axe polaire, et que nous représentions par $\theta$ l'angle que le rayon vecteur $r$ fait avec l'axe des $x$, la relation que nous venons d'obtenir deviendra

$$r^2 d\theta = C dt. \qquad (b)$$

Nous aurions pu l'écrire immédiatement, d'après le théorème des aires (§ 115) qui est applicable ici, car elle exprime que

$r^2 d\theta$ ou le double de l'aire décrite par le rayon vecteur $r$ pendant le temps $dt$, est proportionnel à ce temps.

Multiplions encore la première des deux équations ($a$) par $dx$ et la seconde par $dy$, puis ajoutons-les l'une à l'autre : en observant que l'on a

$$x^2 + y^2 = r^2,$$

et par conséquent

$$x dx + y dy = r dr,$$

nous trouverons ainsi

$$\frac{dx d^2 x + dy d^2 y}{dt^2} = - \frac{\mu}{r^2} dr.$$

Mais, en désignant la vitesse du mobile par $v$, on a

$$\frac{dx^2 + dy^2}{dt^2} = \frac{ds^2}{dt^2} = v^2,$$

et par suite

$$\frac{dx d^2 x + dy d^2 y}{dt^2} = v dv.$$

L'équation que nous venons d'obtenir se réduit donc à

$$v dv = - \frac{\mu}{r^2} dr ;$$

d'où en intégrant

$$v^2 = \frac{2\mu}{r} + h, \qquad\qquad (c)$$

$h$ étant une constante arbitraire. Nous aurions encore pu écrire immédiatement cette équation, d'après le théorème des forces vives (§§ 116 et 120) ; en effet, si nous désignons par $r_0$ et $v_0$ les valeurs initiales de $r$ et de $v$, ce théorème nous donne

$$v^2 = v_0^2 - 2 \int_{r_0}^{r} \frac{\mu}{r^2} dr = v_0^2 + \frac{2\mu}{r} - \frac{2\mu}{r_0},$$

équation qui revient à la précédente, en posant

$$r_0^2 - \frac{2\mu}{r_0} = h.$$

Si nous observons que l'on a

$$v^2 = \frac{dr^2 + r^2 d\theta^2}{dt^2},$$

nous pourrons écrire l'équation (c) sous la forme

$$\frac{dr^2 + r^2 d\theta^2}{dt^2} = \frac{2\mu}{r} + h.$$

En éliminant $dt$ entre cette équation et l'équation (b), puis résolvant par rapport à $d\theta$, nous trouverons

$$d\theta = \frac{C dr}{r \sqrt{r^2 h + 2\mu r - C^2}}, \qquad (d)$$

relation qui, étant intégrée, nous fournira l'équation de la trajectoire du mobile.

Pour effectuer l'intégration, remplaçons les constantes C, $h$, par d'autres plus commodes. Si nous égalons à zéro la quantité

$$r^2 h + 2\mu r - C^2,$$

nous aurons une équation du second degré dont les deux racines sont réelles, puisque son premier membre est négatif pour $r = 0$, et qu'il est nécessairement positif pour d'autres valeurs de $r$, sans quoi le rapport de $d\theta$ à $dr$ ne serait jamais réel. Désignons donc les deux racines de cette équation du second degré par

$$a (1 - e), \qquad a (1 + e),$$

et nous aurons

$$h = -\frac{\mu}{a} \qquad C = \sqrt{a\mu (1 - e^2)}.$$

L'équation (d) devient ainsi

$$d\theta = \frac{- \, d\,\frac{1}{r}}{\sqrt{-\dfrac{1}{r^2} + \dfrac{2}{ar\,(1-e^2)} - \dfrac{1}{a^2(1-e^2)}}},$$

d'où l'on tire en intégrant

$$\theta = \alpha + \text{arc cos}\ \frac{1}{e}\left(\frac{a\,(1-e^2)}{r} - 1\right),$$

et par suite

$$r = \frac{a\,(1-e^2)}{1 + e\cos(\theta - \alpha)}. \qquad (e)$$

Nous voyons d'après cela que le mobile décrit une section co-nique ayant le centre d'attraction pour un de ses foyers. La constante $e$ n'est autre chose que l'excentricité de cette courbe qui sera par conséquent une ellipse, une hyperbole, ou une parabole, suivant qu'on aura $e < 1$, $e > 1$, ou $e = 1$. Dans ce dernier cas, la constante $a$ doit recevoir une valeur infinie, de manière que $a\,(1 - e^2)$ ait une valeur finie qui sera le para-mètre de la parabole. Lorsque $e$ n'est pas égal à $1$, $a$ est le demi-grand axe de l'ellipse, ou le demi-axe transverse de l'hy-perbole.

Pour obtenir la loi du mouvement du mobile le long de l'or-bite dont nous venons de trouver la forme, reprenons l'équa-tion $(b)$ qui correspond au théorème des aires. Si nous y rem-plaçons $d\theta$ par sa valeur en fonction de $r$, fournie par l'équa-tion $(d)$, et que nous introduisions encore les constantes $a$, $e$, à la place des constantes $C$, $h$, nous aurons

$$dt = \frac{r\,dr}{\sqrt{-\dfrac{\mu}{a}\,r^2 + 2\mu r - a\mu\,(1 - e^2)}}.$$

Posons

$$r = a\,(1 - e\cos u), \qquad (f)$$

$u$ étant une variable auxiliaire, et la valeur de $dt$ deviendra

$$dt = \frac{a\sqrt{a}}{\sqrt{\mu}} (1 - e \cos u) \, du;$$

d'où, en intégrant, mettant $n$ à la place de $\dfrac{\sqrt{\mu}}{a\sqrt{a}}$, et désignant par $\varepsilon$ une constante arbitraire,

$$nt + \varepsilon = u - e \sin u. \qquad (g)$$

Cette équation $(g)$ permettra de trouver $u$ en fonction de $t$, et par suite on aura la valeur de $r$ au moyen de l'équation $(f)$.

Cherchons à reconnaître comment les circonstances initiales du mouvement influent sur la nature de la courbe décrite par le mobile. D'après les relations qui existent entre les constantes $h$, C, et les constantes $a$, $e$, par lesquelles nous les avons remplacées, on a

$$e = \sqrt{1 + \frac{C^2 h}{\mu^2}}.$$

D'ailleurs, nous avons trouvé pour $h$ la valeur

$$h = v_0^2 - \frac{2\mu}{r_0}.$$

Il s'ensuit que la trajectoire sera une branche d'hyperbole si l'on a

$$v_0^2 > \frac{2\mu}{r_0};$$

une parabole, si l'on a

$$v_0^2 = \frac{2\mu}{r_0};$$

et une ellipse, si l'on a

$$v_0^2 < \frac{2\mu}{r_0}.$$

Il est extrêmement remarquable que la nature de la trajectoire décrite se trouve entièrement déterminée par la connaissance des quantités $v_0$ et $r_0$, et ne dépende en aucune manière de l'angle que la vitesse initiale $v_0$ fait avec le rayon vecteur $r_0$.

Nous avons à peine besoin d'ajouter que, si un point matériel, soumis à l'action d'une force dirigée vers un point fixe, décrit une section conique.ayant ce point fixe pour foyer, la force dont il s'agit varie nécessairement en raison inverse du carré de la distance du point matériel au point fixe.

# CHAPITRE III

ÉQUILIBRE ET MOUVEMENT D'UN POINT MATÉRIEL QUI N'EST PAS LIBRE.

§ **125. Ce qu'on entend par un point matériel qui n'est pas libre.** — Il arrive souvent que les circonstances dans lesquelles se trouve un corps mobile sont telles que, quelles que soient les forces qui agissent sur lui, son mouvement satisfait toujours à certaines conditions. Ainsi, un wagon, posé sur une voie de fer, se mouvra toujours le long de cette voie, dans un sens ou dans l'autre, quelles que soient les grandeurs et les directions des forces qu'on lui appliquera, pourvu, bien entendu, qu'on ne dépasse pas certaines limites ; ainsi une balle de plomb, suspendue à l'extrémité d'un fil inextensible dont l'autre extrémité est fixe, se mouvra toujours de telle manière que son centre de figure reste sur la surface d'une sphère ayant le point d'attache du fil pour centre, quelles que soient les forces qui agiront sur elle, pourvu que ces forces ne tendent pas à la rapprocher de ce point d'attache du fil. Dans le premier de ces deux exemples, le mouvement du wagon est produit à la fois par les forces qui lui sont directement appliquées dans les différentes directions, et par les réactions qu'il éprouve de la part des rails dans les divers points où il les touche ; si l'on réduit le wagon, par la pensée, à un simple point matériel sur lequel agiraient ces diverses forces, on trouvera son mouvement en appliquant les théories exposées dans le chapitre précédent : seulement, il arrivera que, quelles que soient les forces directement appliquées à ce point matériel, c'est-à-dire autres que les réactions des rails, la trajectoire qu'il décrira sera toujours la même, parce que ces réactions prendront à chaque instant des grandeurs et des directions telles qu'il en soit ainsi. Dans le second exemple, la balle de plomb se meut sous les actions simultanées des forces qui lui sont directement appliquées, et de la réaction qu'elle éprouve de la part du fil; cette balle, supposée réduite à un point matériel sur lequel agiraient toutes les forces que nous venons d'indiquer, se mouvra conformément à la théorie exposée dans le chapitre II de ce livre ; mais il arrivera que, quelle que soit la résultante des forces directement appliquées à la balle, c'est-à-dire autres que la réaction qu'elle éprouve de la part du fil, cette réaction prendra toujours une intensité telle que la balle ne quitte pas la surface sphérique dont nous avons parlé.

Dans de pareils cas, toutes les forces qui agissent réellement sur le mobile, et qui déterminent les diverses circonstances de son mouvement, ne peuvent pas être données *à priori*. Les forces qui lui sont directement appliquées, et qui tendent à le faire mouvoir dans un sens ou dans un autre, peuvent seules être connues tout d'abord ; quant aux réactions qu'il éprouve de la part des obstacles qui l'obligent à se mouvoir de telle ou telle manière, elles se développent à chaque instant, et prennent les grandeurs et les directions convenables pour le maintenir sur la courbe ou sur la surface dont la présence de ces obstacles l'empêche de sortir. La connaissance de ces réactions, qui ne peut pas être fournie *à priori*, est remplacée par la connaissance qu'on a tout d'abord de la trajectoire suivant laquelle le mobile se déplace ou au moins d'une surface sur laquelle cette trajectoire est nécessairement située.

C'est ainsi que, dans certains cas, on est conduit à considérer un point matériel comme n'étant pas libre de céder complétement à l'action des forces qu'on lui applique pour le faire mouvoir ; on regarde ce point comme *assujetti à rester sur une courbe donnée, ou sur une surface donnée*, suivant les circonstances. C'est par opposition avec cette manière de considérer le mouvement d'un point matériel, que nous avons caractérisé l'objet du chapitre précédent, en spécifiant dans le titre de ce chapitre qu'il s'agissait d'un point matériel *libre*. Mais on ne devra jamais oublier qu'un point matériel peut toujours être regardé comme libre, à la condition de tenir compte de toutes les forces qui agissent sur lui, c'est-à-dire des forces qui tendent à le faire mouvoir dans diverses directions, et des réactions que cette tendance au mouvement peut développer de la part de certains obstacles qui l'empêchent de céder complétement à l'action des premières forces.

§ 126. **Équilibre d'un point matériel assujetti à rester sur une courbe fixe.** — Pour nous faire une idée nette de ce que nous devons entendre au juste par un point matériel assujetti à rester sur une courbe fixe, concevons un corps solide tel qu'un grain de chapelet percé d'une ouverture dans laquelle passe une tige rigide contournée suivant une courbe quelconque, ou bien encore une bille engagée dans un tube également contourné suivant une pareille courbe. Ces deux corps peuvent se mouvoir, le premier en glissant le long de la tige qui le traverse, le second en se transportant successivement en divers points du tube dans lequel il est contenu. Si l'on fait abstraction des dimensions transversales de la tige ou du tube, et qu'en même temps on réduise par la pensée le corps qui ne peut que glisser le long de cette tige ou de ce tube à un simple point matériel, on aura précisément ce qu'on nomme un point matériel assujetti à rester sur une courbe fixe.

Si l'on applique au grain de chapelet ou à la bille, que nous supposons primitivement en repos, une force dont la direction soit normale à la tige ou au tube, il est clair que cette force ne mettra pas le corps en mouvement : l'égalité des angles que la force fait avec la direction des deux seuls mouvements que le corps puisse prendre, suivant qu'il glisserait dans un sens ou dans le sens opposé, montre que ce corps ne se mouvra ni d'un côté ni de l'autre. Dans ce cas, la force appliquée au corps ne fera que développer une pression de ce corps sur la tige ou sur le tube, et il en résultera une réaction de la tige ou du tube sur le corps, réaction qui sera égale et contraire à la pression dont nous venons de parler : le corps restera en repos, malgré l'action de la force qui lui est appliquée, parce que la réaction de la tige ou du tube sur le corps fera équilibre à cette force.

Si l'on applique au corps une force oblique par rapport à la direction de la tige ou du tube, au point où il se trouve placé, on pourra remplacer cette force par deux composantes, dont l'une ait la direction même du mouvement que le corps peut prendre, et l'autre fasse un angle droit avec la première. La seconde composante ne peut agir en aucune manière pour produire le mouvement du corps, ainsi que nous venons de l'expliquer. Quant à la première composante, elle fera glisser le corps le long de la tige ou du tube, à moins qu'il ne se développe comme à l'ordinaire une résistance à laquelle on donne le nom de *frottement*, et que cette composante ne soit pas assez grande pour la vaincre. Pour simplifier, on peut faire abstraction de cette résistance, et regarder le corps comme pouvant glisser avec la plus grande facilité le long de la tige ou du tube ; en sorte qu'une force, quelque petite qu'elle soit, qui agit sur le corps suivant la direction de la tige ou du tube, le met nécessairement en mouvement. Rien n'empêchera plus tard de tenir compte du frottement, que nous négligeons ici, en le considérant comme une des forces qui sont directement appliquées au mobile et qui tendent à le mettre en mouvement.

C'est d'après ces idées que nous regarderons un point matériel assujetti à rester sur une courbe fixe comme ne pouvant éprouver de la part de cette courbe qu'une réaction normale à sa direction ; de plus, nous admettrons qu'il en soit ainsi, soit que le point matériel se trouve à l'état de repos, soit qu'au contraire il se meuve le long de la courbe sous l'action des forces qui lui sont directement appliquées, et en vertu de la vitesse qui a pu lui être imprimée tout d'abord.

Cela posé, il ne nous sera pas difficile de trouver la condition à laquelle doivent satisfaire les forces F, F', F'',... appliquées à un point matériel qui est assujetti à rester sur une courbe fixe, pour que ce point soit en équilibre. Si, aux forces dont

il s'agit, on joint la réaction que le point matériel éprouve de la
part de la courbe, on a un système total de forces dont la résultante doit être nulle (§ 104) : donc la résultante des forces
F, F', F'',... doit être égale et directement opposée à la
réaction de la courbe sur le point matériel. Mais cette réaction
est normale à la courbe ; donc aussi la résultante des forces
F, F', F'',... doit être dirigée normalement à cette courbe.
Cette condition, que la résultante des forces F, F', F'',... appliquées au point matériel, soit normale à la courbe sur laquelle il est assujetti à rester, est d'ailleurs suffisante pour que
le point soit en équilibre : car les forces F, F', F'',... peuvent
toujours être remplacées par leur résultante, et celle-ci étant
normale à la courbe fixe, ne peut faire mouvoir le point matériel ni dans un sens ni dans l'autre. La résultante des forces
F, F', F'',... n'est autre chose que la pression du point matériel
sur la courbe, pression qui est égale et contraire à la réaction
de la courbe sur le point matériel.

§ **127. Mouvement d'un point matériel assujetti à rester
sur une courbe fixe.** — Soient AB, *fig*. 62, la courbe sur

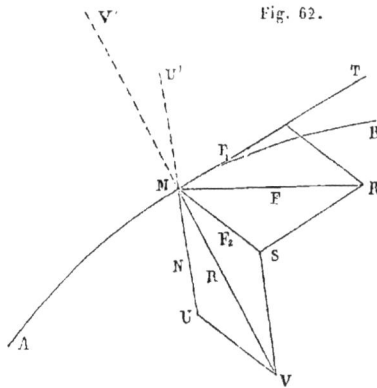

Fig. 62.

laquelle le point maté-
riel M est assujetti à rester ; F la force appliquée
à ce point matériel, ou la
résultante des forces qui
lui sont appliquées, s'il y
en a plusieurs, indépen-
damment de la réaction
qu'il éprouve de la part de
la courbe ; et enfin N cette
réaction de la courbe, dont
la direction est perpendi-
culaire à la tangente MT. On peut regarder le mobile comme
étant un point matériel libre se mouvant sous l'action des forces F et N. Décomposons la force F, représentée par la droite
MR, en deux composantes $F_1$ et $F_2$, dont l'une soit dirigée suivant
la tangente MT, et l'autre suivant une perpendiculaire MS à

cette tangente menée dans le plan TMR ; composons ensuite la force F, ou MS, avec la force N ou MU, ce qui nous donnera la force R ou MV dirigée perpendiculairement à la tangente MT, aussi bien que chacune de ses composantes MS, MU : nous aurons ainsi deux forces F, et R, qui tiendront lieu des deux forces F, N, et qui seront évidemment celles auxquelles nous avons donné les noms de force tangentielle et de force centripète (§ 110). D'après cela, si $v$ est la vitesse du mobile, $m$ sa masse, et $\alpha$ l'angle que la direction MR de la force F fait avec la direction MT du mouvement, on aura

$$m\frac{dv}{dt} = F \cos \alpha.$$

Cette équation, jointe à la relation

$$v = \frac{ds}{dt},$$

permettra de déterminer toutes les circonstances du mouvement du mobile sur la courbe AB, lorsque la force F sera donnée, ainsi que l'angle $\alpha$ que sa direction fait à chaque instant avec la tangente à la courbe AB, au point où se trouve le mobile. La recherche de l'équation finie du mouvement sur la courbe AB est réduite par là à une question d'analyse, toute pareille à celle qui a pour objet de trouver l'équation du mouvement rectiligne d'un point matériel libre (§ 106).

Dans le cas particulier où la force F serait constamment nulle, et où le point matériel ne se mouvrait le long de la courbe AB qu'en vertu de sa vitesse initiale, on voit qu'on aurait

$$\frac{dv}{dt} = 0,$$

c'est-à-dire que la vitesse $v$ ne varierait pas, ou, en d'autres termes, le mouvement du point matériel serait uniforme. Il en serait encore de même, si la force F était constamment normale à la courbe AB.

12

§ 128. La force centripète R ou MV, *fig.* 62, a pour expression

$$m\frac{v^2}{\rho};$$

$\rho$ étant le rayon de courbure de la trajectoire AB en M ; elle est dirigée suivant ce rayon, c'est-à-dire suivant la normale menée dans le plan osculateur de la courbe correspondant au point M, et du côté de la concavité de la courbe. Cette force MV étant la résultante des deux forces MS, MU, une force MV', égale et contraire à MV, fera équilibre aux deux forces MS, MU : les trois forces MS, MU, MV' se faisant équilibre, la force MU est égale et directement opposée à la résultante MU' des deux forces MS, MV'; mais la force MU', égale et directement opposée à la réaction N de la courbe AB sur le point matériel, n'est autre chose que la pression exercée par ce point sur la courbe AB : donc la pression du point M sur la courbe AB est la résultante de deux forces, dont l'une est la composante normale $F_2$ de la force F, et l'autre est égale et directement opposée à la force centripète $m\dfrac{v^2}{\rho}$.

·Si la force F était nulle, sa composante normale $F_2$ le serait aussi, et la pression exercée sur la courbe AB par le point mobile, dont la vitesse resterait toujours la même, se réduirait à une force égale et contraire à la force centripète. Dans ce cas, la pression du mobile sur la courbe est désignée sous le nom de *force centrifuge*. Le point mobile, n'étant soumis à l'action d'aucune force, se mouvrait uniformément et en ligne droite, s'il était libre ; l'obligation dans laquelle il se trouve de suivre la courbe AB, n'altère pas l'uniformité de son mouvement, mais il en résulte que la direction de sa vitesse doit changer à chaque instant : ce changement de vitesse ne peut se produire sans que le mobile réagisse sur la courbe, et c'est cette réaction qui constitue la force centrifuge, dont le nom rappelle la tendance du mobile à se mouvoir en ligne droite, c'est à-dire à s'éloigner du centre du cercle osculateur de la courbe AB. On voit que la force centrifuge est dirigée suivant le prolongement MV′ du rayon de courbure de la courbe AB, c'est-à-dire du côté de la convexité de cette courbe, et qu'elle a pour valeur

$$m\frac{v^2}{\rho},$$

comme la force centripète.

Dans le cas général où le mobile, assujetti à rester sur la courbe AB, se meut sous l'action d'une force F, la pression MU′ que ce mobile exerce sur la courbe à un instant quelconque est la résultante de deux forces, dont l'une est la composante normale $F_2$ de la force F, et l'autre est la force centrifuge MV′ correspondant à la vitesse dont le point mobile se trouve animé à cet instant.

§ 129. Tous les théorèmes qui ont été établis précédemment (§§ 113 à 120) sur le mouvement d'un point matériel libre, sont applicables au mouvement d'un point matériel assujetti à rester sur une courbe fixe, à la condition de joindre à la force F directement appliquée à ce point matériel, la réaction N qu'il éprouve de la part de la courbe fixe, et de considérer le mouvement comme s'effectuant sous l'action de la résultante de ces deux forces. Mais, comme la réaction N de la courbe sur le mobile n'est pas connue *à priori*, on doit naturellement attacher plus d'importance à ceux de ces théorèmes qui ne dépendent pas de la force N, qu'à ceux qui en dépendent. Les premiers sont les seuls que nous rappellerons ici.

La force tangentielle $m\dfrac{dv}{dt}$ est simplement la composante tangentielle $F_1$ de la force F, et ne dépend en aucune manière de la réaction N de la courbe (§ 127) : donc on peut dire (§ 113) que l'accroissement de la quantité de mouvement du point matériel, pendant un temps quelconque, est égal à l'impulsion de la composante tangentielle $F_1$ de la force F pendant ce temps.

Le travail élémentaire de la résultante des forces F et N est égal à la somme des travaux élémentaires de ces deux forces ; mais le travail élémentaire de la force N est constamment nul,

puisque cette force est normale à la courbe fixe, et par conséquent normale à l'élément de chemin décrit par le mobile : donc
le travail élémentaire de la résultante des forces F et N se réduit au travail élémentaire de la force F seule. D'après cela, il
est clair qu'on peut dire (§ 116) que l'accroissement de la force
vive du point matériel, pendant un intervalle de temps quelconque, est égal au double du travail de la force F pendant ce
temps.

Pour pouvoir appliquer ce qui a été dit dans le § 119 au cas
d'un point matériel assujetti à rester sur une courbe fixe, il n'est
pas nécessaire de se préoccuper de la réaction N de cette
courbe. La quantité $Xdx + Ydy + Zdz$ étant le travail élémentaire de la résultante des forces appliquées au mobile, se réduit ici, d'après ce qui vient d'être dit, au travail élémentaire
de la force F ; on peut donc regarder X, Y, Z comme étant simplement les composantes de la force F parallèles aux axes
coordonnés. Si ces trois composantes de F sont les dérivées
partielles d'une fonction de $x$, $y$, $z$, prises par rapport à chacune de ces variables, il y aura lieu de considérer les surfaces
de niveau dont nous avons parlé (§ 119), et d'appliquer au
point matériel assujetti à rester sur une courbe fixe tout ce
qui a été dit pour un point matériel libre. Ces surfaces de niveau, ne dépendant nullement de la réaction N de la courbe
fixe, sont les mêmes que si le point matériel était libre et que
la même force F lui fût appliquée.

§ 130. **Exemples du mouvement d'un point matériel
assujetti à rester sur une courbe fixe.** — *Cas d'un point matériel soumis à la seule action de la pesanteur.* — Si la force F,
qui est directement appliquée au mobile, se réduit à son poids
$mg$, il sera facile de trouver les diverses circonstances du mouvement, comme nous allons le voir.

Soit AB, *fig.* 63, la courbe sur laquelle le mobile est obligé de
rester. Nous avons vu (§ 120) que, dans le cas dont il s'agit, les
surfaces de niveau sont des plans horizontaux ; il en résulte
immédiatement que, si le point mobile vient successivement
passer par divers points M, N, P, Q, situés sur un même plan

horizontal, il se trouvera animé d'une même vitesse dans chacune de ces positions.

D'un autre côté, le mobile allant du point M, où sa vitesse est

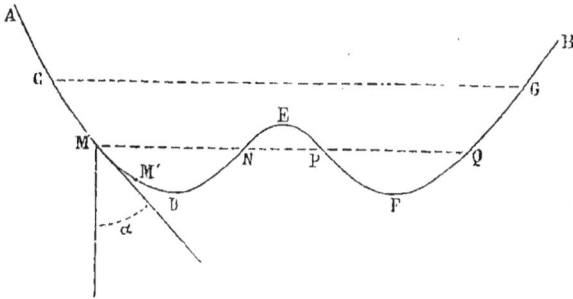

Fig. 63.

$v$, au point M', où sa vitesse est $v'$, on a, d'après le théorème des forces vives (§ 129),

$$mv'^2 - mv^2 = 2mg\,(z' - z),$$

ou simplement

$$v'^2 = v^2 + 2g\,(z' - z).$$

en désignant par $z$ et $z'$ les distances des deux points M et M' à un plan horizontal fixe situé au-dessus de ces deux points.

Si, par exemple, le mobile part du point C, sans vitesse initiale, il descend le long de la courbe, en prenant une vitesse de plus en plus grande. La vitesse $v$ qu'il possède en un point quelconque M, est déterminée par la relation

$$v^2 = 2gh,$$

en désignant par $h$ la distance des plans horizontaux menés par les deux points C et M, c'est-à-dire ce qu'on nomme la différence de niveau de ces deux points ; on voit que cette vitesse est égale à celle qu'aurait acquise le point matériel en tombant de la même hauteur $h$, suivant la verticale menée par son point de départ C (§ 90). La vitesse du mobile va ainsi en croissant jusqu'à ce qu'il atteigne le point D. La vitesse qu'il possède, en arrivant en ce point, fait qu'il le dépasse, et qu'il s'élève le long de la partie DE de la courbe AB ; sa vitesse va alors en diminuant progressivement, et, comme nous l'avons dit, en un point quelconque N, elle est égale à celle qu'il avait au point M situé au même niveau que le point N. Si le point le plus élevé E de la partie de courbe où le mobile est engagé, se trouve au-dessous du plan horizontal mené par son point de départ C, il atteint ce point E en conservant encore une certaine vitesse ; puis il le dépasse, descend jusqu'en F avec une vitesse croissante, remonte suivant FB, et enfin s'arrête en un point G situé au niveau de son point de départ C. Alors, la pesanteur ne cessant d'agir sur le mobile, il redescend à partir du point G, en parcourant la courbe en sens contraire, et reprenant en chaque point exactement la même vitesse que lorsqu'il s'y était trouvé une première fois ; au bout de quelque temps, il s'arrête au point C d'où il était parti d'abord, puis se remet en mouvement de C en G ; et ainsi de suite indéfiniment.

La pression que le mobile exerce sur la courbe AB, dans une quelconque des positions qu'il y occupe successivement, au point M par exemple, s'obtient en composant la force centrifuge du mobile en ce point, avec la composante normale de son poids $mg$ (§ 128). Dans le cas particulier où la courbe AB se trouve tout entière dans un plan vertical, ces deux composantes de la pression supportée par la courbe ont une même direction, et la pression est égale à leur somme ou à leur différence, suivant les cas. Soient $\alpha$ l'angle que la tangente à AB, au point M, fait avec la verticale, et $\rho$ le rayon de courbure de la courbe en ce point ; on aura pour la pression supportée par la courbe

$$mg \sin \alpha \pm \frac{mv^2}{\rho},$$

ou bien, en remplaçant $v^2$ par sa valeur $2gh$,

$$mg\left(\sin \alpha \pm \frac{2h}{\rho}\right).$$

§ 131. *Mouvement d'un point matériel pesant sur une droite fixe.* — Lorsque la courbe sur laquelle le mobile pesant est assujetti à rester se réduit à une ligne droite, le mouvement se simplifie beaucoup. Soit $\alpha$ l'angle que la droite fixe fait avec la verticale. La composante tangentielle de la force $mg$ qui agit sur le mobile a alors une valeur constante

$$mg \cos \alpha.$$

Il en résulte que le mouvement du mobile sur la droite fixe est uniformément varié (§§ 90 et 91). Ce mouvement est de même nature que celui d'un corps pesant qui tombe librement suivant la verticale, en partant du repos, ou bien après avoir reçu une vitesse initiale dirigée verticalement ; il ne diffère de ce dernier mouvement qu'en ce que l'accélération est $g \cos \alpha$, au lieu d'être $g$.

Si l'on suppose, par exemple, que le mobile se meuve le long de la droite AB, *fig.* 64, et qu'il parte du point A sans vitesse initiale, la distance AM ou $s$ à laquelle il se trouve du point de départ A, au bout d'un temps quelconque $t$, est fournie par l'équation

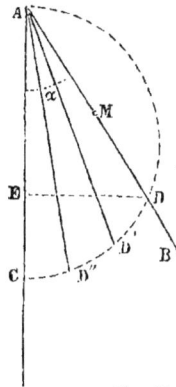

Fig. 64.

$$s = \tfrac{1}{2} g \cos \alpha \, t^2.$$

Prenons sur la verticale du point A une longueur quelconque AC que nous désignerons par $h$, et sur la ligne AB une longueur AD ou $l$ égale à la projection de AC sur AB. Le temps employé par le mobile à parcourir la distance $l$ sera fourni par la relation

$$l = \tfrac{1}{2} g \cos \alpha \, t^2,$$

d'où

$$t = \sqrt{\frac{2l}{g \cos \alpha}} = \sqrt{\frac{2h}{g}}.$$

Cette valeur de $t$ montre que le temps employé par le mobile à parcourir la distance AD, sur la ligne oblique AB, est le même que celui qu'il emploierait à tomber verticalement de la

hauteur AC. On en conclut que, si plusieurs mobiles partent en
même temps du point A, sans vitesse initiale, et descendent
sous la seule action de la pesanteur le long de diverses cordes
AD, AD', AD'', d'un cercle décrit sur AC comme diamètre,
ces mobiles arriveront en même temps aux extrémités D, D', D'',
de ces cordes. Quant à la vitesse que possède le mobile qui
parcourt la ligne AB, lorsqu'il arrive en D, nous savons qu'elle
est la même que celle qu'il posséderait en E, s'il tombait librement du point A sans vitesse initiale (§ 130).

La droite fixe ayant dans tous ses points un rayon de courbure infini, on voit que la force centrifuge due au mouvement
du mobile sur cette droite est constamment nulle, et que la
pression exercée par le mobile sur la droite fixe se réduit à la
composante normale

$$mg \sin \alpha$$

de son poids.

§ 132. *Pendule circulaire.* — Supposons qu'un point matériel pesant M, *fig.* 65, soit attaché à l'extrémité du fil inexten-

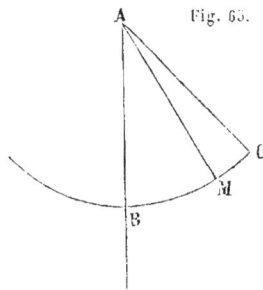
Fig. 65.

sible et sans masse AM, et que
l'autre extrémité A de ce fil soit
fixe. Le point matériel M est en
équilibre lorsque le fil AM est dirigé suivant la verticale AB : le
poids de ce point matériel est dé-
truit par la résistance qu'il éprouve
de la part du fil. Si l'on écarte le
corps M de la position d'équilibre
qui vient d'être indiquée, en don-
nant au fil une direction oblique, et qu'ensuite on abandonne ce corps M à l'action de la pesanteur, sans lui communiquer de vitesse initiale, il se meut sans sortir du plan vertical
mené par la direction oblique qu'on avait donnée au fil ; d'ailleurs, sa distance au point A restant constamment la même,
il décrit un arc de cercle ayant ce point A pour centre : on
peut donc regarder le point matériel M comme étant dans les

mêmes conditions que s'il était assujetti à rester sur la circonférence de cercle à laquelle appartient cet arc. La pression
exercée par le mobile sur la courbe qu'il est obligé de décrire
se trouve ici remplacée par la tension du fil AM.

Si l'on se reporte à ce qui a été dit en général sur le mouvement d'un point matériel pesant assujetti à rester sur une courbe
fixe (§ 130), on verra que le point M doit osciller indéfiniment
de part et d'autre de sa position d'équilibre, en s'écartant également de cette position dans un sens et dans le sens opposé.
Un pareil point matériel, suspendu comme nous l'avons dit,
constitue ce qu'on nomme un *pendule*. Nous particularisons ici
le pendule, en lui donnant la dénomination spéciale de *pendule
circulaire*, parce que, ses oscillations s'effectuant conformément à ce que nous venons de dire, le point matériel qui le
termine se meut suivant une circonférence de cercle. Nous
allons nous proposer de déterminer la durée de chacune des
oscillations de ce pendule.

Soit C le point où le mobile se trouve, lorsqu'on l'abandonne
à l'action de la pesanteur, sans vitesse initiale. Dans une position quelconque M, il est animé d'une vitesse $v$ qui est fournie
par la relation

$$v = \sqrt{2gh},$$

$h$ étant la distance du point M au point horizontal mené par le
point C. Si nous désignons l'angle BAC par $\alpha$, l'angle BAM
par $\theta$, et la longueur AM du pendule par $l$, nous aurons

$$h = l(\cos\theta - \cos\alpha),$$
$$v = -l\frac{d\theta}{dt};$$

le signe —, placé devant le second membre de la dernière relation, tient à ce que $\theta$ diminue quand $t$ augmente, ce qui fait que
$\frac{d\theta}{dt}$ est négatif. En remplaçant $h$ et $v$ par leurs valeurs dans l'é-
quation ci-dessus, il vient

$$- l\frac{d\theta}{dt} = \sqrt{2gl\,(\cos\theta - \cos\alpha)},$$

d'où l'on tire

$$dt = -\sqrt{\frac{l}{2g}}\,\frac{d\theta}{\sqrt{\cos\theta - \cos\alpha}}.$$

En intégrant cette équation et en étendant l'intégrale à tout le temps que le pendule emploie à aller de la position AC à la position verticale AB, on trouvera la durée de la demi-oscillation descendante ; le double de cette durée sera la durée T d'une oscillation complète. On aura donc

$$\frac{T}{2} = -\sqrt{\frac{l}{2g}}\int_{\alpha}^{0}\frac{d\theta}{\sqrt{\cos\theta - \cos\alpha}},$$

d'où

$$T = \sqrt{\frac{2l}{g}}\int_{0}^{\alpha}\frac{d\theta}{\sqrt{\cos\theta - \cos\alpha}}.$$

Nous n'avons plus qu'à déterminer la valeur de l'intégrale définie qui entre dans cette formule, pour que la valeur de T soit entièrement connue.

Supposons d'abord que les oscillations soient très-petites, en sorte que $\alpha$ et $\theta$ sont de très-petits angles ; nous pourrons remplacer $\cos\alpha$ et $\cos\theta$ par

$$1 - \frac{\alpha^2}{2}, \qquad 1 - \frac{\theta^2}{2},$$

et la valeur de T deviendra

$$T = 2\sqrt{\frac{l}{g}}\int_{0}^{\alpha}\frac{d\theta}{\sqrt{\alpha^2 - \theta^2}}.$$

Mais on a

$$\int\frac{d\theta}{\sqrt{\alpha^2 - \theta^2}} = \text{arc sin}\,\frac{\theta}{\alpha} + \text{const.},$$

et par suite

$$\int_0^\alpha \frac{d\theta}{\sqrt{\alpha^2 - \theta^2}} = \frac{\pi}{2} :$$

donc on aura en définitive

$$T = \pi \sqrt{\frac{l}{g}} ;$$

formule qui fait connaître la durée des oscillations d'un pendule circulaire, en supposant ces oscillations très-petites. Il est remarquable que cette durée ne dépend en aucune manière de l'amplitude des oscillations, qui peut être réduite au tiers, au quart, au dixième de ce qu'elle était d'abord, sans que la durée change.

Pour trouver la durée T des oscillations du pendule, sans supposer que leur amplitude soit très-petite, nous opérerons de la manière suivante. Soient $a$ et $z$ les hauteurs des points C et M au-dessus du plan horizontal mené par le point B ; on a

$$a = l (1 - \cos \alpha), \qquad z = l (1 - \cos \theta),$$

d'où

$$\cos \theta - \cos \alpha \frac{a - z}{l}, \qquad d\theta = \frac{dz}{\sqrt{2lz - z^2}}.$$

D'après cela, la formule qui donne la durée T des oscillations du pendule devient

$$T = \sqrt{\frac{2l}{g}} \int_0^a \frac{dz}{\sqrt{az - z^2} \sqrt{\frac{a - z}{l}}},$$

ou bien encore

$$T = \sqrt{\frac{l}{g}} \int_0^a \frac{dz}{\sqrt{2lz - z^2}} \left(1 - \frac{z}{2l}\right)^{-\frac{1}{2}}.$$

La quantité $\frac{z}{2l}$ étant toujours plus petite que 1, on peut développer $\left(1 - \frac{z}{2l}\right)^{-\frac{1}{2}}$ en série de la manière suivante :

$$\left(1 - \frac{z}{2l}\right)^{-\frac{1}{2}} = 1 + \frac{1}{2}\left(\frac{z}{2l}\right) + \frac{1.3}{2.4}\left(\frac{z}{2l}\right)^2 + \frac{1.3.5}{2.4.6}\left(\frac{z}{2l}\right)^3 + \ldots$$
$$+ \frac{1.3.5\ldots(2n-1)}{2.4.6\ldots\ \ 2n}\left(\frac{z}{2l}\right)^n + \ldots$$

D'ailleurs on démontre dans le calcul intégral que l'on a

$$\int \frac{z^n dz}{\sqrt{az - z^2}} = -\frac{z^{n-1}\sqrt{az - z^2}}{n} + \frac{(2n-1)\,a}{2n}\int \frac{z^{n-1}\,dz}{\sqrt{az - z^2}},$$

en sorte que, si l'on intègre entre les limites $0$ et $a$, on aura

$$\int_0^a \frac{z^n dz}{\sqrt{az - z^2}} = \frac{(2n-1)\,a}{2n}\int_0^a \frac{z^{n-1}\,dz}{\sqrt{az - z^2}}.$$

En remplaçant successivement, dans cette formule, $n$ par $n-1$, puis par $n-2$, ensuite par $n-3$,.... enfin par $1$, on obtiendra $n$ relations, qui, étant multipliées entre elles, donneront

$$\int_0^a \frac{z^n dz}{\sqrt{az - z^2}} = \frac{1.3.5\ldots(2n-1)}{2.4.6\ldots\ \ 2n}\,a^n\int_0^a \frac{dz}{\sqrt{az - z^2}},$$

ou bien encore, d'après la valeur connue de l'intégrale définie qui est dans le second membre,

$$\int_0^a \frac{z^n dz}{\sqrt{az - z^2}} = \frac{1.3.5\ldots(2n-1)}{2.4.6\ldots\ \ 2n}\,a^n\pi.$$

Cette dernière formule fait connaître les valeurs des intégrales qui entrent dans les divers termes de T, par suite du développement en série du facteur $\left(1 - \frac{z}{2l}\right)^{-\frac{1}{2}}$. On trouve ainsi

$$T = \pi\sqrt{\frac{l}{g}}\left\{ \begin{array}{l} 1 + \left(\frac{1}{2}\right)^2 \frac{a}{2l} + \left(\frac{1.3}{2.4}\right)^2\left(\frac{a}{2l}\right)^2 + \ldots \\ \ldots + \left[\frac{1.3\ldots(2n-1)}{2.4\ldots\ \ 2n}\right]^2\left(\frac{a}{2l}\right)^n + \ldots \end{array} \right\}.$$

§ 133. *Pendule cycloïdal.* — On donne le nom de pendule

cycloïdal à un pendule analogue à celui dont nous venons de
nous occuper, mais qui en diffère en ce que le point matériel qui
le termine, au lieu de se mouvoir sur un cercle, se meut sur une
cycloïde ABC, *fig.* 66, dont le plan est vertical et dont la base
AC est horizontale.

Pour réaliser un pareil
pendule, il suffit de
tracer les deux arcs de
cycloïde AD, DC dont
l'ensemble constitue la
développée de la cy-
cloïde ABC, et de dis-
poser deux pièces so-
lides E, F, limitées
inférieurement par des surfaces cylindriques droites ayant ces
arcs AD, DC pour bases. Si l'on fixe en D l'une des extrémités
d'un fil de longueur DB, et qu'on attache un corps pesant à
son autre extrémité ; si ensuite on écarte ce corps de sa position d'équilibre B, sans le faire sortir du plan vertical ADC,
et qu'on l'abandonne à lui-même, il est clair qu'il se mouvra
le long de la cycloïde ABC, sur laquelle il effectuera une série
d'oscillations. Nous allons nous proposer de déterminer la
durée de l'une de ces oscillations.

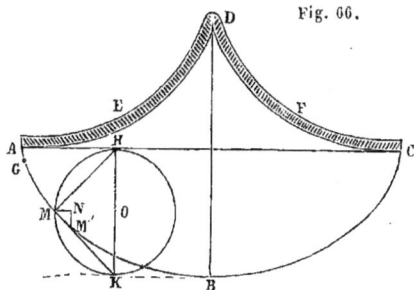

Soient G la position qu'occupe le point matériel au commencement de l'oscillation que nous considérons, et M une quelconque des positions par lesquelles il passe après être parti du
point G. Désignons par $a$ et $z$ les distances des points G et M à
la tangente à la cycloïde en B, tangente qui est horizontale.
Nous aurons pour la vitesse $v$ du mobile en M,

$$v = \sqrt{2g\,(a - z)}.$$

D'un autre côté, en appelant $s$ l'arc GM, on a

$$v = \frac{ds}{dt},$$

d'où l'on tire

$$dt = \frac{ds}{v} = \frac{ds}{\sqrt{2g(a-z)}}.$$

Si l'on trace le cercle générateur de la cycloïde dans la position qui correspond au point M, la droite menée du point M au point H où ce cercle touche la base AC est normale à la cycloïde en M ; la droite qui joint le point M à l'autre extrémité K du diamètre HK est donc la tangente à la courbe. Prenons sur cette tangente une longueur MM' égale à $ds$, et menons les lignes MN, M'N, respectivement parallèles aux lignes CH, HK. Le triangle MNM' étant semblable au triangle HMK, nous aurons

$$\frac{MM'}{NM'} = \frac{HK}{KM};$$

ou, ce qui revient au même, en désignant par $r$ le rayon OH du cercle générateur, et observant que NM' est égal à $- dz$,

$$\frac{ds}{dz} = -\frac{2r}{\sqrt{2rz}} = -\sqrt{\frac{2r}{z}}.$$

Tirant de là $ds$, et le substituant dans la valeur que nous avons obtenue précédemment pour $dt$, nous trouvons définitivement

$$dt = -\sqrt{\frac{r}{g}} \frac{dz}{\sqrt{z(a-z)}}.$$

Nous n'avons plus qu'à intégrer par rapport à $z$, depuis $z = a$, jusqu'à $z = 0$, pour avoir la durée de la demi-oscillation descendante, c'est-à-dire la moitié de la durée T d'une oscillation complète : nous aurons donc

$$\tfrac{1}{2}T = -\sqrt{\frac{r}{g}} \int_a^0 \frac{dz}{\sqrt{z(a-z)}},$$

d'où

$$T = 2\sqrt{\frac{r}{g}} \int \frac{dz}{\sqrt{z(a-z)}} = \pi\sqrt{\frac{r}{g}}.$$

Ce résultat simple, auquel nous venons de parvenir, nous fait connaître une propriété très-remarquable du pendule cycloïdal.

La valeur de T ne renfermant pas la quantité $a$, il s'ensuit que la durée des oscillations est complétement indépendante de leur amplitude. En d'autres termes, quel que soit le point de départ G du corps pesant qui se meut le long de la cycloïde, ce corps emploie le même temps pour arriver au point le plus bas B : c'est ce qui a fait donner à la cycloïde le nom de *Tautochrone*.

La valeur trouvée pour T nous montre en outre que la durée des oscillations du pendule cycloïdal est la même que celle des petites oscillations d'un pendule circulaire dont la longueur serait $4r$, longueur qui est précisément celle du rayon de courbure DB de la cycloïde en son sommet B.

§ 134. **Équilibre et mouvement d'un point matériel assujetti à rester sur une surface fixe.** — A l'aide de considérations analogues à celles que nous avons développées précédemment (§ 126), on comprendra sans peine ce que l'on doit entendre par un point matériel assujetti à rester sur une surface fixe. Si l'on fait abstraction du frottement que le point matériel peut éprouver de la part de la surface, on verra que, pour qu'une force appliquée à ce point primitivement en repos ne le mette pas en mouvement, il est nécessaire qu'elle soit dirigée normalement à la surface. La réaction que la surface exerce sur le point est donc aussi normale à cette surface. Nous admettrons qu'il en est ainsi, même dans le cas où le point matériel est en mouvement sur la surface sur laquelle il est obligé de rester, sauf à tenir compte, s'il y a eu lieu, du frottement qu'il éprouve de la part de la surface, en rangeant ce frottement parmi les forces qui agissent sur lui pour modifier son mouvement.

D'après cela, pour qu'un point matériel assujetti à rester sur une surface fixe soit en équilibre sous l'action des forces qui lui sont appliquées, il est nécessaire et suffisant que la résultante de ces forces soit dirigée suivant la normale à la surface. La pression exercée par le point sur la surface est égale à cette résultante.

Lorsqu'un point matériel est en mouvement sur une surface fixe sur laquelle il est assujetti à rester, il exerce à chaque in-

stant sur la surface une pression normale dont nous pouvons
facilement indiquer la valeur. Concevons pour cela que la résultante F des forces qui sont appliquées au point mobile (sans
y comprendre la réaction qu'il éprouve de la part de la surface)
soit décomposée en deux forces, dont l'une $F_1$ soit dirigée
suivant la tangente à la trajectoire du point mobile, et l'autre $F_2$ soit dirigée perpendiculairement à cette tangente, dans
le plan de $F_1$ et de F. En raisonnant comme nous l'avons déjà
fait (§ 128), nous verrons que la pression exercée par le point
matériel sur la surface est la résultante de la force $F_2$ et de la
force centrifuge qui se développe dans le mouvement de ce
point. Cette résultante de la force $F_2$ et de la force centrifuge
doit, bien entendu, être normale à la surface ; en sorte qu'on
peut l'obtenir en faisant la somme des projections de ces deux
forces sur la normale. Quant à la force $F_1$, elle détermine le
changement de grandeur de la vitesse $v$ du mobile, à laquelle
elle est liée par la relation

$$F_1 = m \frac{dv}{dt}.$$

Considérons en particulier le cas d'un point matériel qui se
meut, sur une surface fixe, en vertu d'une vitesse initiale, sans
être soumis à l'action d'aucune force. La force F étant nulle, il
en sera de même de ses composantes $F_1$, $F_2$. Il s'ensuit nécessairement : 1° que la vitesse $v$ du mobile reste constante, c'est-
à-dire que son mouvement est uniforme ; 2° que la force centrifuge qui se développe dans le mouvement du point constitue
à elle seule la pression de ce point sur la surface, et que par
conséquent cette force centrifuge est dirigée normalement à la
surface, en chaque point de la trajectoire du mobile. Si l'on
observe maintenant que la force centrifuge, égale et contraire
à la force centripète (§ 128), est toujours dirigée dans le plan
osculateur de la trajectoire, on en conclura que, dans le cas
particulier qui nous occupe, la trajectoire jouit de cette propriété que, en chacun de ses points, son plan osculateur passe
par la normale à la surface en ce point : cette propriété est

précisément celle qui caractérise les *lignes géodésiques* de la surface. Ainsi, lorsqu'un point matériel, assujetti à rester sur une surface fixe, se meut sur cette surface sans être soumis à l'action d'aucune force, il parcourt uniformément une ligne géodésique de la surface.

Tous les théorèmes établis dans les paragraphes 113 à 120, sur le mouvement d'un point matériel libre, sont applicables au mouvement d'un point matériel assujetti à rester sur une surface fixe, à la condition de joindre à la force F directement appliquée à ce point matériel, la réaction N qu'il éprouve de la part de la surface, et de considérer le mouvement comme s'effectuant sous l'action de la résultante de ces deux forces. Parmi ces théorèmes, nous rappellerons seulement les deux suivants, dans lesquels la réaction N n'entre pas, en raison de ce que la tangente à la trajectoire est toujours perpendiculaire à sa direction :

1° L'accroissement de la quantité de mouvement du point mobile, pendant un temps quelconque, est égal à l'impulsion de la composante tangentielle de la force F, pendant ce temps;

2° L'accroissement de la force vive du point matériel, pendant un intervalle de temps quelconque, est égal au double du travail de la force F, pendant ce temps.

Enfin nous pouvons dire encore ici, comme dans le cas d'un point matériel assujetti à rester sur une courbe fixe (§ 129), que l'on n'a pas besoin de se préoccuper de la réaction N de la surface, pour pouvoir appliquer au mouvement du point matériel ce qui a été dit dans le § 119. Si les composantes X, Y, Z, de la force F sont les dérivées partielles d'une fonction des coordonnées $x, y, z$ du mobile, prises par rapport à chacune de ces variables, on pourra considérer les surfaces de niveau dont il a été question (§ 119); et ces surfaces de niveau joueront, par rapport au mouvement du point matériel assujetti à rester sur une surface fixe, le même rôle que si ce point matériel était entièrement libre, tout en étant soumis à l'action de la même force F.

§ 135. **Exemple du mouvement d'un point matériel assujetti à rester sur une surface fixe.** — *Pendule conique.* — Lors-

13

qu'un pendule, tel que celui que nous avons considéré dans le
§ 132, a été écarté de sa position d'équilibre, et qu'au lieu de
l'abandonner à lui-même sans vitesse initiale, on le lance dans
une direction quelconque, son mouvement ne s'effectue plus
dans un plan vertical ; ce pendule se meut en tournant autour
de la verticale menée par le point de suspension, et en même
temps il s'approche et s'éloigne alternativement de cette verticale, avec laquelle il ne coïncide dans aucune position. Dans
ce cas il prend le nom de *pendule conique*.

Il est clair que le point matériel qui termine un pareil pendule peut être regardé comme étant assujetti à rester sur la
surface d'une sphère ayant pour rayon la longueur du pendule,
et pour centre son point de suspension. La pression normale
du mobile sur la surface de la sphère se trouve ici remplacée
par la tension du fil.

Rapportons les diverses positions du mobile à trois axes
coordonnés rectangulaires passant par le point de suspension
du pendule, et supposons que l'un de ces axes, l'axe des $z$, soit
dirigé verticalement et dans le sens de la pesanteur. Si nous
désignons par N la tension du fil, et par $l$ sa longueur, nous
aurons pour les équations différentielles du mouvement du
point matériel qui le termine (§ 121) :

$$\frac{d^2x}{dt^2} = -\frac{N}{m}\frac{x}{l}, \; \frac{d^2y}{dt^2} = -\frac{N}{m}\frac{y}{l}, \; \frac{d^2z}{dt^2} = g - \frac{N}{m}\frac{z}{l}. \quad (a)$$

Ces trois équations ne peuvent pas suffire pour déterminer $x$,
$y$ et $z$ en fonction de $t$, puisqu'elles contiennent une quatrième
quantité N qui est également une fonction inconnue de $t$. Mais
nous savons en outre que le mobile doit rester sur la surface
de la sphère dont le centre est à l'origine des coordonnées, et
dont le rayon est $l$ : $x$, $y$, $z$ doivent donc satisfaire à l'équation
de cette sphère, qui est

$$x^2 + y^2 + z^2 - l. \quad (b)$$

Cette nouvelle équation, jointe aux trois précédentes, permettra de déterminer les quatre fonctions inconnues $y$, $x$, $z$ et N.

Si nous éliminons N entre les deux premières équations $(a)$, nous trouvons

$$x\frac{d^2y}{dt^2} - y\frac{d^2x}{dt^2} = 0,$$

équation qui s'intègre immédiatement et donne

$$x\frac{dy}{dt} - y\frac{dx}{dt} = C, \qquad (c)$$

C étant une constante arbitraire. Cette équation $(c)$ n'est autre chose que celle qu'on obtiendrait en appliquant le théorème des aires (§ 115) au mouvement de la projection du point mobile sur le plan des $xy$, ainsi qu'on peut s'en assurer facilement ; le théorème des aires est applicable, en effet, dans ce mouvement projeté, puisque la résultante des forces N et $mg$, qui agissent sur le point matériel dans l'espace, est toujours dirigée dans le plan qui passe par ce point matériel et par la verticale du point de suspension.

En multipliant les trois équations $(a)$ respectivement par $dx$, $dy$, $dz$, et les ajoutant ensuite membre à membre, on trouve

$$\frac{dx\,d^2x + dy\,d^2y + dz\,d^2z}{dt^2} = g\,dz - \frac{N}{ml}(x\,dx + y\,dy + z\,dz) ;$$

mais en différenciant l'équation $(b)$, il vient

$$x\,dx + y\,dy + z\,dz = 0 :$$

l'équation que nous venons d'obtenir se réduit donc à

$$\frac{dx\,d^2x + dy\,d^2y + dz\,d^2z}{dt^2} - g\,dz.$$

En l'intégrant, elle donne

$$\frac{dx^2 + dy^2 + dz^2}{dt^2} = 2gz + C', \qquad (d)$$

C' étant une nouvelle constante arbitraire. Nous aurions pu écrire immédiatement cette équation $(d)$, en appliquant le théorème des forces vives au mouvement du point matériel dont nous nous occupons (§ 134) ; la constante C' aurait été remplacée par l'expression

$$v_0^2 - 2gz_0,$$

dans laquelle $v_0$ représente la vitesse initiale du mobile, et $z_0$ la valeur initiale de sa coordonnée verticale $z$.

Les trois équations $(b)$, $(c)$, $(d)$, ne contenant pas N, peuvent être employées pour déterminer les valeurs des trois coordonnées $x$, $y$, $z$, du mobile en fonction de $t$. Mais nous les modifierons, en y remplaçant $x$ et $y$ par des coordonnées polaires, dans le plan horizontal des $xy$. Si nous désignons par $r$ le rayon vecteur mené de l'origine des coordonnées à la projection horizontale du mobile, et par $\theta$ l'angle que ce rayon vecteur fait avec l'axe des $x$, nous aurons

$$x^2 + y^2 = r^2,$$
$$x dy - y dx = r^2 d\theta,$$
$$dx^2 + dy^2 = dr^2 + r^2 d\theta^2 :$$

en conséquence, les équations $(b)$, $(c)$, $(d)$, deviendront

$$\left.\begin{array}{l} r^2 + z^2 = l^2, \\ r^2 \dfrac{d\theta}{dt} = C, \\ \dfrac{dr^2 + r^2 d\theta^2 + dz^2}{dt^2} = 2gz + C. \end{array}\right\} \qquad (e)$$

En éliminant $r$ et $\theta$ entre ces équations $(e)$, on trouve facilement

$$dt = \pm \frac{l dz}{\sqrt{(l^2 - z^2)(2gz + C') - C^2}} ; \qquad (f$$

et par suite on a

$$d\theta = \pm \frac{C l dz}{(l^2 - z^2)\sqrt{(l^2 - z^2)(2gz + C) - C^2}}. \qquad (g$$

Dans les valeurs de $dt$ et $d\theta$, le signe $+$ convient au cas où le

mobile descend, et le signe — au cas où il monte. Les équa-
tions $(f)$ et $(g)$ étant intégrées, on aura $t$ et $\theta$ en fonction de $z$ ;
et comme on a déjà $r$ en fonction de $z$ par la première des équations $(e)$, la question se trouvera complétement résolue. On doit
observer que l'intégration des équations $(f)$ et $(g)$ ne peut s'effectuer que par les méthodes de quadrature approximative, ou
bien en ayant recours aux fonctions elliptiques.

Pour déterminer la tension N du fil, multiplions les trois
équations $(a)$ respectivement par $x$, $y$, $z$, puis ajoutons-les
membre à membre ; il viendra

$$\frac{xd^2x + yd^2y + zd^2z}{dt^2} = -\frac{N}{m}\frac{x^2 + y^2 + z^2}{l} + gz.$$

Mais, en différenciant deux fois l'équation $(b)$, on trouve

$$\frac{xd^2x + yd^2y + zd^2z}{dt^2} - \frac{dx^2 + dy^2 + dz^2}{dt} = -v^2,$$

$v$ étant la vitesse du mobile à un instant quelconque ; la relation qu'on vient d'obtenir devient donc

$$-v^2 = -\frac{Nl}{m} + gz,$$

d'où

$$N = \frac{mv^2}{l} + mg\frac{z}{l}.$$

Cette valeur de N aurait pu être écrite immédiatement,
d'après ce qui a été dit (§ 134) relativement à la pression exercée par un point mobile sur la surface sur laquelle il est assujetti à rester ; il est aisé de voir en effet que $mg\dfrac{z}{l}$ est la projection du poids $mg$ sur la normale à la sphère au point où se
trouve le mobile, et que $\dfrac{mv^2}{l}$ est la projection de la force centrifuge de ce mobile sur la même normale.

§ 136. Si l'on égale à zéro la quantité

$$(l^2 - z^2)(2gz + C') - C^2$$

qui se trouve sous les radicaux, dans les équations différentielles $(f)$, $(g)$, on a une équation du troisième degré en $z$ qui a toujours une racine réelle comprise entre $-l$ et $-\infty$. Les deux autres racines de cette équation sont nécessairement réelles et comprises entre $-l$ et $+l$; car, sans cela, les valeurs de $dt$ et $d\theta$ correspondant à une position quelconque du point mobile, seraient imaginaires. La valeur initiale $z_0$ de la variable $z$ doit même être toujours comprise entre ces deux dernières racines, qui forment les deux limites entre lesquelles $z$ varie périodiquement.

Soit $\alpha$ l'angle que la direction de la vitesse initiale $v_0$ du mobile fait avec la perpendiculaire au plan vertical mené par la position initiale de ce mobile et par le centre de la sphère. Si l'on décompose la vitesse $v_0$ en deux composantes rectangulaires, dont l'une, égale à $v_0 \cos \alpha$, soit dirigée suivant cette perpendiculaire, et que l'on se reporte à la signification de la constante C, on aura évidemment

$$C = r_0 v_0 \cos \alpha,$$

$r_0$ étant la valeur initiale de $r$, valeur qui est égale à $\sqrt{l^2 - z_0^2}$. On a d'ailleurs, comme nous l'avons dit précédemment,

$$C' = v_0^2 - 2gz_0.$$

D'après ces valeurs des constantes C et C', l'équation du troisième degré dont on vient de parler peut s'écrire ainsi

$$2gz^3 + (v_0^2 - 2gz_0)z^2 - 2gl^2z + r_0^2 v_0^2 \cos \alpha - (v_0^2 - 2gz_0)l^2 = 0;$$

et l'on peut vérifier qu'en effet elle a une racine comprise entre $-l$ et $z_0$, et une autre comprise entre $z_0$ et $+l$.

Cherchons quelles doivent être les circonstances initiales du mouvement de notre point mobile, pour qu'il parcoure un cercle horizontal de la sphère sur laquelle il est assujetti à rester, c'est-à-dire pour que le pendule dont il fait partie décrive un cône de révolution ayant pour axe la verticale menée par son point de suspension. Il est clair que pour cela il faut que les deux racines de l'équation ci-dessus, entre lesquelles $z$

varie périodiquement, deviennent toutes deux égales à $z_0$. Exprimons donc que cette équation et sa dérivée sont satisfaites l'une et l'autre quand on y remplace $z$ par $z_0$, et cela nous fournira la solution de la question proposée. On trouve ainsi qu'on doit avoir

$$\alpha = 0. \qquad\qquad v_0^2 = \frac{g r_0^2}{z_0}.$$

La seconde des équations $(e)$ donne dans ce cas

$$\theta = \frac{v_0}{r_0} t + \theta_0 = \sqrt{\frac{g}{z_0}} \times t + \theta_0,$$

$\theta_0$ étant la valeur initiale de $\theta$, ce qui montre que le mouvement du pendule est uniforme, et qu'il met un temps égal à

$$2\pi \sqrt{\frac{z_0}{g}}$$

pour faire un tour entier autour de la verticale.

§ 137. Cherchons encore à nous rendre compte de la manière dont s'effectue le mouvement du pendule conique, dans le cas où ce pendule fait toujours un petit angle avec la verticale. Pour cela, nous regarderons $r$ comme restant toujours petit par rapport à $l$; et en développant en série la valeur de $z$ en fonction de $r$ fournie par la première des équations $(e)$, nous réduirons cette valeur à ses deux premiers termes, ce qui nous donnera

$$z = l - \tfrac{1}{2} \frac{r^2}{l}.$$

Remplaçons $z$ par cette valeur dans les deux dernières équations $(e)$; mettons-y en même temps pour $C$ et $C'$ les valeurs indiquées précédemment (§ 136), et supposons que $\alpha$ soit nul, ce qui est toujours permis, car cela revient à admettre que le mobile part d'un des points de sa trajectoire qui correspondent au maximum ou au minimum de $z$: nous aurons ainsi, pour déterminer $r$ et $\theta$ en fonction de $t$, les équations différentielles

$$r^2 \frac{d\theta}{dt} = r_0 v_0,$$

$$\left(1 + \frac{r'^2}{l^2}\right) \frac{dr^2}{dt^2} + r^2 \frac{d\theta^2}{dt^2} = v_0^2 + \frac{g}{l}(r_0^2 - r^2),$$

dont la seconde se réduit à

$$\frac{dr^2}{dt^2} + r^2 \frac{d\theta^2}{dt^2} = v_0^2 \frac{g}{l}(r_0^2 - r^2),$$

en négligeant le terme $\dfrac{r^2}{l^2} \dfrac{dr^2}{dt^2}$ qui est du même ordre de gran-

deur que ceux que nous avons déjà négligés dans la valeur de $z$. L'élimination de $dt$ entre ces deux équations différentielles conduit à la relation

$$d\theta = \frac{r_0 v_0 dr}{r \sqrt{\left(v_0^2 - \frac{g}{l} r^2\right)(r^2 - r_0^2)}},$$

d'où l'on tire facilement

$$2 d\theta = - \frac{d\left[\dfrac{\dfrac{1}{r^2} - \dfrac{1}{2}\left(\dfrac{1}{r_0^2} + \dfrac{g}{lv_0^2}\right)}{\dfrac{1}{2}\left(\dfrac{1}{r_0^2} - \dfrac{g}{lv_0^2}\right)}\right]}{\sqrt{1 - \left[\dfrac{\dfrac{1}{r^2} - \dfrac{1}{2}\left(\dfrac{1}{r_0^2} + \dfrac{g}{lv_0^2}\right)}{\dfrac{1}{2}\left(\dfrac{1}{r_0^2} - \dfrac{g}{lv_0^2}\right)}\right]^2}}$$

puis, en intégrant et supposant que $\theta$ soit nul pour $t = 0$,

$$\frac{1}{r^2} = \frac{1}{2}\left(\frac{1}{r_0^2} + \frac{g}{lv_0^2}\right) + \frac{1}{2}\left(\frac{1}{r_0^2} - \frac{g}{lv_0^2}\right)\cos 2\theta$$

$$- \frac{1}{r_0^2}\cos^2\theta + \frac{g}{lv_0^2}\sin^2\theta.$$

On voit par là que la projection horizontale de la courbe que décrit le mobile est une ellipse dont les deux demi-axes sont

$r_0$ et $v_0\sqrt{\dfrac{l}{g}}$. La projection horizontale du mobile décrivant cette ellipse conformément au théorème des aires, qu'exprime la seconde des équations $(e)$, on obtiendra le temps employé par le pendule à faire une révolution complète autour de la verticale, en divisant l'aire de l'ellipse, ou $\pi r_0 v_0\sqrt{\dfrac{l}{g}}$, par l'aire décrite dans l'unité de temps, qui est $\frac{1}{2}$ C ou $\frac{1}{2} r_0 v_0$ : on trouve ainsi

$$2\pi\sqrt{\frac{l}{g}}$$

pour ce temps d'une révolution complète du pendule conique. On peut observer que cette expression est indépendante de la vitesse initiale $v_0$, en sorte qu'elle convient également au cas où l'on aurait

$$v_0 = 0 ;$$

c'est-à-dire qu'elle représente le temps employé par un pendule circulaire de longueur $l$ à faire deux oscillations complètes, en supposant que ces oscillations aient une amplitude très-petite : on retrouve ainsi la formule qui donne la durée des petites oscillations du pendule circulaire (§ 132).

§ 138. **Force d'inertie.** — Dans ce qui précède, nous avons considéré le mouvement d'un point matériel comme étant assujetti à satisfaire à certaines conditions ; nous avons supposé, ou bien que ce point matériel était obligé de se mouvoir suivant une trajectoire déterminée (§§ 127 à 133), ou bien que sa trajectoire était nécessairement située sur une surface donnée (§§ 134 à 137). Allons plus loin, et supposons qu'un point matériel A soit obligé, par sa liaison avec un autre corps B en mouvement, non-seulement de décrire une trajectoire donnée, mais encore de parcourir cette courbe avec des vitesses successives dont la loi est entièrement déterminée. Pour fixer les idées, nous pouvons imaginer qu'il s'agisse, par exemple, d'un corps que l'on tient dans la main, et auquel on donne un mou-

vement quelconque, sans l'abandonner. Ce point matériel A,
auquel nous supposons d'ailleurs qu'aucune force ne soit directement appliquée, réagit sur le corps B qui l'oblige à se
mouvoir ainsi, c'est-à-dire sur la main qui l'entraîne, dans le
cas de l'exemple qui vient d'être indiqué. La réaction qu'il
exerce dans de pareilles circonstances constitue ce qu'on
nomme sa *force d'inertie*. Il est aisé d'en trouver la grandeur
et la direction.

D'après la forme de la trajectoire que décrit le point matériel
A, et la loi du mouvement qu'il possède sur cette courbe, on
peut trouver à chaque instant la grandeur et la direction de la
force qui devrait agir sur lui, s'il était libre, pour lui procurer
le même mouvement. Cette force est dirigée suivant l'accélération totale du mouvement, et elle a pour valeur le produit de
l'accélération totale par la masse du point matériel A (§ 98).
Or, cette force qui communiquerait au point A le même mouvement, s'il était libre, n'est autre chose que l'action exercée sur
ce point par le corps B qui lui donne un mouvement obligatoire ;
la réaction du point matériel A sur ce corps B, ou, en d'autres
termes, la force d'inertie du point matériel A, est donc égale et
contraire à la force dont on vient d'indiquer la grandeur et la
direction. Ainsi la force d'inertie du point A est égale au produit
de la masse de ce point par l'accélération de son mouvement, et
elle est dirigée en sens contraire de cette accélération. Il est
clair qu'elle s'évalue en kilogrammes comme les autres forces.

La considération de la force d'inertie présente quelque utilité
dans diverses circonstances. Donnons-en un exemple simple. Si
l'on tire un wagon, au moyen d'une corde, de manière à lui
donner un mouvement accéléré sur un chemin de fer rectiligne
et horizontal, la corde est plus tendue que s'il s'agissait seulement d'entretenir l'uniformité du mouvement du wagon ; la résistance exercée par le wagon sur la corde qui le tire se compose de celle qu'il exercerait s'il avait un mouvement uniforme
et de sa force d'inertie. On peut donc dire que, en tirant la corde
de manière à produire le mouvement accéléré du wagon, on a à
vaincre, non-seulement les résistances qui se développent dans

le mouvement uniforme, et qui sont dues aux frottements de toutes sortes, mais encore la force d'inertie du wagon. Si l'on veut ralentir le mouvement du wagon, en le tirant en sens contraire de son mouvement, on a encore à vaincre la force d'inertie, qui agit alors dans le sens du mouvement.

La force d'inertie d'un point matériel en mouvement étant égale et contraire à la force qui devrait agir sur ce point matériel supposé libre pour lui faire prendre le mouvement qu'il possède, on peut la regarder comme étant la résultante de deux forces égales et contraires aux composantes tangentielle et normale de cette dernière force (§ 110). La composante tangentielle de la force d'inertie, qu'on désigne souvent sous le nom de *force d'inertie tangentielle*, a donc pour valeur $m\dfrac{dv}{dt}$, et est dirigée en sens contraire du mouvement, ou dans le même sens, suivant que $\dfrac{dv}{dt}$ est positif ou négatif. Sa composante normale est égale à $\dfrac{mv^2}{\rho}$, et est toujours dirigée en sens contraire du rayon de courbure $\rho$ de la trajectoire ; ce n'est autre chose que la force centrifuge que nous avons déjà trouvée dans le cas d'un point matériel assujetti à se mouvoir sur une courbe donnée, c'est-à-dire dans le cas où la trajectoire était seule obligatoire, et non la loi du mouvement.

On ne doit pas oublier que la force d'inertie d'un point matériel est une réaction exercée par ce point sur le corps qui l'oblige à prendre un mouvement déterminé, et qu'en conséquence cette force n'agit pas sur le point matériel lui-même.

# CHAPITRE IV

## ÉQUILIBRE ET MOUVEMENT RELATIFS D'UN POINT MATÉRIEL.

**§ 139. Forces apparentes dans le mouvement relatif.** — Si l'on rapporte les diverses positions qu'occupe successivement un point mobile à un système d'axes qui soient eux-mêmes en mouvement dans l'espace, le mouvement absolu de ce point peut être regardé comme résultant de la composition de son mouvement par rapport aux axes mobiles et du mouvement de ces axes eux-mêmes. Nous avons vu (§ 80) que, dans ce cas, l'accélération $j$ dans le mouvement absolu s'obtient par la composition de trois accélérations, qui sont : 1° l'accélération $j'$ dans le mouvement d'entraînement, c'est-à-dire dans le mouvement dont serait animé le point mobile s'il restait en repos relatif dans la position où il se trouve ; 2° l'accélération $j''$ dans le mouvement du point par rapport aux axes mobiles ; 3° une accélération égale à $2\omega v'' \sin \alpha$, dirigée perpendiculairement au plan qui passe par la vitesse relative $v''$ et par l'axe instantané de rotation des axes mobiles, et dans le sens dans lequel l'extrémité de la ligne qui représente la vitesse relative tourne dans la rotation instantanée autour de cet axe. Pour effectuer la composition de ces trois accélérations, menons par un point quelconque A, *fig.* 67, une droite AB égale et parallèle à celle qui représente l'accéléra-

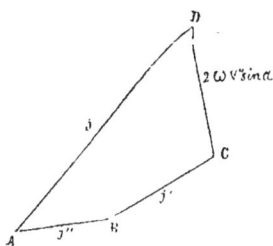

Fig. 67.

tion relative $j''$ ; puis, par le point B, une droite BC égale et parallèle à celle qui représente l'accélération d'entraînement $j'$ ; enfin, par le point C, une droite CD égale et parallèle à celle qui représente la troisième accélération $2\omega v''$ sin $\alpha$ : la droite AD représentera la résultante de ces trois accélérations composantes, c'est-à-dire l'accélération $j$, dans le mouvement absolu.

Il est clair que l'accélération représentée par la droite AB peut être regardée à son tour comme étant la résultante de trois accélérations représentées respectivement, quant à leur grandeur, leur direction et leur sens, par les trois droites AD, DC, CB. La première de ces trois accélérations n'est autre chose que l'accélération $j$ dans le mouvement absolu ; et les deux autres sont égales et contraires aux accélérations $j'$ et $2\omega v''$ sin $\alpha$ que nous avons considérées précédemment. Donc l'accélération $j''$, dans le mouvement relatif d'un point par rapport à des axes mobiles, s'obtient en composant l'accélération dans le mouvement absolu du point avec deux accélérations égales et contraires à ces deux accélérations $j'$ et $2\omega v''$ sin $\alpha$.

Supposons que le point mobile dont nous nous occupons soit un point matériel de masse $m$. La force qui agit sur ce point matériel détermine l'accélération $j$ de son mouvement absolu ; elle est égale à $mj$, et a la même direction et le même sens que l'accélération $j$ (§§ 95 et 98). L'accélération $j''$, dans le mouvement relatif, étant différente de l'accélération $j$ dans le mouvement absolu, un observateur qui participe au mouvement des axes mobiles, doit voir le point matériel se déplacer comme s'il était soumis à l'action d'une force autre que celle qui agit réellement sur lui ; il doit lui sembler que ce point matériel est soumis à l'action d'une force égale à $mj''$, ayant la même direction et le même sens que l'accélération $j''$. Mais cette même accélération $j''$ pouvant s'obtenir par la composition de l'accélération $j$ avec deux accélérations égales et contraires à $j'$ et $2\omega v''$ sin $\alpha$, la force $mj''$ dont nous venons de parler se trouvera également en composant la force $mj$ dirigée dans le sens de l'accélération absolue $j$, avec deux forces $mj$ et $2m\omega v''$ sin $\alpha$ dirigées en sens contraire des accélérations $j'$ et $2\omega v''$ sin $\alpha$.

Il s'ensuit que, pour l'observateur, qui ne voit que le mouvement relatif du point matériel, et qui croit que c'est un mouvement absolu, les choses se passent comme si ce point matériel était soumis, non-seulement à la force $mj$ qui lui est réellement appliquée, mais encore aux deux autres forces $mj$ et $2m\omega v''$ sin $\alpha$ dont il vient d'être question. Ces deux dernières forces sont ce qu'on nomme les *forces apparentes dans le mouvement relatif*.

La première de ces deux forces apparentes, celle qui a pour valeur $mj'$, et qui est dirigée en sens contraire de l'accélération $j'$, est évidemment égale et directement opposée à la force qui serait capable de donner au point matériel un mouvement tel qu'il reste en repos par rapport aux axes mobiles. Si nous nous reportons à la définition de la force d'inertie (§ 138), nous verrons que cette première force apparente est précisément la force d'inertie du point matériel dans son mouvement d'entraînement, c'est-à-dire dans le mouvement dont il serait animé s'il était lié invariablement aux axes mobiles et entraîné par eux dans le déplacement qu'ils éprouvent.

La seconde force apparente a reçu le nom de force *centrifuge composée*. Pour en obtenir la valeur, il faut concevoir que le déplacement élémentaire des axes mobiles, qui s'effectue immédiatement après l'instant que l'on considère, soit décomposé en une rotation autour d'un axe instantané passant par le point où se trouve le mobile à cet instant, et en une translation égale au mouvement de ce même point supposé lié aux axes mobiles ; si $\omega$ est la vitesse angulaire dans la rotation élémentaire ainsi obtenue, et $\alpha$ l'angle que l'axe instantané autour duquel cette rotation s'effectue fait avec la direction de la vitesse relative $v''$ du mobile, la force centrifuge composée a pour valeur $2m\omega v''$ sin $\alpha$. De plus, cette force est dirigée perpendiculairement au plan qui passe par la vitesse relative $v''$ et par l'axe instantané de rotation des axes mobiles ; et elle agit en sens contraire du sens dans lequel se meut l'extrémité de la ligne qui représente la vitesse relative, dans la rotation instantanée autour de cet axe.

§ 140. **Équilibre relatif d'un point matériel.** — La théorie des forces apparentes dans le mouvement relatif, qui vient d'être exposée dans le paragraphe précédent, convient en particulier au cas où le point matériel que l'on considère se meut de manière à conserver constamment la même position par rapport aux axes mobiles, c'est-à-dire au cas où il est en équilibre relatif. Dans ce cas, la vitesse relative $v''$ du point mobile étant nulle, la force centrifuge composée $2m\omega v'' \sin \alpha$ est aussi nulle ; et la force d'inertie correspondant au mouvement d'entraînement est la seule force apparente qu'on doive joindre à la force réellement appliquée au point matériel, pour qu'on puisse assimiler son équilibre relatif à un équilibre absolu.

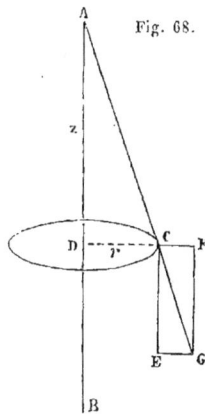

Fig. 68.

Pour donner un exemple d'équilibre relatif, considérons le mouvement uniforme de révolution d'un pendule conique AC, *fig.* 68, autour de la verticale AB menée par son point de suspension, mouvement dont nous nous sommes déjà occupés (§ 136). Si nous rapportons le point matériel qui termine le pendule à des axes mobiles animés du même mouvement de rotation autour de la verticale AB, il pourra être regardé comme en équilibre par rapport à ces axes ; et on exprimera cet équilibre relatif en écrivant que la résultante du poids $mg$ du point matériel et de la force apparente qu'on doit joindre à ce poids d'après ce qui précède, est dirigée normalement à la surface sphérique sur laquelle le point matériel est assujetti à rester. Or, cette force apparente se réduit ici à la force centrifuge $\dfrac{mv^2}{r}$, correspondant au mouvement circulaire et uniforme du point matériel suspendu lié invariablement aux axes mobiles et entraîné par eux dans leur rotation autour de AB. Prenons donc, sur la verticale du point C, une longueur CE égale à $mg$ ; puis, sur le prolongement du rayon CD du cercle que décrit le point C, une longueur

CF égale à $\dfrac{mv^2}{r}$ : la diagonale CG du parallélogramme construit sur les lignes CE, CF, doit être dirigée dans le prolongement du fil de suspension AC, qui n'est autre chose que le rayon de la sphère sur laquelle le point C est obligé de rester. D'après cela on a la proportion

$$\frac{CE}{EG} = \frac{AD}{DC};$$

si l'on y remplace les diverses lignes par leurs valeurs, et qu'on résolve ensuite par rapport à la vitesse $v$ du point matériel, on en déduit

$$v = r \sqrt{\frac{g}{z}}.$$

résultat conforme à ce que nous avions trouvé précédemment.

§ 141. **Mouvement relatif d'un point matériel**. — La théorie exposée dans le § 139, montre que tout mouvement relatif d'un point matériel peut être traité comme un mouvement absolu, à la condition de joindre aux forces qui agissent réellement sur le point matériel, les deux forces apparentes dont nous avons défini la grandeur, la direction et le sens. Tous les théorèmes qui ont été établis, pour le mouvement absolu d'un point matériel libre, sont donc applicables au mouvement relatif, en tenant compte de ces deux forces apparentes. Il est complétement inutile que nous passions en revue ces divers théorèmes, pour faire voir ce qu'ils deviennent quand on les applique à un mouvement relatif. Nous nous contenterons de dire que, dans le cas du théorème des forces vives (§§ 116 et 119), la force centrifuge composée disparaîtra toujours d'elle-même, et on pourra raisonner sans en tenir aucun compte ; parce que, cette force étant dirigée perpendiculairement à la direction de la vitesse relative du point mobile, son travail sera toujours nul (§ 117).

Les théorèmes établis pour le mouvement absolu d'un point matériel assujetti à rester sur une courbe fixe ou sur une surface fixe, sont également applicables au mouvement relatif d'un point matériel assujetti à rester sur une courbe ou sur une surface ; à la condition de joindre les forces apparentes ci-dessus indiquées aux forces qui agissent réellement sur ce point ; mais il faut pour cela que la courbe et la surface dont il s'agit soient fixes relativement aux axes mobiles auxquels on rapporte les diverses positions du point matériel, c'est-à-dire qu'elles participent au mouvement dont ces axes sont animés.

Considérons en particulier le mouvement d'un point matériel libre par rapport à des axes qui sont animés d'un mouvement de translation dans l'espace. D'après la nature du mouvement des axes mobiles, la vitesse angulaire ω qui entre dans l'expression de la force centrifuge composée, est égale à zéro : cette force centrifuge composée est donc nulle, et des deux forces apparentes, qu'on doit joindre aux forces réelles pour pouvoir traiter le mouvement relatif comme un mouvement absolu, il ne reste que la force d'inertie correspondant au mouvement d'entraînement. Soient $x_1$, $y_1$, $z_1$, les coordonnées de l'origine des axes mobiles, rapportées à un système d'axes fixes auxquels ces axes mobiles restent constamment parallèles. L'accélération totale, dans le mouvement d'entraînement, a évidemment pour composantes parallèles aux axes, les quantités

$$\frac{d^2x_1}{dt^2}, \quad \frac{d^2y_1}{dt^2}, \quad \frac{d^2z_1}{dt^2},$$

en sorte que les composantes de la force d'inertie du point matériel de masse $m$, dans ce mouvement d'entraînement, sont

$$- m \frac{d^2x_1}{dt^2}, \quad - m \frac{d^2y_1}{dt^2}, \quad - m \frac{d^2z_1}{dt^2}.$$

Si l'on désigne par $\xi$, $\eta$, $\zeta$, les coordonnées du point matériel par rapport aux axes mobiles, et par X, Y, Z, les composantes suivant ces axes, de la résultante des forces qui sont appliquées à ce point, on aura (§ 121) les équations différentielles suivantes, pour déterminer son mouvement relatif :

14

$$m \frac{d^2\xi}{dt^2} = X - m \frac{d^2x_1}{dt^2},$$

$$m \frac{d^2\eta}{dt^2} = Y - m \frac{d^2y_1}{dt^2},$$

$$m \frac{d^2\zeta}{dt^2} = Z - m \frac{d^2z_1}{dt^2},$$

On aurait pu trouver immédiatement ces équations différentielles, sans s'appuyer sur la théorie des forces apparentes dans les mouvements relatifs, en partant des équations différentielles du mouvement absolu (§ 121), et remarquant que les coordonnées absolues $x$, $y$, $z$, du point mobile sont respectivement égales à $\xi + x_1$, $\eta + y_1$, $\zeta + z_1$.

Si les axes mobiles, auxquels on rapporte les positions successives du point matériel, sont animés d'un mouvement de translation rectiligne et uniforme, non-seulement la force centrifuge composée est nulle, mais il en est de même de la force d'inertie correspondant au mouvement d'entraînement; puisque, dans un mouvement rectiligne et uniforme, l'accélération totale est constamment nulle. Il n'y a, dans ce cas, aucune force apparente à joindre aux forces réelles, pour que le mouvement relatif puisse être traité comme un mouvement absolu. Les équations différentielles sont les mêmes, qu'il s'agisse du mouvement absolu ou du mouvement relatif.

§ 142. **Mouvement relatif de deux points matériels qui ne sont soumis qu'à leurs actions mutuelles.** — Deux points matériels A, B, en mouvement, n'étant soumis qu'aux actions égales et contraires qu'ils exercent l'un sur l'autre, concevons que le point B soit rapporté à un système d'axes coordonnés qui se meuvent parallèlement à eux-mêmes de manière à passer constamment par le point A : nous allons nous proposer de déterminer le mouvement du point B par rapport à ces axes mobiles. Soient $m$ la masse du point A, $m'$ celle du point B, F la force à laquelle le point B est soumis et qui émane du point A, $r$ la distance des deux points, et $\xi$, $\eta$, $\zeta$, les coordonnées du point B par rapport aux axes mobiles. La force F est dirigée suivant la ligne droite qui joint le point A au point B; nous supposerons d'ailleurs qu'elle est attractive, c'est-à-dire qu'elle tend à rapprocher le point B du point A ; il suffirait de changer son signe dans les équations que nous allons établir, pour que ces équations convinssent au cas où elle serait répulsive.

Les composantes de la force F suivant les axes coordonnés sont

$$- F\frac{\xi}{r}, \quad - F\frac{\eta}{r}, \quad - F\frac{\zeta}{r}.$$

A ces composantes de la force qui agit réellement sur le point B, nous devons ajouter les composantes de la force d'inertie de ce point dans son mouvement d'entraînement. Or, la force qui agit sur le point A est égale et contraire à celle qui agit sur le point B ; en sorte que ses composantes suivant les axes sont

$$F\frac{\xi}{r}, \qquad F\frac{\eta}{r}, \qquad F\frac{\zeta}{r}.$$

L'accélération totale du mouvement absolu du point A est donc la résultante de trois accélérations dirigées suivant les axes et ayant pour valeurs

$$\frac{1}{m}F\frac{\xi}{r}, \qquad \frac{1}{m}F\frac{\eta}{r}, \qquad \frac{1}{m}F\frac{\zeta}{r}.$$

Cette accélération totale étant celle du mouvement d'entraînement du point B, les composantes de sa force d'inertie dans ce mouvement d'entraînement seront

$$- \frac{m'}{m}F\frac{\xi}{r}, \qquad - \frac{m'}{m}F\frac{\eta}{r}, \qquad - \frac{m'}{m}F\frac{\zeta}{r}.$$

D'après cela, les équations différentielles du mouvement relatif du point B seront

$$\frac{d^2\xi}{dt^2} = - \left(\frac{1}{m} + \frac{1}{m'}\right) F\frac{\xi}{r},$$

$$\frac{d^2\eta}{dt^2} = - \left(\frac{1}{m} + \frac{1}{m'}\right) F\frac{\eta}{r},$$

$$\frac{d^2\zeta}{dt^2} = - \left(\frac{1}{m} + \frac{1}{m'}\right) F\frac{\zeta}{r}.$$

Lorsque l'on connaîtra la loi suivant laquelle la force F varie avec la position que le point B occupe par rapport au point A, on n'aura plus qu'à intégrer les équations différentielles qu'on vient d'obtenir, pour avoir sous forme finie les équations du mouvement relatif du point B.

Il est aisé de voir que ce mouvement relatif du point B est de même nature que le mouvement absolu dont il serait animé s'il était soumis à la même force attractive F émanant d'un point fixe. En effet, si l'on mène trois axes coordonnés par ce point fixe, et qu'on désigne par $x$, $y$, $z$, les coordonnées du point B par rapport à ces axes, et par $r$ la distance qui le sépare de l'origine, on aura les équations différentielles suivantes, pour déterminer son mouvement absolu :

$$\frac{d^2x}{dt^2} = -\frac{1}{m'}\, F\, \frac{x}{r},$$

$$\frac{d^2y}{dt^2} = -\frac{1}{m'}\, F\, \frac{y}{r},$$

$$\frac{d^2z}{dt^2} = -\frac{1}{m'}\, F\, \frac{z}{r}.$$

Ces équations différentielles ne diffèrent de celles qui déterminent le mouvement relatif du point B, par rapport aux axes mobiles passant par le point A, qu'en ce que le facteur constant $\frac{1}{m} + \frac{1}{m'}$, qui multiplie les composantes de la force F, y est remplacé par le facteur $\frac{1}{m'}$. Les intégrales de ces deux systèmes d'équations différentielles s'obtiendront donc de la même manière, et auront exactement la même forme.

Considérons en particulier le cas où la force F varie en raison inverse du carré de la distance des deux points A et B. Le mouvement relatif du point B par rapport à des axes de direction constante menés par le point A sera de même nature que celui que nous avions étudié dans le § 124. Dans ce mouvement relatif, le point B ne sortira pas d'un plan mené par la direction de sa vitesse relative initiale et par le point A ; et il décrira dans ce plan une section conique ayant le point A pour foyer.

§ 143. **Lois de Képler ; gravitation universelle.** — L'étude approfondie du mouvement des planètes autour du soleil a conduit Képler à reconnaître que ce mouvement s'effectue d'après les lois suivantes :

*Première loi.* Les planètes décrivent autour du soleil des ellipses dont cet astre occupe un des foyers.

*Deuxième loi.* Les aires des portions d'ellipse parcourues successivement par le rayon vecteur qui joint une planète au soleil, sont entre elles comme les temps employés à les parcourir.

*Troisième loi.* Les carrés des temps des révolutions des planètes autour du soleil sont entre eux comme les cubes des grands axes de leurs orbites.

C'est en partant de ces lois que Newton est arrivé à la découverte de la *gravitation universelle*. Nous allons voir comment cette grande loi de la nature peut se déduire de celles que Képler avait fait connaître.

Dans le système de Copernic, que les lois de Képler n'ont fait que compléter, on regardait le soleil comme fixe. Le mouvement des planètes autour du soleil, tel qu'il est défini par les lois de Képler, était donc considéré comme un mouvement absolu. Plaçons-nous d'abord à ce point de vue, et voyons quelles sont les conséquences qu'on peut en tirer. De ce que l'orbite de chaque planète est contenue tout entière dans un plan passant par le soleil et de ce que les aires décrites par le rayon vecteur qui joint la planète au soleil sont proportionnelles aux temps employés à les décrire, nous pouvons conclure immédiatement que la planète se meut sous l'action d'une force qui est constamment dirigée vers le soleil (§ 115). Chaque planète décrivant une ellipse dont le soleil occupe un des foyers, il en résulte nécessairement : 1° que la force qui lui est appliquée tend à la rapprocher du soleil, puisque la concavité de sa trajectoire est tournée vers cet astre ; 2° que cette force varie en raison inverse du carré de la distance de la planète au soleil (§ 124).

Enfin, si nous désignons par T la durée de la révolution d'une planète autour du soleil, et par F la force qui détermine son mouvement ; et si, en outre, nous adoptons les notations du § 124, nous aurons

$$T = \frac{2\pi}{n} = \frac{2\pi a \sqrt{a}}{\sqrt{\mu}},$$

d'où

$$\mu = \frac{4\pi^2 a^3}{T^2},$$

et par suite

$$F = \frac{m\mu}{r^2} = \frac{4\pi^2 a^3}{T^2} \cdot \frac{m}{r^2};$$

mais, d'après la troisième loi de Képler, $\frac{a^3}{T^2}$ a la même valeur pour les diverses planètes : donc, si toutes les planètes étaient ramenées à la même distance du soleil, les forces telles que F qui tendent à les rapprocher du soleil seraient proportionnelles à leurs masses. On peut résumer ces différents résultats, en disant que les forces qui déterminent le mouvement des planètes sont : 1° dirigées vers le soleil ; 2° proportionnelles aux masses des planètes ; 3° inversement proportionnelles aux carrés des distances qui existent entre elles et le soleil.

Le mouvement de révolution de la lune autour de la terre, et celui des satellites de Jupiter, de Saturne, d'Uranus et de Neptune autour des planètes dont ils dépendent, montrent que ces diverses planètes exercent sur leurs satellites des actions analogues à celles que le soleil exerce sur les planètes ; elles peuvent donc attirer le soleil, tout aussi bien qu'elles sont attirées par lui, et aussi elles peuvent s'attirer mutuellement. On est conduit par là à l'idée d'une attraction s'exerçant d'une manière générale entre deux quelconques des corps qui font partie de notre système planétaire, et il est naturel d'admettre que cette attraction suit les lois que nous avons trouvées pour les actions exercées par le soleil sur les planètes.

Il est vrai que, dès que l'on admet que le soleil est attiré par les planètes qui l'entourent, on ne peut plus le regarder comme fixe ; il doit se mouvoir par suite des actions qu'il en éprouve, et par conséquent les lois de Képler se rapportent, non pas au mouvement absolu des planètes, mais à leur mouvement par rapport à des axes de direction constante menés par le soleil. Les déductions que nous avons tirées de ces lois, en regardant le soleil comme fixe, ne doivent donc pas être considérées comme rigoureuses. Observons cependant que le mouvement relatif d'une planète par rapport au soleil, dans le cas où ces deux corps ne seraient soumis qu'à leurs actions mutuelles, doit s'effectuer suivant les mêmes lois que le mouvement absolu dont la planète serait animée si le soleil était fixe et qu'il exerçât sur elle la même force attractive (§ 142) ; en sorte que, si ce mouvement relatif satisfait aux deux premières lois que Képler a trouvées, il en serait de même du mouvement absolu dont il vient d'être question ; et, par suite, on est en droit de tirer de ces deux premières lois, reconnues vraies dans le mouvement relatif d'une planète autour du soleil, les conséquences qu'on en a déduites en admettant que le soleil était fixe et que ces lois s'appliquaient au mouvement absolu de la planète.

L'existence de plusieurs planètes autour du soleil fait que cette dernière considération ne peut pas être appliquée en toute rigueur, puisqu'on ne peut pas admettre que le soleil se meuve sous l'action d'une planète, sans céder en même temps aux actions de toutes les autres. D'après cela, si les lois de Képler étaient rigoureusement vraies, les conséquences que nous en avons déduites en regardant le soleil comme fixe, ne seraient pas exactes, et auraient besoin d'être modifiées. Mais il n'en est pas ainsi, et c'est précisément le contraire qui a lieu ; les résultats auxquels nous avons été conduits, relativement aux forces d'attraction que le soleil exerce sur les planètes, sont exacts, tandis que les lois de Képler, qui nous ont servi de point de départ pour arriver à ces résultats, ne sont qu'approchées. Voici l'idée qu'on doit se faire de la manière dont s'effectuent les mouvements des divers corps qui font partie de notre système planétaire.

Deux portions quelconques de matière, appartenant à ce

système, exercent l'une sur l'autre des actions attractives égales et contraires, dont l'intensité peut être représentée par

$$\frac{fmm'}{r^2},$$

$m$ et $m'$ étant les masses de ces deux portions de matière, $r$ la
distance qui les sépare, et $f$ une quantité constante qui est l'attraction de l'unité de masse sur l'unité de masse à l'unité de distance ; c'est en cela que consiste la loi de la gravitation universelle. Les dimensions du soleil et des divers corps qui circulent
autour de lui sont tellement petites par rapport à leurs distances
mutuelles, qu'on peut les assimiler à autant de points matériels
agissant les uns sur les autres, conformément à la loi que nous
venons d'énoncer : ce n'est guère que quand on s'occupe de la
forme des planètes, et des phénomènes qui se passent à leur
surface, qu'il y a lieu de regarder ces corps comme formés par
la réunion d'un grand nombre de parties entre lesquelles s'exercent des actions attractives satisfaisant à la même loi. Le mouvement de chacun des points matériels auxquels nous réduisons
ainsi le soleil, les planètes et leurs satellites, est déterminé par
la résultante des actions qu'il éprouve de la part de tous les
autres; et par conséquent ce mouvement doit être très-complexe,
en raison du grand nombre des points matériels qu'on a ainsi
à considérer, et du changement continuel de leurs positions
relatives. Mais la masse du soleil étant extrêmement grande
par rapport aux masses de tous les autres corps, il s'ensuit que,
d'une part, cet astre se déplace très-peu sous l'action des forces
qui lui sont appliquées, de sorte que les choses se passent à peu
près comme s'il était complétement immobile ; d'une autre part,
la résultante de toutes les forces auxquelles une planète quelconque est soumise, ne diffère pas beaucoup de l'attraction
qu'elle éprouve de la part du soleil, de sorte que la planète se
meut à très-peu près de même que si le soleil agissait seul sur
elle. C'est cette circonstance qui fait que Képler a pu trouver les
lois qui portent son nom, lois qui seraient exactes si le soleil
était immobile et que chaque planète ne fût attirée que par cet

astre, mais qui ne sont qu'approchées, en raison du déplacement continuel du soleil, et des actions que chaque planète éprouve de la part de toutes les autres.

§ 144. La lune, satellite de la terre, étant beaucoup plus rapprochée de cette planète que du soleil, il en résulte que l'attraction qu'elle éprouve de la part de la terre n'est pas petite par rapport à celle qu'elle éprouve de la part du soleil ; la petitesse de la masse de la terre, comparée à la masse du soleil, est en grande partie compensée par la grande proximité de la lune et de la terre. C'est ce qui fait que le mouvement de la lune autour du soleil est loin de satisfaire aux deux premières lois de Képler. Mais ce qu'il nous importe de connaître, c'est le mouvement de la lune autour de la terre, c'est-à-dire le mouvement relatif de ce satellite rapporté à des axes de direction constante passant par le centre du globe terrestre. Pour étudier ce mouvement relatif, on peut le traiter comme un mouvement absolu, pourvu qu'aux forces réelles qui agissent sur la lune on joigne la force d'inertie correspondant au mouvement d'entraînement (§ 141). Soient $m$, $m'$, $m''$, les masses du soleil, de la terre et de la lune, $d$ la distance du soleil à la terre, $d'$ la distance du soleil à la lune, et $r$ la distance de la lune à la

Fig. 69.

terre. La lune L, *fig.* 69, est soumise : 1° à l'attraction de la terre T, dirigée suivant LT et égale à $\dfrac{fm'm''}{r^2}$ ; 2° à l'attraction du soleil S, dirigée suivant LS, et égale à $\dfrac{fmm''}{d'^2}$. La terre T étant soumise aux deux forces $\dfrac{fmm'}{d^2}$, $\dfrac{fm'm''}{r^2}$ dirigées respectivement suivant les lignes TS, TL, l'accélération totale de son mouvement absolu est la résultante des accélérations $\dfrac{fm}{d^2}$, $\dfrac{fm''}{r^2}$ dirigées suivant ces droites TS, TL ; donc la force d'inertie de la lune, dans son mouvement d'entraînement, est la résultante de deux autres forces qui sont : 1° une force égale à $\dfrac{fmm''}{d^2}$ et dirigée suivant la ligne LN parallèle à ST ; 2° une force égale à $\frac{fm''^2}{r'^2}$ et dirigée suivant la ligne LT. Les forces, tant apparentes que réelles, dont on doit tenir compte pour pouvoir traiter le mouvement relatif de la lune comme un mouvement absolu, sont donc au nombre de quatre, savoir : 1° deux forces égales à $\frac{fm'm''}{r'^2}$, $\frac{fm''^2}{r'^2}$, dirigées toutes deux suivant LT ; 2° une force égale à $\frac{fmm''}{d'^2}$, dirigée suivant LS ; 3° enfin une force égale à $\frac{fmm''}{d^2}$, dirigée suivant LN. La distance LT ou $r$ de la lune à la terre étant environ quatre cents fois plus petite que la distance TS ou $d$ de la terre au soleil, il s'ensuit que les deux dernières forces n'ont jamais entre elles qu'une différence très-faible, et que les directions de ces forces ne s'éloignent jamais beaucoup d'être opposées l'une à l'autre ; la résultante de ces deux dernières forces est donc toujours très-petite, de sorte que la lune se meut à peu près comme si elle n'était soumise qu'aux deux premières forces. Or, il est aisé de voir que, si l'on ne tient compte que de ces deux premières forces, on trouvera précisément le mouvement relatif dont la lune serait animée autour de la terre, si ces deux corps n'étaient soumis qu'à leurs actions mutuelles ; et par conséquent ce mouvement s'effectuera conformément aux deux premières lois de Képler (§ 142). La résultante des deux autres forces, dont on néglige ainsi l'action dans une première approximation, constitue ce qu'on nomme la *force perturbatrice* du mouvement de la lune ; elle a pour effet de faire prendre à la lune un mouvement un peu différent du mouvement elliptique dont elle serait animée sans cela, par rapport aux axes de direction constante menés par le centre de la terre.

Dans ce qui précède, nous n'avons pas tenu compte des actions que la lune et la terre éprouvent de la part des planètes autres que la terre. A la rigueur, on doit en tenir compte, et cela ne présente pas plus de difficulté que ce que nous avons fait en ne considérant que les actions du soleil sur ces deux corps ; mais il n'en résulte qu'une modification peu importante de la force perturbatrice du mouvement de la lune.

Le mouvement relatif de la lune autour de la terre s'effectuant à peu près de la même manière que si ces deux corps n'étaient soumis qu'à leurs actions mutuelles, et la masse $m''$ de la lune étant petite par rapport à la masse $m'$ de la terre, puisque leur rapport $\dfrac{m''}{m'}$ est égal à $\dfrac{1}{88}$, on peut regarder l'accélération totale dans le mouvement relatif de la lune comme sensiblement égale à $\dfrac{fm'}{r^2}$. Cette accélération n'est donc autre chose que celle qui est due à l'attraction de la terre sur un corps placé à la distance où se trouve la lune. Or, la lune emploie $27^j$, 321661 ou 2360592 secondes, à faire un tour entier autour de la terre ; si l'on regarde son mouvement comme circulaire et uniforme, ce qui n'est pas très-loin de la vérité, et qu'on prenne le rayon de son orbite égal à 60 fois le rayon de la terre, on en déduit que sa vitesse est de $1016^m$,7 par seconde ; en divisant le carré de cette vitesse par le rayon de l'orbite, on a $0^m$,0027061 pour l'accélération du mouvement lunaire : il suffit dès lors de multiplier ce dernier nombre par le carré de 60, pour avoir l'accélération produite par l'attraction de la terre sur un corps placé près de sa surface. Le résultat de cette multiplication est $9^m$,7421, qui ne diffère pas beaucoup de l'accélération $g$ due à l'action de la pesanteur dont la valeur est $9^m$,8088. Si l'on observe que nous avons raisonné en ne tenant pas compte de l'effet produit par la force perturbatrice due au soleil, en négligeant la masse de la lune par rapport à celle de la terre, et en regardant le mouvement de la lune comme circulaire et uniforme, on comprendra que cela peut suffire pour expliquer la différence entre les deux nombres que nous venons de comparer. On reconnaît en effet que, si l'on a égard aux causes d'erreur que nous signalons et à quelques autres dont nous avons parlé, il y a identité complète entre l'accélération $g$ des corps qui tombent près de la surface de la terre, et la valeur que l'on trouve pour cette accélération en la déduisant du mouvement de la lune d'après la loi de la gravitation universelle. La pesanteur à la surface de la terre n'est donc qu'un cas particulier de cette gravitation universelle à la connaissance de laquelle Newton a été conduit en partant des lois de Képler.

§ 145. On comprend très-bien que l'on puisse négliger les dimensions du soleil et des planètes, et assimiler les divers corps à de simples points matériels, quand on ne considère que les attractions qu'ils exercent les uns sur les autres, parce que leurs distances mutuelles sont très-grandes par rapport à leurs dimensions ; on comprend encore qu'on puisse agir ainsi quand on s'occupe de l'attraction de la terre sur la lune ; mais quand on en vient à considérer l'attraction que la masse entière de la terre exerce sur un corps placé à sa surface, comme nous l'avons fait il n'y a qu'un instant, il n'est évidemment plus permis de faire abstraction des dimensions de la terre. Nous allons voir cependant qu'on est en droit de raisonner, même dans ce dernier cas, comme si toute la masse de la terre était réunie en son centre. Pour cela nous allons déterminer la résultante des attractions que les diverses parties d'un corps sphérique homogène, ou formé de couches sphériques concentriques homogènes, exercent sur un point matériel.

Considérons d'abord une couche sphérique homogène C,

Fig. 70.

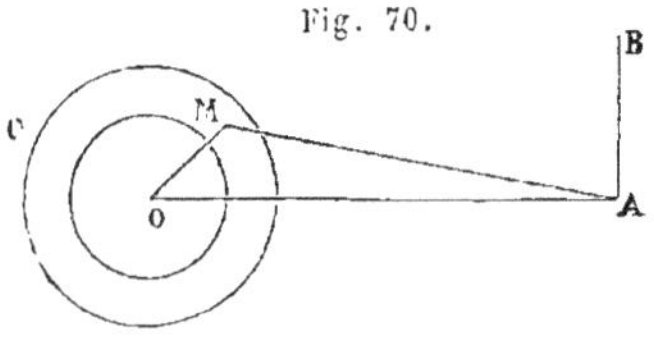

*fig.* 70, et supposons que le point matériel attiré A soit en dehors de cette couche. Nous raisonnerons comme si la matière existait d'une manière continue dans la totalité du volume occupé par la couche C, sans qu'aucun espace vide existe entre les diverses parties matérielles qui la constituent ; et en décomposant cette couche en éléments de dimensions infiniment petites dans tous les sens, nous regarderons ces divers éléments comme autant de points matériels dont les masses sont proportionnelles à leurs volumes. Soient R le rayon extérieur de la couche, R' son rayon intérieur, *a* la distance de son centre O au point A, $r$ la distance d'un point quelconque M au point O, $\theta$ l'angle MAO, $\varphi$ l'angle que le plan MOA fait avec un plan fixe mené par AO, $m$ la masse du point matériel A, et $\rho$ la masse de la matière contenue dans l'unité de volume de la couche C. Un élément de volume, correspondant aux variations $dr$, $d\theta$, $d\varphi$, des trois coordonnées polaires du point M, est représenté par

$$r^2 \sin \theta \, dr \, d\theta \, d\varphi \, ;$$

la masse de la matière que cet élément de volume renferme est donc égale à

$$\rho r^2 \sin \theta \, dr \, d\theta \, d\varphi \, ;$$

d'après cela, on a pour l'expression de l'attraction que cet élément matériel exerce sur le point A (§ 143)

$$\frac{f m \rho r^2 \sin \theta \, dr \, d\theta \, d\varphi}{a^2 + r^2 - 2ar \cos \theta}.$$

Décomposons cette force en deux composantes dirigées, l'une suivant AO, l'autre suivant une ligne AB perpendiculaire à AO ; si nous désignons l'angle MAO par $\alpha$, nous aurons

$$\frac{f m \rho r^2 \sin \theta \cos \alpha \, dr \, d\theta \, d\varphi}{a^2 + r^2 - 2ar \cos \theta}$$

pour la première de ces deux composantes. En raison de la symétrie du système par rapport à la ligne AO, il est clair que la résultante des attractions que toutes les parties matérielles de la couche C exercent sur le point A, sera dirigée suivant cette ligne AO, et qu'en conséquence elle sera égale à la somme des composantes, telles que celle dont nous venons d'écrire la valeur : toutes les autres composantes dirigées perpendiculairement à AO, se détruiront mutuellement, en sorte que nous n'avons pas besoin de nous en occuper. Nous aurons donc, pour l'attraction totale F exercée par la couche C sur le point matériel A,

$$F = \int_{R'}^{R} dr \int_{0}^{\pi} \int_{0}^{2\pi} \frac{f m \rho r^2 \sin \theta \cos \alpha \, d\varphi}{a^2 + r^2 - 2ar \cos \theta}.$$

Effectuons d'abord l'intégration relative à $\varphi$, et nous aurons, en observant que $f$, $m$ et $\rho$ sont constants,

$$F = 2\pi fm\rho \int_{R'}^{R} dr \int_{0}^{\pi} \frac{r^2 \sin\theta \cos\alpha \, d\theta}{a^2 + r^2 - 2ar\cos\theta}.$$

Pour faire une seconde intégration, dans laquelle $r$ sera regardé comme constant, substituons à $\theta$ une autre variable $u$ représentant la distance AM. Nous aurons

$$u^2 = a^2 + r^2 - 2ar\cos\theta,$$

et par suite

$$\sin\theta \, d\theta = \frac{u \, du}{ar};$$

on a d'ailleurs

$$\cos\alpha = \frac{a - r\cos\theta}{u};$$

de sorte que, si nous observons que les valeurs de $u$ correspondantes aux limites de $\theta$ sont $a - r$ et $a + r$, nous pourrons mettre la valeur de F sous la forme

$$F = \frac{\pi fm\rho}{a^2} \int_{R'}^{R} r\, dr \int_{a-r}^{a+r} \left( + \frac{a^2 - r^2}{u^2} \right) du.$$

L'intégration relative à $u$ étant effectuée, on aura

$$F = \frac{4\pi fm\rho}{a^2} \int_{R'}^{R} r^2 dr;$$

et enfin, en intégrant par rapport à $r$, on trouvera

$$F = \frac{4\pi fm\rho \, (R^3 - R'^3)}{3a^2},$$

valeur qui se réduit à

$$F = \frac{fmM}{a^2},$$

si l'on désigne par M la masse de la couche attirante, car cette masse est évidemment égale à

$$\frac{3}{4}\pi\,(R^2 - R'^3)\rho\,.$$

On voit par là que la résultante des attractions exercées sur le point matériel A, par les diverses parties matérielles qui composent la couche C, est exactement la même que l'attraction que ce point A éprouverait de la part d'un point matériel qui se trouverait en O et dont la masse serait égale à celle de la couche C.

Si le point attiré A était à l'intérieur de la couche attirante C, le calcul de l'attraction de la couche sur le point A se ferait exactement de la même manière ; seulement, quand on en viendrait à l'intégration relative à $u$, on devrait prendre $r - a$ et $r + a$ pour les limites des valeurs de cette variable, au lieu de $a - r$ et $a + r$ que nous avons pris précédemment : il s'ensuit que le résultat est très-différent, et que l'on trouve

$$F = 0.$$

Les actions que les diverses parties matérielles de la couche C exercent sur un point matériel situé à son intérieur se font donc équilibre, et ce point se trouve dans les mêmes conditions que si ces parties matérielles dont la couche C est formée n'exerçaient aucune attraction sur lui.

Supposons maintenant que le corps attirant soit formé de couches sphériques concentriques et homogènes, la densité pouvant d'ailleurs varier d'une manière quelconque d'une couche à une autre. Nous pouvons dire de suite que : 1° si le point attiré n'est pas situé à l'intérieur de la surface du corps attirant, l'attraction qu'il éprouvera sera la même que si toute la masse de ce corps était concentrée en son centre de figure, puisque cela a lieu pour chacune des couches dont le corps se compose ; 2° si le point attiré est situé à l'intérieur de la surface du corps attirant, les couches qui l'environnent n'auront aucune action sur lui, et l'attraction totale à laquelle il sera soumis sera la même que si ces couches extérieures étaient supprimées et que le reste du corps fût concentré à son centre de figure.

La terre ayant à peu près la forme d'une sphère, et les matières qui la composent étant probablement distribuées à son intérieur de manière à former à peu près des couches sphériques concentriques homogènes, on voit qu'on est en droit, jusqu'à un certain point, de regarder l'attraction qu'un point matériel éprouve de la part de la terre comme étant la même que si toute la masse de la terre était réunie en son centre. C'est ce que nous avons fait, lorsque nous avons cherché à reconnaître si la pesanteur terrestre n'était pas un effet particulier de cette gravitation universelle, à laquelle sont dus les mouvements des divers corps de notre système planétaire (§ 144). Cependant le défaut de sphéricité parfaite des couches homogènes dont on peut concevoir que la terre est formée, fait que les choses ne se passent pas tout à fait ainsi : l'intensité et la direction de l'attraction totale qu'un point matériel éprouve de la part de la terre, sont réellement un peu différentes de ce qu'elles seraient si la masse entière de la terre était concentrée en son centre.

§ 146. **Équilibre et mouvement des corps à la surface de la terre.** — Un corps qui nous paraît en repos à la surface de la terre, n'est qu'en équilibre relatif, puisque la terre se meut dans l'espace. De même, lorsqu'un corps nous paraît se déplacer par rapport aux objets terrestres qui nous environnent et que nous jugeons immobiles, le mouvement du corps, tel que nous le voyons, n'est qu'un mouvement relatif. Cherchons à nous rendre compte du rôle que jouent dans ce cas les forces apparentes que l'on doit joindre aux forces réelles, pour que l'équilibre et le mouvement relatifs dont il s'agit puissent être traités comme un équilibre et un mouvement absolus.

Nous supposerons d'abord que la terre ne soit animée que de son mouvement de rotation autour de la ligne des pôles ; nous verrons ensuite comment les résultats que nous allons obtenir dans cette hypothèse, doivent être modifiés, pour tenir compte du déplacement du centre de la terre dans l'espace.

Lorsqu'un corps, que nous réduisons toujours par la pensée à un point matériel, repose sur une table ou sur le sol, il doit y avoir équilibre entre toutes les forces qui lui sont appliquées, y compris la force apparente qu'on doit joindre aux forces réelles pour que l'équilibre relatif puisse être assimilé à un équilibre absolu (§ 140). Le mouvement d'entraînement du corps, dû à la rotation de la terre autour de son axe, est un mouvement circulaire et uniforme ; la force apparente dont il s'agit se réduit donc à la force centrifuge correspondante à ce mouvement, et a pour valeur

$$m\omega^2 r,$$

en désignant par $m$ la masse du corps, par $\omega$ la vitesse angulaire de la terre dans son mouvement autour de la ligne des pôles, et par $r$ la distance du corps que l'on considère à cette ligne. Quant aux forces réelles qui agissent sur ce corps, ce sont : 1° l'attraction qu'il éprouve de la part de la terre ; 2° la pression qui est exercée sur lui de bas en haut par la table ou le sol qui le supporte. Ces deux forces réelles et la force centrifuge $m\omega^2 r$ se faisant équilibre, on en conclut que la pression exercée par la table ou le sol sur le corps est égale et directement opposée à la résultante de la force centrifuge et de l'attraction qu'il éprouve de la part de la terre. Cette résultante n'est donc autre chose que ce que nous nommons le *poids* du corps. Ainsi on ne doit pas confondre le poids d'un corps avec l'attraction que ce corps éprouve de la part de la terre ; le poids s'obtient en composant cette attraction avec la force centrifuge due à la rotation de la terre.

Les mêmes considérations s'appliquent à l'équilibre relatif d'un corps suspendu à l'extrémité inférieure d'un fil dont l'extrémité supérieure est fixe. La direction du *fil à plomb*, c'est-à-dire ce qu'on nomme la *verticale*, est précisément la direction de cette résultante de l'attraction de la terre et de la force centrifuge. La force centrifuge est dirigée suivant le prolongement du rayon du cercle que le corps décrit autour de l'axe du monde, en vertu de la rotation de la terre ; elle fait donc en général un angle plus ou moins grand avec l'attraction de la terre sur le

**15**

corps, puisque cette attraction est à peu près dirigée vers le centre du globe terrestre : il s'ensuit que la résultante de ces deux forces a généralement une direction différente de celle de chacune des composantes. La verticale d'un lieu quelconque de la surface de la terre n'a donc pas la même direction que si la terre était immobile : ce n'est qu'aux pôles et tout du long de l'équateur que la direction de la verticale n'est pas changée par l'effet de la rotation de la terre.

La terre employant 86164 secondes (durée du jour sidéral) à faire un tour entier autour de son axe, on a

$$\omega = \frac{2\pi}{86164} = 0,0000729.$$

D'après la valeur du rayon de la terre exprimé en mètres, l'accélération $\omega^2 r$ due à la force centrifuge a pour valeur, à l'équateur,

$$0^m,033852.$$

Si l'on compare cette accélération à celle qui est due au poids du corps, et que nous désignons habituellement par la lettre $g$, on trouve qu'elle est environ 289 fois plus petite que cette dernière accélération. La force centrifuge, qui est plus grande à l'équateur qu'en tout autre point de la terre, n'est donc qu'une petite fraction du poids du corps, c'est-à-dire de la force qu'on obtient en composant cette force centrifuge avec l'attraction de la terre sur le corps. On en conclut nécessairement que la force centrifuge est également très-petite par rapport à cette attraction ; en sorte que la rotation de la terre n'a qu'une influence assez faible sur l'intensité de la pesanteur et sur la direction de la verticale. Observons à cette occasion que, 289 étant le carré de 17, il suffirait que la terre tournât environ 17 fois plus vite, pour que la force centrifuge développée sur un corps quelconque, à l'équateur, fût égale à l'attraction que la terre exerce sur lui, c'est-à-dire pour que le poids de ce corps se réduisît à zéro.

§ 147. Examinons maintenant ce qui se passe lorsqu'on laisse tomber un corps à la surface de la terre, sans lui donner de vitesse initiale. Nous allons voir que ce corps commence à se mouvoir suivant la verticale menée par son point de départ, et qu'ensuite il s'en écarte peu à peu, à mesure que sa vitesse augmente.

Pour traiter le mouvement du corps comme un mouvement absolu, nous devons joindre à la force qui agit réellement sur lui, c'est-à-dire à l'attraction qu'il éprouve de la part de la terre, deux forces apparentes qui sont : 1° la force centrifuge correspondant au mouvement circulaire et uniforme dont le corps serait animé s'il restait immobile par rapport à la terre, dans la position qu'il occupe à l'instant que l'on considère ; 2° la force centrifuge composée. L'expression de cette dernière force contenant la vitesse relative du mobile en facteur, on voit qu'elle est nulle au départ de ce mobile, et qu'elle prend ensuite une valeur de plus en plus grande à mesure que la vitesse du mobile croît. Au commencement, le mouvement semble donc produit par la résultante de l'attraction de la terre sur le corps, et de la force centrifuge due à la rotation de la terre ; c'est la force que nous désignons sous le nom de poids du corps, et dont la direction est indiquée par le fil à plomb (§ 146), qui se manifeste seule dans les circonstances que présente le mouvement à son origine. D'après cela, le corps commence à tomber suivant la verticale de son point de départ, et l'accélération $g$ qu'il reçoit tout d'abord dans sa chute apparente, est celle qu'une force égale à son poids P lui communiquerait. Ainsi le poids P, qui n'est pas la force réellement appliquée au corps, est lié à l'accélération $g$ de son mouvement apparent, par la relation

$$P = mg.$$

Cette relation avait été établie tout d'abord dans l'hypothèse de l'immobilité de la terre (§ 98). Il était nécessaire de montrer qu'elle est encore vraie lorsqu'on rentre dans la réalité, quoique P ne soit pas la force qui agit réellement sur le corps, et que $g$ ne soit pas l'accélération de son mouvement absolu. Mais il faut observer que, pour qu'il en soit ainsi, on doit prendre pour $g$ l'accélération qui se présente dans les premiers instants de la chute apparente du corps.

Lorsque le corps qui tombe est déjà en mouvement, la force centrifuge composée n'est pas nulle : elle dérange le corps de la verticale suivant laquelle il a commencé à se mouvoir. Pour nous rendre compte de l'effet qu'elle produit, et que l'on a pu constater par l'expérience, malgré sa petitesse, nous déterminerons la grandeur et la direction de cette force centrifuge composée, comme si le mouvement apparent du corps était rigoureusement un mouvement rectiligne et uniformément accéléré, s'effectuant suivant la verticale menée par son point de départ. Soit M, *fig.* 71, la position qu'occupe le corps à un instant quelconque, après être tombé de la hauteur AM. Menons par le point M une droite MP parallèle à l'axe du monde. Nous pouvons regarder la rotation élémentaire de la terre, pendant un élément de temps compté à partir de l'instant que nous considérons, comme résultant de la composition d'une rotation élémentaire égale et de même sens autour de la ligne MP, et d'une translation ayant même grandeur, même direction et même sens que le déplacement élémentaire du point M, supposé invariablement lié à la terre. Si nous observons que la vitesse apparente du corps en M est égale à $gt$ ($t$ étant le temps compté à partir de l'origine du mouvement), et que l'angle formé par la direction MN de cette vitesse avec l'axe de rotation MP est le complément de la latitude $\lambda$ du lieu auquel correspond la verticale AM, nous verrons que la force centrifuge composée a pour valeur

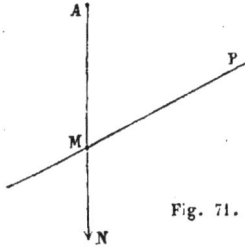

$$2m\omega gt \cos \lambda ;$$

si nous observons de plus que le plan PMN est le méridien du lieu, et que, dans la rotation élémentaire du globe terrestre autour de MP, l'extrémité N de la ligne MN qui représente la vitesse apparente du mobile marche vers l'ouest, nous en conclurons que cette force centrifuge composée est dirigée suivant la perpendiculaire au méridien du lieu, et qu'elle tend à entraîner le mobile vers l'est (§ 139). La force dont il s'agit doit donc déranger le corps du mouvement qu'il a commencé à prendre suivant la verticale de son point de départ ; elle doit produire une déviation vers l'est : nous allons calculer la grandeur de cette déviation. Pour cela, considérons la projection du mouvement du corps sur un plan horizontal ; la projection de la force totale qui produit le mouvement apparent du corps sera précisément la force centrifuge composée, et le déplacement que cette force projetée communiquerait, pendant tout le temps de la chute, à un point matériel partant du repos et ayant même masse que le corps, sera égal à la déviation cherchée (§ 111). L'équation différentielle de ce mouvement projeté est

$$\frac{d^2x}{dt^2} = 2\omega g t \cos \lambda.$$

Si l'on intègre et qu'on détermine les constantes de telle manière que $x$ et $\dfrac{dx}{dt}$ soient nuls pour $t = 0$, on trouve

$$x = \frac{1}{3} \omega g t^3 \cos \lambda.$$

Enfin, si l'on remplace le temps $t$ par sa valeur en fonction de la hauteur $h$ dont le corps est tombé, valeur qui est

$$t = \sqrt{\frac{2h}{g}}$$

on a pour l'expression de la déviation vers l'est

$$x = \frac{2\sqrt{2}}{3} . \omega \frac{h\sqrt{h}}{\sqrt{g}} \cos \lambda.$$

Appliquons cette formule à des expériences qui ont été faites par MM. Reich, dans un puits de mine, à Freyberg. La hauteur de chute $h$ était de $158^m,5$ ; la latitude $\lambda$ du lieu était de $51°$ ; en introduisant ces nombres dans la formule précédente, ainsi que la valeur connue de $g$ (§ 90) et celle de $\omega$ que nous avons donnée précédemment (§ 146), on trouve $0^m,0276$ pour la déviation $x$ ; l'expérience, répétée un grand nombre de fois, a donné pour

cette déviation, en moyenne, $0^m,0283$ qui diffère à peine du
résultat fourni par la théorie.

Le calcul de la déviation vers l'est, due à la force centrifuge
composée, dans le mouvement d'un corps qui tombe sans vitesse initiale, vient de nous montrer que l'effet de cette force
est très-faible, même lorsque le corps tombe d'une grande hauteur. Nous pouvons observer d'une manière générale que, dans
le mouvement apparent d'un corps à la surface de la terre, la
force centrifuge composée a pour valeur

$$2m\omega v \sin \alpha,$$

en désignant par $m$ la masse du corps, par $v$ sa vitesse apparente
et par $\alpha$ l'angle que la direction de cette vitesse fait avec l'axe
du monde; qu'en conséquence cette force, au plus égale à
$2m\omega v$, ne pourrait devenir égale à la force centrifuge $m\omega^2 r$ due
à la rotation de la terre, en un point situé à l'équateur, qu'autant que la vitesse $v$ surpasserait $\dfrac{1}{2}\omega r$, qui est la moitié de la
vitesse d'un point de l'équateur terrestre en vertu de la rotation
du globe, c'est-à-dire qu'autant que la vitesse $v$ serait de plus
de 230 mètres par seconde : on voit donc que, généralement, la
force centrifuge composée pourra être négligée dans l'étude du
mouvement d'un corps à la surface de la terre, à moins que la
vitesse apparente de ce corps ne soit extrêmement grande.

§ 148. Appliquons encore la théorie des forces apparentes
dans le mouvement relatif, à l'étude du mouvement d'un pendule conique à la surface de la terre, en supposant toujours
que le globe terrestre n'est animé que d'un mouvement de rotation autour de la ligne des pôles.

Le corps qui termine le pendule peut être regardé comme
étant un point matériel assujetti à rester sur la surface d'une
sphère. Rapportons son mouvement à trois axes coordonnés
rectangulaires menés par le centre de cette sphère, et comptons
les $z$ verticalement et de haut en bas, les $x$ suivant la trace horizontale du plan méridien et du nord au sud, enfin les $y$ suivant
une direction horizontale perpendiculaire à la précédente et de
l'ouest à l'est. Les forces dont nous devons tenir compte, pour

assimiler le mouvement apparent du point matériel qui termine le pendule à un mouvement absolu, sont au nombre de quatre, savoir : 1° deux forces réelles, qui sont l'attraction de la terre et la tension du fil ; 2° deux forces apparentes, qui sont la force centrifuge due à la rotation de la terre et la force centrifuge composée. L'attraction de la terre et la force centrifuge due à la rotation de la terre ont pour résultante le poids du corps, qui est dirigé verticalement et égal à $mg$. Les forces que nous devrons introduire dans les équations différentielles du mouvement du point mobile se réduisent donc à trois, savoir : 1° le poids $mg$, qui agit dans le sens des $z$ positifs ; 2° la tension du fil, que nous désignerons par N, et dont les composantes parallèles aux axes sont

$$-N\frac{x}{l}, \qquad -N\frac{y}{l}, \qquad -N\frac{z}{l};$$

3° enfin, la force centrifuge composée qui a pour valeur $2m\omega v \sin \alpha$, et dont nous allons chercher les composantes parallèles aux axes.

Soient $a$, $b$, $c$, les angles que cette force centrifuge composée fait avec les axes des $x$, des $y$ et des $z$ ; $u$, $u_1$, $u_2$, les projections de la vitesse $v$ du mobile sur ces axes ; et $\lambda$, la latitude du lieu. La force centrifuge composée devant être perpendiculaire à la direction de la vitesse $v$, il s'ensuit qu'on a

$$u \cos a + u_1 \cos b + u_2 \cos c = 0;$$

cette force devant également être perpendiculaire à la direction de l'axe du monde, qui fait avec les axes des $x$, des $y$ et des $z$, des angles respectivement égaux à $\lambda$, $0$, $\frac{\pi}{2} - \lambda$, on a encore

$$\cos \lambda \cos a + \sin \lambda \cos c = 0;$$

enfin on a toujours, entre les cosinus des angles qu'une droite fait avec trois axes rectangulaires, la relation

$$\cos^2 a + \cos^2 b + \cos^2 c = 1.$$

En résolvant ces trois équations par rapport à $\cos a$, $\cos b$, $\cos c$, on trouve

$$\cos a = \frac{u_1 \sin \lambda}{\sqrt{u_1{}^2 + (u_2 \cos \lambda - u \sin \lambda)^2}},$$

$$\cos b = \frac{u_2 \cos \lambda - u \sin \lambda}{\sqrt{u_1{}^2 + (u_2 \cos \lambda - u \sin \lambda)^2}},$$

$$\cos c = \frac{- u_1 \cos \lambda}{\sqrt{u_1{}^2 + (u_2 \cos \lambda - u \sin \lambda)^2}}.$$

Le signe du radical qui entre dans ces trois cosinus doit être déterminé d'après le sens dans lequel agit la force centrifuge composée. Pour y arriver simplement, supposons que la vitesse $v$ du mobile soit dirigée parallèlement à l'axe des $x$ et dans le sens des $x$ positifs : $u_1$ et $u_2$ seront nuls, et $u$ sera positif. Or, il est aisé de voir, d'après le sens dans lequel s'effectue la rotation de la terre, que, dans ce cas, la force centrifuge composée doit être dirigée vers l'ouest, c'est-à-dire dans le sens des $y$ négatifs : $\cos a$ et $\cos c$ doivent donc être nuls, et $\cos b$ doit être égal à $-1$, ce qui exige que le radical soit pris avec le signe $+$.

D'un autre côté, l'angle $\alpha$ que la vitesse $v$ du mobile fait avec l'axe du monde, est déterminé par la relation

$$\cos \alpha = \frac{u}{v} \cos \lambda + \frac{u_2}{v} \sin \lambda;$$

on en déduit

$$v \sin \alpha = \sqrt{u_1{}^2 + (u_2 \cos \lambda - u \sin \lambda)^2}.$$

D'après cela, les trois composantes de la force centrifuge composée suivant les axes coordonnés sont

$$2m\omega u_1 \sin \lambda, \qquad 2m\omega (u_2 \cos \lambda - u \sin \lambda), \qquad 2m\omega u_1 \cos \lambda.$$

Il résulte de tout ce qui précède que les équations différentielles du mouvement du point matériel qui termine le pendule sont les suivantes :

$$\frac{d^2 x}{dt^2} = - \frac{N}{m} \frac{x}{l} + 2\omega u_1 \sin \lambda,$$

$$\frac{d^2 y}{dt^2} = - \frac{N}{m} \frac{y}{l} + 2\omega (u_2 \cos \lambda - u \sin \lambda),$$

$$\frac{d^2 z}{dt^2} = g - \frac{N}{m} \frac{z}{l} - 2\omega u_1 \cos \lambda.$$

On doit observer que les quantités $u$, $u_1$, $u_2$ sont respective-
ment égales à $\dfrac{dx}{dt}$, $\dfrac{dy}{dt}$, $\dfrac{dz}{dt}$. L'intégration de ces équations différentielles, auxquelles on devra joindre l'équation

$$x^2 + y^2 + z^2 + l^2,$$

fera connaître le mouvement apparent du pendule conique.

Les équations différentielles auxquelles nous venons de parvenir, vont nous permettre d'expliquer la rotation du plan
d'oscillation du pendule, telle qu'on l'observe dans la belle
expérience de M. Foucault. Pour cela, éliminons N entre les
deux premières équations, et nous trouverons, en remplaçant
$u$, $u_1$, $u_2$, par leurs valeurs,

$$x\frac{d^2y}{dt^2} - y\frac{d^2x}{dt^2} = +2\omega \sin \lambda . \left( x \frac{dx}{dt} + y \frac{dy}{dt} \right) + 2\omega \cos \lambda . x \frac{dz}{dt}.$$

Le dernier terme de cette équation, contenant $\cos \lambda$ en facteur,
est nul aux pôles de la terre ; en tout autre point de la surface
du globe, il peut être négligé, si les oscillations du pendule n'ont
qu'une petite amplitude, à cause du facteur $\dfrac{dz}{dt}$ qui est très-
petit : après la suppression de ce terme, l'équation est immédiatement intégrable et donne

$$x \frac{dy}{dt} - y \frac{dx}{dt} = - \omega \sin \lambda (x^2 + y^2) + C,$$

en désignant par C une constante arbitraire. Le pendule ayant
été mis en mouvement de manière qu'à chaque oscillation il
vienne coïncider avec la verticale de son point de suspension,
on voit que la constante C doit être nulle, puisque l'équation
qui la renferme doit être satisfaite quand on y suppose $x = 0$
et $y = 0$. Remplaçons les coordonnées rectangulaires $x$ et $y$
par les coordonnées polaires $r$ et $\theta$ liées aux premières par les
relations

$$x = r \cos \theta, \qquad y = r \sin \theta,$$

et l'équation dont il s'agit se réduit à

$$\frac{d\theta}{dt} = -\omega \sin \lambda;$$

d'où l'on tire

$$\theta = \theta_0 - \omega \sin \lambda . t.$$

On en conclut évidemment que le plan d'oscillation du pendule tourne uniformément autour de la verticale, avec une vitesse angulaire égale à $\omega \sin \lambda$. La rotation s'effectue d'ailleurs dans le sens *sud-ouest nord-est*, si le lieu d'observation est situé dans l'hémisphère boréal de la terre ; et dans le sens contraire, si ce lieu est situé dans l'hémisphère austral, à cause du facteur $\sin \lambda$ qui devient négatif dans ce second cas. Observons que, d'après ce qui précède, la rotation uniforme du plan d'oscillation du pendule se trouve établie rigoureusement, quelle que soit l'amplitude des oscillations, pour le cas où le pendule serait installé à l'un des deux pôles de la terre ; tandis que, pour tout autre lieu de la terre, cette rotation uniforme n'existe qu'approximativement, et en supposant que les oscillations n'aient qu'une faible amplitude.

§ 149. Dans les trois paragraphes qui précèdent, nous avons étudié l'équilibre et le mouvement des corps à la surface de la terre, en supposant que le globe terrestre ne fût animé que de son mouvement de rotation autour de la ligne des pôles. Voyons quelle influence le mouvement annuel du centre de la terre autour du soleil peut avoir sur les résultats que nous avons obtenus.

Remarquons d'abord que, le mouvement de la terre dans l'espace se composant d'un mouvement de translation égal à celui de son centre et d'un mouvement de rotation autour de la ligne des pôles, lorsque nous chercherons à décomposer ce mouvement total de la terre en une rotation autour d'un axe passant par un point quelconque et une translation égale au mouvement de ce point, nous trouverons la même rotation composante que si nous négligions le mouvement du centre de la terre : donc la force centrifuge composée d'un point matériel, dont nous voulons étudier le mouvement apparent à la surface de la terre, aura la même grandeur, la même direction et le même sens, soit qu'on néglige le mouvement annuel du centre de la terre autour du soleil, soit qu'on veuille en tenir compte.

Il n'en est pas de même de la force d'inertie correspondant au mouvement d'entraînement du point mobile ; quand on tient compte du mouvement du centre de la terre, cette force d'inertie a une valeur différente de celle que nous lui avons trouvée en supposant que la terre n'était animée que d'un mouvement de rotation autour de la ligne des pôles. Le mouvement de la terre se composant de son mouvement de translation autour du soleil et de sa rotation autour de la ligne des pôles, la force d'inertie dont il s'agit est la résultante de deux forces qui sont : 1° la force centrifuge due à la rotation de la terre ; 2° une force égale et contraire à celle qui donnerait au mobile supposé libre un mouvement précisément égal à celui du centre de la terre. Mais, en même temps qu'on tient compte du mouvement de la terre autour du soleil, mouvement qui est dû à l'attraction de cet astre sur le globe terrestre, on doit tenir compte également de l'attraction que le soleil exerce sur le corps dont on veut étudier l'équilibre ou le mouvement par rapport à la terre. On voit d'après cela que, pour avoir égard au mouvement annuel du centre de la terre autour du soleil, on doit joindre deux nouvelles forces à celles que l'on avait considérées, quand on n'attribuait à la terre que son mouvement de rotation, savoir : 1° une force réelle qui est l'attraction du soleil sur le mobile dont on s'occupe ; 2° une force apparente égale et contraire à celle qui serait capable de lui donner une accélération de même grandeur, de même direction et de même sens que celle que l'attraction du soleil communique au centre de la terre. Ces deux forces, dont on doit tenir compte aussi bien dans l'étude de l'équilibre apparent d'un corps sur la terre, que dans celle de son mouvement, sont presque égales et contraires l'une à l'autre, à cause de la petitesse du rayon de la terre relativement à la distance de la terre au soleil ; leur résultante, qui est extrêmement petite, change de grandeur et de direction d'une heure à l'autre d'une même journée, par suite du changement de position du corps par rapport au

soleil ; elle doit être regardée comme étant une force perturbatrice qui détermine une variation périodique, tant dans la grandeur du poids du corps que dans la direction du fil à plomb
ou de la verticale. Ce changement périodique de la direction
du fil à plomb ne peut pas s'observer directement, parce qu'il
est trop faible ; mais il devient sensible par les oscillations de
la surface de la mer, qui en sont une conséquence naturelle.

Pour être exactement dans le vrai, il faut encore tenir
compte de la présence de la lune, qui contribue pour sa faible
part au mouvement de translation de la terre, et qui agit également par attraction sur un corps quelconque placé à la surface
de la terre. La résultante de l'attraction de la lune sur ce
corps, et d'une force capable de lui donner une accélération
égale et contraire à celle que la lune donne au centre de la
terre, constitue une nouvelle force perturbatrice, qui se combine avec la précédente, pour produire le changement périodique de direction de la verticale auquel est dû le phénomène
des marées. Cette dernière force perturbatrice est même plus
grande que la première, parce que la lune est beaucoup plus
rapprochée de la terre que le soleil ; et c'est pour cela que le
phénomène des marées se règle surtout sur le mouvement apparent de la lune, et non sur celui du soleil.

L'influence du mouvement annuel de la terre autour du soleil
ne se manifeste donc, dans l'équilibre et le mouvement des corps
sur la terre, que par une variation périodique et presque insensible de l'intensité de la pesanteur et de la direction de la verticale en chaque lieu. Les résultats auxquels nous étions parvenus en négligeant ce mouvement (§§ 146 et 147) n'en sont
pas modifiés d'une manière appréciable.

On comprend, maintenant, comment nous avons pu dire (§ 107)
que le poids d'un corps, placé successivement à différentes hauteurs au-dessus de la surface de la terre, varie sensiblement en
raison inverse du carré de la distance qui le sépare du centre du
globe terrestre. La force d'inertie correspondant au mouvement
d'entraînement d'un corps placé sur la surface de la terre, ou
près de cette surface, est très-petite par rapport à l'attraction

que le corps éprouve de la part du globe terrestre ; le poids du corps ne diffère donc pas beaucoup de cette attraction qui est à peu près dirigée vers le centre de la terre, et qui varie à peu près en raison inverse du carré de la distance du corps à ce centre (§ 145). Nous pouvons ajouter que, lors même que le poids d'un corps serait une force exactement dirigée vers le centre de la terre, et variant en raison inverse du carré de la distance du corps à ce point, le mouvement du corps abandonné à lui-même, sans vitesse initiale, ne serait pas précisément celui que nous avons trouvé dans le § 107 ; car la force centrifuge composée vient se joindre au poids du corps pour modifier son mouvement, et l'on sait que la grandeur de cette force augmente avec la vitesse du corps : ce n'est qu'autant que la vitesse du mobile ne serait pas très-grande, qu'on pourrait regarder son mouvement comme s'effectuant conformément à ce qui a été dit dans ce paragraphe.

Lorsque la hauteur de chute est petite, on peut négliger, non-seulement l'influence de la force centrifuge composée, mais encore la variation de grandeur et de direction qu'éprouve le poids du corps, à mesure que ce corps change de position par rapport à la surface de la terre : en sorte que, dans ce cas, le mouvement apparent d'un corps pesant s'effectue comme un mouvement absolu produit par l'action d'une force constante en grandeur et en direction (§§ 90, 91 et 92).

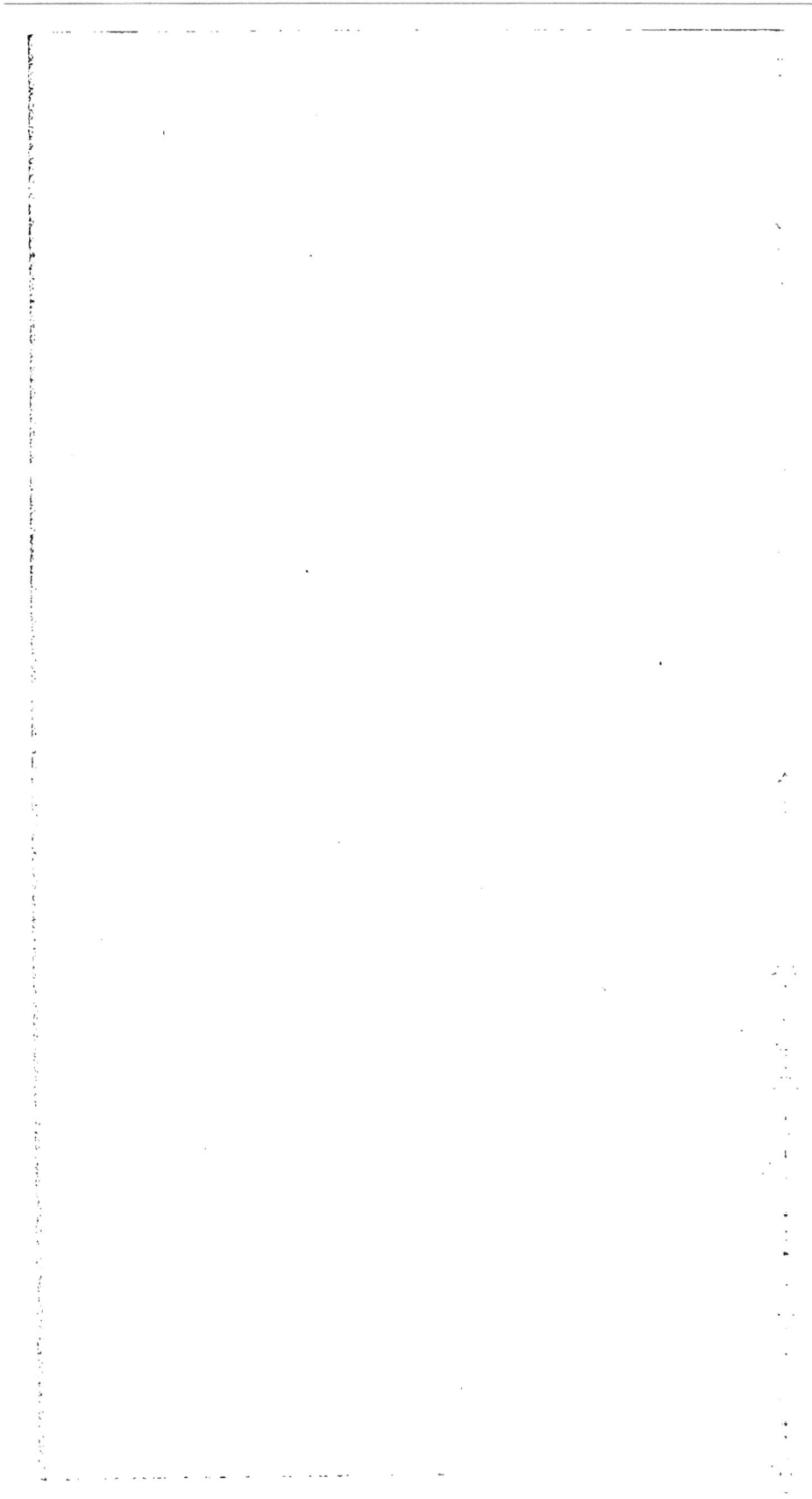

# LIVRE TROISIÈME

# DYNAMIQUE

---

## DEUXIÈME PARTIE

### DE L'ÉQUILIBRE DES SYSTÈMES MATÉRIELS

---

## CHAPITRE PREMIER

### COMPOSITION DES FORCES APPLIQUÉES A UN SOLIDE INVARIABLE.

§ 150. **Constitution moléculaire des corps.** — Tout nous porte à regarder les corps comme des assemblages de molécules, placées à distance les unes des autres, et exerçant les unes sur les autres des actions attractives ou répulsives, suivant les cas. Aucune expérience, aucun phénomène n'a pu jusqu'à présent nous fournir la moindre notion sur les dimensions des molécules dont les corps sont formés ; tout ce que nous pouvons dire, c'est que ces dimensions sont nécessairement d'une extrême petitesse.

Quelque petit que soit un corps, on ne peut le regarder comme étant un simple point matériel, qu'autant qu'on fait abstraction de ses dimensions. En assimilant les molécules des corps à des points matériels, comme nous le ferons toujours dans ce qui suit, nous sortirons donc de la réalité, pour entrer dans le domaine de l'abstraction ; mais nous devons dire de suite que la comparaison des résultats auxquels on est parvenu ainsi avec les phénomènes naturels, n'a jamais pu montrer qu'il y eût la moindre erreur produite par cette manière d'envisager les choses : on n'a pas trouvé jusqu'à présent qu'il fût nécessaire de tenir compte des dimensions des molécules, dans l'étude des diverses circonstances que présente le mouvement des corps, de quelque nature qu'ils soient. Les systèmes matériels, qui seront l'objet des théories dont nous allons nous occuper, seront donc toujours des *systèmes de points matériels.* Dans cette seconde partie de la dynamique, nous les considérerons à l'état d'équilibre, c'est-à-dire que nous supposerons que chacun des points matériels dont ils sont formés est en équilibre sous l'action des diverses forces qui lui sont appliquées (§ 104) ; la troisième partie de la dynamique sera consacrée à l'étude des lois de leur mouvement.

Les corps se présentent à nous, dans la nature, sous trois états différents : ils sont solides, liquides ou gazeux. Les *solides* sont des corps dans lesquels les molécules ont des positions déterminées les unes par rapport aux autres ; on ne peut changer ces positions relatives des molécules qu'en faisant agir sur elles des forces plus ou moins grandes, et si la déformation qu'on a ainsi fait subir au corps ne dépasse pas certaines limites, les molécules reviennent à leur disposition primitive, dès que les forces qui les ont dérangées cessent d'exercer leur action. Dans les liquides et les gaz, au contraire, les molécules sont extrêmement mobiles ; la moindre cause les dérange des positions qu'elles occupent les unes par rapport aux autres, et quelque petit que soit le dérangement qu'elles éprouvent ainsi, il ne tend pas à disparaître en même temps que la cause qui l'a produit : c'est cette propriété, commune aux liquides et aux gaz, qui fait qu'on les désigne collectivement sous le nom de *fluides.* Nous aurons à considérer successivement l'application des théories de l'équilibre et du mouvement à chacune de ces deux espèces très-distinctes de corps naturels.

§ 151. **Forces intérieures, forces extérieures.** — Nous avons dit (§ 88) que toute force, appliquée à un point matériel A, émane d'un autre point matériel B situé à une distance quelconque du premier. Supposons que le point matériel A soit un de ceux qui composent le système matériel dont nous étudions, soit l'équilibre, soit le mouvement. Si le second point B appartient également à ce système matériel, la force qui agit sur le point A, et qui émane du point B, est une *force intérieure*. Si le point B ne fait pas partie du système matériel dont nous nous occupons, cette force, qui émane du point B, et qui est appliquée au point A, est une *force extérieure*.

Il est clair, d'après le principe de l'égalité de l'action et de la réaction, que si l'on prend, parmi les forces qui agissent sur les divers points d'un système matériel, toutes celles qui sont des forces intérieures, ces forces sont égales deux à deux et directement opposées.

Une même force peut jouer, tantôt le rôle de force intérieure, tantôt le rôle de force extérieure, suivant les cas. Si l'on considère, par exemple, le mouvement d'un corps qui tombe à la surface de la terre, l'attraction qu'une des molécules de ce corps éprouve de la part d'une molécule quelconque de la terre est une force extérieure ; si au contraire on considère le mouvement d'un système matériel formé de la terre tout entière et des divers corps qui se trouvent à sa surface ou dans son voisinage, la même attraction devient une force intérieure.

§ 152. **Ce qu'on entend par solide invariable.** — Avant de nous occuper d'une manière générale de l'étude de l'équilibre d'un système matériel quelconque, nous considérerons d'abord un cas idéal et simple, auquel on peut très-souvent ramener les questions d'équilibre qu'on a à traiter. Nous supposerons que le système matériel, dont nous voulons étudier l'équilibre, soit de forme invariable, c'est-à-dire que les divers points matériels qui le composent ne puissent en aucune manière se rapprocher ou s'éloigner les uns des autres ; c'est à un pareil système matériel que nous donnons le nom de *solide invariable*.

Cette invariabilité absolue de forme d'un système matériel ne se rencontre nulle part dans la nature. Il existe, il est vrai, un grand nombre de corps solides qui semblent ne pas éprouver de changement de forme, de quelque manière qu'on cherche à les

16

déformer, pourvu toutefois que les forces qu'on leur applique
ne dépassent pas certaines limites ; mais, si ces corps paraissent
conserver la forme qu'ils avaient tout d'abord, malgré l'action
des forces qui tendent à la leur faire perdre, c'est uniquement
parce que la déformation qu'ils éprouvent est trop faible pour
être aperçue : cette déformation n'en existe pas moins, quelque
petites que soient les forces qui tendent à la produire. Pour
distinguer les corps solides qui existent dans la nature, et qui
sont toujours plus ou moins déformables sous l'action des forces qui leur sont appliquées, des systèmes matériels auxquels
nous attribuons une invariabilité absolue de forme, nous désignerons les premiers sous le nom de *solides naturels*.

Les théories que nous allons exposer dans ce chapitre et
dans les deux suivants, se rapportent exclusivement aux solides invariables, considérés à l'état d'équilibre.

§ 153. **Une force peut être appliquée en un point quelconque de sa direction, sans que son effet soit changé.** — Pour
établir cette proposition, nous admettrons comme évident que
deux forces égales, qui sont appliquées en deux points différents d'un même solide invariable, suivant la ligne droite qui
joint ces deux points, et en sens contraire l'une de l'autre,
se font équilibre ; en sorte que, si le corps dont il s'agit est en
repos avant que ces forces lui soient
appliquées, les actions simultanées de
ces deux forces ne le feront pas sortir
de son état de repos.

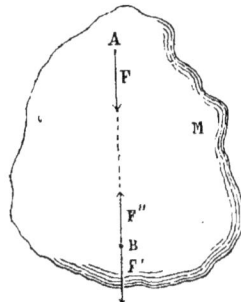

Cela posé, soit M, *fig.* 72, un solide
invariable en équilibre sous l'action de
diverses forces. Considérons en particulier une de ces forces, F, appliquée
au point A. Prenons un point B sur
la direction de cette force F, et appli-
quons-y deux forces F', F″, égales à F,
et agissant en sens contraire l'une de l'autre, suivant la direction AB : ces deux nouvelles forces, se faisant évidemment
équilibre, ne troubleront pas l'état d'équilibre dans lequel se

Fig. 72.

trouvait le corps M avant leur application. Mais les deux forces
F, F″, qui sont égales et qui agissent en sens contraire l'une de
l'autre, suivant la droite AB menée par leurs points d'application, se font aussi équilibre, d'après ce que nous avons admis
il n'y a qu'un instant : on peut donc les supprimer sans que le
corps M cesse d'être en équilibre. Des trois forces F, F′, F″, il
ne reste plus dès lors que la force F′, qui se trouve ainsi substi-
tuée à la force F que nous avions considérée tout d'abord. On
voit donc qu'une force, qui agit sur un point d'un solide invariable en équilibre, peut être appliquée en un autre point
pris sur sa direction, sans que son effet cesse d'être le même,
puisque l'équilibre du corps n'est pas troublé par ce changement du point d'application de la force.

Dans le raisonnement que nous venons de faire, nous avons
supposé que le point B, pris sur la direction de la force F, faisait
partie du corps M. Mais cela n'est pas nécessaire. La force F
peut être appliquée en un point quelconque de sa direction,
appartenant au corps M, ou situé en dehors de ce corps, pourvu
que, dans ce dernier cas, le point sur lequel on transporte l'action de la force F soit lié invariablement au corps M.

§ 154. **Composition des forces concourantes.** — Lorsque,
parmi les forces qui agissent sur un so-
lide invariable en équilibre, il y en a
plusieurs F, F′, F″,... *fig.* 73, dont les
directions concourent en un même point
O, ces forces F, F′, F″,... peuvent être
remplacées par une force unique qui est
leur résultante. En effet, chacune de ces
forces peut être transportée, du point sur
lequel elle agit, au point O pris sur sa
direction (§ 153) ; et alors ces diverses
forces, agissant sur un même point O,

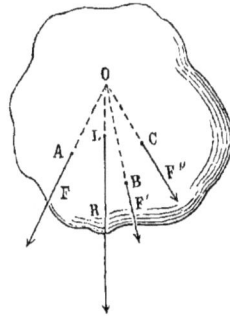

Fig. 73.

peuvent être composées en une seule, au moyen du parallélogramme des forces, ou du parallélipipède des forces, ou bien encore du polygone des forces, suivant les cas (§ 99).La résultante
R, ainsi obtenue, peut d'ailleurs être appliquée en un point quel-

conque L de sa direction. La force R, appliquée au point L, peut donc remplacer complétement les forces F, F′, F″, appliquées aux points A, B, C.....

Il n'est pas nécessaire que le point O, par lequel vont passer les directions des forces F, F′, F″,... fasse partie du solide invariable soumis à l'action de ces forces, pour qu'on puisse leur substituer la force R. On conçoit en effet que, pour faire le raisonnement qui précède, on peut supposer que le point O soit invariablement lié au corps ; mais que, dès qu'on a trouvé ainsi une force R, qui, en agissant sur un point L du corps, peut tenir lieu des forces F, F′, F″,... appliquées aux points A, B, C,... on n'a plus besoin de se préoccuper de l'hypothèse qu'on a faite sur le point O pour y arriver : la liaison qu'on avait admise entre ce point O et le corps peut être supprimée, sans que les forces F, F′, F″,... et R cessent d'exercer leur action dans les mêmes conditions, et par conséquent sans que la dernière de ces forces cesse de pouvoir remplacer les autres. Nous devons observer cependant que la substitution de la force R aux forces F, F′, F″,... ne peut se faire d'une manière absolue qu'autant que la direction de cette force R vient à passer par quelqu'un des points du corps auquel les forces F, F′, F″,... sont appliquées ; s'il n'en est pas ainsi, on ne peut regarder la force R comme pouvant tenir lieu des forces F, F′, F″,... qu'en admettant que le point L de sa direction auquel on la suppose appliquée est lié invariablement à ce corps.

D'après la manière dont la résultante R a été obtenue au moyen des composantes F, F′, F″,... il est clair que toutes les propositions établies précédemment (§§ 100 à 103), pour les forces appliquées à un même point, sont vraies pour un système de forces concourantes appliquées à un solide invariable. en équilibre.

§ 155. **Composition des forces parallèles.** — Pour arriver à la composition de deux forces appliquées à un solide invariable, suivant des directions parallèles, et dans le même sens, considérons deux forces F, F′, *fig.* 74, appliquées à deux points A et B d'un pareil solide, suivant des directions concourantes.

On trouve la résultante R de ces deux forces F, F', en construisant le parallélogramme OCDE sur les deux
lignes OC, OD qui les représentent. Supposons que les directions des forces F, F'
changent peu à peu, en passant toujours
par les points A et B, de telle manière que
ces directions, toujours comprises dans un
même plan, s'approchent de plus en plus
de devenir parallèles ; le parallélogramme
OCDE se déformera en même temps, et la
résultante R, qui est représentée par la
diagonale OE, se modifiera en conséquence. Il est clair d'après cela que, lors-

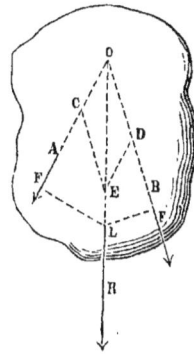

Fig. 74.

que les directions des forces F, F' seront parallèles, la résultante R sera égale à la somme de ces deux forces, et en outre sa
direction sera parallèle à celle de chacune des composantes.
Observons de plus que, d'après le théorème des moments relatif au cas de deux forces appliquées à un même point (§ 101),
la somme des moments de forces F, F', par rapport au point
d'application L de leur résultante, est égale à zéro, puisque le
moment de la résultante R par rapport à ce point est nul ; on
en déduit immédiatement que les distances du point L aux
directions des deux forces F, F', sont inversement proportionnelles aux grandeurs de ces forces, proposition qui subsistera
encore, sans aucune modification, lorsque les forces F, F' seront devenues parallèles.

On conclut de ce qui précède que deux
forces parallèles et de même sens F, F', appliquées à deux points A et B d'un solide invariable, fig. 75, ont une résultante R égale
à leur somme, et dirigée dans leur plan
parallèlement à chacune d'elles, et dans le
même sens ; de plus les distances LM, LN
du point d'application L de cette résultante aux directions des deux forces F, F',
sont inversement proportionnelles aux grandeurs de ces forces.

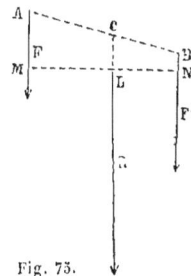

Fig. 75.

La force R peut être appliquée au point C, où sa direction rencontre la ligne AB ; et comme le rapport de CA à CB est le même que celui de LM à LN, on peut dire encore que le point d'application de la résultante des deux forces F, F' est situé sur la droite AB qui joint les points d'application des composantes, et qu'il divise cette droite en deux parties inversement proportionnelles aux grandeurs de ces composantes.

§ 156. Lorsque deux forces F, F', *fig.* 76, sont appliquées à deux points A et B d'un solide invariable, suivant des directions parallèles et en sens contraire l'une de l'autre, ces forces ont une résultante que l'on obtient de la manière suivante. Soit F la plus grande des deux forces données. On peut regarder cette force F comme résultant de la composition de deux forces parallèles et de même sens, dont l'une, égale à F', soit appliquée au point B, et l'autre, égale à F — F', soit appliquée à un point C convenablement choisi sur le prolongement de la ligne BA ; on devra avoir pour cela

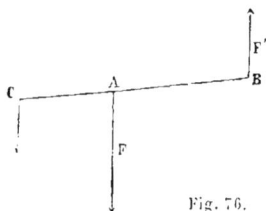

Fig. 76.

$$\frac{AC}{AB} = \frac{F'}{F - F'}.$$

Si l'on remplace la force F par les deux composantes dont on vient de parler, la première de ces composantes sera détruite par la force F' qui est déjà appliquée au point B en sens contraire, et il ne restera plus que la force F — F' appliquée au point C : cette dernière force est donc la résultante des deux forces données F, F'.

Ainsi deux forces parallèles et de sens contraires, appliquées à un solide invariable, ont une résultante égale à leur différence, dirigée dans leur plan, parallèlement à chacune d'elles, et agissant dans le sens de la plus grande des deux composantes ; et, si l'on observe que, de la proportion écrite ci-dessus, on déduit cette autre proportion

$$\frac{CA}{CB} = \frac{F'}{F},$$

o on peut dire que le point d'application C de cette résultante
o est situé sur le prolongement de la droite AB, du côté du point
b d'application A de la plus grande composante, et qu'il est
à éloigné des points A et B de quantités inversement proportion-
α nelles aux forces qui sont appliquées à ces points.

Il est aisé de voir que ce que nous venons de dire, relative-
ı ment à la composition de deux forces parallèles et de sens con-
ɟ traires, suppose essentiellement que ces deux forces sont iné-
ʒ gales. Si l'on voulait passer de là au cas particulier où les deux
ı forces sont égales, en supposant que la plus grande des deux
ɔ décroît progressivement jusqu'à devenir égale à la plus petite,
ɔ on trouverait que, dans ce cas particulier, la résultante est nulle
ɔ et a son point d'application à une distance infinie des points
ɔ d'application des deux composantes : cela signifie évidemment
ɔ que les systèmes de deux forces égales, appliquées à un solide
ı invariable, suivant des directions parallèles, et en sens con-
ı: traire l'une de l'autre, ne peut pas être remplacé par une force
ɾ unique, c'est-à-dire que ces deux forces n'ont pas de résul-
ı tante. Un pareil système de forces constitue ce qu'on nomme
· un *couple*.

§ 137. Considérons maintenant un
nombre quelconque de forces parallèles, appliquées en différents points d'un
solide invariable, et cherchons à déterminer la résultante de toutes ces forces,
s'il y en a une.

Si toutes les forces parallèles dont il
s'agit sont dirigées dans un même sens,
on trouvera leur résultante en opérant
de la manière suivante. On composera
d'abord deux des forces données, F et F',

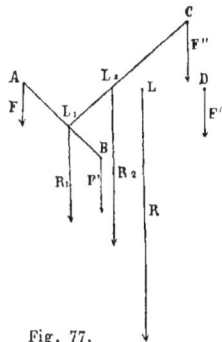

Fig. 77.

par exemple, *fig.* 77, en une seule force $R_1$, qui sera égale
à F + F', et dont le point d'application $L_1$ divisera la ligne

AB en deux parties inversement proportionnelles aux forces F
et F'; puis on composera cette résultante partielle $R_1$ avec une
troisième des forces données, avec F'' par exemple, ce qui donnera une deuxième résultante partielle $R_2$ égale à $R_1 + F''$ ou
bien à $F + F' + F''$, et appliquée en un point $L_2$ tel que $L_1$, $L_2$ et
$CL_2$ soient inversement proportionnels à $R_1$ et F''; ensuite on
composera la deuxième résultante partielle $R_2$ avec une quatrième force F'''; et ainsi de suite. Il est clair que, en continuant
de cette manière, on arrivera toujours à une force unique R
qui pourra tenir lieu de toutes les forces données, et qui sera
par conséquent la résultante de ce système de forces. Cette résultante R sera égale à la somme des composantes F, F', F'',...,
parallèle à chacune d'elles, et dirigée dans le même sens; son
point d'application se déduira de la série des opérations qui
déterminent successivement les divers points d'application $L_1$,
$L_2$,... des résultantes partielles $R_1$, $R_2$...

Si les diverses forces parallèles qu'on se propose de composer
entre elles ne sont pas dirigées toutes dans le même sens, on les
partagera en deux groupes formés, l'un de celles qui agissent
dans un sens, l'autre de celles qui agissent dans le sens opposé.
Toutes les forces du premier groupe pourront être remplacées,
d'après ce que nous venons de dire, par une force unique R'
égale à leur somme, dirigée parallèlement à chacune d'elles, et
dans le même sens; il en sera de même des forces du second
groupe, auxquelles on pourra substituer une force R'' égale à
leur somme, parallèle à leur direction commune, et de même
sens qu'elles. Ces deux résultantes partielles R', R'', qui peuvent
remplacer l'ensemble des forces données, et qui sont parallèles
et de sens contraires, peuvent en général se composer à leur
tour en une seule force R égale à leur différence, agissant parallèlement à chacune d'elles, et dans le sens de la plus grande
des deux (§ 156) : la force R ainsi obtenue est la résultante de
toutes les forces données. Dans le cas particulier où les résultantes partielles R', R'' seraient égales entre elles, sans agir
suivant la même ligne droite, on ne pourrait pas les remplacer
par une force unique, et alors le système des forces données

se réduirait à un couple formé par les deux forces R', R''. Si les deux forces R', R'' étaient égales et agissaient suivant la même ligne droite, comme elles sont de sens contraires, elles se détruiraient mutuellement, ce qui revient à dire qu'elles auraient une résultante nulle : le système des forces données aurait donc une résultante nulle.

§ 158. **Théorème des moments d'un système de forces parallèles par rapport à un plan.** — Nous avons vu (§ 103) que le moment de la résultante de deux forces appliquées à un point, par rapport à une droite quelconque, est égal à la somme des moments des composantes par rapport à la même droite. Cette proposition est d'ailleurs applicable au cas de deux forces appliquées en deux points différents d'un solide invariable, suivant des directions concourantes (§ 154); et par suite on peut l'appliquer au cas de deux forces parallèles et de même sens, qui est compris comme cas particulier dans le précédent (§ 155).

Supposons que nous choisissions la droite D, par rapport à laquelle nous prenons les moments de deux forces parallèles et de même sens F, F', et de leur résultante R, de telle manière que sa direction fasse un angle droit avec celle des forces ; imaginons en outre que nous menions par cette droite D un plan P parallèle aux directions des forces F, F', R. Il est aisé de voir que le moment de l'une quelconque de ces forces, de la force F par exemple, par rapport à la droite D, n'est autre chose que le produit de la force F par la distance de sa direction au plan P : ce produit est ce qu'on nomme le moment de la force F par rapport au plan P. On peut donc dire, d'après la proposition qui a été rappelée ci-dessus, que le moment de la résultante R par rapport au plan P est égal à la somme des moments des composantes F, F', par rapport à ce plan. C'est en cela que consiste le théorème des moments par rapport à un plan, pour le cas de deux forces parallèles et de même sens. Ce théorème est vrai, quelle que soit la position du plan P relativement aux droites suivant lesquelles agissent les forces F, F', R, et auxquelles il est parallèle, pourvu qu'on attribue un signe convenable au mo-

ment de chacune des forces par rapport à ce plan. La manière
dont ce signe doit être déterminé, résulte de ce qui a été dit
(§ 103) relativement au signe qu'on doit attribuer au moment
d'une force par rapport à une droite : il est aisé de voir que le
moment d'une force par rapport à un plan parallèle à sa direction doit être affecté du signe $+$ ou du signe $-$, suivant que
la force est placée d'un côté ou de l'autre du plan.

Après avoir établi le théorème qui précède, dans le cas de
deux forces parallèles et de même sens, nous allons l'étendre au
cas d'un système quelconque de forces parallèles. Pour cela nous
considérerons d'abord le cas de deux forces parallèles et de sens
contraires F, F', *fig.* 76 (page 246). Nous savons que la résultante R de ces deux forces s'obtient en décomposant la force F,
que nous supposons plus grande que F', en deux composantes
parallèles et de même sens, dont l'une, égale à F', soit appliquée
au point B, et l'autre soit appliquée en un point C convenablement choisi sur le prolongement de la ligne BA : cette seconde
composante de la force F est précisément la résultante cherchée R. Nous pouvons donc dire que le moment de la force donnée F, par rapport à un plan quelconque P parallèle à sa direction,
est égal au moment de la résultante R par rapport à ce plan P
augmenté du moment d'une force égale et directement opposée
à la seconde force donnée F' par rapport au même plan ; ou en
d'autres termes, le moment de la résultante R, par rapport au
plan P, est égal au moment de la force F par rapport à ce plan,
diminué du moment d'une force égale et contraire à la force F',
par rapport à ce plan P. Mais si nous convenons de regarder les
moments de deux forces de même direction et de sens opposés,
par rapport à un même plan parallèle à leur direction commune,
comme étant de signes contraires, nous pourrons modifier ce
dernier énoncé, et dire que le moment de la résultante R par
rapport au plan P, est égal à la somme des moments de ses deux
composantes F, F' par rapport à ce plan. Le théorème établi
pour le cas de deux forces parallèles et de même sens se trouve
donc vrai aussi dans le cas de deux forces parallèles et de sens
contraires, au moyen de la convention que nous venons de faire

relativement aux signes des moments des forces qui agissent dans des sens opposés.

Le moment de la résultante de deux forces parallèles, par rapport à un plan parallèle à leur direction, étant toujours égal à la somme des moments des composantes par rapport à ce plan, soit que les composantes agissent dans un même sens, soit qu'elles agissent dans des sens contraires, on en conclut nécessairement que le moment de la résultante d'un système quelconque de forces parallèles, par rapport à un plan quelconque parallèle à leur direction, est égal à la somme des moments des diverses composantes, par rapport à ce plan. Il suffit pour cela d'observer que l'on trouve la résultante d'un pareil système de forces en effectuant successivement, et un nombre convenable de fois, la composition de deux forces parallèles de même sens ou de sens contraires (§ 157), et d'appliquer le théorème des moments, établi précédemment, à chacune de ces compositions successives.

Pour donner aux moments de diverses forces parallèles de même sens ou de sens contraires, par rapport à un plan P parallèle à leur direction, les signes qu'on doit leur attribuer d'après les conventions établies, on peut opérer de la manière suivante. On considérera la distance de la direction d'une force au plan P, auquel cette force est parallèle, comme étant positive ou négative, suivant que cette direction est d'un côté ou de l'autre du plan ; on considérera en outre la force elle-même comme étant positive ou négative, suivant qu'elle agit dans un sens ou dans le sens opposé ; le produit de la force par la distance de sa direction au plan P se trouvera par là affecté du signe $+$ ou du signe $-$, suivant les cas, et il est aisé de s'assurer que son signe sera toujours celui qu'il doit avoir d'après les conventions établies précédemment.

§ 159. **Réduction d'un système quelconque de forces à deux forces.** — Un système quelconque de forces, appliquées à un solide invariable, peut toujours être remplacé par deux forces seulement, dont une agit sur un point choisi à volonté.

Pour démontrer ce théorème, prenons à volonté, dans le solide, trois points A, B, C, non situés en ligne droite, *fig.* 78. Une force quelconque F, appliquée au solide, et non dirigée dans le plan ABC, peut toujours être décomposée en trois autres dirigées suivant les lignes MA, MB, MC, qui joignent les points A, B, C, à un point pris sur la direction de la force F, en dehors du plan ABC (§§ 99 et 45) ; et l'on peut supposer que ces trois composantes soient appliquées aux points A, B, C, eux-mêmes. Si la force F était dirigée dans le plan ABC, on ne pourrait pas trouver sur sa direction un point M situé en dehors de ce plan ;

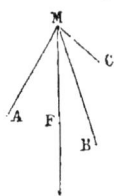
Fig. 78.

il est aisé de voir que, dans ce cas particulier, on pourrait toujours regarder la force F comme la résultante de trois forces appliquées aux points A, B, C : on pourrait, par exemple, joindre un point M de sa direction aux deux points A et B, la décomposer en deux forces agissant suivant MA et MB, et considérer ces deux composantes appliquées aux points A, B, et une force nulle appliquée au point C, comme étant les trois composantes de cette force F appliquées aux points A, B, C. Si l'on fait pour toutes les forces données ce qui vient d'être indiqué pour la force F, chacune d'elles fournira trois composantes appliquées aux points A, B, C ; le système des forces données sera donc remplacé par un autre système de forces dont chacune agira sur un des points A, B, C. Toutes les forces appliquées au point A peuvent être composées en une seule : et il en est de même de celles qui sont appliquées au point B, et aussi de celles qui agissent sur le point C : on n'aura donc plus que trois forces appliquées respectivement aux points A, B, C, au lieu du système quelconque de forces qu'on avait primitivement. Reste maintenant à faire voir que ces trois forces pourront toujours se réduire à deux.

Soient Q, Q', Q'', *fig.* 79, les trois forces auxquelles on vient de parvenir. Faisons passer un plan par le point A et par la direction de la force Q' ; puis un autre plan par le même point A et par la direction de la force Q'' : ces deux plans se couperont suivant une ligne GH passant par le point A. Supposons que la ligne GH rencontre une au moins des directions des deux forces Q′, Q″, celle de Q′ par exemple, et soit B′ le point de rencontre ; l'autre force Q″ pourra toujours se décomposer en deux forces agissant suivant les lignes CA, CB′ menées du point C aux deux points A, B′, et ces deux forces pourront être appliquées aux points A, B′ eux-mêmes ; la force Q se composera alors avec celle de ces deux forces qui agira sur le point A, et la force Q′ avec celle qui agira sur le point B′ : on n'aura donc plus en tout que deux forces, appliquées, l'une au point A, l'autre au point B′. Si aucune des directions des deux for-

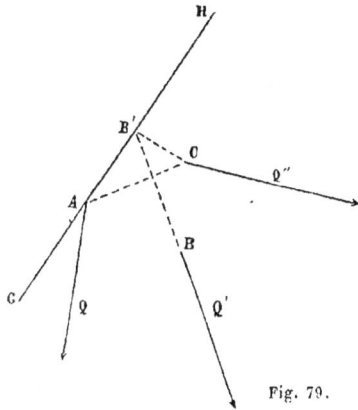

Fig. 79.

ces Q′, Q″ ne rencontrait la ligne GH, il suffirait de décomposer préalablement la force Q′ en deux autres Q′$_1$, Q′$_2$, dont l'une Q′$_1$ agît sur le point A, et l'autre Q′$_2$ agît sur un autre point quelconque de la ligne GH, pour que toute difficulté disparût : car alors on pourrait raisonner sur la résultante des forces Q, Q′$_1$, appliquées au point A, et sur les deux forces Q′$_2$, Q″, comment on vie de le faire sur les trois forces Q, Q′, Q″.

Il est donc établi par là qu'un système quelconque de forces appliquées à un solide invariable peut toujours être remplacé par deux forces ; et l'on peut observer que l'une de ces deux forces agit sur un point A pris à volonté, puisque ce point est un des trois points A, B, C, que nous avions choisis arbitrairement tout d'abord en les assujettissant à la seule condition de ne pas être tous trois sur une même ligne droite. Il est bien entendu que le point A, que nous pouvons prendre à volonté comme point d'application d'une des deux forces auxquelles nous réduisons le système des forces données, doit faire partie du solide auquel ces forces sont appliquées ; ou bien que, s'il ne fait pas partie de ce solide, on doit supposer qu'il lui est lié d'une manière invariable.

Si les deux forces auxquelles on a réduit le système des forces données, se trouvaient dirigées dans un même plan, c'est-à-dire si elles étaient concourantes ou parallèles, on pourrait les composer en une seule, à moins cependant qu'elles ne fussent parallèles, égales et de sens opposés : dans ce cas, et sauf l'exception qui vient d'être indiquée, le système des forces données aurait une résultante unique.

§ 160. **Théorie des moments, pour un système quelconque de forces appliquées à un solide invariable.** — Nous avons dit (§ 101) que le moment d'une force F, *fig*. 80, par rapport à un point O, c'est le produit de la force par la distance OP du point O à sa direction. Imaginons que nous menions par le point O une ligne ON perpendiculaire au plan qui passe par ce point et par la force F ; que nous donnions à cette ligne une longueur telle que sa valeur numérique, rapportée à une certaine unité prise arbitrairement, soit la même que celle du moment de la force F par rapport au point O ; enfin, que nous portions cette ligne dans un sens tel que, si l'on se place en O et qu'on regarde dans la direction ON, on voie le mouvement de rotation que la force F tend à donner à la ligne OP autour du point O se diriger dans un sens déterminé, par exemple dans le sens dans lequel on voit tourner les aiguilles d'une horloge : cette ligne ON, qui représente à la fois la direction du plan mené par le point O et la force F, le moment de cette force F par rapport au point O et le sens de la rotation que la force tend à produire autour de ce point, se nomme l'*axe* du moment de la force F par rapport au point O.

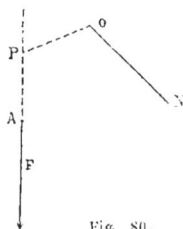

Le moment d'une force par rapport à une droite (§ 103) n'est autre chose que le moment de la projection de cette force sur un plan perpendiculaire à la droite, par rapport au point où ce

Fig. 80.

plan perpendiculaire est percé par la droite : ce moment peut donc être représenté par un axe, tout aussi bien que celui d'une force par rapport à un point. Dans ce cas, l'axe du moment est dirigé suivant la droite même à laquelle le moment se rapporte.

Soient F, *fig.* 81, une force appliquée à un point A, et MN une droite dirigée d'une manière quelconque relativement à cette force. Prenons le moment de la force F par rapport à un point quelconque O de la droite MN : ce moment sera numériquement égal au double de la surface du triangle OAB, obtenu en joignant le point O aux extrémités de la ligne AB qui représente

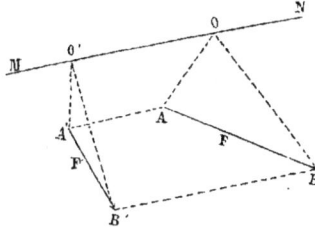

Fig. 81.

la force F. Si nous considérons la projection F' de la force F sur un plan perpendiculaire à MN mené par le point O', le moment de cette force F' par rapport au point O', c'est-à-dire le moment de la force F par rapport à la droite MN, sera aussi numériquement égal au double de la surface du triangle O'A'B'. Mais ce dernier triangle est la projection du triangle OAB sur le plan perpendiculaire à MN mené par O' : donc, le moment de la force F par rapport à la droite MN s'obtient en multipliant le moment de cette force par rapport au point O par le cosinus de l'angle que la perpendiculaire au plan AOB fait avec la ligne MN perpendiculaire au plan A'O'B'. On en conclut évidemment que l'axe du moment de la force F par rapport à la droite MN, a la même grandeur et le même sens que la projection de l'axe du mouvement de F relatif au point O sur la droite MN.

Si par un point O on mène plusieurs droites, et qu'on veuille trouver les moments d'une même force F par rapport à ces droites, il suffira de prendre l'axe du moment de la force F par rapport au point O, et de le projeter sur les diverses droites dont il s'agit : les projections ainsi obtenues seront les axes des moments cherchés. On voit par là que, de tous les moments de la force F par rapport aux différentes droites qu'on peut mener par un même point O, c'est celui qui se rapporte à la perpendiculaire au plan conduit par ce point et par la direction de la force F qui est le plus grand.

§ 161. Un système quelconque de forces F, F', F''..... appliquées à un solide invariable étant donné, on peut toujours le remplacer par deux forces $R_1$, $R_2$, dont l'une $R_1$ agisse sur un point A pris à volonté (§ 159). Si, après avoir déterminé ces deux dernières forces, on prend le moment de la force $R_2$ par rapport au point A, on a ce qu'on nomme le *moment résultant* du système de forces donné par rapport à ce point A.

Concevons que nous menions une droite quelconque D par le point A ; et que, après chacune des modifications que nous faisons subir successivement au système des forces F, F', F''...., pour le réduire en définitive aux deux forces $R_1$, $R_2$, nous fassions la somme des moments des forces auxquelles il a été ramené par rapport à cette droite D. Cette somme de moments devra toujours avoir la valeur qu'elle avait primitivement, c'est-à-dire avant qu'on ait commencé à modifier le système des forces données. En effet, quand on transporte une force d'un point à un autre de sa direction, on ne change évidemment pas le moment de cette force par rapport à la droite D ; quand on compose en une seule plusieurs forces appliquées à un même point suivant des directions quelconques, on obtient ainsi une force unique dont le moment par rapport à la droite D est égal à la somme des moments de ses composantes par rapport à la même droite (§ 103) ; et de même, quand on décompose une force en plusieurs autres, suivant des directions quelconques passant par son point d'application, on trouve un système de forces dont les divers moments, par rapport à la droite D, ont une somme égale au moment de la force unique à laquelle on les substitue : or ces opérations sont les seules qu'on ait à faire successivement, pour réduire le système des forces données F, F', F''',... aux deux forces $R_1$, $R_2$ (§ 159). On conclut de là que la somme des moments des forces F, F', F'',..., par rapport à la droite D, est égale à la somme des moments des deux forces $R_1$, $R_2$, par rapport à cette droite, c'est-à-dire égale au mouvement de la force $R_2$ seule, puisque la force $R_1$ agit sur un point A appartenant à la droite D.

En nous reportant au théorème démontré dans le paragraphe précédent (§ 160), et à la définition que nous avons donnée du moment résultant d'un système quelconque de forces par rapport à un point, nous verrons que le résultat auquel nous venons de parvenir peut être énoncé de la manière suivante. Si l'on prend les moments des diverses forces données F, F′, F″,... par rapport au point A, ainsi que le moment résultant du système de ces forces par rapport au même point A, la somme des projections des axes des moments des forces F, F′, F″,....., sur une droite quelconque D menée par le point A, est égale à la projection de l'axe du moment résultant sur cette même droite.

Cette proposition nous conduit immédiatement à une autre dont voici l'énoncé : Si nous prenons les axes des moments des forces données F, F′, F″,..... par rapport au point A, et que nous composions ces axes entre eux comme s'ils représentaient des forces agissant sur un même point matériel (§ 99), l'axe résultant fourni par cette composition sera précisément l'axe du moment résultant du système des forces F, F′, F″,... par rapport au point A. En effet, cet axe résultant est la seule ligne partant du point A, dont la projection sur une droite D, menée par ce point, soit égale à la somme des projections des axes des moments de forces F, F′, F″,.... sur la même droite, quelle que soit la direction que l'on donne à cette ligne D sur laquelle on projette ces axes. On voit par là que les moments de diverses forces, par rapport à un point, se composent entre eux en appliquant tout simplement les règles du parallélogramme, du parallélipipède, ou du polygone des forces, aux axes qui représentent ces moments, quant à leur grandeur, leur direction et leur sens.

Dans tout ce que nous venons de dire, on ne doit, bien entendu, attribuer des signes aux moments des forces, qu'au-

17

tant que ces moments se comptent dans le même plan ou dans des plans parallèles; on ne doit considérer que la valeur absolue des moments dont les plans ont des directions différentes. Les axes des moments devront donc être traités comme on le fait toujours pour les longueurs rectilignes, auxquelles on n'attribue de signes que quand elles se comptent suivant des directions déterminées.

# CHAPITRE II

§ 162. **Centre des forces parallèles.** — Reportons-nous à
ce que nous avons dit (§ 157) relativement à la composition
d'un système quelconque de forces parallèles F, F', F'', F''',.....
appliquées à divers points A, B, C, D,.... d'un solide invariable (fig. 77, *page* 247). Les positions des points d'application
$L_1$, $L_2$,.... des résultantes partielles $R_1$, $R_2$,...., et par suite
celle du point d'application L de la résultante définitive R, ne
dépendent en aucune manière de la direction des forces : la
connaissance des points A, B, C, D,.... auxquels les composantes F, F', F'', F''',.... sont apppliquées, et des rapports de
grandeur de ces forces, suffit pour déterminer les points $L_1$,
$L_2$,.... L. On en conclut nécessairement que si l'on changeait
la direction des forces données, en les laissant toujours parallèles à elles-mêmes, et leur conservant leurs grandeurs respectives, ainsi que leurs points d'application A, B, C, D,.....
le point d'application L de la résultante ne changerait pas.
Ce point L, par lequel passe constamment la direction de la
résultante d'un système de forces parallèles, de quelque manière qu'on incline les composantes par rapport à leurs directions primitives, se nomme le *centre des forces parallèles*.

Supposons que les divers points A, B, C, D,... soient rapportés
à un système d'axes coordonnés rectangulaires. Soient $x, y, z$,
les coordonnées du point A ; $x', y', z'$, les coordonnées du point

B ;...... et enfin $x_1$, $y_1$, $z_1$, celles du point L. Si nous donnons aux diverses forces F, F', F'',.... des directions parallèles à une droite quelconque tracée dans le plan des $yz$, et que nous exprimions ensuite que le moment de la résultante R par rapport à ce plan est égal à la somme des moments de ses composantes par rapport au même plan (§ 158), nous trouverons la relation

$$Rx_1 = Fx + F'x' + F''x'' + \ldots = \Sigma Fx.$$

En amenant successivement les forces F, F', F'',... à être parallèles à une droite tracée dans le plan des $xz$, puis à une droite tracée dans le plan des $xy$, et appliquant le même théorème des moments, dans chacun de ces deux cas, on trouvera également lement

$$Ry_1 = Fy + F'y' + F''y'' + \ldots = \Sigma Fy,$$
$$Rz_1 = Fz + F'z' + F''z'' + \ldots = \Sigma Fz.$$

Si l'on observe maintenant que l'on a

$$R = F + F' + F'' + \ldots = \Sigma F,$$

on en conclura les formules suivantes, pour déterminer les coordonnées $x_1$, $y_1$, $z_1$, du centre des forces parallèles :

$$x_1 = \frac{\Sigma Fx}{\Sigma F}, \qquad y_1 = \frac{\Sigma Fy}{\Sigma F}, \qquad z_1 = \frac{\Sigma Fz}{\Sigma F}.$$

§ 163. **Centre de gravité d'un solide invariable.** — Considérons un corps placé à la surface de la terre, et ayant des dimensions très-petites relativement à celles du globe terrestre. Nous pourrons regarder les actions de la pesanteur sur les diverses molécules dont il est formé comme étant parallèles entre elles et proportionnelles aux masses de ces molécules. Dès lors, si nous admettons que ce corps puisse être traité comme un solide invariable, il y aura lieu d'appliquer ce que nous venons de dire relativement au centre des forces parallèles. Nous ne pouvons pas, il est vrai, changer à volonté la direction de la pesanteur, comme nous avons supposé qu'on le fît pour arriver à la notion du centre des forces parallèles ; mais nous pouvons faire quelque chose d'équivalent, en changeant la position du corps, en le tournant successivement de différentes manières. Dans ce cas, où les forces parallèles appliquées au solide invariable sont les actions de la pesanteur sur les diverses molécules qui le composent, le centre des forces parallèles prend le nom de *centre de gravité*.

Désignons par $p$ le poids d'une molécule quelconque du solide, par $x$, $y$, $z$, les coordonnées de cette molécule ; par $x_1$, $y_1$, $z_1$, les coordonnées du centre de gravité, et par P le poids total du solide. Nous aurons pour déterminer $x_1$, $y_1$, $z_1$, les relations

$$x_1 = \frac{\Sigma px}{P}, \qquad y_1 = \frac{\Sigma py}{P}, \qquad z_1 = \frac{\Sigma pz}{P}.$$

Mais, si nous représentons par $m$ la masse de la molécule dont le poids est $p$, et par M la masse totale du corps, nous pourrons remplacer $p$ par $mg$, et P par $Mg$ ; en supprimant alors le facteur $g$ commun aux deux termes de chacune des fractions précédentes, nous arrivons aux formules

$$x_1 = \frac{\Sigma mx}{M}, \qquad y_1 = \frac{\Sigma my}{M}, \qquad z_1 = \frac{\Sigma mz}{M},$$

qui sont celles dont on se sert habituellement pour déterminer les coordonnées du centre de gravité.

Nous observerons que ces dernières formules ne renferment plus de traces de l'action de la pesanteur, que nous avions considérée pour arriver à la notion du centre de gravité. La restriction que nous avions faite tout d'abord, en admettant que les dimensions du corps étaient très-petites par rapport à celles de la terre, peut donc être mise de côté : les formules que nous venons d'obtenir peuvent être considérées comme définissant la position du centre de gravité d'un solide invariable, quelles que soient les dimensions de ce solide.

§ 164. **Détermination du centre de gravité d'un solide invariable.** — Il arrive quelquefois qu'on a à déterminer le centre de gravité d'un solide formé par la réunion de plusieurs autres solides dont les centres de gravité sont connus. Pour y arri-

ver, on imaginera que les divers centres de gravité des solides partiels soient les points d'application de forces parallèles entre elles et proportionnels aux masses de ces solides
partiels ; le centre de ce système de forces parallèles sera le
centre de gravité du solide total. Il suffit de se reporter à la
définition du centre de gravité pour se rendre compte de cette
manière d'opérer.

Pour trouver le centre de gravité d'un solide invariable constitué comme les corps naturels, c'est-à-dire consistant en un
assemblage d'un très-grand nombre de molécules placées à distance les unes des autres, on conçoit que la matière qui compose
ce solide soit répandue dans la totalité de l'espace représenté
par son volume apparent ; on suppose que la matière de chaque
molécule se trouve étalée dans l'espace que cette molécule occupe réellement et dans une partie de celui qui existe entre elle
et les molécules voisines : de sorte qu'aucune portion de l'espace
contenu à l'intérieur de la surface apparente du solide ne soit
vide de matière. Dès lors, si l'on décompose le volume apparent
du corps en une infinité d'éléments, chacun de ces éléments sera
complétement rempli de matière ; et, dans la recherche des coordonnées du centre de gravité du solide, on peut substituer
ces éléments matériels aux molécules dont le solide est formé.
Prenons pour élément de volume de parallélipipède rectangle
qui a pour arêtes les différentielles $dx$, $dy$, $dz$ des coordonnées
$x$, $y$, $z$ d'un point quelconque du solide, et représentons par
$\rho\,dxdydz$ la masse de l'élément matériel correspondant ; $\rho$ sera
la masse qu'aurait l'unité de volume du corps, si tous les éléments matériels, de volume égal à $dxdydz$, dont cette unité de
volume se compose, avaient la même masse que celui que nous
considérons en particulier : nous désignerons cette quantité $\rho$
sous le nom de *masse spécifique* du solide au point dont les
coordonnées sont $x$, $y$, $z$ (*). Par la substitution des éléments

(*) On attribue souvent le nom de *densité* à la quantité que nous représentons ici par $\rho$, et qui n'est autre chose que la masse de l'unité de volume du
corps, dans le cas où ce corps est homogène. On donne d'ailleurs le nom de
*poids spécifique* au poids de l'unité de volume d'un corps supposé également

matériels aux molécules dont le corps est formé, chacune des sommes

$$\Sigma mx, \qquad \Sigma my, \qquad \Sigma mz,$$

qui entre dans les expressions des coordonnées $x_1$, $y_1$, $z_1$ du centre de gravité, sera remplacée par une intégrale triple dont les limites seront fournies par la forme de la surface du corps, et l'on aura

$$x_1 = \frac{\int\int\int \rho x\, dx\, dy\, dz}{M}, \quad y_1 = \frac{\int\int\int \rho y\, dx\, dy\, dz}{M}, \quad z_1 = \frac{\int\int\int \rho z\, dx\, dy\, dz}{M}.$$

La masse totale M du corps a d'ailleurs pour valeur.

$$M = \int\int\int \rho\, dx\, dy\, dz,$$

les limites de cette dernière intégrale triple étant les mêmes que celles des intégrales qui entrent dans les valeurs de $x_1$, $y_1$, $z_1$. La masse spécifique $\rho$ varie en général d'un point à un autre du solide; il faut que cette quantité soit connue en fonction des coordonnées $x$, $y$, $z$, du point auquel elle se rapporte, pour qu'on puisse effectuer le calcul des valeurs de $x_1$, $y_1$, $z_1$.

§ 165. Dans le cas particulier où $\rho$ est constant, c'est-à-dire où le solide est *homogène*, les expressions qui déterminent $x_1$, $y_1$, $z_1$, se simplifient. Si l'on représente par V le volume total du corps, on a d'abord

$$M = \rho \int\int\int dx\, dy\, dz = \rho V,$$

et par suite,

$$x_1 = \frac{\int\int\int x\, dx\, dy\, dz}{V}, \quad y_1 = \frac{\int\int\int y\, dx\, dy\, dz}{V}, \quad z_1 = \frac{\int\int\int z\, dx\, dy\, dz}{V}.$$

homogène. Il nous paraît plus convenable de réserver le mot *densité* pour désigner une qualité des corps dont la représentation numérique soit indépendante du choix arbitraire de l'unité de masse et de l'unité de poids; et d'appeler *densité* d'un corps supposé homogène, le rapport du poids de ce corps au poids d'un égal volume d'eau. Et alors, de même que le poids de l'unité de volume de ce corps se nomme son *poids spécifique*, on peut attribuer à la masse de l'unité de volume du corps le nom de *masse spécifique*.

Dans ce cas, la position du centre de gravité du solide ne dépend absolument que de la forme de la surface qui le termine de toutes parts : la détermination de ce centre de gravité n'est plus qu'une question de géométrie.

Il existe certaines règles au moyen desquelles on peut souvent simplifier beaucoup la recherche du centre de gravité d'un solide homogène ; nous allons les faire connaître.

1° Toutes les fois que la surface du corps est symétrique par rapport à un plan, le centre de gravité est situé sur ce plan de symétrie. — Pour démontrer cette règle, imaginons que nous tracions sur le plan de symétrie P un système de droites parallèles infiniment voisines les unes des autres, puis un autre système de droites parallèles, infiniment voisines, dirigées à angle droit par rapport aux premières ; concevons en outre que nous fassions passer par toutes ces droites des plans perpendiculaires au plan de symétrie P : le solide se trouvera divisé par là en une infinité de prismes droits situés de part et d'autre du plan P, et ayant pour bases des rectangles infiniment petits placés sur ce plan. Imaginons enfin que nous coupions tous ceux de ces prismes qui sont d'un côté du plan P, par une série de plans parallèles à ce plan et infiniment rapprochés les uns des autres ; puis que nous en fassions autant pour les prismes situés de l'autre côté, en menant une autre série de plans symétriques des précédents par rapport au plan P. En opérant ainsi, nous aurons décomposé le solide en éléments qui sont tous symétriques, deux à deux, par rapport au plan P. Cela étant fait, si nous considérons deux éléments symétriques l'un de l'autre, ils auront même volume, et par suite même poids, en admettant que le solide soit soumis à l'action de la pesanteur ; la résultante de ces deux poids égaux aura donc son point d'application au milieu de la droite qui joint les deux éléments, c'est-à-dire en un point du plan de symétrie P ; en composant ainsi, deux à deux, les poids des éléments symétriques dans lesquels le solide total a été décomposé, on trouvera une série de résultantes partielles ayant toutes leurs points d'application sur le point P ; et par conséquent le point d'application de la résultante de toutes ces résultantes partielles, c'est-à-dire le centre de gravité du solide, sera également situé sur ce plan **P**.

2° Toutes les fois que la surface du corps a un plan diamétral, le centre de gravité se trouve sur ce plan diamétral. — Un plan diamétral d'une surface est un plan qui passe par les milieux de toutes les cordes de la surface qui sont parallèles à une direction donnée. Il ne diffère du plan de symétrie qu'en ce que les cordes, qu'il divise en deux parties égales, lui sont obliques au lieu de lui être perpendiculaires. Il est aisé de voir dès lors que la démonstration de cette seconde règle se fera exactement de même que celle de la première. Il n'y aura qu'à remplacer les prismes droits, dans lesquels le solide avait été divisé d'abord, par des prismes obliques ayant leurs arêtes parallèles aux cordes que le plan diamétral coupe en deux parties égales ; en partageant ensuite ces prismes obliques en éléments, au moyen d'une série de plans parallèles au plan diamétral et symétriques deux à deux par rapport à ce plan, on parviendra de même à décomposer le solide en éléments qui, deux à deux, auront même volume et en conséquence même poids, et seront situés aux extrémités d'une droite ayant son milieu sur le plan diamétral.

3° Toutes les fois que la surface du corps a un axe de symétrie, le centre de gravité se trouve sur cet axe. — Un axe de symétrie d'une surface est une droite telle que tous les points de la surface sont placés, deux à deux, symétriquement, par rapport à cette droite. Imaginons qu'on mène par l'axe de symétrie A, et tout autour de lui, une infinité de plans comprenant entre eux des angles dièdres infiniment petits, chacun de ces plans s'étendant de part et d'autre de l'axe A ; puis, qu'on mène une infinité de plans perpendiculaires à cet axe A, et infiniment rapprochés les uns des autres ; enfin qu'on décrive autour de la droite A, comme axe commun, une infinité de surfaces cylindriques de révolution infiniment voisines les unes des autres. Le corps se trouvera ainsi décomposé en éléments, qui seront, deux à deux, de même poids et placés symétriquement par rapport à l'axe A ; la résultante des poids de deux éléments symétriques l'un de l'autre aura donc son point d'application sur cet axe, et, par conséquent, il en sera de même de la résultante générale des poids de tous les éléments, c'est-à-dire du centre de gravité du corps.

4° Toutes les fois que la surface du corps a un centre de figure, le centre de gravité coïncide avec ce centre de figure. — Concevons qu'autour du centre de figure C de la surface, comme centre commun, on décrive une infinité de surfaces sphériques infiniment voisines les unes des autres ; puis, qu'après avoir divisé un hémisphère appartenant à l'une de ces surfaces sphériques en éléments infiniment petits, en y traçant par exemple une infinité de méridiens et de parallèles, on prenne tous ces éléments pour bases de cônes, ayant le point C pour sommet commun ; et qu'enfin on considère les deux nappes opposées de chacun de ces cônes. Les surfaces de ces cônes et de ces sphères décomposent le solide en éléments, qui sont deux à deux de même poids et placés symétriquement par rapport au point C. La résultante des poids de deux éléments symétriques a donc le point B pour point d'application, et par conséquent, le centre de gravité du solide est en ce point C.

Nous ferons incessamment des applications de ces diverses règles.

§ 166. **Centre de gravité d'une surface.** — Supposons qu'un solide s'étende suivant un plan ou suivant une surface courbe d'une forme quelconque, et qu'il ne présente partout qu'une épaisseur extrêmement petite, dans le sens de la normale au plan ou à la surface ; on pourra faire abstraction de cette épaisseur, et concevoir que toute la matière, dont le solide est formé, se trouve située sur la surface plane ou courbe dont il s'agit. C'est ainsi qu'on est conduit à considérer une surface comme étant matérielle, et par conséquent, comme ayant un centre de gravité.

Si la matière était répartie d'une manière quelconque sur toute l'étendue de la surface, il faudrait que l'on connût la loi de cette répartition, pour qu'on pût trouver la position de son centre de gravité. Mais on suppose habituellement que la sur-

á face est homogène, c'est-à-dire que tous les éléments de même
ə étendue, dans lesquels on peut la décomposer, contiennent
ɪl la même masse de matière ; la position du centre de gravité ne
b dépend plus alors que de la forme de la surface, et sa déter-
a mination rentre dans ce que nous avons dit (§ 165) relative-
a ment aux solides homogènes.

S'il s'agit en particulier d'une surface plane limitée à un con-
ɟ tour donné, il est clair que le centre de gravité de cette sur-
ɪ face sera dans son plan ; en sorte que ce point sera entière-
ɪ ment connu, dès qu'on aura ses deux coordonnées rapportées
ɕ à des axes tracés dans ce plan. Soit B l'aire de la surface ; on aura

$$A = \int\int dx\,dy,$$

ɪ l'intégrale s'étendant à tous les éléments situés à l'intérieur du
ɔ contour donné. Si l'on observe que, en raison de l'homogénéité
ɔ de la surface, les masses des divers éléments qui la composent
ə sont proportionnelles à leurs aires, on aura, pour déterminer
ʃ les coordonnées $x_1$, $y_1$ de son centre de gravité, les formules

$$x_1 = \frac{\int\int x\,dx\,dy}{A},$$

$$y_1 = \frac{\int\int y\,dx\,dy}{A},$$

dans lesquelles les intégrales s'étendent aux mêmes limites que
celle qui fournit la valeur de A. On pourra d'ailleurs, quand
l'occasion s'en présentera, profiter des règles qui ont été établies (§ 165) pour simplifier la recherche du centre de gravité
d'un solide homogène dans certains cas : on reconnaît, en effet,
sans difficulté, que ces règles sont applicables à la détermination du centre de gravité d'une surface plane homogène.

Lorsque la surface dont on veut trouver le centre de gravité,
et que l'on suppose homogène, n'a pas tous ses points situés
dans un même plan, on rapporte son centre de gravité à trois
axes ; et, si l'on désigne encore par A l'aire totale de cette
surface, aire qui a pour valeur

$$A = \int \int \sqrt{1 + \left(\frac{dz}{dx}\right)^2 + \left(\frac{dz}{dy}\right)^2}\, dx\, dy,$$

on a pour déterminer les coordonnées $x_1$, $y_1$, $z_1$, du centre de gravité

$$x_1 = \frac{\int \int x \sqrt{1 + \left(\frac{dz}{dx}\right)^2 + \left(\frac{dz}{dy}\right)^2}\, dx\, dy}{A}.$$

$$y_1 = \frac{\int \int y \sqrt{1 + \left(\frac{dz}{dx}\right)^2 + \left(\frac{dz}{dy}\right)^2}\, dx\, dy}{A},$$

$$z_1 = \frac{\int \int z \sqrt{1 + \left(\frac{dz}{dx}\right)^2 + \left(\frac{dz}{dy}\right)^2}\, dx\, dy}{A}$$

Les quantités $\dfrac{dz}{dx}$, $\dfrac{dz}{dy}$, qui entrent dans ces formules, sont les dérivées partielles de $z$, par rapport à $x$ et à $y$, déduites de l'équation de la surface ; et les intégrales doubles s'étendent à toute la partie du plan des $yx$, sur laquelle la surface se projette. Nous devons remarquer ici que, pour trouver le centre de gravité d'une surface homogène, dont tous les points ne sont pas situés dans un même plan, on ne peut faire usage que de trois des quatre règles qui ont été données pour simplifier, dans certains cas, la recherche du centre de gravité d'un solide homogène (§ 165) ; la seconde, celle qui se rapporte à un plan diamétral, doit être mise de côté : il est aisé de voir, en effet, que, si une surface a un plan diamétral, si l'on prend les deux éléments suivant lesquels elle est coupée par un prisme ayant pour base un rectangle infiniment petit, tracé sur le plan diamétral, et pour arêtes, des parallèles aux cordes que ce plan divise en deux parties égales, il arrivera généralement que ces deux éléments de surface n'auront pas des aires égales, et, par conséquent, n'auront pas même masse.

§ 167. **Centre de gravité d'une ligne**. — Des considérations analogues à celles que nous avons indiquées dans le paragraphe précédent, ont conduit à regarder une ligne, droite ou courbe, comme étant matérielle, et, par suite, comme ayant un centre de gravité. On suppose ordinairement que la ligne est homogène, c'est-à-dire que les divers éléments de même longueur, dans lesquels on peut la décomposer, renferment la même masse de matière. Dans ce cas, les règles qui ont été données (§ 163) relativement à la détermination du centre de gravité d'un solide homogène, peuvent être employées, à l'exception de la seconde, sur laquelle nous pourrions faire une observation entièrement analogue à celle que nous avons déjà faite à l'occasion du centre de gravité d'une surface dont tous les points ne sont pas situés dans un même plan (§ 166).

Si la ligne dont on veut trouver le centre de gravité est rapportée à trois axes rectangulaires, et si l'on désigne par S la longueur totale de cette ligne, on aura

$$S = \int \sqrt{1 + \left(\frac{dy}{dx}\right)^2 + \left(\frac{dz}{dx}\right)^2} \, dx,$$

$\frac{dy}{dx}$ et $\frac{dz}{dx}$ étant les dérivées de $y$ et de $z$, par rapport à $x$, déduites des équations de la ligne dont il s'agit, et l'intégrale s'étendant à toutes les parties de la projection de cette ligne sur l'axe des $x$. Les masses des divers éléments de la ligne, supposée homogène, étant proportionnelles à leurs longueurs, on trouvera les coordonnées $x_1$, $y_1$, $z_1$ de son centre de gravité au moyen des formules

$$x_1 = \frac{\int x \sqrt{1 + \left(\frac{dx}{dy}\right)^2 + \left(\frac{dz}{dy}\right)^2} \, dx}{S},$$

$$y_1 = \frac{\int y \sqrt{1 + \left(\frac{dy}{dx}\right)^2 + \left(\frac{dz}{dx}\right)^2} \, dx}{S},$$

$$z_1 = \frac{\int z \sqrt{1 + \left(\frac{dy}{dx}\right)^2 + \left(\frac{dz}{dx}\right)^2} \, dx}{S},$$

dans lesquelles les limites des intégrales sont les mêmes que dans la valeur de S.

Si la ligne dont on s'occupe est plane, il est clair que son centre de gravité est situé dans son plan. Dans ce cas, les coordonnées $x_1$, $y_1$, du centre de gravité, rapportées à deux axes rectangulaires tracés dans le plan de la ligne, sont déterminées par les deux premières des formules précédentes, en y supposant $\frac{dz}{dx}$ égal à zéro.

§ 168. **Exemples divers de centres de gravité.** — *Ligne droite.* — Le centre de gravité d'une ligne droite, de longueur donnée, est évidemment au milieu de sa longueur.

*Ligne brisée.* — Pour obtenir le centre de gravité d'une ligne brisée, dont les côtés sont situés ou non dans un même plan, il faut imaginer qu'on applique aux milieux de ses divers côtés des forces parallèles, dirigées dans le même sens et proportionnelles aux longueurs de ces côtés : le centre de ces forces parallèles, obtenu, soit par la composition successive des forces (§ 157), soit par les formules qui déterminent ses coordonnées (§ 162), sera le centre de gravité cherché.

*Contour d'un triangle.* — Considérons, en particulier, le

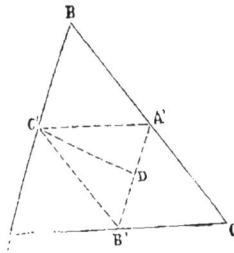

Fig. 82.

cas d'une ligne brisée qui forme le contour d'un triangle ABC, *fig.* 82. Nous devons appliquer aux points A', B', C', milieux de BC, AC, AB, des forces parallèles, de même sens, et proportionnelles aux longueurs de ces côtés. Composons les deux forces appliquées en A' et B', et soit D le point d'application de leur résultante ; nous n'aurons plus qu'à composer la résultante partielle ainsi obtenue avec la force appliquée en C', pour avoir la résultante définitive des trois forces appliquées en A', B', C' : donc le centre de gravité du contour du triangle ABC se trouve sur la ligne C'D. Observons maintenant que, d'après la manière dont le point D a été obtenu, on a la proportion

$$\frac{A'D}{B'D} = \frac{AC}{BC},$$

puisque les forces appliquées en A' et B' sont proportionnelles aux côtés BC, AC; mais la ligne A'C', qui joint les milieux des côtés BC, BA, est égale à la moitié de AC, et, de même, la ligne B'C' est égale à la moitié de BC, de sorte qu'on a aussi

$$\frac{A'D}{B'D} = \frac{A'C'}{B'C'} :$$

donc la ligne C'D, qui contient le centre de gravité du contour du triangle ABC, divise l'angle A'C'B', en deux parties égales. On verrait de même que ce centre de gravité se trouve sur la bissectrice de l'angle B'A'C', et aussi sur celle de l'angle A'B'C' : on peut donc dire que le centre de gravité du contour d'un triangle est le centre du cercle inscrit dans un autre triangle, que l'on obtient en joignant deux à deux les milieux des côtés du premier triangle.

*Arc de cercle.* — Un arc de cercle étant symétrique par rapport au rayon qui passe par son milieu, son centre de gravité se trouve sur ce rayon. Pour trouver en quel point de ce rayon il est placé, rapportons l'arc de cercle à des axes coordonnés rectangulaires tracés dans son plan et passant par le centre du cercle dont il fait partie, et prenons le rayon dont on vient de parler, pour axe des $x$.

Si nous désignons par $l$ la longueur de l'arc dont il s'agit, par $c$ sa corde, par $a$ la distance du centre à cette corde, et par $r$ le rayon du cercle, nous aurons pour l'abscisse $x_1$ du centre de gravité cherché

$$x_1 = \frac{1}{l} \int x \sqrt{1 + \left(\frac{dy}{dx}\right)^2}\, dx = \frac{r}{l} \int \frac{x\,dx}{\sqrt{r^2 - x^2}}.$$

L'intégrale doit s'étendre aux projections de tous les éléments de l'arc, situés soit au-dessus, soit au-dessous de l'axe des $x$; nous pouvons ne l'étendre qu'aux projections de la moitié de cet arc qui est située au-dessus de l'axe des $x$, pourvu que nous doublions le résultat, nous aurons donc

$$x_1 = \frac{2r}{l} \int_a^r \frac{x\,dx}{\sqrt{r^2 - x^2}} = \frac{2r}{l} \sqrt{r^2 - a^2} = \frac{2r}{l}.$$

§ 169. *Parallélogramme.* — Un parallélogramme a un centre de figure, qui est le point de rencontre de ses diagonales : donc son centre de gravité est en ce point.

*Triangle.* — Le centre de gravité de la surface d'un triangle ABC, *fig.* 83, est situé sur la ligne AD qui joint le sommet A au

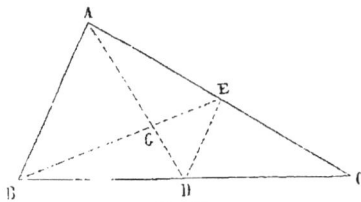

Fig. 83.

milieu D du côté DC. En effet, si l'on mène par cette ligne un plan perpendiculaire au plan du triangle, on a un plan diamétral correspondant aux cordes parallèles à BC ; ce plan contient donc le centre de gravité, et, par conséquent, son intersection AD avec le plan du triangle le contient également. On verrait de même que le centre de gravité du triangle se trouve sur la ligne BE qui joint le sommet B au milieu E du côté opposé AC ; donc il est situé au point G, où se coupent les deux lignes AD, BE. La ligne DE, qui joint les milieux des côtés AC, BC, est parallèle à AB ; les deux triangles AGB, EGD sont donc semblables ; et comme AB est double de DE, AG est également double de GD : donc le centre de gravité du triangle ABC est sur la ligne qui joint le sommet A au milieu de la base BC, et au tiers de cette ligne à partir de la base.

On peut remarquer que le centre de gravité d'un triangle est le même que celui de trois points matériels de même masse, placés aux sommets de ce triangle, et supposés liés invariablement entre eux. En effet, si nous considérons ces trois points matériels placés en A, B, C, *fig.* 83, comme soumis à l'action de la pesanteur, les points des deux poids B, C se composeront en une force double de chacun d'eux et appliquée au point D, milieu

de la droite BC ; cette force se composera à son tour avec le
poids du point A, et il en résultera une force unique appliquée
en un point de la ligne AD tel que sa distance au point A soit
double de sa distance au point D : c'est donc en G que sera
appliquée cette résultante définitive, ce qui démontre la proposition énoncée. Au lieu de trois points matériels placés en
A, B, C, on peut supposer qu'il s'agisse de trois corps de même
masse et de formes quelconques, liés entre eux d'une manière
invariable, et ayant leurs centres de gravité respectifs en ces
points ; le centre de gravité de l'ensemble de ces trois corps
sera encore le même que celui du triangle ABC.

*Polygone.* — Un polygone peut être décomposé en triangles,
au moyen de diagonales, partant par exemple d'un même sommet. Si l'on regarde les centres de gravité de ces triangles
comme les points d'application d'autant de forces parallèles,
dirigées dans le même sens, et proportionnelles aux surfaces
de ces triangles, on n'aura plus qu'à chercher le centre de ces
forces parallèles, pour avoir le centre de gravité du polygone.

*Trapèze.* — Le centre de gravité d'un trapèze ABCD, *fig.* 84,
peut s'obtenir en appliquant ce qui vient d'être dit pour un po-

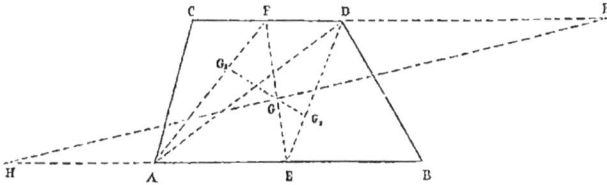

Fig. 84.

lygone quelconque. Si l'on mène la diagonale AD, on décompose
le trapèze en deux triangles ADB, ACD ; le centre de gravité $G_1$
du premier triangle est situé sur la ligne DE, menée du sommet
D au milieu E de la base AB, et au tiers de cette ligne à partir
du point E ; le centre de gravité $G_2$ du second triangle se trouve
placé de la même manière, sur la ligne qui joint le point A au
milieu F du côté CD : le point G, qui divise la ligne $G_1G_2$ en

18

deux parties $GG_1$, $GG_2$, inversement proportionnelles aux surfaces des triangles ADB, ACD, ou bien à leurs bases AB, CD, est le centre de gravité du trapèze. La détermination de ce point peut être simplifiée, en remarquant que le plan mené par la ligne EF, perpendiculairement au plan du trapèze, est un plan diamétral correspondant aux cordes parallèles à AB ou à CD : le centre de gravité G du trapèze se trouve donc sur la ligne EF, et par conséquent il sera fourni par l'intersection de cette ligne EF avec la lign e $G_1G_2$.

Nous pouvons encore chercher les distances $x$, $x'$ du point G aux deux bases AB, CD, du trapèze, en appliquant le théorème des moments (§ 158) au système des forces parallèles qui représentent les poids des deux triangles ADB, ACD, et qui agissent aux points $G_1$, $G_2$. Supposons que ces forces soient dirigées perpendiculairement au plan du trapèze, et prenons leurs moments successivement par rapport à chacun des deux plans qu'on peut mener parallèlement à leur direction par les côtés AB, CD. Si nous désignons la hauteur du trapèze par $h$ ; si, de plus, nous remplaçons les forces appliquées en $G_1$, $G_2$, et leur résultante, par les lignes AB, CD, AB + CD, qui leur sont proportionnelles, nous aurons les deux équations

$$(AB + CD)\, x = AB \cdot \frac{h}{3} + CD \cdot \frac{2h}{3},$$

$$(AB + CD)\, x' = AB \cdot \frac{2h}{h} + CD \cdot \frac{h}{3}.$$

En les divisant membre à membre, on en déduit

$$\frac{x}{x'} = \frac{AB + 2CD}{2AB + CD}.$$

Ce résultat montre que l'on peut trouver le centre de gravité du trapèze en prolongeant le côté BA d'une quantité AH égale à CD, puis le côté CD d'une quantité DK égale à AB, et en prenant ensuite le point de rencontre G de la ligne HK avec la ligne EF. En effet, les triangles EGH, FGK, ainsi formés, sont semblables, et donnent

$$\frac{GE}{GF} = \frac{EH}{FK} = \frac{\frac{1}{2}AB + CD}{AB + \frac{1}{2}CD} = \frac{AB + 2CD}{2AB + CD};$$

et comme les distances $x$, $x'$ de ce point G, aux côtés AB, CD, sont proportionnelles aux lignes GE, GF, il s'ensuit que ce point G est bien le centre de gravité cherché, puisque nous savions déjà qu'il devait être situé sur la ligne EF.

*Quadrilatère.* — Pour trouver le centre de gravité d'un quadrilatère quelconque, ABCD, *fig.* 85, on le décompose en deux triangles au moyen de la diagonale AC ; on joint les points B, D, au milieu E de la diagonale ; on prend les points G$_1$, G$_2$ situés sur les lignes BE, DE, et au tiers de chacune d'elles, à partir du point E ; et enfin on divise la ligne G$_1$G$_2$ en deux parties GG$_1$,

Fig. 85.

GG$_2$ inversement proportionnelles aux surfaces des triangles ABC, ADC. Si l'on observe que les surfaces de ces triangles sont entre elles comme les distances des sommets B, D à la diagonale AC, et, par conséquent, comme les lignes BH, DH ; et que, de plus, la ligne G$_1$G$_2$ est parallèle à BD, on verra qu'il suffit de prendre DK=BH, et de joindre le point K au point E, pour diviser la ligne G$_1$G$_2$ dans le rapport voulu : en sorte que le point G, situé à la rencontre de la ligne G$_1$G$_2$ avec la ligne EK, est le centre de gravité du quadrilatère.

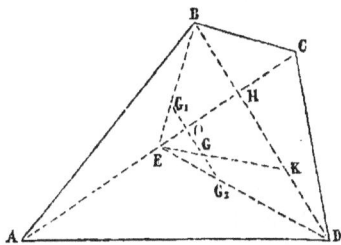

*Secteur et segment de cercle.* — Pour déterminer le centre de gravité du secteur circulaire AOB, *fig.* 86, on peut concevoir que l'arc AB soit partagé en une infinité d'éléments égaux, et que le secteur AOB soit décomposé en secteurs infiniment petits correspondant à ces divers éléments d'arcs. Chacun de ces secteurs élémen-

Fig. 86.

taires peut être regardé comme étant un triangle, et, en con-

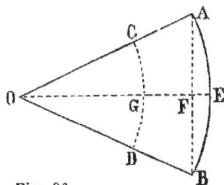

séquence, son centre de gravité se trouve sur l'arc de cercle CD, décrit du point O comme centre avec un rayon OC égal aux $\frac{2}{3}$ de OA ; le centre de gravité G du secteur AOB sera donc le point d'application de la résultante d'une infinité de forces parallèles et égales agissant sur des points régulièrement distribués le long de l'arc CD, c'est-à-dire qu'il sera le même que le centre de gravité de l'arc CD. Si l'on désigne par $r$ le rayon OA, par $l$ la longueur de l'arc AB, et par $c$ la corde de cet arc, on aura, d'après ce qu'on a vu précédemment (§ 168),

$$OG = \frac{\frac{2}{3}r \cdot \frac{2}{3}c}{\frac{2}{3}l} = \frac{rc}{l} ;$$

le point G est d'ailleurs situé sur la ligne OE qui divise l'angle AOB en deux parties égales.

Le secteur AOB est égal à la somme du triangle AOB et du segment AEB. Les surfaces du secteur, du triangle et du segment ont respectivement pour valeurs

$$\tfrac{1}{2}rl, \qquad \tfrac{1}{2}ac, \qquad \tfrac{1}{2}(rl - ac),$$

en désignant par $a$ la distance OF ; les centres de gravité de ces trois surfaces sont tous situés sur la ligne OE, et les distances des deux premiers au point O sont

$$\tfrac{2}{3}\frac{rc}{l}, \qquad \tfrac{2}{3}a ;$$

en sorte que, si l'on désigne par $x$ la distance du point O au centre de gravité du segment AEB, on aura, d'après le théorème des moments (§ 158),

$$\tfrac{1}{2}rl \cdot \frac{rc}{l} = \tfrac{1}{2}ac \cdot \tfrac{2}{3}a + (r - ac) \cdot x.$$

On en tire

$$x = \tfrac{2}{3}\frac{(r^2 - a^2)c}{rl - acc} = \frac{c^3}{6(rl - ac)},$$

ce qui fait connaître la position du centre de gravité du segment AEB.

*Zone sphérique.* — Le centre de gravité d'une zone sphérique à deux bases est situé sur le diamètre de la sphère qui passe par les centres de ces deux bases ; car ce diamètre est un axe de symétrie de la zone. Pour trouver la position que le centre de gravité occupe sur ce diamètre, imaginons que l'on ait divisé la hauteur de la zone en une infinité de parties égales, et que, par les points de division, on ait mené des plans parallèles aux plans des deux bases ; la zone se trouvera ainsi partagée en une infinité de zones ayant toutes une même hauteur infiniment petite, et, par conséquent, une même surface : on trouvera donc le centre de gravité de la zone totale, en cherchant le point d'application de la résultante d'une infinité de forces parallèles et égales, régulièrement réparties le long de la droite qui joint les centres de ces deux bases, c'est-à-dire qu'il est situé précisément au milieu de cette droite.

§ 170. *Parallélipipède.* — Le centre de gravité d'un parallélipipède se trouve au point de rencontre de ses diagonales, point qui est un centre de figure pour la surface de ce corps.

*Prisme.* — Le plan qui passe par les milieux M, N, P des arêtes AD, BE, CF d'un prisme triangulaire, *fig.* 87, est un plan diamétral correspondant aux cordes parallèles à ces arêtes ; et, par conséquent, il renferme le

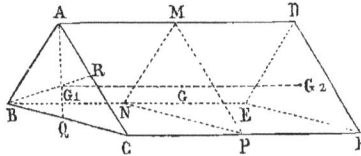

Fig. 87.

centre de gravité de ce prisme. Le plan mené par AD et par le milieu Q de l'arête BC est également un plan diamétral correspondant aux cordes parallèles à BC, et il en est de même du plan mené par BE et par le milieu R de l'arête AC : donc le centre de gravité du prisme se trouve sur l'intersection de ces deux plans, c'est-à-dire sur la parallèle à l'arête AD menée par le centre de gravité $G_1$ du triangle ABC. Ainsi, c'est à l'intersection de cette dernière ligne avec le plan MNP qu'est situé le centre de gravité G du prisme triangulaire ABCDEF. Il est clair, d'après cela, qu'on peut dire que le centre de gravité d'un prisme triangulaire est au milieu de la droite qui joint les centres de gravité de ses deux bases, ou bien encore qu'il coïncide avec celui du triangle suivant lequel le prisme est coupé par un plan mené parallèlement aux deux bases, et à égale distance de chacune d'elles.

Pour trouver le centre de gravité d'un prisme quelconque à bases parallèles, on peut le décomposer en prismes triangulaires au moyen de divers plans menés par une de ses arêtes latérales. Un plan mené par les milieux de toutes les arêtes latérales coupera les divers prismes triangulaires ainsi obtenus suivant des triangles dont les centres de gravité seront en même temps ceux de ces prismes ; et les surfaces de ces triangles seront, en outre, proportionnelles aux volumes des mêmes prismes : il est aisé de conclure de là que le centre de gravité du prisme total coïncide avec celui du polygone, suivant lequel il est rencontré par ce plan sécant, et que, par conséquent, ce centre de gravité se trouve au milieu de la droite qui joint les centres de gravité des deux bases du prisme.

*Pyramide*. — Soit ABCD, *fig.* 88, une pyramide triangulaire. Le plan mené par AB et par le milieu E de CD, est un plan diamétral correspondant aux cordes parallèles à CD ; le centre de gravité de la pyramide se trouve donc dans ce plan, et comme il doit être par la même raison dans le plan mené par AD et par le milieu K de BC, il s'ensuit qu'il est situé sur la ligne $AG_1$ qui joint le sommet A au centre de gravité $G_1$ de la face opposée BCD. On verra

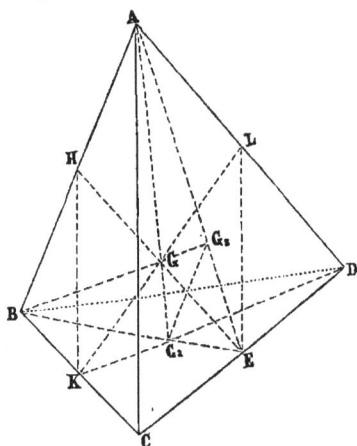

Fig. 88.

de même que la ligne menée du point B au centre de gravité $G_2$ de la face ACD renferme le centre de gravité de la pyramide ; en sorte que ce point n'est autre chose que l'intersection G des deux lignes $AG_1$, $BG_2$. D'après les positions que les points $G_1$, $G_2$

occupent sur les côtés EB, EA du triangle ABE, on voit que $G_1G_2$ est parallèle à AB et égal au tiers de cette ligne : donc les triangles AGB, $GG_1G_2$ sont semblables, et $GG_1$ est le tiers de AG ; donc enfin $GG_1$ est le quart de $AG_1$.

Il est aisé de reconnaître que le centre de gravité G de la pyramide triangulaire ABCD coïncide avec le centre de gravité du triangle suivant lequel cette pyramide est coupée par un plan mené parallèlement à la base BCD, et à une distance de cette base égale au quart de la hauteur.

Si l'on mène un plan par CD et par le milieu H de AB, il contiendra le point G ; ce point G sera donc situé sur l'intersection du plan ABE avec le plan CDH, c'est-à-dire sur la ligne EH qui joint les milieux des deux arêtes opposées CD, AB. De même, la ligne KL qui joint les milieux des arêtes opposées BC, AD, passera par G. Mais les lignes HK et LE sont toutes deux parallèles à AC et égales à la moitié de cette dernière ligne : donc H, K, L, E sont les sommets d'un parallélogramme, et, par suite, les lignes EH, KL se coupent mutuellement en parties égales : donc, enfin, le centre de gravité d'une pyramide triangulaire est au milieu de la ligne qui joint les milieux de deux arêtes opposées.

Quatre corps de même masse étant liés les uns aux autres, de manière que leurs centres de gravité respectifs coïncident avec les sommets A, B, C, D d'une pyramide triangulaire, le centre de gravité de l'ensemble de ces quatre corps est le même que celui de la pyramide. En effet, les poids égaux des deux corps placés en A et B se composent en une force double de chacun d'eux et appliquée en H ; les poids égaux des autres corps, placés en C et D, se composent aussi en une force double de chacun d'eux et appliquée en E ; enfin ces deux résultantes partielles, qui sont égales, auront une résultante appliquée au point G, milieu de la ligne EH.

Pour trouver le centre de gravité d'une pyramide à base quelconque, concevons qu'on l'ait décomposée en pyramides triangulaires, au moyen de plans menés par son sommet et par diverses diagonales du polygone qui forme sa base, et qu'on ait ensuite coupé toutes ces pyramides par un plan parallèle au plan de la base, et distant de ce plan d'une quantité égale au quart de la hauteur de la pyramide. Les centres de gravité des diverses pyramides triangulaires ainsi obtenues sont les mêmes que ceux des triangles suivant lesquels elles sont rencontrées par ce plan sécant, et leurs volumes sont proportionnels aux surfaces de ces mêmes triangles ; on en conclura facilement que le centre de gravité de la pyramide totale est précisément le même que le centre de gravité du polygone suivant lequel elle est rencontrée par le plan sécant. On peut dire, d'après cela, que le centre de gravité d'une pyramide à base quelconque se trouve sur la ligne qui joint son sommet au centre de gravité de sa base, et au quart de cette ligne, à partir de la base.

*Cylindre.* — Le centre de gravité d'un cylindre quelconque, à bases parallèles, se trouve au milieu de la ligne qui joint les centres de gravité de ses deux bases ; car un cylindre peut être regardé comme étant un prisme dont la base est un polygone infinitésimal.

*Cône.* — Le centre de gravité d'un cône quelconque se trouve sur la ligne qui joint son sommet au centre de gravité de sa base, et au quart de cette ligne, à partir de la base ; car un cône peut être assimilé à une pyramide ayant pour base un polygone infinitésimal.

*Secteur et segment sphériques.* — Un raisonnement analogue à celui qui a été fait pour le secteur circulaire, montre que le centre de gravité d'un secteur sphérique est le même que celui de la zone sphérique à une base que l'on obtiendrait en réduisant tous les rayons du secteur sphérique aux $\frac{3}{4}$ de leur longueur. On voit, par là, que ce centre de gravité est situé sur l'axe du secteur, et à une distance du centre de la sphère égale à

$$\tfrac{1}{2}r - \tfrac{3}{8}h,$$

$r$ étant le rayon de la sphère, et $h$ la hauteur de la zone qui sert de base au secteur.

Un secteur sphérique peut être décomposé en un cône de révolution, et un segment à une base. Les volumes du secteur, du cône et du segment, sont respectivement

$$\tfrac{2}{3}\pi r^2 h, \quad \tfrac{1}{3}\pi h(r-h)(2r-h), \quad \tfrac{1}{3}\pi h^2(3r-h);$$

les distances du centre de la sphère aux centres de gravité du secteur et du cône sont d'ailleurs égales à

$$\tfrac{3}{8}r-\tfrac{3}{8}h, \quad \tfrac{3}{4}(r-h);$$

donc, si l'on désigne par $x$ la distance du centre de la sphère au centre de gravité du segment, et qu'on applique le théorème des moments (§ 158), on aura l'équation

$$2\pi r^2 h.(\tfrac{3}{8}r-\tfrac{3}{8}h)=\tfrac{1}{3}\pi h(r-h)(2r-h).\tfrac{3}{4}(r-h)+\tfrac{1}{3}\pi h^2(3r-h).x:$$

on en déduit

$$x=\tfrac{3}{4}\frac{(2r-h)^2}{3r-h}.$$

§ 171. **Théorème de Guldin**. — L'aire de la surface engendrée par un arc de courbe plane, tournant autour d'une droite située dans son plan, est égale au produit de la longueur de cet arc par la circonférence que décrit son centre de gravité ; le volume du solide engendré par une aire plane, tournant autour d'une droite située dans son plan, est égal au produit de cette aire par la circonférence que décrit son centre de gravité : c'est dans ces deux propositions que consiste le *théorème de Guldin*.

Pour démontrer la première partie de ce théorème, supposons que la courbe mobile soit rapportée à deux axes rectangulaires tracés dans son plan, et que l'un de ces axes, l'axe des $x$, coïncide avec la droite autour de laquelle on la fait tourner. Chaque élément $ds$ de la courbe, en tournant autour de l'axe des $x$, décrit la surface latérale d'un tronc de cône, dont l'aire a pour valeur $2\pi y\,ds$ ; l'aire totale de la surface, décrite par la courbe mobile, sera donc égale à

$$\int 2\pi y\,ds,$$

l'intégrale s'étendant dans toute la longueur de l'arc de courbe que l'on considère. Mais on a, d'après le théorème des moments.

$$\int y \, ds = y_1 \mathrm{S},$$

en désignant par S la longueur de la courbe mobile, et par $y_1$ l'ordonnée de son centre de gravité : l'aire de la surface engendrée par cette courbe sera donc exprimée par

$$2 \pi y_1 \mathrm{S},$$

conformément à l'énoncé.

La seconde partie du théorème se démontre d'une manière analogue. Le rectangle infinitésimal dont les côtés, parallèles aux axes coordonnés, sont égaux à $dx$, $dy$, décrit en tournant un cylindre creux, dont le volume a pour valeur $2 \pi y \, dx \, dy$ ; le volume total du solide engendré par l'aire mobile sera donc égal à

$$\int \int 2 \pi y \, dx \, dy,$$

l'intégrale s'étendant à tous les éléments qui composent cette aire. Mais, si l'on désigne l'aire mobile par A et l'ordonnée de son centre de gravité par $y_1$, on a, d'après le théorème des moments,

$$\int \int y \, dx \, dy = y_1 \mathrm{A} :$$

en vertu de cette relation, l'expression du volume décrit par la rotation de l'aire A, deviendra

$$2 \pi y_1 \mathrm{A},$$

ce qui est précisément le résultat indiqué par le théorème dont il s'agit.

On peut généraliser le théorème de Guldin, en observant que, si la courbe ou l'aire mobile ne fait pas un tour entier autour de son axe de rotation, on obtiendra toujours l'aire ou le volume engendré, en multipliant la longueur ou l'aire de la figure génératrice par la portion de circonférence décrite par son centre de gravité, quelle que soit cette portion de circonférence, finie ou infiniment petite. On en conclut sans peine que, si une figure plane (courbe ou aire) est animée d'un mouvement tel, qu'à chaque instant elle tourne autour d'une droite située dans son plan, ou, en d'autres termes, si le plan de cette figure mobile roule sans glisser sur une surface développable quelconque, l'aire ou le volume que cette figure décrit en se mouvant ainsi, s'obtient en multipliant la longueur ou l'aire de la figure mobile par le chemin total parcouru par son centre de gravité.

Il est bon d'observer que, si la figure mobile n'était pas située tout entière d'un même côté de l'axe autour duquel elle tourne d'une quantité finie ou infiniment petite, le théorème de Guldin fournirait la différence et non la somme des aires ou des volumes engendrés par les deux parties dans lesquelles cette figure est partagée par l'axe de rotation ; c'est ce que l'on reconnaîtra sans peine, en remarquant que les éléments de ces aires ou de ces volumes entrent avec des signes différents dans les expressions que nous avons considérées précédemment, suivant qu'ils proviennent d'éléments de la figure mobile situés d'un côté ou de l'autre de l'axe de rotation.

Le théorème de Guldin peut servir, dans certains cas, à trouver le centre de gravité d'une figure plane ; nous allons en voir un exemple. Si l'on fait tourner un arc de cercle autour d'un diamètre du même cercle, mené parallèlement à sa corde, il engendre une zone sphérique à deux bases, qui a pour surface

$$2\pi r c,$$

en désignant par $r$ le rayon du cercle, et par $c$ la corde de l'arc mobile ; d'après le théorème de Guldin, si l'on divise cette surface par la longueur $l$ de l'arc qui l'a décrite, on aura pour quotient la circonférence parcourue par le centre de gravité de cet arc : on en conclut que la distance de ce centre de gravité au centre du cercle est égale à

$$\frac{r c}{l},$$

ainsi qu'on l'a déjà trouvé précédemment (§ 168).

§ 172. **Extension de la notion du centre de gravité au cas d'un système matériel quelconque.** — Quel que soit le système matériel dont on s'occupe, que ses diverses parties soient en repos ou bien en mouvement les unes par rapport aux autres, si l'on prend ce système tel qu'il existe, à un instant quelconque, et si l'on imagine qu'il devienne invariable de forme, on pourra lui appliquer ce qui a été dit précédemment ; le système, ainsi transformé en un solide invariable, aura un centre de gravité qu'on pourra déterminer par les moyens indiqués : ce point est ce qu'on nomme le centre de gravité du système matériel à l'instant considéré. Il est clair qu'il n'y a pas lieu de dire que le centre de gravité, ainsi défini, est le point d'application de la résultante des actions de la pesanteur sur les diverses parties dont le système matériel se compose ; car il n'est pas possible de composer entre elles des forces qui agissent ainsi sur des corps différents, isolés, et pouvant se mouvoir indépendamment les uns des autres. Ce centre de gravité ne peut avoir pour nous, jusqu'à présent, aucune signification ; mais nous verrons bientôt que sa considération est très-utile dans diverses circonstances.

§ 173. **Travail de la pesanteur, dans le mouvement d'un système matériel quelconque.** — La considération du centre de gravité permet de simplifier beaucoup l'expression du travail dû aux actions de la pesanteur sur les diverses parties d'un système matériel en mouvement. Soient $p$ le poids d'une molécule quelconque du système, $z$ la distance de cette molécule à un plan horizontal supérieur, au commencement du temps pendant lequel on veut évaluer le travail, et $z'$ ce que devient cette distance à la fin du temps dont il s'agit ; soient de même P le poids total du système, et Z, Z' les distances de son centre de gravité (§ 172) au plan horizontal dont il vient d'être question, aux mêmes instants. On aura (§ 164)

$$\Sigma pz = PZ,$$

et aussi

$$\Sigma pz' + PZ' :$$

en retranchant ces deux équations l'une de l'autre, on trouve

$$\Sigma p(z' - z) = P(z' - Z).$$

Or $p\,(z' - z)$ est évidemment le travail du poids $p$ pendant le temps que l'on considère (§ 118) ; et, par conséquent, $\Sigma p\,(z' - z)$

est la somme des travaux dus à l'action de la pesanteur sur les diverses parties du système matériel pendant ce temps : cette somme de travaux, que l'on nomme simplement le travail de la pesanteur sur le système, pendant le temps dont il s'agit, est donc égale au travail que développerait, pendant ce temps, une force égale au poids total $P$ du système appliquée à son centre de gravité. On peut énoncer ce résultat auquel nous venons de parvenir, en disant que le travail de la pesanteur, sur un système matériel quelconque en mouvement, est le même que si toute la matière dont le système se compose était concentrée à son centre de gravité.

# CHAPITRE III

ÉQUILIBRE D'UN SOLIDE INVARIABLE.

§ 174. — **Condition d'équilibre d'un solide invariable.** — Nous avons vu (§ 159) qu'un système quelconque de forces F, F', F'',...., appliquées à un solide invariable en équilibre, peut toujours être remplacé par deux forces $R_1$, $R_2$, dont l'une agit sur un point choisi à volonté. Pour que le solide soit en équilibre sous l'action des seules forces F, F', F'',...., il faut que l'équilibre existe également, lorsque ces forces sont remplacées par les deux forces $R_1$, $R_2$, qui peuvent en tenir lieu. Or, si nous considérons le solide en équilibre sous l'action de ces deux dernières forces, il est clair que nous ne troublerons pas l'équilibre en supposant que l'un des points du solide, situé sur la direction de la force $R_1$, est fixe dans l'espace, et que le solide ne peut que tourner autour de ce point; mais alors la force $R_1$, qu'on peut supposer appliquée à ce point fixe pris sur sa direction, n'est capable de produire aucun effet, en raison de la fixité absolue du point sur lequel elle agit, et peut, en conséquence, être supprimée sans que l'équilibre cesse d'exister : donc la direction de la force $R_2$, qui reste seule, doit passer par le point qu'on a rendu fixe, sans quoi cette force $R_2$ tendrait évidemment à faire tourner le solide dans un certain sens autour de ce point, et le solide ne serait pas en équilibre. On voit par là que la direction de la force $R_2$ doit passer par un quelconque des points pris sur la direction de la force $R_1$, c'est-à-dire que ces deux forces doivent être dirigées suivant la même ligne droite. Dès lors, ces deux forces $R_1$, $R_2$ ont une résultante égale à leur somme ou à leur différence, suivant qu'elles agissent dans le même sens ou dans des sens opposés. Cette résultante devant évidemment être nulle pour que le solide soit en équilibre, il s'ensuit que les deux forces $R_1$, $R_2$, doivent être égales et de sens contraires. Ainsi, pour qu'un solide invariable soit en équilibre sous l'action d'un système quelconque de forces F, F', F'',..., il est nécessaire que les deux forces $R_1$, $R_2$, par lesquelles on peut les remplacer, soient égales et directement opposées.

Il est aisé de voir que cette condition est suffisante pour que le solide soit en équilibre. En effet, les deux forces $R_1$, $R_2$, par lesquelles on a remplacé toutes les forces données F, F', F'',..., étant égales et directement opposées, il est clair que le solide, soumis à ces deux forces seulement, sera en équilibre ; donc l'équilibre subsistera encore lorsqu'on reviendra de ces deux forces au système des forces F, F', F'',..., en effectuant des opérations inverses de celles qu'on avait dû faire pour passer du système des forces F, F', F'',..., aux deux forces $R_1$, $R_2$.

§ 175. **Lemme relatif aux travaux de deux forces égales et directement opposées, agissant sur deux points différents.** — Avant de rechercher les équations par lesquelles on peut exprimer la condition d'équilibre à laquelle nous venons de parvenir, nous allons établir une proposition qui nous servira plusieurs fois dans la suite, et dont nous avons besoin, en particulier, dans la question qui nous occupe.

Soient A et B, *fig.* 89, deux points sur lesquels agissent deux forces égales F, dirigées suivant la droite AB, et en sens contraire l'une de l'autre. Si ces points, en se déplaçant simultanément, parcourent les chemins infiniment petits AA', BB', chacune

Fig. 89.

des deux forces développera un certain travail (§ 117) : nous allons chercher la somme de ces deux travaux. Soient $a$, $b$, les projections des points A' et B' sur la droite AB. Le travail de la force appliquée en B a pour valeur $F \times Bb$ ; celui de la force appliquée en A a pour valeur $- \mathrm{F} \times \mathrm{A}a$ : leur somme est donc égale à

$$\mathrm{F} . (\mathrm{B}b - \mathrm{A}a),$$

ou ce qui est la même chose,

$$\mathrm{F} . (ab - \mathrm{AB}).$$

Désignons par $r$ la distance primitive AB des points d'application des deux forces, par $r + dr$ la distance A′B′ de ces deux points après leur déplacement, et par $\alpha$ l'angle infiniment petit que A′B′ fait avec AB. Nous aurons

$$ab = (r + dr) \cos \alpha ;$$

et par suite la somme des travaux des deux forces deviendra

$$\mathrm{F} . [(r + dr) \cos \alpha - r],$$

quantité qui se réduit à

$$\mathrm{F} . dr,$$

en négligeant les infiniment petits d'un ordre supérieur au premier.

Ainsi la somme des travaux développés par deux forces égales et directement opposées, agissant sur deux points différents, pendant que ces deux points se déplacent l'un et l'autre de quantités infiniment petites, s'obtient en multipliant l'une des deux forces par l'accroissement infiniment petit de la distance de leurs points d'application. Il est clair que, pour que cette somme des travaux des deux forces appliquées aux points A et B ait le signe qu'elle doit avoir, on devra regarder la force F qui entre dans son expression comme négative, si les deux forces dont il s'agit tendent à rapprocher leurs points d'application l'un de l'autre, au lieu de tendre à les éloigner, comme on l'avait supposé sur la *fig.* 89.

Dans le cas particulier où la distance des deux points A et B ne change pas, dans le mouvement dont ils sont animés simultanément, on a $dr = 0$, et, par conséquent, la somme des travaux des deux forces appliquées à ces points est nulle ; en d'autres termes, les travaux de ces deux forces sont égaux et de signes contraires.

**176. Théorème du travail virtuel, pour le cas d'un solide invariable.** — Nous avons dit (§ 174) que la condition nécessaire et suffisante pour qu'un solide invariable soit en équilibre sous l'action d'un système quelconque des forces F, F', F'',..., c'est que les deux forces $R_1$, $R_2$, par lesquelles on peut toujours remplacer ce système de forces, soient égales et directement opposées. Nous allons voir comment cette condition peut s'exprimer sans qu'on ait besoin de chercher les deux forces $R_1$, $R_2$.

Si les deux forces $R_1$, $R_2$, que l'on peut toujours supposer appliquées à deux points différents A, B du solide, sont égales et directement opposées l'une à l'autre, la somme des travaux de ces deux forces sera nulle pour tout déplacement infiniment petit attribué au solide sur lequel elles agissent, puisque, dans ce mouvement du solide, les points d'application A, B de ces deux forces resteront à une même distance l'un de l'autre (§ 175). Il est aisé de voir d'ailleurs que, réciproquement, si la somme des travaux des deux forces $R_1$, $R_2$, est nulle, pour tout déplacement infiniment petit attribué au solide auquel elles sont appliquées, ces deux forces sont nécessairement égales et directement opposées. En effet, si l'on déplace le solide de manière que le point A reste immobile, le travail de la force $R_1$ appliquée à ce point sera nul de lui-même ; le travail de la force $R_2$ sera donc aussi nul, puisque la somme de ces deux travaux est nulle par hypothèse : donc la force $R_2$ est dirigée perpendiculairement au chemin élémentaire que son point d'application B parcourt, lorsque le solide tourne infiniment peu autour du point A, et cela a lieu de quelque manière que s'effectue le mouvement du solide autour de ce point. On en conclut nécessairement que la force $R_2$ est dirigée normalement à la surface sphérique décrite du point A comme centre avec AB pour rayon, ou, en d'autres termes, que la direction de cette force coïncide avec la droite AB. On reconnaîtra de la même manière que la force $R_1$ est également dirigée suivant la droite AB. Cela étant établi, imaginons que nous donnions au solide un mouvement de translation infiniment petit, suivant la droite AB elle-même ; la somme des travaux des deux

19

forces $R_1$, $R_2$, correspondant à ce mouvement du solide, est encore nulle, par hypothèse : or cela ne peut avoir lieu sans que ces deux forces soient égales et de sens contraire. Ainsi, dire que les deux forces $R_1$, $R_2$, appliquées en deux points différents d'un solide invariable, sont égales et directement opposées, ou bien dire que la somme des travaux de ces deux forces est nulle pour tout déplacement infiniment petit attribué au solide, c'est exactement la même chose. Il est facile de voir, d'ailleurs, que cette proposition serait encore vraie si les deux forces $R_1$, $R_2$ étaient appliquées à un même point du solide.

Revenons maintenant au système des forces F, F′, F″,..., auxquelles nous avons substitué les deux forces $R_1$, $R_2$, et considérons la somme des travaux développés par ces forces F, F′, F″,..., lorsqu'on imagine que le solide sur lequel elles agissent prenne un mouvement infiniment petit quelconque. Si nous passons en revue la série des opérations qui doivent être effectuées successivement pour passer des forces données F, F′, F″,.. aux forces équivalentes $R_1$, $R_2$, nous verrons qu'aucune des modifications que l'on fait ainsi subir à ce système de forces ne change la valeur de la somme de travaux dont on vient de parler ; en sorte que cette somme de travaux des forces F, F′, F″,... est égale à la somme des travaux des deux forces $R_1$, $R_2$, quel que soit le mouvement infiniment petit qu'on ait attribué au solide auquel ces forces sont appliquées. En effet, ces opérations consistent, soit à transporter une force d'un point à un autre de sa direction ; soit à composer entre elles plusieurs forces appliquées à un même point, suivant des directions différentes ; soit, au contraire, à décomposer une force en deux ou trois composantes, suivant des droites données, passant par son point d'application. Or, si l'on se reporte à la *fig.* 72 (page 242), où les trois forces F, F′, F″ sont supposées égales entre elles, on verra que, pour tout déplacement du solide, le travail de la force F′ est égal et de signe contraire au travail de la force F″ ; mais le travail de la force F est aussi égal et de signe contraire au travail de la force F″ (§ 175) ; les travaux des deux forces F, F′ sont donc égaux et de même signe, ce qui montre que le travail d'une force ne change pas, quand on transporte cette force, du point auquel elle était appliquée d'abord, à un autre point quelconque pris sur sa direction. D'un autre côté, on sait que le travail de la résultante de plusieurs forces appliquées à un même point est égal à la somme des travaux des composantes, quel que soit le déplacement que prenne leur point d'application commun (§ 117).

D'après ce qui précède, on peut dire que, pour qu'un solide invariable soit en équilibre sous l'action d'un système quelconque de forces F, F', F'',....., il est nécessaire et suffisant que la somme des travaux de ces forces soit nulle, pour tout déplacement infiniment petit attribué à ce solide. C'est en cela que consiste le *théorème du travail virtuel*, pour le cas d'un solide invariable.

On donne souvent le nom de *déplacement virtuel* au déplacement idéal et infiniment petit dont il est question dans l'énoncé précédent, pour le distinguer du déplacement réel qu'éprouverait le solide pendant un élément du temps, s'il était en mouvement. Ce déplacement virtuel est un mouvement purement géométrique, que l'on imagine être donné au solide, ou plutôt à l'ensemble des points d'application des forces considérés comme formant entre eux une figure invariable, afin d'arriver à exprimer par une équation la condition d'équilibre qui avait été obtenue tout d'abord. On donne, par la même raison, le nom de *travail virtuel* au travail infiniment petit d'une force correspondant à un pareil déplacement idéal de son point d'application, pour le distinguer du travail réel de la force correspondant à un déplacement effectif et infiniment petit de son point d'application. C'est de là que vient le nom attribué au théorème lui-même.

§ 177. **Équations qui expriment l'équilibre d'un solide invariable.** — Si nous appliquons le théorème du travail virtuel, en attribuant successivement au solide des déplacements virtuels différents les uns des autres, ce théorème nous fournira autant d'équations, auxquelles les forces F, F', F'',..... devront satisfaire. Le nombre des équations qu'on peut obtenir ainsi est illimité, mais il n'y en a que quelques-unes qui soient réellement distinctes, et toutes les autres peuvent s'en déduire par des combinaisons algébriques. Nous allons nous occuper d'établir ces équations distinctes, qui, à elles seules, expriment complétement l'équilibre du solide.

Concevons que les divers points du solide soient rapportés à trois axes rectangulaires OX, OY, OZ, *fig.* 90. Soit A le point d'application d'une force quelconque F, dont les composantes parallèles aux axes seront représentées par X, Y, Z. Si nous donnons au solide un mouvement de translation infiniment petit parallèlement à l'axe OX, et si nous désignons par ε le déplacement commun à tous les points dans ce mouvement, le travail virtuel de la force

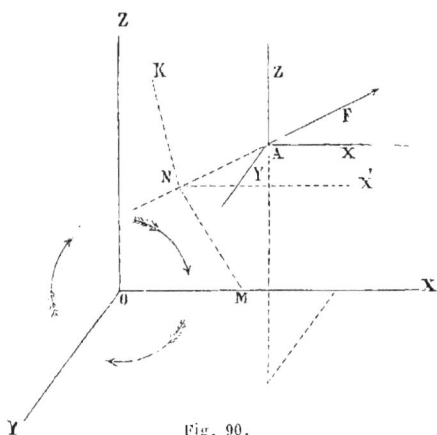

Fig. 90.

F sera Xε; en exprimant que la somme des travaux virtuels de toutes les forces appliquées au solide, correspondant à ce mouvement particulier, est égale à zéro, nous aurons l'équation

$$\Sigma X \varepsilon = 0 ;$$

ou bien, en observant que le facteur ε, commun à tous les termes de la somme, peut être supprimé,

$$\Sigma X = 0.$$

Deux autres mouvements virtuels de translation, dirigés, l'un suivant l'axe OY, l'autre suivant l'axe OZ, conduiraient de même aux deux équations

$$\Sigma Y = 0, \qquad \Sigma Z = 0.$$

Imaginons maintenant que le solide tourne d'un angle θ autour de l'axe OX. Ce nouveau déplacement virtuel va nous conduire à une équation d'une autre forme. Désignons par $p$ la plus courte distance MN de la direction de la force F et de l'axe OX, et par $\alpha$ l'angle que ces deux directions de F et de OX font entre elles. Pour évaluer le travail virtuel de la force F, nous pouvons supposer qu'elle est appliquée au point N de sa direction. Si par ce point N nous menons NX' parallèle à l'axe OX, puis NK perpendiculaire au plan MNX', cette droite NK sera la direction du déplacement virtuel $p\theta$ du point N ; et la force F, située dans le plan KNX', fera avec NK un angle égal à $\frac{\pi}{2} - \alpha$. D'après cela le travail virtuel de la force F sera égal à

$$Fp\theta \sin \alpha.$$

Si nous égalons à zéro la somme de tous les travaux virtuels des diverses forces F, F', F'',....., analogues à celui que nous venons de déterminer et correspondant à la rotation $\theta$ autour de l'axe des $x$, et si nous supprimons le facteur $\theta$ commun à tous les termes, nous aurons l'équation

$$\Sigma Fp \sin \alpha = 0.$$

Il est aisé de voir que cette équation exprime que la somme des moments des forces F, F', F'',..... par rapport à l'axe OX (§ 103), est égale à zéro. Nous aurons évidemment deux autres équations analogues, qui nous seront fournies par la considération de deux rotations virtuelles autour des axes OY, OZ. Nous allons écrire ces équations, en y introduisant les composantes X, Y, Z, de chacune des forces F.

Pour évaluer le moment d'une force par rapport à un des axes OX, OY, OZ, convenons de le regarder comme positif, si la force tend à faire tourner le solide autour de cet axe, dans le sens de la flèche tracée sur le plan qui lui est perpendiculaire, *fig.* 90. Le moment de la force F, par rapport à l'axe OX, étant égal à la somme des moments de ses trois composantes X, Y, Z par rapport à cet axe (§ 103), il est aisé de voir que ce moment de la force F aura pour valeur

$$Zy - Yz,$$

en désignant par $x$, $y$, $z$ les coordonnées du point A auquel la force F est appliquée. D'après cela, l'équation qui exprime que la somme des moments des forces F, F', F'',.... par rapport à l'axe OX, est nulle sera

$$\Sigma\,(Zy - Yz) = 0.$$

Les équations analogues, relatives aux axes OY, OZ, seront de même

$$\Sigma\,(Xz - Zx) = 0, \qquad \Sigma\,(Yx - Xy) = 0.$$

Ainsi, en donnant au solide six mouvements virtuels différents, savoir, trois translations parallèles aux axes coordonnés, et trois rotations autour de ces axes, nous avons obtenu les six équations suivantes :

$$
\begin{array}{ccc}
\Sigma X = 0, & \Sigma Y = 0, & \Sigma Z = 0 \\
\Sigma(Zy - Yz) = 0, & \Sigma(Xz - Zx) = 0, & \Sigma(Yx - Xy) = 0
\end{array} \quad (a)
$$

Nous allons voir que ces six équations sont suffisantes pour exprimer l'équilibre du solide soumis aux actions des forces F, F', F''.....

§ 178. D'après la manière dont les équations $(a)$ ont été obtenues, on peut dire qu'elles expriment que la somme des travaux virtuels des forces F, F', F'',.... est nulle, pour chacun des six déplacements virtuels particuliers que nous avons considérés. Si nous remplaçons ces forces F, F', F''..... par deux forces seulement $R_1$, $R_2$, dont l'une $R_1$ agisse sur le point du solide qui est à l'origine des coordonnées (§ 159), nous savons que la somme des travaux virtuels de ces deux forces $R_1$, $R_2$, est la même que la somme des travaux virtuels des forces F, F', F'', dont elles tiennent lieu, quel que soit le déplacement virtuel que l'on attribue au solide (§ 176). Nous devons nécessairement conclure de là que, si les forces F, F', F'',.... satisfont aux équations $(a)$, les deux forces $R_1$, $R_2$ satisfont aussi à des équations analogues. Il s'ensuit que : 1° en vertu des trois premières de ces équations, les projections de $R_1$ et de $R_2$ sur les axes OX, OY, OZ, sont respectivement égales et de signes contraires; 2° en vertu des trois dernières, si l'on désigne par $X_2$, $Y_2$, $Z_2$ les composantes de $R_2$ suivant des parallèles aux axes, et par $x_2$, $y_2$, $z_2$, les coordonnées du point d'application de cette force $R_2$, et si l'on observe que les coordonnées du point d'application de $R_1$ sont nulles par hypothèse, on a

$$Z_2 y_2 - Y_2 z_2 = 0, \quad X_2 z_2 - Z_2 x_2 = 0, \quad Y_2 x_2 - X_2 y_2 = 0,$$

d'où l'on tire

$$\frac{X_2}{x_2} = \frac{Y_2}{y_2} = \frac{Z_2}{z_2},$$

ce qui montre que la force $R_2$ agit suivant la droite qui joint son point d'application à celui de la force $R_1$. Ainsi, de ce que les forces F, F′, F″,.... satisfont aux six équations (a), il résulte que les deux forces $R_1$, $R_2$, par lesquelles on peut remplacer les forces données F, F′, F″,...., sont égales et directement opposées : donc les six équations (a) suffisent pour exprimer que le solide soumis aux actions de ces forces F, F′, F″,.... est en équilibre.

Il est bon de remarquer que, si l'on supprimait une quelconque des six équations (a), les cinq équations restantes ne suffiraient plus pour exprimer l'équilibre. Il est facile en effet de trouver un système de forces qui satisfasse à ces cinq équations, sans que l'équilibre existe. Si c'est, par exemple,

$$\Sigma X = 0$$

qu'on a supprimée, on verra qu'une force unique appliquée au solide suivant l'axe OX satisferait bien aux cinq équations restantes ; si c'est l'équation

$$\Sigma(Zy - Yz) = 0,$$

un couple (§ 156) dirigé dans le plan YOZ satisferait de même aux cinq équations conservées ; cependant le solide ne serait en équilibre, ni sous l'action de la force dont on a parlé dans le premier de ces deux cas, ni sous l'action du couple, dans le second cas.

Une considération d'un autre genre permet encore de montrer que les six équations (a) suffisent pour exprimer l'équilibre du solide, en établissant que toutes les équations en nombre infini que l'on peut trouver par l'application du théorème du travail virtuel sont des conséquences de ces équations (a). Nous savons qu'un mouvement infiniment petit quelconque du solide peut toujours se décomposer en trois translations parallèles aux axes OX, OY, OZ, et en trois rotations autour de ces axes (§ 58). Il est aisé de voir en outre que, si le déplacement infiniment petit du point d'application d'une force résulte de la composition de plusieurs autres déplacements infiniment petits, le travail de la force correspondant au mouvement résultant est égal à la somme des travaux de cette force correspondant aux divers mouvements correspondants : car la projection du déplacement résultant sur la direction de la force est égale à la somme des projections des déplacements composants sur la même direction. D'après cela, si nous attribuons au solide un mouvement virtuel quelconque, et que nous décomposions ce mouvement en trois translations $\varepsilon$, $\varepsilon'$, $\varepsilon''$ suivant les axes, et en trois rotations $\theta$, $\theta'$, $\theta''$ autour de ces axes, nous aurons

$$ X\varepsilon + Y\varepsilon' + Z\varepsilon'' + (Zy - Yz)\theta + (Xz - Zx)\theta' + (Yx - Xy)\theta'' $$

pour le travail virtuel de la force F; et en exprimant que la somme des travaux virtuels des diverses forces F, F', F'',.... est égale à zéro, nous trouverons l'équation

$$ \left. \begin{array}{l} \varepsilon\Sigma X + \varepsilon'\Sigma Y + \varepsilon''\Sigma Z \\ + \theta\Sigma (Zy - Yz) + \theta'\Sigma (Xz - Zx) + \theta''\Sigma (Yx - Xy) \end{array} \right\} = 0, $$

qui est évidemment satisfaite, quels que soient $\varepsilon$, $\varepsilon'$, $\varepsilon''$, $\theta$, $\theta'$, $\theta''$, si les équations (a) le sont.

D'après la signification des équations (a), il est clair que l'on peut dire que, pour qu'un solide invariable soit en équilibre sous l'action d'un système de forces F, F', F'',..., il est nécessaire et suffisant que la somme des projections de ces forces sur une droite quelconque soit nulle, et que la somme des moments de ces forces par rapport à une droite quelconque soit également nulle.

Dans tout ce qui précède, nous avons toujours supposé que les forces F, F', F'',... étaient appliquées à un solide invariable primitivement en repos, et nous avons cherché les conditions auxquelles ces forces devaient satisfaire pour que le solide restât en repos malgré leur action ; c'est-à-dire que nous nous sommes occupés d'établir les conditions d'équilibre du solide. Nous avons vu que ces conditions d'équilibre sont complétement exprimées par les six équations (a). Il peut arriver qu'un solide invariable en mouvement soit soumis à des forces qui satisfassent à ces six équations. Dans ce cas, le solide n'est pas en équilibre ; mais on dit toujours que les forces se font équilibre sur ce solide.

§ 179. Le système des six équations (a) se simplifie dans diverses circonstances, ainsi que nous allons le voir.

Supposons d'abord que toutes les forces F, F', F'',... appliquées au solide invariable soient parallèles entre elles. Si nous choisissons les axes auxquels nous rapportons le solide, de telle manière que l'axe OZ soit parallèle à ces forces, les composantes X et Y de chacune d'elles seront nulles, et la composante Z sera égale à la force elle-même. D'après cela, trois des six équations (a) se réduiront à des identités, et il ne restera plus que les trois autres qui deviendront

$$\Sigma F = 0, \quad \Sigma Fx = 0, \quad \Sigma Fy = 0.$$

Ces trois équations, nécessaires et suffisantes pour exprimer l'équilibre d'un solide invariable soumis à un système de forces parallèles, peuvent s'énoncer ainsi : 1° la somme des forces doit être nulle ; 2° les sommes des moments de ces forces, par rapport à deux plans rectangulaires menés parallèlement à leur direction (158), doivent être nulles chacune séparément. Cette seconde condition, correspondant aux deux dernières équations, peut encore être énoncée d'une autre manière, en disant que la somme des moments des forces par rapport à un plan quelconque parallèle à leur direction doit être nulle.

Considérons encore le cas où toutes les forces F, F', F'',.... seraient dirigées dans un même plan. Si nous prenons ce plan pour plan des $xy$, la composante Z de chacune des forces sera nulle, et il en sera de même de la coordonnée $z$ de chacun de leurs points d'application. Les six équations (a) se réduiront donc encore à trois, qui seront

$$\Sigma X = 0, \quad \Sigma Y = 0, \quad \Sigma(Yx - Xy) = 0.$$

Ces trois équations peuvent s'énoncer en disant que : 1° les sommes des projections des forces F, F', F'',…. sur deux droites rectangulaires, prises à volonté dans le plan de ces forces, doivent être nulles chacune séparément; 2° que la somme des moments de ces forces par rapport à un point quelconque du plan doit être aussi nulle. La première de ces deux conditions, qui correspond aux deux premières des équations précédentes, peut être remplacée par celle-ci : la somme des projections des forces F, F', F'',…. sur une droite quelconque située dans leur plan, doit être nulle.

Enfin, si nous supposons que tous les points d'application des diverses forces F, F', F'',…. coïncident, les coordonnées $x$, $y$, $z$, étant les mêmes pour tous ces points, pourront sortir des signes $\Sigma$ dans les trois dernières équations (a) : dès lors, il est clair que ces trois dernières équations ne sont que des conséquences des trois premières, en sorte que le système des équations (a) se réduit à ces trois premières équations. Dans ce cas, les équations auxquelles les forces F, F', F'',…. doivent satisfaire, pour que le solide soit en équilibre, sont exactement les mêmes que celles que nous avons trouvées précédemment pour exprimer l'équilibre d'un simple point matériel (§ 104); et c'est en effet ce qui doit évidemment avoir lieu.

§ 180. **Équivalence de deux systèmes de forces.** — Un système de forces S est dit équivalent à un autre système de forces S', lorsque ces deux systèmes, considérés comme agissant sur un solide invariable, peuvent être mis en équilibre chacun séparément par un même troisième système de forces S''. Il est aisé, d'après cela, d'établir les conditions d'équivalence des deux systèmes S, S', en se fondant sur les conditions d'équilibre que nous avons étudiées précédemment.

Pour que le système S et le système S'' se fassent équilibre, il faut et il suffit que la somme des projections des forces de ces deux systèmes sur une droite quelconque soit nulle, et aussi que la somme des moments de toutes ces forces, par rapport à une droite quelconque, soit également nulle (§ 178). Les mêmes conditions devant être remplies pour que le système S' et le système S'' se fassent équilibre, on en conclut nécessairement que, pour que les systèmes S et S' soient équivalents, il faut et il suffit : 1° que la somme des projections des forces du système S sur une droite quelconque soit égale à la somme des projections des forces du système S' sur la même droite ; 2° que la somme des moments des forces du système S, par rapport à une droite quelconque, soit égale à la somme des moments des forces du système S' par rapport à cette droite.

Pour exprimer l'équivalence des deux systèmes S et S', il suffira d'écrire que cette égalité des sommes de projections et des sommes de moments a lieu pour chacun des trois axes rectangulaires OX, OY, OZ, auxquels on rapporte les directions des diverses forces, ainsi que les positions de leurs points d'application, ce qui donnera les six équations

$$\Sigma X = \Sigma X', \quad \Sigma Y = \Sigma Y', \quad \Sigma Z = \Sigma Z',$$
$$\Sigma (Zy - Yz) = (\Sigma Z'y' - Y'z'),$$
$$\Sigma (Xz - Zx) = (\Sigma X'z' - Z'x'),$$
$$\Sigma (Yx - Xy) = (\Sigma Y'x' - X'y'),$$

dans lesquelles les premiers membres se rapportent au système S, et les seconds au système S'.

Par les diverses transformations que nous avons fait subir à un système quelconque de forces F, F', F'',..., pour le réduire à deux forces seulement $R_1$, $R_2$ (§ 159), nous n'avons fait que remplacer le système primitif successivement par divers autres systèmes de forces tous équivalents les uns aux autres jusqu'à ce que nous fussions conduits à n'avoir plus que les deux forces $R_1$, $R_2$, formant à elles seules un système équivalent à tous les précédents, et par conséquent aussi équivalent au système primitif.

§ 181. **Théorie des couples.** — Un couple est, comme on sait, le système de deux forces égales, parallèles et de sens contraires (§ 156). On donne le nom de *bras de levier* du couple,

à une droite quelconque menée perpendiculairement aux directions de ses deux forces, et terminée aux points où elle rencontre
ces directions ; on suppose souvent que les deux forces d'un
couple sont appliquées aux extrémités mêmes de son bras de
levier. Si l'on prend la somme des moments des deux forces d'un
couple, par rapport à un point quelconque de son plan, on
trouve toujours que cette somme de moments est égale au produit de l'une des deux forces du couple par la longueur de son
bras de levier : ce produit est ce que l'on nomme le *moment du*
*couple*. On peut remarquer que le moment d'un couple a la
même valeur numérique que la surface du parallélogramme
dont les droites qui représentent les forces du couple forme-
raient deux côtés opposés.

Si l'on projette un couple sur un plan quelconque, la projection sera encore un couple ; le moment du couple projeté s'obtiendra en multipliant le moment du premier couple par le cosinus de l'angle formé par son plan avec le plan de projection :
cette proposition se démontre facilement, en substituant au moment du couple le parallélogramme dont il vient d'être question.

La somme des moments des deux forces d'un couple, par rapport à une droite quelconque, est égale au moment du couple
suivant lequel le couple donné se projette sur un plan perpendiculaire à la droite. Il s'ensuit que la somme des moments des
deux forces d'un couple, par rapport à une droite, est la même
que la somme des moments de ces deux forces, par rapport à
une autre droite quelconque, parallèle à la première. Cette
somme de moments est nulle, si la droite à laquelle les moments
se rapportent est parallèle au plan du couple ; elle est maximum
si la droite est perpendiculaire à ce plan.

Deux couples sont équivalents (§ 180) lorsque leurs plans
sont parallèles ou coïncident, que leurs moments sont égaux, et
qu'ils tendent à faire tourner leurs bras de levier dans le même
sens. On voit, en effet, que, d'une part, la somme des projections des deux forces du premier couple, sur une droite quelconque, est égale à la somme des projections des deux forces
du second couple sur la même droite, puisque chacune de ces

deux sommes est nulle ; et que, d'une autre part, la somme des moments des deux forces du premier couple, par rapport à une droite quelconque, est égale à la somme des moments des deux forces du second couple, par rapport à la même droite, ainsi que cela résulte des propositions qui viennent d'être établies. Deux couples qui ne satisferaient pas aux conditions énoncées ici ne seraient évidemment pas équivalents : la somme des moments des forces du premier couple, par rapport à une droite, ne serait pas égale à la somme des moments des forces du second couple, par rapport à la même droite, quelle que fût la position de cette droite dans l'espace.

Il résulte de là qu'un couple appliqué à un solide invariable en équilibre peut être transporté parallèlement à lui-même, comme on voudra, dans son plan ou dans un plan parallèle ; qu'on peut le faire tourner comme on voudra, dans son plan, après qu'on l'a ainsi transporté ; qu'on peut même changer la grandeur commune de ses deux forces, en faisant varier en même temps son bras de levier dans un rapport inverse, sans qu'il cesse d'être équivalent à ce qu'il était primitivement. Si l'on se reporte à la définition qui a été donnée précédemment (§ 161) du moment résultant d'un système quelconque de forces, par rapport à un point, on verra que, dans le cas où le système de forces consiste simplement en un couple, ce moment résultant est toujours le même, quel que soit le point auquel on le rapporte, et a pour valeur le moment même du couple : en effet, on peut toujours transporter le couple parallèlement à lui-même, de manière que le point d'application de l'une de ses deux forces vienne coïncider avec le point par rapport auquel on veut évaluer son moment résultant ; de sorte que ce moment résultant est égal au produit de la seconde force du couple par sa distance au point d'application de la première.

Si l'on considère un système quelconque de couples appliqués à un solide invariable en équilibre, les forces qui composent ces couples peuvent toujours être remplacées par deux forces seulement, $R_1$, $R_2$ (§ 159). Ces deux forces $R_1$, $R_2$ forment nécessairement un couple ; car elles constituent un système équivalent au système des couples donnés, et, par conséquent, la somme de leurs projections sur une droite quelconque doit être nulle comme la somme des projections des forces de ces couples donnés sur la même droite (§ 180), ce qui ne peut avoir lieu qu'autant qu'elles sont égales, parallèles et de sens contraires. Ainsi un système quelconque de couples peut toujours être remplacé par un couple unique auquel on donne le nom de *couple résultant;* par opposition, les couples auxquels il peut être substitué sont souvent désignés sous le nom de *couples composants.* Pour trouver le couple résultant K d'un système de couples donnés C, C', C'',....., transportons ces couples donnés parallèlement à eux-mêmes, de manière que le point d'application de l'une des forces de chacun d'eux coïncide avec un certain point O ; imaginons, en outre, que le couple cherché K soit dans une position analogue, c'est-à-dire que l'une de ses deux forces ait également son point d'application en O ; enfin appliquons au système des couples C, C', C'',....., pris dans cette position, le théorème établi précédemment (§ 161) relativement à la composition des moments d'un système quelconque de forces par rapport à un point, et considérons les moments des forces des couples C, C', C'',....., K, par rapport au point O : en effectuant une construction analogue au polygone des forces sur les axes des moments des forces de C, C', C'',..... qui n'agissent pas sur le point O, on trouvera l'axe du moment de la force K qui n'est pas appliquée à ce point O, et par conséquent on aura à la fois la direction du plan du couple résultant K, la grandeur de son moment, et le sens dans lequel il tend à faire tourner son bras de levier.

Lorsqu'on prend ainsi le moment de l'une des deux forces d'un couple, par rapport au point d'application de l'autre force, et qu'on détermine l'axe qui représente ce moment (§ 160), on a ce qu'on nomme l'*axe du couple.* Cet axe, qu'on peut mener par un point quelconque de l'espace, suffit pour représenter complétement le couple auquel il correspond ; il fait connaître la direction du plan du couple, la grandeur du moment de ce couple, et le sens dans lequel il agit. On voit, par ce qui précède, que, pour composer un système quelconque de couples, on n'a qu'à considérer les axes de ces couples menés par un même point de l'espace, et à composer ces axes entre eux comme si c'étaient des forces : l'axe résultant de cette composition est l'axe du couple résultant cherché.

§ 182. **Usage de la théorie des couples, pour la composition des forces appliquées à un solide invariable.** — Une force F appliquée en un point A d'un solide invariable, *fig.* 91, peut être transportée parallèlement à elle-même en un autre point B du même solide, pourvu qu'on lui adjoigne un couple situé dans le plan FAB et ayant pour moment le produit de la force F par la distance du point B à sa direction primitive. En effet, si l'on applique en B deux forces F', F'', toutes deux égales à F, suivant une même droite parallèle à la direction de la force F, et en sens contraires l'une de l'autre, ces deux forces se feront équilibre ; et, par conséquent, le système des trois forces F, F', F'' sera équivalent à la force F : or ce système peut être regardé comme se composant de la force F' et du couple formé par les deux forces F, F'', ce qui est conforme à la proposition énoncée.

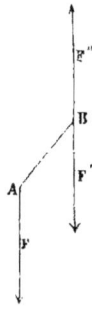

Fig. 91.

Considérons un système quelconque de forces appliquées à un solide invariable. D'après ce que nous venons de voir, chacune de ces forces peut être transportée parallèlement à elle-même en un point O, pris à volonté dans le solide ou lié invariablement avec lui, pourvu qu'à la force ainsi transportée on joigne le couple dû à cette translation ; le système des forces données peut donc toujours être remplacé par un système de forces égales et parallèles aux premières, et appliquées aux point O, joint à un système de couples. Toutes les forces appliquées au point O peuvent se composer en une seule force ; tous les couples peuvent également se composer en un seul couple (§ 181) : donc le système donné se trouvera remplacé par une force unique appliquée au point O et un couple unique. On peut toujours supposer que le point d'application de l'une des deux forces du couple coïncide avec le point O; dès lors, deux des trois forces auxquelles le système vient d'être réduit sont appliquées au même point O, et peuvent se composer en une seule agissant également sur ce point : donc le système des forces données se trouve, en définitive, remplacé par deux forces dont une agit sur un point O choisi à volonté. Nous retombons ainsi sur un résultat que nous avions déjà obtenu par d'autres considérations (§ 159).

§ 183. **Application des théories précédentes à l'équilibre d'un système matériel quelconque.** — Nous ne devons pas oublier que tout ce qui a été dit dans ce chapitre et dans les deux précédents se rapporte à un solide invariable considéré à l'état d'équilibre. Voyons comment les théories que nous avons établies dans ces trois chapitres peuvent s'appliquer à un système matériel quelconque.

Nous observerons d'abord qu'il existe dans la nature un grand nombre de corps solides qui ne se déforment que de quantités tout à fait inappréciables, sous l'action des forces qui leur sont habituellement appliquées : tels sont la plupart des matériaux qui entrent dans les constructions et dans les machines. On peut donc appliquer approximativement, à ces solides naturels, ce qui a été dit dans le cas des solides invariables ; il n'en résultera qu'une erreur extrêmement faible, et d'autant plus faible que ces solides naturels se rapprocheront plus de la rigidité absolue des solides invariables.

D'un autre côté, lorsqu'un système matériel est en équilibre, quelle que soit d'ailleurs sa nature, on peut évidemment supposer qu'il soit rendu invariable de forme sans que l'équilibre soit troublé : dès lors, les forces qui sont appliquées aux diverses parties du système matériel, et qui se font équilibre sur ce système transformé en un solide invariable, doivent satisfaire aux conditions d'équilibre que nous avons trouvées précédemment. Les six équations que nous avons obtenues pour exprimer cet équilibre (§ 177), et qui étaient suffisantes dans le cas d'un solide invariable, subsistent donc encore dans le cas de l'équilibre d'un système matériel quelconque. Quoiqu'elles ne suffisent plus pour exprimer complétement l'équilibre dans ce cas, on n'en est pas moins en droit de s'en servir pour en tirer les valeurs de quelques-unes des forces qui y entrent comme inconnues ; et les résultats auxquels on arrive ainsi sont rigoureusement exacts, tout aussi bien que si le système matériel était réellement un solide invariable ayant la forme de ce système pris à l'état d'équilibre. D'après cela, quand il ne s'agit que d'arriver à ces six équations d'équilibre, ou bien à des relations qui en soient des conséquences nécessaires, on peut appliquer, aux forces qui agissent sur un système matériel quelconque en équilibre, tout ce qui a été dit relativement à la composition des forces appliquées à un solide invariable et au remplacement d'un système de forces par un autre système équivalent ; mais cette composition des forces, et en général la substitution d'un système de forces à un autre, ne doivent pas être considérées comme pouvant s'effectuer réellement, sans que l'état d'équilibre du système matériel soit changé, à moins cependant que les forces dont il s'agit ne soient appliquées à un même point du système matériel.

# CHAPITRE IV

§ 184. **Théorème du travail virtuel, pour un système matériel quelconque.** — Nous avons vu (§ 104) que, pour qu'un point matériel soit en équilibre, il faut et il suffit que la résultante de toutes les forces qui lui sont appliquées soit nulle. Nous pouvons évidemment exprimer cette condition en disant que le travail virtuel (§ 176) de la résultante est nul pour tout déplacement infiniment petit attribué au point matériel : car, si cette résultante est nulle, son travail est nul aussi, quel que soit le déplacement de son point d'application ; et réciproquement, si le travail de cette force est nul pour tout déplacement infiniment petit attribué au point sur lequel elle agit, elle est nécessairement nulle elle-même. Mais nous savons que le travail de la résultante de plusieurs forces appliquées à un même point est égal à la somme des travaux des composantes (§ 117) : donc on peut dire que, pour qu'un point matériel soit en équilibre, il faut et il suffit que la somme des travaux virtuels de toutes les forces qui lui sont appliquées soit nulle pour tout déplacement infiniment petit attribué à ce point.

Nous pouvons remarquer que la proposition qui vient d'être établie est comprise, comme cas particulier, dans le théorème du travail virtuel que nous avons démontré précédemment pour un solide invariable ; car un point matériel peut être regardé comme étant un solide invariable dont toutes les dimensions sont nulles.

Considérons maintenant un système quelconque de points matériels, soumis aux actions de diverses forces, tant intérieures qu'extérieures (§ 151). Si un pareil système est en équilibre, c'est-à-dire reste en repos malgré l'action des forces qui lui sont appliquées, chacun des points matériels qui le composent est lui-même en équilibre ; la somme des travaux virtuels des forces qui agissent sur chaque point est donc nulle, pour tout déplacement infiniment petit attribué à ce point. Il résulte de là que la somme des travaux virtuels de toutes les forces qui agissent sur les divers points matériels du système est égale à zéro, quels que soient les déplacements infiniment petits et indépendants les uns des autres que l'on imagine être pris en même temps par ces différents points. Réciproquement, si la somme des travaux virtuels de toutes les forces appliquées au système est nulle, pour tous les déplacements possibles attribués aux divers points qui le composent, le système, supposé primitivement en repos, ne sortira point de cet état de repos : car, si l'on ne déplace qu'un seul de ces points matériels, ce qui revient à supposer que les déplacements de tous les autres sont nuls, on en conclura que la somme des travaux virtuels des forces appliquées à ce point est égale à zéro, quel que soit d'ailleurs le déplacement qu'on lui attribue, c'est-à-dire que ce point, considéré seul, est en équilibre ; le même raisonnement, appliqué successivement aux divers points du système, montrera que tous ces points sont en équilibre, chacun séparément ; et, par conséquent, le système tout entier est en équilibre. Ainsi, l'on peut dire que, pour qu'un système matériel quelconque soit en équilibre, il faut et il suffit que la somme des travaux virtuels de toutes les forces qui agissent sur ces divers points soit nulle, quels que soient les déplacements infiniment petits et indépendants les uns des autres, que l'on imagine être pris en même temps par ces différents points. C'est en cela que consiste le *théorème du travail virtuel* pour un système matériel quelconque.

Il est à peine nécessaire d'ajouter que le théorème du travail virtuel s'applique, non-seulement à la totalité d'un système

matériel en équilibre, mais aussi à une portion quelconque de
ce système, considérée à part. Les actions que les divers points
matériels de cette portion du système éprouvent, de la part de
tous les autres points du système matériel, jouent alors le rôle
de forces extérieures; tandis qu'elles rentrent dans la catégorie
des forces intérieures, quand on considère le système tout entier.

§ 185. Parmi tous les déplacements virtuels, en nombre infini, que nous pouvons attribuer simultanément aux divers
points d'un système matériel, choisissons en particulier des
déplacements tels que les distances mutuelles de tous les
points du système restent les mêmes; c'est-à-dire, concevons
que nous déplacions le système matériel tout d'une pièce,
comme si c'était un solide invariable. L'équation fournie par
le théorème du travail virtuel, pour un pareil déplacement de
l'ensemble des points matériels du système, ne contiendra
aucun terme dépendant des forces intérieures : les forces extérieures y entreront seules. En effet, les forces intérieures d'un
système matériel sont deux à deux égales et directement opposées; d'ailleurs, dans le déplacement particulier que nous
considérons, la distance de deux quelconques des points matériels du système ne change pas : il s'ensuit que les travaux
virtuels des forces intérieures sont deux à deux égaux et de
signes contraires (§ 175), et que, par conséquent, ces travaux
disparaissent tous de l'équation fournie par le théorème du
travail virtuel.

Si nous rapportons les divers points du système matériel à
trois axes coordonnés rectangulaires, nous pourrons attribuer
en particulier à ce système un mouvement d'ensemble qui
soit, ou bien un mouvement de translation parallèle à l'un des
trois axes, ou bien un mouvement de rotation autour de l'un
des trois axes. En appliquant le théorème du travail virtuel,
pour chacun de ces six mouvements, on trouvera évidemment
des équations identiques aux équations (a) du § 177; puisque
ces équations (a) ont été obtenues en donnant au solide invariable dont on s'occupait précisément les six mouvements virtuels qui viennent d'être indiqués. Ainsi les forces extérieures,

appliquées à un système matériel quelconque en équilibre, satisfont nécessairement aux six équations qui exprimeraient l'équilibre de ce système, s'il devenait un solide invariable sans changer de forme. Nous avions déjà été conduits à cette conséquence par d'autres considérations (§ 183).

Il résulte de ce qui a été dit, à l'occasion de l'équilibre d'un solide invariable (§ 178), qu'un mouvement virtuel d'ensemble du système matériel, qui serait différent de chacun des six mouvements particuliers dont on vient de parler, ne conduirait à aucune relation nouvelle entre les forces extérieures : l'équation que l'on obtiendrait en appliquant le théorème du travail virtuel à ce mouvement d'ensemble, quel qu'il soit, ne serait qu'une conséquence des six équations auxquelles on arrive en considérant successivement trois translations parallèles aux axes, et trois rotations autour de ces axes.

Les six équations auxquelles les forces extérieures doivent satisfaire dans tous les cas, et qui suffiraient pour exprimer l'équilibre du système, s'il était rendu invariable de forme, ne suffisent évidemment pas pour exprimer cet équilibre, lorsque les divers points matériels qui composent le système sont libres de se rapprocher ou de s'éloigner les uns des autres, comme nous le supposons ici. On ne peut exprimer complètement l'équilibre du système qu'en joignant à ces six équations, toujours nécessaires, d'autres équations que l'on obtiendra en attribuant aux divers points du système des déplacements tels qu'ils ne restent pas aux mêmes distances les uns des autres, équations qui renfermeront généralement les forces intérieures en même temps que les forces extérieures.

§ 186. **Théorème du travail virtuel, pour un système matériel dans lequel on imagine des liaisons.** — Il est souvent utile de simplifier les conditions dans lesquelles se trouve un système matériel dont on veut étudier l'équilibre, en imaginant des *liaisons* établies dans diverses parties de ce système. On entend par liaisons des conditions que le système doit nécessairement remplir, et que nous supposerons rentrer dans les trois suivantes, savoir :

1° Que certains points du système restent à des distances invariables les uns des autres ;

2° Que certains points soient obligés de rester sur des courbes fixes, ou sur des surfaces fixes, sans éprouver de frottement de la part de ces courbes ou de ces surfaces, conformément à ce que nous avons dit précédemment pour un simple point matériel (§§ 126 et 134) ;

3° Enfin, que certaines parties du système, considérées comme des solides invariables, soient assujetties à rester en contact les unes avec les autres, sans qu'il se développe de frottement entre leurs surfaces.

On peut concevoir que ces liaisons, que l'on imagine dans un système matériel, soient remplacées par des forces capables d'obliger le système à satisfaire aux mêmes conditions. Dans le cas où deux points doivent rester à une même distance l'un de l'autre, des forces égales et contraires développées entre ces deux points, et d'une intensité convenable, pourront maintenir cette invariabilité de distance. Dans le cas où un point est obligé de rester sur une courbe, ou sur une surface fixe, sans frottement, une force égale à la réaction normale de la courbe ou de la surface sur le point, peut produire le même effet. Dans le cas où deux parties du système, considérées comme deux solides invariables, sont assujetties à rester en contact, sans qu'il y ait de frottement entre leurs surfaces, on peut regarder ce résultat comme produit par deux forces égales et contraires, agissant sur les deux solides, aux points par lesquels ils se touchent, et suivant la normale commune à leurs surfaces ; ces deux forces doivent agir comme des forces attractives entre les points auxquels elles sont appliquées, ou bien comme des forces répulsives, suivant que les deux solides tendent à s'écarter l'un de l'autre, ou, au contraire, à pénétrer l'un dans l'autre.

En substituant aux liaisons les forces qui peuvent en tenir lieu, on fait rentrer le système matériel dans le cas général pour lequel le théorème du travail virtuel a été établi précédemment (§ 184). Pour que ce système soit en équilibre, il faut et il suffit que la somme des travaux virtuels de toutes les forces, compris celles qui remplacent les liaisons, soit égale à zéro, quels que soient les déplacements virtuels qu'on attribue aux différents points matériels dont il est formé. Mais si, parmi tous les déplacements infiniment petits qu'on peut attribuer à ces divers points matériels, on choisit spécialement ceux qui sont *compatibles avec les liaisons*, on verra que les forces qui tiennent lieu des liaisons disparaîtront d'elles-mêmes dans les équations fournies par le théorème du travail virtuel. En effet, si l'on considère en premier lieu les deux forces capables de maintenir l'invariabilité de distance de deux points du système, la somme des travaux de ces deux forces est nulle pour tout déplacement virtuel en vertu duquel la distance des deux points ne change pas (§ 175). Si l'on considère en second lieu la force capable d'empêcher un point de sortir d'une courbe fixe ou d'une surface fixe, le travail de cette force correspondant à un déplacement virtuel du point dirigé suivant la courbe fixe ou sur la surface fixe est égal à zéro, puisque ce déplacement virtuel est perpendiculaire à la direction de la force. Enfin, si l'on considère les deux forces capables de maintenir les surfaces S, S', *fig.* 92, de deux solides invariables, en contact l'une avec l'autre, la somme des travaux de ces deux forces est nulle pour tout mouvement virtuel du système en vertu duquel ces deux surfaces ne cessent pas de se toucher ; car les positions $A_1$, $A'_1$, où les points des deux surfaces qui coïncidaient primitivement en A, viennent se placer par suite de ce mouvement virtuel, sont toutes deux situées sur

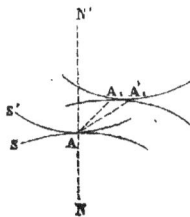

Fig. 92.

le plan tangent commun à ces surfaces après leur déplacement, plan tangent qui ne fait qu'un angle infiniment petit avec le plan tangent commun en A ; les déplacements $AA_1$, $AA'_1$ des points d'application des deux forces, que nous supposons appliquées aux deux solides pour les maintenir en contact l'un avec l'autre, ont donc une même projection sur la direction commune NN' de ces forces, puisque NN' est la normale commune aux deux surfaces en A ; et par conséquent la somme des travaux virtuels de ces deux forces égales et contraires est nulle pour un pareil mouvement virtuel. On peut dire d'après cela que, si l'on met de côté toutes les forces capables de remplacer les liaisons, pour ne s'occuper que des autres forces directement appliquées aux diverses parties du système matériel, et si l'on suppose que le système soit en équilibre, la somme des travaux virtuels de ces dernières forces est nulle pour tout déplacement virtuel compatible avec les liaisons.

Nous allons voir que, réciproquement, si la somme des travaux virtuels des forces F, F', F'',...., directement appliquées au système matériel, est égale à zéro, pour tout déplacement infiniment petit compatible avec les liaisons, ce système est en équilibre. En effet, s'il n'y avait pas équilibre, le système matériel dont il s'agit se mettrait en mouvement sous l'action des forces F, F', F'',...., et son mouvement s'effectuerait conformément aux liaisons auxquelles il est assujetti ; on pourrait évidemment s'opposer à ce mouvement en appliquant à chacun des points matériels du système une force convenable dirigée en sens contraire de la direction suivant laquelle ce point matériel tendrait à se déplacer ; dès lors le système matériel serait en équilibre sous l'action des forces Q, Q', Q'',...., que l'on devrait ainsi appliquer à ses divers points, et des forces F, F', F'',...., que l'on avait déjà. D'après ce qui vient d'être établi, il n'y a qu'un instant, la somme des travaux de cet ensemble de forces Q, Q', Q'',...., F, F', F'',...., devrait être nulle, pour tout déplacement virtuel compatible avec les liaisons, et en particulier pour le déplacement infiniment petit que le système aurait pris tout d'abord sous l'action des forces F, F', F'',.... seules, si l'on n'avait pas appliqué les forces Q, Q', Q'',... pour s'y opposer. Mais, par hypothèse, la somme des travaux virtuels des forces F, F', F'',... est nulle pour tout déplacement compatible avec les liaisons, et par conséquent pour le mouvement particulier dont il s'agit : donc, la somme des travaux virtuels des forces Q, Q', Q'',.... devrait aussi être nulle pour ce mouvement particulier, ce qui est impossible, puisque, dans ce mouvement, le point d'application de chacune de ces forces Q se déplace précisément en sens contraire du sens dans lequel la force agit; ce qui fait que les travaux virtuels des forces Q, Q′ Q″,.... sont tous négatifs.

Il résulte de ce qui vient d'être dit que, pour qu'un système matériel, dans lequel on imagine des liaisons, soit en équilibre sous l'action de diverses forces, F, F′, F″,...., directement appliquées à ses différents points, il faut et il suffit que la somme des travaux virtuels de ces forces soit nulle pour tout déplacement infiniment petit compatible avec les liaisons.

§ 187. Un solide invariable est un cas particulier d'un système matériel dans lequel existent des liaisons, puisqu'un pareil solide n'est autre chose qu'un système matériel dont les divers points sont supposés à des distances invariables les uns des autres. D'après cela, donner au solide un mouvement virtuel compatible avec les liaisons qu'on imagine à son intérieur, c'est le déplacer tout d'une pièce, sans qu'il éprouve aucun changement de forme dans ses diverses parties. Il résulte de là que, pour qu'un solide invariable soit en équilibre sous l'action de diverses forces, il faut et il suffit que la somme des travaux virtuels de ces forces soit nulle pour tout mouvement infiniment petit attribué au solide, la forme du solide restant d'ailleurs toujours la même, malgré le changement de position qu'on lui fait subir. Nous retrouvons ainsi le théorème du travail virtuel, dans le cas d'un solide invariable, tel que nous l'avons établi précédemment (§ 176) par des considérations directes. Il est important de remarquer cependant que, pour arriver à l'établir ainsi directement, nous avons dû admettre tout d'abord (§ 153) que deux forces égales et contraires appliquées à deux points différents d'un solide invariable, et suivant la droite qui les joint, se font mutuellement équilibre ; tandis que nous venons en dernier lieu de démontrer ce même théorème du travail virtuel, sans rien admettre de plus que les principes énoncés dans le chapitre premier du livre II, et les conséquences que nous en avons déduites par une suite de raisonnements rigoureux. Cette proposition que nous avons admise relativement à deux forces égales et directement opposées, appliquées à deux points différents d'un solide invariable, et qu'on peut regarder comme évidente par elle-même, se trouverait donc justifiée par ce qui précède, si l'on voyait quelque difficulté à la considérer comme évidente.

En appliquant le théorème du travail virtuel, dans le cas d'un solide invariable soumis à l'action de diverses forces, nous avons trouvé les six équations ($a$) du § 177, équations qui sont nécessaires et suffisantes pour exprimer l'équilibre du solide sous l'action de ces forces. Le solide dont il s'agit n'était assujetti à aucune autre condition que l'invariabilité des distances mutuelles des divers points matériels qui le composent; sauf cette invariabilité, il était entièrement libre de céder à l'action des forces. Nous pouvons maintenant aller plus loin, en nous appuyant sur le théorème du travail virtuel que nous venons d'établir pour un système matériel contenant des liaisons. Nous pouvons trouver les équations d'équilibre d'un solide invariable qui n'est pas complétement libre de céder aux actions des forces qui lui sont appliquées.

Considérons en premier lieu un solide invariable qui ne peut que tourner autour d'un point fixe : si nous prenons ce point pour origine des coordonnées, et que nous donnions au solide successivement trois rotations infiniment petites autour de chacun des trois axes, le théorème du travail nous fournira les trois équations

$$\Sigma(Zy - Yz) = 0, \qquad \Sigma(Xz - Zx) = 0, \qquad \Sigma(Yx - Xy) = 0.$$

Un mouvement infiniment petit quelconque du solide, compatible avec la liaison à laquelle il est assujetti, ne peut être qu'une rotation autour d'un axe passant par le point fixe; ce mouvement peut donc toujours se décomposer en trois rotations autour des axes coordonnés, et par suite l'équation fournie par le théorème du travail virtuel pour ce mouvement quelconque sera une conséquence des trois équations précédentes : il résulte de là que ces trois équations sont suffisantes pour exprimer l'équilibre du solide. On peut comprendre ces équations d'équilibre dans un seul énoncé, en disant que, pour qu'un solide invariable qui ne peut que tourner autour d'un point fixe soit en équilibre sous l'action de diverses forces, il faut et il suffit que la somme des moments de ces forces par rapport à une droite quelconque menée par le point fixe soit égale à zéro.

Dans le cas où un solide invariable ne peut que tourner autour d'un axe fixe, il est aisé de voir qu'une seule équation exprimera l'équilibre de ce solide sous l'action des forces qui lui sont appliquées : pour que le solide soit en équilibre, il faut et il suffit que la somme des moments des forces par rapport à l'axe fixe soit nulle.

Enfin, dans le cas où un solide invariable ne peut se mouvoir que parallèlement à un plan fixe, on trouve les équations nécessaires et suffisantes pour que ce solide soit en équilibre, en exprimant que la somme des travaux virtuels des forces qui lui sont appliquées est nulle pour trois déplacements différents, savoir: pour deux translations suivant deux axes rectangulaires tracés dans le plan fixe, et pour une rotation autour d'un axe mené perpendiculairement à ce plan par le point de rencontre des deux premiers. Ces équations d'équilibre sont les mêmes que celles que l'on trouverait si l'on projetait toutes les forces sur le plan fixe, et qu'on exprimât ensuite que le solide est en équilibre sous l'action de ces forces projetées (§ 179).

§ 188. **Équilibre relatif d'un système matériel.** — Ce que nous avons dit pour l'équilibre relatif d'un point matériel (§ 140) peut s'étendre immédiatement à l'équilibre relatif d'un système quelconque de points matériels ; cet équilibre se ramène à un équilibre absolu par l'adjonction des forces apparentes correspondant aux divers points du système, aux forces qui sont réellement appliquées à ces différents points. En prenant l'ensemble de ces forces apparentes et réelles, et leur appliquant le théorème du travail virtuel, on trouvera dans tous les cas les équations auxquelles elles doivent satisfaire pour que le système soit en équilibre relatif, c'est-à-dire pour qu'il ne sorte pas de l'état de repos relatif dans lequel on le suppose primitivement placé.

Les corps qui nous paraissent en équilibre autour de nous

sont seulement en équilibre relatif, puisque la terre n'est pas immobile. Nous pouvons traiter cet équilibre relatif comme s'il était absolu, en considérant, pour chaque molécule, non seulement les forces qui lui sont réellement appliquées, mais encore la force d'inertie correspondant au mouvement réel de cette molécule supposée en repos par rapport à la terre. Mais si, parmi les forces qui agissent réellement sur les molécules, nous prenons spécialement les attractions qu'elles éprouvent de la part de la masse entière de la terre, ainsi que de la part du soleil et de la lune, et si nous composons la force d'inertie dont nous venons de parler avec ces attractions, nous aurons une résultante qui sera précisément ce que nous nommons le poids de cette molécule (§ 146), et la direction de cette force résultante sera la verticale correspondant au point où la molécule est située. Nous voyons par là que l'on peut assimiler l'état de repos des corps sur la terre à un équilibre absolu, en regardant le poids de chaque molécule comme si c'était une force qui lui fût réellement appliquée suivant la verticale, et exprimant que ce poids, joint aux forces réelles autres que les attractions dont il vient d'être question, forme un système de forces qui satisfait aux équations d'équilibre fournies par le théorème du travail virtuel.

Pour trouver la grandeur de ce poids de chaque molécule d'un corps, et par suite le poids total du corps considéré comme un solide invariable, nous n'avons pas besoin d'ailleurs de nous préoccuper de la définition que nous en avons donnée, et de chercher à effectuer la composition des attractions que la molécule éprouve de la part de la terre, du soleil et de la lune, avec la force d'inertie correspondant à son mouvement d'entraînement : l'expérience nous fournit directement la grandeur du poids d'un corps, et de même elle nous fait connaître la verticale, qui est la direction suivant laquelle ce poids doit être regardé comme exerçant son action.

D'après les explications que nous avons données précédemment (§ 149), le poids d'un corps change périodiquement de grandeur aux diverses heures d'une même journée, et de même

la verticale correspondant à un point quelconque change périodiquement de direction. Il s'ensuit que l'état d'équilibre des
corps sur la terre doit changer continuellement, par suite de
ces circonstances. Mais ces changements sont tellement faibles
qu'il n'est généralement pas possible d'en apercevoir les effets,
et qu'il n'y a lieu de s'en préoccuper que dans des cas extrêmement restreints : nous regarderons donc habituellement les
poids des molécules des corps situés sur la terre comme des
forces constantes en grandeur et en direction.

§ 189. **Équilibre des systèmes pesants dans lesquels
existent des liaisons.** — Considérons un système matériel
assujetti à certaines liaisons, telles que celles que nous avons
définies précédemment (§ 186), et supposons que ses diverses
molécules ne sont d'ailleurs soumises qu'à l'action de la
pesanteur. Pour qu'un pareil système soit en équilibre, il
faut et il suffit que, pour tout mouvement virtuel compatible
avec les liaisons, le centre de gravité du système reste dans le
plan horizontal dans lequel il se trouvait d'abord. En effet,
la condition d'équilibre, telle que la fournit le théorème du
travail virtuel, c'est que la somme des travaux virtuels des
poids des diverses molécules du système soit nulle, pour tout
déplacement compatible avec les liaisons (§ 186) ; mais nous
avons vu (§ 173) que cette somme de travaux a toujours pour
valeur le travail d'une force égale au poids total du système
appliquée à son centre de gravité : donc on exprimera l'équilibre du système en disant que ce dernier travail est nul pour
tout déplacement virtuel compatible avec les liaisons, c'est-
à-dire que, de quelque manière qu'on effectue ce déplacement, le centre de gravité du système ne sort pas du plan horizontal dans lequel il était primitivement situé.

Supposons, par exemple, que le lieu géométrique de toutes
les positions que peut prendre le centre de gravité d'un système pesant, lorsqu'on donne à ce système tous les mouvements compatibles avec les liaisons auxquelles il est assujetti,
soit une ligne courbe ou bien une surface : le système sera en
équilibre toutes les fois que son centre de gravité se trouvera

au point le plus élevé ou au point le plus bas de la courbe ou
de la surface, et, en général, toutes les fois qu'il sera en un
point tel que la tangente à la courbe, ou le plan tangent à la
surface en ce point aura une direction horizontale. S'il arrivait
que le centre de gravité d'un système pesant restât constamment dans un même plan horizontal, de quelque manière qu'on
changeât les positions de ses diverses parties, en ayant égard
aux liaisons, on devrait en conclure nécessairement que le
système est en équilibre dans toutes ces positions : on dit alors
que l'équilibre est *indifférent*. C'est ce qui aura lieu en particulier, si le centre de gravité du système reste toujours au même
point de l'espace, de quelque manière que l'on déplace les
diverses parties de ce système.

§ 190. On trouve une application de ce qui précède dans la
construction des ponts-levis à flèche. Le tablier AB du pont,
*fig.* 93, est mobile autour d'un axe horizontal A ; deux chaînes
B, C partent des deux côtés du tablier, et vont s'attacher aux
extrémités de deux flèches C, D formant un cadre mobile autour d'un axe horizontal E ; un contre-poids Q, supporté par
les deux flèches, sert à équilibrer le poids du tablier. On prend
la distance EC égale à AB, et on donne aux deux chaînes B, C une

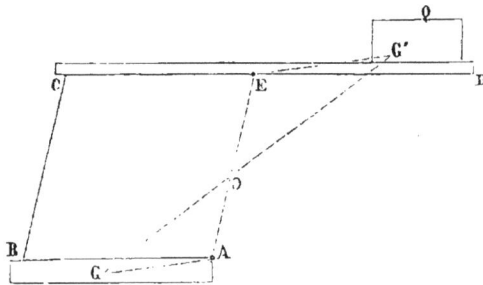

Fig. 93.

longueur égale à AE ; de sorte que la figure ABCE est un parallélogramme dans toutes les positions que l'on peut donner
au système, en faisant tourner les flèches autour de l'axe E, et le
tablier autour de l'axe A, sans que les chaînes B, C cessent d'être

tendues; il en résulte que, dans un pareil mouvement, l'angle dont le tablier tourne autour de l'axe A est toujours égal à l'angle dont les flèches tournent en même temps autour de l'axe E. Pour trouver le centre de gravité du système tout entier, formé du ta-blier, des chaînes, des flèches et du contre-poids, nous pouvons concevoir que chaque chaîne soit remplacée par deux masses égales chacune à la moitié de sa masse et placée à ses deux extrémités; soient G et G' les centres de gravité du tablier d'une .part, et des flèches avec le contre-poids Q d'une autre part, en y comprenant de part et d'autre les masses qui tiennent lieu des moitiés des chaînes; soient, en outre, P et P' les poids de ces deux parties du système : le point d'application de la résultante des forces parallèles et de même sens P, P', appliquées aux points G, G', sera le centre de gravité du système tout entier. On détermine le contre-poids Q, et sa position sur la charpente formée par les flèches, de manière à satisfaire à deux conditions, savoir : 1° que la ligne EG' soit parallèle à AG', pour une posi-tion particulière du système ; 2° que l'on ait la proportion

$$\frac{P}{P'} = \frac{EG'}{AG}.$$

Il est aisé de voir que le parallélisme de EG' et de AG se con-serve dans toutes les positions que l'on peut donner au sys-tème, et que, par conséquent, d'après la seconde des condi-tions qui viennent d'être indiquées, le centre de gravité de tout le système se trouve toujours en un point O, situé sur la droite AE, de telle manière qu'on ait

$$\frac{AO}{EO} = \frac{AG}{EG'} = \frac{P'}{P}.$$

Il résulte de là que le pont-levis, ainsi constitué, est en équi-libre indifférent dans toutes les positions qu'on peut lui donner, en faisant tourner les flèches autour de l'axe E, et par suite le tablier autour de l'axe A.

Au lieu d'accrocher les chaînes qui supportent le tablier d'un pont-levis à des flèches munies d'un contre-poids, comme nous venons de le dire, on peut faire passer ces chaînes sur des pou-lies placées au-dessus du tablier, et suspendre à leurs extrémités des contre-poids destinés à équilibrer le poids de ce tablier. On peut, en outre, obliger ces contre-poids à glisser le long de courbes fixes, afin que la tension de chaque chaîne due à l'action du contre-poids qui la termine varie suivant que le tablier du pont est plus ou moins relevé. Si l'on détermine ces courbes fixes de telle manière que le centre de gravité du tablier, des chaînes et des contre-poids reste toujours sur un même plan horizontal, le pont-levis sera en équilibre indifférent dans toutes les positions qu'on pourra lui faire prendre.

Un pont-levis à flèches, ou bien à contre-poids mobiles le long de courbes fixes, est loin de rentrer complétement dans le cas des systèmes à liaisons que nous avons considérés. Les tourillons du tablier et ceux des flèches éprouvent des frottements de la part des ouvertures ou coussinets dans lesquels ils tournent; les contre-poids glissant le long de courbes fixes éprouvent également des frottements de la part de ces courbes. Mais il est clair qu'on peut faire abstraction de ces frottements divers dans la théorie de l'établissement des ponts-levis, et raisonner comme nous l'avons fait, en faisant rentrer ces appareils dans les systèmes à liaisons que nous avons considérés d'une manière générale : si un pont-levis est disposé de manière à être en équilibre indifférent dans toutes les positions qu'on peut lui donner, dans le cas où il ne se développerait de frottement dans aucune de ses parties, il restera à plus forte raison en équilibre dans chacune de ses positions lorsque ces frottements exerceront leur action.

§ 191. Dans la construction des appareils de diverses espèces destinés à peser les corps, on cherche à réaliser autant que possible les liaisons idéales que nous avons définies précédemment (§ 186); ces appareils sont d'autant meilleurs à ce point de vue, qu'ils sont plus près de rentrer complétement dans les systèmes à liaisons pour lesquels nous avons établi le théorème du § 186. Ainsi, on dispose les diverses pièces susceptibles de fléchir sous l'action des forces qui leur sont appliquées, telles que les fléaux de balances, de manière que leur flexion soit toujours très-faible et qu'on puisse les regarder comme étant des solides invariables ; on fait en sorte que les diverses pièces solides qui doivent se mouvoir les unes par rapport aux autres, ne se touchent que par des couteaux à arêtes déliées, de manière que les mouvements relatifs soient des rotations autour des arêtes de ces couteaux, etc. Les frottements que l'on peut laisser subsister dans certains appareils, tout en en faisant abstraction dans les considérations théoriques sur lesquelles repose leur construction (§ 190), parce qu'ils ne nuisent pas à l'effet qu'on veut obtenir, seraient au contraire ici très-nuisibles, en ce qu'ils diminueraient la mobilité, et par conséquent la sensibilité des appareils dont nous nous occupons.

Le plus ordinairement ces appareils, dont on se sert pour peser les corps, se composent de deux plateaux mobiles reliés l'un à l'autre par un système de pièces solides articulées entre elles ; de sorte que le mouvement ascendant ou descendant de l'un des plateaux détermine nécessairement le mouvement de l'autre plateau en sens contraire. Le corps à peser étant placé sur l'un des plateaux, on lui fait équilibre au moyen de poids connus placés en quantité convenable sur l'autre plateau, et la quantité de ces poids connus, qu'on a dû employer, fait connaître le poids du corps. Il est aisé de voir qu'un appareil de ce genre doit nécessairement satisfaire à cette condition, que le mouvement de chacun des deux plateaux soit un mouvement de translation, c'est-à-dire que ses diverses parties s'élèvent ou s'abaissent en même temps d'une même quantité. Car, en supposant que l'équilibre soit établi, comme nous venons de le dire, il faut que cet équilibre ne soit pas troublé par un simple changement de position d'un des corps pesants sur la surface d'un plateau qui le supporte ; il faut donc que le centre de gravité de ce corps se déplace verticalement de la même quantité, quelle que soit sa position sur le plateau, pour un même mouvement virtuel attribué au système et compatible avec les liaisons, sans quoi la somme des travaux virtuels de toutes les actions de la pesanteur sur ce système changerait de valeur par le changement de position du corps, et cette somme ne pourrait pas être nulle dans tous les cas.

21

La condition que nous venons de faire connaître, et qui consiste en ce que chacun des deux plateaux doit s'élever ou s'abaisser d'un mouvement de translation pour un mouvement infiniment petit des pièces articulées qui les relient l'un à l'autre, suffit pour que l'appareil puisse être employé à la détermination des poids des corps, en supposant, bien entendu, qu'il satisfasse d'ailleurs à la condition de mobilité dont nous avons parlé tout d'abord. L'équilibre qu'on établit en mettant le corps à peser sur l'un des plateaux, et des poids connus sur l'autre plateau, est tel que les diverses pièces mobiles de l'appareil sont dans les mêmes positions que si les plateaux n'étaient chargés ni l'un ni l'autre ; en sorte que, pour tout déplacement virtuel du système, la somme des travaux virtuels des actions de la pesanteur, sur les diverses parties qui constituent l'appareil lui-même, est égale à zéro : il faut donc que la somme des travaux virtuels de la pesanteur, sur le corps qu'on veut peser d'une part, et sur les poids connus d'une autre part, soit séparément nulle ; c'est-à-dire que le poids inconnu et l'ensemble des poids connus sont entre eux dans le rapport inverse des quantités dont les deux plateaux se déplacent en même temps suivant la verticale. Ainsi, il suffit de connaître le rapport qui existe entre ces déplacements simultanés des deux plateaux, estimés suivant la verticale, pour en conclure le rapport du poids inconnu à l'ensemble des poids connus qui lui font équilibre, et par conséquent pour trouver la valeur de ce poids inconnu. Dans la balance ordinaire, où les deux plateaux sont suspendus aux extrémités d'un fléau mobile autour de son milieu, les déplacements simultanés des plateaux suivant la verticale sont égaux l'un à l'autre, et par suite le poids du corps que l'on pèse est égal à l'ensemble des poids connus avec lesquels on lui fait équilibre. Il en est de même de la balance de Roberval, ou balance à plateaux supérieurs, qui est si répandue depuis quelque temps dans le commerce. Dans les bascules diverses employées à peser les corps un peu lourds, les déplacements simultanés des deux plateaux sont ordinairement entre eux dans le rapport de 1 à 10, ou même de 1 à 100, de sorte qu'il faut prendre 10 fois ou 100

fois l'ensemble des poids connus mis dans le petit plateau pour
avoir le poids du corps que l'on pèse.

§ 192. **Équilibre du polygone funiculaire.** — Supposons
qu'un fil parfaitement flexible et inextensible soit sollicité par
des forces F, F′, F″, F‴, Fⁱᵛ, *fig.* 94, appliquées à ses extrémités,

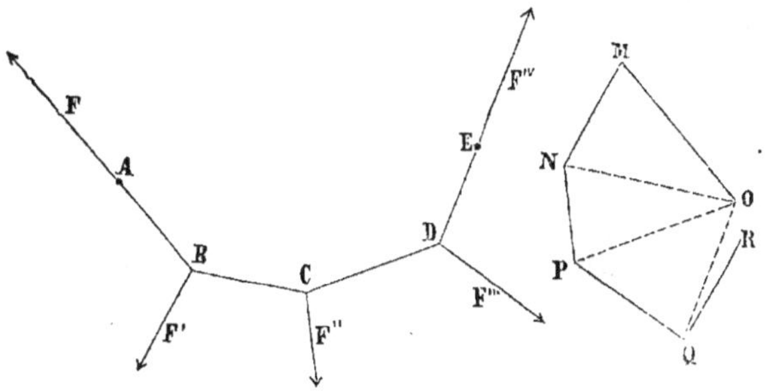

Fig. 94.

A, E, et à divers points B, C, D, de sa longueur; ce fil, étant
en équilibre sous l'action des forces dont il s'agit, affectera la
forme d'un polygone ayant pour sommets les divers points d'application de ces forces : on donne à un pareil fil le nom de
*polygone funiculaire*. Nous allons voir en quoi consistent les
conditions de son équilibre.

Chacun des cordons AB, BC,... éprouve une certaine tension,
et l'on conçoit que cette tension peut être évaluée en nombre à
l'aide d'un dynamomètre (§ 86) qu'on interposerait entre deux
parties de ce cordon, préalablement coupé en un point quelconque de sa longueur. La tension du cordon AB est évidemment égale à la force F, et la direction de ce cordon est la même
que celle de cette force. Il en est de même du cordon DE, qui
est dirigé suivant la direction de la force Fⁱᵛ, et dont la tension
est égale à cette force. Soient T et T′ les tensions des cordons
intermédiaires BC, CD; le point B est en équilibre sous l'action des forces F′, F, T, dont les deux dernières agissent respectivement suivant les lignes BA, BC; il s'ensuit que l'une quelconque de ces trois forces est égale et directement opposée à la
résultante des deux autres : donc le cordon BC doit être dirigé

dans le plan des deux forces F, F', suivant le prolongement de
la diagonale du parallélogramme construit sur ces deux forces,
appliquées toutes deux au point B, et la longueur de cette diagonale détermine la grandeur de la tension T du cordon BC.
De même l'équilibre du point C, soumis aux actions des forces
F'', T, T', exige que CD soit dirigé dans le plan mené par F''
et par BC, suivant le prolongement de la diagonale du parallélogramme construit sur les deux forces F'', T, appliquées au
point C; et la longueur de cette diagonale détermine la grandeur de la tension T du cordon CD. Enfin, la force F$^{iv}$, qui a la
même direction que le cordon DE, doit être située dans le plan
mené par F''' et CD, dirigée suivant le prolongement de la diagonale du parallélogramme construit sur les forces F''' et T',
appliquées au point D, et égale à la force que représente cette
diagonale.

Ces conditions d'équilibre du polygone funiculaires peuvent
s'exprimer simplement à l'aide d'une construction géométrique, ainsi que nous allons le voir. Par un point quelconque O
de l'espace, *fig.* 94, menons une droite OM égale et parallèle à celle qui représente la force F, et dans le sens dans lequel cette force agit; par le point M ainsi obtenu, menons de
même une droite MN égale et parallèle à celle qui représente
la force F; la droite ON est égale et parallèle à celle qui représente la résultante des deux forces F, F' : le cordon BC doit
donc être parallèle à la droite ON, et la tension T de ce cordon doit être égale à la force que représente cette droite. On
verra de même que, si l'on mène NP égale et parallèle à la
droite qui représente la force F'', OP sera égale et parallèle à
la droite qui représente la résultante des forces F'' et T, appliquées au point C : le cordon DC doit donc être parallèle à
la droite OP, et la tension T de ce cordon doit être égale à la
force que représente cette droite. Enfin, si l'on mène PQ,
égale et parallèle à F''', la force F$^{iv}$ doit être parallèle à OQ et
égale à la force que cette droite OQ représente; de sorte que,
si l'on mène par le point Q une droite égale et parallèle à celle
qui représente la force F$^{iv}$, l'extrémité de cette droite doit

coïncider avec le point O. Il suit de là que, si, à partir d'un point quelconque O, on mène à la suite les unes des autres les droites OM, MN, NP, PQ, QR, respectivement égales et parallèles aux forces F, F', F'', F''', F'ᵛ, les conditions d'équilibre du polygone funiculaire consistent en ce que : 1° l'extrémité R du polygone auxiliaire ainsi formé doit coïncider avec son point de départ O ; 2° les cordons intermédiaires BC, CD du polygone funiculaire doivent être parallèles aux diagonales ON, OP de ce polygone auxiliaire. Quant aux tensions de ces cordons intermédiaires, elles sont déterminées par les longueurs des diagonales ON, OP. Il est bon d'ajouter que, outre les conditions d'équilibre qui viennent d'être indiquées, il faut encore que les valeurs que l'on trouve ainsi pour les tensions des cordons BC, CD ne soient pas négatives, c'est-à-dire qu'il ne faut pas que les forces appliquées aux deux extrémités de l'un de ces cordons tendent à rapprocher ces extrémités l'une de l'autre, au lieu de tendre à les éloigner : si l'on trouvait une valeur négative pour la tension d'un cordon, l'équilibre ne pourrait pas avoir lieu, à moins que ce cordon ne fût remplacé par une tige rigide capable de résister aux actions des forces qui tendent à rapprocher ses extrémités l'une de l'autre.

Dans le cas particulier où les diverses forces F, F', F'',.... qui agissent sur le polygone funiculaire, sont toutes parallèles à un même plan, il est aisé de voir que le polygone auxiliaire OMNP.... est situé tout entier dans un plan parallèle au précédent ; le polygone funiculaire dont les divers cordons sont parallèles aux lignes OM, ON, OP,...., est donc également situé tout entier dans un plan, qui contient en même temps les directions des forces F, F', F'',.... Il en est encore de même lorsque toutes les forces intermédiaires F', F'', F''' sont parallèles entre elles, quelles que soient les directions des forces extrêmes F, F'ᵛ ; car alors les côtés MN, NP, PQ du polygone auxiliaire sont dirigés suivant une même ligne droite, et par conséquent ce polygone auxiliaire prend dans son ensemble la forme d'un triangle : le polygone funiculaire est donc nécessairement situé tout entier dans un plan parallèle au plan de ce triangle.

§ 193. Nous pouvons appliquer ce qui précède à la détermination de la forme des chaînes qui supportent un pont suspendu. Ces chaînes sont reliées au tablier du pont par des
barres verticales équidistantes. Dans la construction d'un
pareil pont, on s'impose la condition que ces barres verticales
soient également tendues, c'est-à-dire que chacune d'elles ait
à supporter une même portion du poids total du tablier : c'est
d'après cette condition que l'on cherche la forme que doit
prendre chacune des chaînes, considérée comme constituant
un polygone funiculaire.

Soient ABCDE, *fig.* 95, une portion quelconque de l'une
de ces chaînes, et AA′, BB′, CC′, DD′,.... les barres verticales

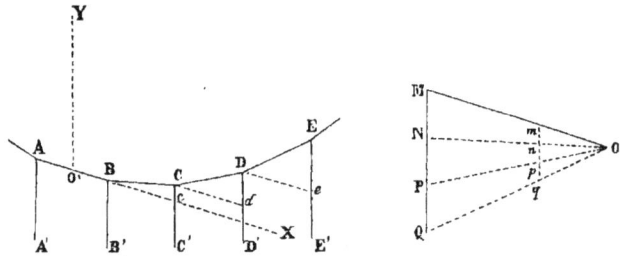

Fig. 95.

qui relient cette chaîne au tablier. Construisons le polygone
auxiliaire OMNPQ du paragraphe précédent. Pour cela, nous
mènerons par un point quelconque O une droite OM parallèle à
AB et égale en longueur à la ligne qui représente la tension de
AB supposée connue ; par le point M, nous mènerons une ligne
MN verticale et égale à celle qui représente la charge supportée par la barre BB′; par le point N, nous mènerons de même
une ligne NP verticale et égale à celle qui représente la charge
de la barre CC′, et ainsi de suite. Les barres BB′, CC′, DD′,....
devant être également chargées, les lignes MN, NP, PQ,....
seront toutes de même longueur. Nous savons que les côtés
BC, CD, DE,.... doivent être respectivement parallèles aux lignes ON, OP, OQ,.... Voyons maintenant quelles sont les conséquences que nous pourrons tirer de cette construction.

Traçons une ligne *mnpq* parallèle à MNPQ, et passant à une distance du point O égale à la distance constante A′B′ qui sépare deux barres consécutives; les portions *mn*, *np*, *pq*,.... de cette ligne comprises entre les points où elle coupe OM, ON, OP, OQ,.... seront égales entre elles. Pour étudier la forme de la chaîne ABCD,.... rapportons ces divers sommets à deux axes O′X, O′Y, dont l'un est dirigé suivant le côté AB, et l'autre est la verticale menée par le milieu O′ de ce côté. Menons, en outre, par les points C, D,.... des lignes C*d*, D*e*, ... parallèles à O′X. Il est aisé de voir que les lignes B*c*, C*d*, D*e*,.... sont toutes égales à O*m;* d'ailleurs, les côtés AB, BC, CD, DE,..., étant respectivement parallèles à O*m*, O*n*, O*p*, O*q*,...., les angles CB*c*, DC*d*, ED*e*,.... sont respectivement égaux aux angles *m*O*n*, *m*O*p*, *m*O*q*,...., et les angles B*c*C, C*d*D, D*e*E,.... sont tous égaux à l'angle O*mn* : donc les triangles BC*c*, CD*d*, DE*e*,.... sont respectivement égaux aux triangles O*mn*, O*mp*, O*mq*,...., et par suite les lignes C*c*, D*d*, E*e*,.... sont respectivement égales à *mn*, *mq*, *mp*,...., c'est-à-dire à *mn*, 2*mn*, 3*mn*,.... Désignons B*c* par *a*, et C*c* par *b*. Nous aurons évidemment pour les coordonnées du point B,

$$x = \frac{1}{2}a, \qquad y = 0;$$

pour celles du point C,

$$x = \frac{3}{2}a, \qquad y = b;$$

pour celles du point D,

$$x = \frac{5}{2}a, \qquad y = b + 2b;$$

pour celles du point E,

$$x = \frac{7}{2}a, \qquad y = b + 2b + 3b; \cdot$$

et en général, pour les coordonnées d'un sommet quelconque de rang *n*,

$$x = \frac{2n-1}{2}a;$$

$$y = b + 2b + 3b + \ldots + (n-1)b = \frac{n(n-1)}{2}b.$$

Si nous éliminons $n$ entre ces deux dernières formules, nous trouvons l'équation

$$x^2 = \frac{2a^2}{b} y + \frac{a^2}{4},$$

qui est celle d'une courbe passant par tous les sommets A, B, C, D,.... : on voit que cette courbe est une parabole du second degré, ayant l'axe des $y$ pour un de ses diamètres, et par conséquent ayant son axe de figure dirigé verticalement.

Supposons, ce qui a lieu habituellement, que l'un des côtés de la chaîne soit horizontal, et que nous connaissions l'inclinaison d'un autre côté quelconque, du côté extrême par exemple ; nous pourrons facilement déterminer la forme de la chaîne entre ces deux côtés, ainsi que les rapports des tensions de ses diverses parties à la charge constante que chacun de ses sommets doit supporter. Pour cela, traçons une ligne horizontale ST, *fig.* 96, puis menons par le point S une verticale

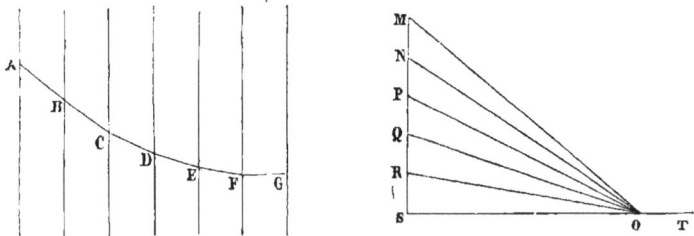

Fig. 96.

sur laquelle nous porterons autant de longueurs égales SR, RQ,....., NM, qu'il y a de sommets de la chaîne entre le côté horizontal et le côté dont l'inclinaison nous est donnée ; menons ensuite par le point E une ligne MO, inclinée comme ce dernier côté : nous pourrons regarder les longueurs SR, RQ,..... MN, comme représentant les charges égales des divers sommets, et alors la longueur MO représentera la tension du côté auquel cette ligne est parallèle, SO représentera la tension du côté horizontal, et enfin les lignes RO, QO,....., feront connaître à la fois les directions des côtés intermédiaires et les tensions de ces côtés. Si, après avoir mené une série de parallèles équidistantes destinées à représenter les directions des diverses barres verticales de suspension, on trace le côté horizontal FG entre deux de ces parallèles, il suffira de mener par le point F une ligne FE parallèle à OR, puis par le point E une ligne ED parallèle à OQ, et ainsi de suite, pour avoir la figure ABCDEFG de la partie de chaîne comprise entre le côté horizontal FG et le côté AB, dont l'inclinaison est donnée.

Nous n'avons pas besoin d'en dire davantage pour faire comprendre l'usage du polygone auxiliaire dans la solution des diverses questions qu'on pourrait se proposer relativement à la chaîne des ponts suspendus.

§ 194. **Équilibre d'un fil homogène pesant.** — Supposons qu'un fil inextensible et parfaitement flexible soit attaché par ses deux extrémités à deux points fixes, et cherchons la figure d'équilibre qu'il prendra sous l'action de la pesanteur. Nous admettrons que ce fil est homogène, c'est-à-dire que les diverses portions de même longueur dans lesquelles on pourra le décomposer ont toutes la même masse.

Imaginons que le fil, pris à l'état d'équilibre, soit divisé en une infinité d'éléments ayant tous une même longueur infiniment petite $ds$ ; nous pourrons regarder ces divers éléments comme étant les côtés d'un polygone infinitésimal suivant lequel le fil est dirigé. Désignons par $p$ le poids de l'unité de longueur du fil ; le poids de chacun des éléments sera égal à $pds$. Il est aisé de voir qu'au lieu de regarder la pesanteur comme agissant sur toute la longueur de chacun des éléments du fil, on peut supposer que le polygone infinitésimal formé par la succession de ces éléments soit uniquement soumis à des forces verticales, toutes égales à $pds$, appliquées à ses différents sommets : la forme que l'on trouvera pour ce polygone infinitésimal sera précisément celle qu'affectera le fil homogène pesant que nous considérons. La question d'équilibre dont nous nous occupons n'est plus dès lors qu'un cas particulier de l'équilibre du polygone funiculaire.

Toutes les forces appliquées aux divers sommets du polygone infinitésimal dont il s'agit étant parallèles entre elles, nous savons déjà, d'après ce qui a été dit précédemment (§ 192), que ce polygone doit être situé tout entier dans un plan, qui sera le plan vertical mené par les deux points d'attache du fil. Rapportons les divers points du fil à deux axes coordonnés dirigés dans ce plan, et prenons pour axe des $x$ une ligne horizontale, et pour axe des $y$ une verticale ; supposons, en outre, que les $y$ se comptent positivement de bas en haut. Soient **T** la tension d'un côté quelconque du polygone infinitésimal dont nous cherchons la forme, et $dx$, $dy$, les projections de ce côté sur les axes coordonnés ; les composantes de la tension T, suivant des parallèles aux axes, auront pour valeurs

$$\mathrm{T}\frac{dx}{ds}, \qquad \mathrm{T}\frac{dy}{ds}.$$

Si nous considérons les composantes analogues de l'élément suivant, il est clair qu'elles auront pour valeurs

$$\mathrm{T}\frac{dx}{ds}+d\left(\mathrm{T}\frac{dx}{ds}\right), \qquad \mathrm{T}\frac{dy}{ds}+d\left(\mathrm{T}\frac{dy}{ds}\right).$$

D'après cela, il est aisé de voir que, pour l'équilibre du sommet commun à ces deux éléments consécutifs du polygone infinitésimal, on doit avoir les équations

$$d\left(\mathrm{T}\frac{dx}{ds}\right)=0, \qquad d\left(\mathrm{T}\frac{dy}{ds}\right)-p ds=0, \qquad (a)$$

qui expriment que les sommes des projections des forces appliquées à ce sommet sur chacun des deux axes coordonnés sont séparément nulles (§ 104). L'intégration de ces deux équations différentielles va nous faire connaître la forme d'équilibre du fil.

La première des équations ($a$) s'intègre immédiatement et donne

$$\mathrm{T}\frac{dx}{ds}=\mathrm{Q},$$

Q étant une constante arbitraire ; cette constante Q est évidemment la valeur de la tension T, au point le plus bas du fil, c'est-à-dire qu'elle représente la tension de l'élément horizontal qui se trouve à ce point le plus bas, puisque, pour cet élément, $dx$ est égal à $ds$. Si l'on tire de là la valeur de T, pour la substituer dans la seconde des équations ($a$), cette équation devient

$$Q\, d\frac{dy}{dx} = p\,ds\,;$$

ou bien, en remplaçant $ds$ par sa valeur $dx\sqrt{1 + \left(\dfrac{dy}{dx}\right)^2}$,

$$\frac{\dfrac{d^2y}{dx^2}}{\sqrt{1 + \left(\dfrac{dy}{dx}\right)^2}} = \frac{P}{Q} = \frac{1}{a}, \qquad (b)$$

$a$ étant mis pour simplifier à la place de $\dfrac{Q}{p}$. La lettre $a$ désigne évidemment la longueur d'une portion du fil, dont le poids $pa$ est égal à la tension Q, au point le plus bas.

En intégrant l'équation ($b$), on trouve

$$l\cdot\left(\frac{dy}{dx} + \sqrt{1 + \left(\frac{dy}{dx}\right)^2}\right) = \frac{x}{a}. \qquad (c)$$

La constante que nous devrions ajouter à l'un des deux membres est nulle, si nous convenons de prendre pour axe des $y$ la verticale menée par le point le plus bas du fil, de telle sorte que, pour $x = 0$, on doit avoir $\dfrac{dy}{dx} = 0$. L'équation ($c$), résolue par rapport à $\dfrac{dy}{dx}$, donne

$$\frac{dy}{dx} = \frac{1}{2}\left(e^{\frac{x}{a}} - e^{-\frac{x}{a}}\right)\,;$$

d'où, en intégrant de nouveau, et supposant que l'axe des $x$ soit choisi de manière que la constante soit nulle,

$$y = \frac{a}{2} \left( e^{\frac{x}{a}} + e^{-\frac{x}{a}} \right).$$

Telle est l'équation de la courbe qu'affecte un fil homogène et parfaitement flexible, sous l'action de la pesanteur. Cette courbe, que l'on nomme *chaînette*, jouit de propriétés remarquables ; mais ce n'est pas ici le lieu de nous en occuper.

# CHAPITRE V

§ 195. Ainsi que nous l'avons déjà dit (§ 183), les conditions d'équilibre d'un solide invariable peuvent être appliquées à un solide naturel, soit en prenant ce solide avec la forme qu'il possédait avant qu'il fût soumis à l'action des forces que l'on considère, soit en lui attribuant la forme qu'il a prise sous l'action de ces forces. Dans le premier cas, on ne commet généralement qu'une erreur très-petite, et d'autant plus petite que le solide est moins déformable ; dans le second cas, on ne commet absolument aucune erreur. Mais cette seconde manière d'appliquer les conditions d'équilibre d'un solide invariable à l'équilibre d'un solide naturel, ne peut être employée qu'autant que l'on a à étudier un équilibre existant réellement, et que l'on veut trouver les grandeurs de quelques-unes des forces qui agissent sur le solide considéré. Si l'on donne un solide naturel, et qu'on demande s'il pourra être en équilibre sous l'action de diverses forces données, en les supposant appliquées à certains points de ce solide, on ne connaît pas d'avance la forme qu'affectera ce solide lorsque l'équilibre dont il s'agit sera établi, si toutefois il peut s'établir ; il faut alors, ou bien qu'on néglige la déformation que les forces feront subir au solide, ou bien qu'on sache comment il se déforme sous l'action de forces données. Dans la plupart des cas, on opère de la première manière ; c'est-à-dire que, dans la recherche des relations auxquelles doivent satisfaire les forces appliquées au solide pour qu'il y ait équilibre, on regarde ce solide comme ayant, sous l'action des forces, exactement la forme qu'il avait avant d'être soumis à cette action. Seulement, quand on suit cette marche, on doit ensuite se préoccuper de déterminer les tensions et pressions qui se développent dans les diverses parties du solide, afin de voir s'il peut supporter ces tensions ou ces pressions sans se briser. Les questions que nous allons traiter dans ce chapitre suffiront pour donner une idée nette de cette manière d'opérer.

§ 196. **Résistance d'un solide prismatique à l'extension et à la compression**. — Lorsqu'un solide homogène de forme prismatique, tel qu'une pièce de bois de charpente ou une barre de fer, est fixé à l'une de ses extrémités, et soumis à son autre extrémité à l'action d'une force F, qui tend à l'allonger, il éprouve en effet un certain allongement qui varie avec l'intensité de la force F. Si l'on désigne par $l$ la longueur primitive du solide, par $i$ l'allongement produit par l'action de la force F, et par ω l'aire de sa section transversale, l'expérience indique que l'on a

$$F = E\omega \frac{i}{l},$$

E étant une constante; c'est-à-dire que la force F est proportionnelle à l'aire ω de la section transversale du solide, et aussi à l'allongement $\frac{i}{l}$ de l'unité de longueur de ce solide. Le coefficient E, qui dépend uniquement de la nature du corps, est habituellement désigné sous le nom de *coefficient d'élasticité*. Cette relation entre la force F et l'allongement $i$ qu'elle détermine, n'est vraie d'ailleurs qu'autant que $i$ ne dépasse pas une certaine limite; en sorte qu'on ne doit en faire usage qu'avec cette restriction.

Si le même solide prismatique, fixé à l'une de ses extrémités, est soumis à l'autre extrémité à l'action d'une force qui tend à le raccourcir, l'intensité de la force et le raccourcissement qu'éprouve le solide sont encore liés l'un à l'autre par la relation précédente ; en sorte qu'on peut y regarder *i* comme représentant un allongement positif ou négatif, suivant que la force F agit dans le sens convenable pour allonger le solide, ou bien dans le sens opposé. Cette relation ne peut également s'appliquer au cas où F et *i* sont tous deux négatifs qu'autant que la valeur absolue de *i* n'est pas trop grande ; la limite du raccourcissement au delà de laquelle la formule cesse d'être vraie, diffère d'ailleurs en général de la limite analogue correspondant à l'allongement.

La relation expérimentale que nous venons de faire connaître va nous permettre d'étudier l'équilibre des solides naturels dans diverses circonstances.

§ 197. **Équilibre d'un solide allongé sollicité par des forces qui tendent à le faire fléchir transversalement.** — Considérons d'abord un solide ayant la forme d'un prisme symétrique par rapport à un plan, et supposons que ce solide soit soumis à des forces qui tendent à le faire fléchir parallèlement à ce plan. Nous allons chercher à déterminer la forme que prendra le solide sous l'action des forces qui lui sont appli-quées, en admettant tout d'abord que la déformation qu'elles lui font éprouver est très-petite.

Soit *mn*, *fig.* 97, une section normale de solide pris à l'état d'équilibre ; cette section divise le solide en deux parties A et B. Nous admettrons que les molécules qui sont dans le plan de cette section normale étaient déjà dans un même plan perpendiculaire aux arêtes du prisme avant sa flexion. Nous admettrons, en outre, que les forces

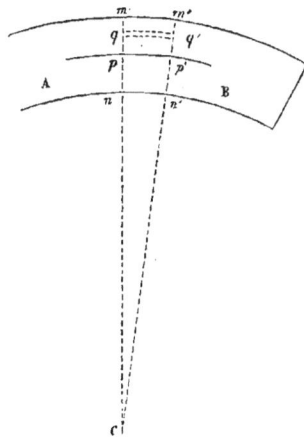

Fig. 97.

extérieures qui agissent sur la partie B du solide se réduisent, soit à un couple C dont le plan est parallèle au plan de symétrie, soit à une seule force F dirigée dans le plan de symétrie parallèlement à la section *mn*.

Considérons la partie B du solide toute seule, et regardons-la comme étant un solide invariable (§ 183). Il y a équilibre entre toutes les forces qui lui sont appliquées, c'est-à-dire entre le couple C ou la force F, et les diverses forces moléculaires qui proviennent de l'action de la partie A du solide sur cette partie B. Chacune de ces dernières forces, agissant sur une des molécules de B situées dans le voisinage de la section *mn*, peut être décomposée en deux composantes, dont l'une agit perpendiculairement à *mn*, et l'autre agit dans le plan *mn*. D'après les conditions d'équilibre établies précédemment (§§ 177 et 178), on peut dire que :

1° La somme des composantes normales à *mn* des actions moléculaires exercées par A sur B est nulle, puisque la somme des projections des autres forces sur une perpendiculaire à *mn* est nulle par hypothèse.

2° La somme des composantes de ces mêmes actions moléculaires suivant *mn* est nulle, si les autres forces qui agissent sur B se réduisent à un couple C ; cette somme est égale à la résultante F de ces autres forces, si elles en ont une, puisque nous avons admis que la résultante F est dirigée parallèlement à *mn* ;

3° Enfin, la somme des moments des composantes normales à *mn* de ces mêmes actions moléculaires, pris par rapport à un axe quelconque dirigé dans le plan *mn* perpendiculairement au plan de symétrie, est égale, soit au moment de la force F pris par rapport au même axe, soit au moment du couple C.

Pour tirer de ces trois propositions les conséquences qu'elles renferment, et qui vont nous conduire à la détermination de la forme d'équilibre du solide prismatique dont il s'agit, considérons une seconde section normale *m'n'*, infiniment voisine de la section *mn*, et concevons que la portion *mnm'n'* du solide soit divisée en une infinité de prismes élémentaires, ayant leurs arêtes dirigées perpendiculairement à *mn*. Ces prismes élémentaires peuvent être regardés comme étant des portions infiniment petites d'autant de fibres dont l'ensemble constitue le solide

tout entier, et qui s'étendent dans toute sa longueur, parallèlement à ses arêtes. Parmi ces portions de fibres comprises entre
les sections $mn$, $m'n'$, il y en a nécessairement qui se sont allongées et d'autres qui se sont raccourcies par suite de la déformation du solide ; car, si elles s'étaient toutes allongées ou toutes
raccourcies, la somme des composantes normales à $mn$ des actions moléculaires exercées par A sur B ne pourrait pas être
nulle, comme l'indique la première des trois propositions précédentes. On comprend donc que, entre les fibres qui se sont allongées et celles qui se sont raccourcies, il doit y en avoir qui
n'ont subi ni allongement ni raccourcissement : ces fibres intermédiaires, dont les éléments n'ont pas changé de longueur, malgré la déformation du solide, se nomment *fibres neutres*. Nous
admettrons que les points où les fibres neutres rencontrent le
plan de la section $mn$ sont tous situés sur une même ligne droite
UU′, *fig.* 98, perpendiculaire au plan de
symétrie ; nous prendrons cette droite
et une droite VV′, dirigée suivant l'intersection de $mn$ avec le plan de symétrie, pour axes coordonnés dans le plan
de la section $mn$, et nous désignerons
par $u$ et $v$ les coordonnées d'un point
quelconque par rapport à ces axes.

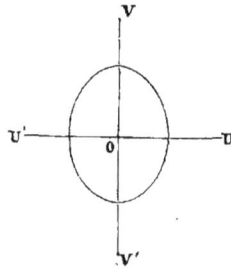

Soit $pp'$, *fig.* 97, la fibre neutre située

Fig. 98.

dans le plan de symétrie, désignons par $\rho$ le rayon de courbure
$p$C de cette fibre en $p$, après que le solide a subi sa déformation. Considérons un élément $qq'$ d'une fibre quelconque, dont
le point de rencontre avec le plan $mn$ a pour coordonnées $u$, $v$,
dans ce plan, et dont la section transversale a pour aire $\omega$. La
longueur de cet élément était primitivement $pp'$, puisque les
plans $mn$, $m'n'$ étaient parallèles. Après la déformation du solide, elle est devenue égale à $pp' \dfrac{\rho + v}{\rho}$ : cet élément s'est donc

allongé de $pp' \dfrac{v}{\rho}$, et par conséquent $\dfrac{v}{\rho}$ est le rapport de son
allongement à sa longueur primitive. D'après cela, si nous nom-

**22**

mons φ la force normale à *mn*, qui produit l'allongement de l'élément *qq'*, nous aurons (§ 196)

$$\varphi = E\omega \, \frac{v}{\rho}.$$

Nous pouvons regarder la force φ comme étant une des composantes normales à *mn* des actions moléculaires exercées par la partie A du solide sur la partie B; la somme de ces composantes ayant pour valeur

$$\frac{E}{\rho}\, \Sigma \omega v,$$

et devant être nulle d'après ce qui précède, il s'ensuit qu'on a

$$\Sigma \omega x = 0.$$

Ce résultat nous montre que le centre de gravité de la section *mn* est situé sur l'axe UU' (§ 166); et comme d'ailleurs, en raison de la symétrie, ce centre de gravité se trouve nécessairement sur VV', il en résulte qu'il est au point d'intersection O de ces deux axes : donc, déjà la fibre neutre située dans le plan de symétrie passe par le centre de gravité d'une section normale quelconque *mn*.

D'après la troisième des propositions énoncées ci-dessus, relativement à l'équilibre de la partie B du solide, la somme des moments des forces telles que φ par rapport à l'axe UU' est égale au moment de la force F, par rapport à cet axe, ou bien au moment du couple C; cette somme de moments a pour valeur

$$\frac{E}{\rho}\, \Sigma \omega v :$$

on lui donne le nom de *moment d'élasticité*. En égalant le moment d'élasticité au moment du couple C, ou bien au moment de la force F par rapport à UU', on aura une équation qui fera connaître le rayon de courbure ρ de la fibre neutre *pp'* au point *p*, et qui déterminera par conséquent la forme de cette fibre dans toute sa longueur, ce qui est précisément le but que nous nous proposons d'atteindre. Nous savons que, si la fibre neutre est rapportée à des axes coordonnés rectangulaires tracés dans son plan, on a pour $\rho$ la valeur

$$\rho = \frac{\left[1 + \left(\frac{dy}{dx}\right)^2\right]^{\frac{3}{2}}}{\frac{d^2y}{dx^2}}.$$

Mais nous avons admis que la déformation du solide est très-petite ; de sorte que, si nous prenons pour axe des $x$ la ligne droite suivant laquelle la fibre neutre était primitivement dirigée, $\frac{dy}{dx}$ est une petite quantité dont nous pouvons négliger le carré à côté de l'unité. Nous pouvons donc prendre pour $\rho$ la valeur simple

$$\rho = \frac{1}{\frac{d^2y}{dx^2}},$$

et si nous désignons par $\mu$ le facteur $\Sigma\omega v^2$, l'expression du moment d'élasticité deviendra

$$E\mu \frac{d^2y}{dx^2}.$$

La quantité $\mu$, ou $\Sigma\omega v^2$, dépend uniquement de la forme de la section transversale $mn$ du solide ; on peut la déterminer en prenant pour élément $\omega$ de cette section, le rectangle infiniment petit dont les côtés, parallèles aux axes OU, OV, *fig.* 98, sont égaux à $du$ et $dv$, en sorte que l'on aura

$$\mu = \int\int v^2 du\,dv,$$

les limites de l'intégrale double étant fournies par la forme du contour de la section $mn$. Cette quantité $\mu$ est ce qu'on nomme le *moment d'inertie* de la section $mn$ par rapport à l'axe OU. Nous verrons plus tard d'où vient ce nom, et nous établirons des théorèmes importants sur les moments d'inertie. Pour le moment, nous nous contenterons de faire connaître la valeur $\mu$ pour diverses formes simples attribuées à la section $mn$. Si $mn$

est un rectangle de base $b$ et de hauteur $2a$, la base $b$ étant parallèle à $UU'$, on a

$$\omega = \tfrac{2}{3} ba^3 = \tfrac{1}{3} \Omega a^2,$$

en désignant par $\Omega$ la surface du rectangle. Si $mn$ est un triangle isocèle de base $b$ et de hauteur $h$, la base étant parallèle à $UU'$, on a

$$\mu = \tfrac{1}{24} bh^3 = \tfrac{1}{12} \Omega h^2,$$

$\Omega$ étant encore la surface du triangle. Si $mn$ est un cercle plein de rayon $r$, on a

$$\mu = \tfrac{1}{4} \pi r^4 = \tfrac{1}{4} \Omega r^2.$$

Enfin, si $mn$ est l'espace compris entre deux circonférences de cercle concentriques de rayons $r$ et $r'$, on a

$$\mu = \tfrac{1}{4} \pi (r^4 - r'^4) = \tfrac{1}{4} \Omega (r^2 + r'^2).$$

§ 198. Nous allons donner plusieurs exemples de l'application de la théorie qui vient d'être exposée, à la détermination de la forme d'équilibre d'un solide prismatique soumis à l'action de forces qui le font fléchir transversalement.

Supposons d'abord que le solide soit encastré à l'une de ses extrémités, *fig*. 99, de telle sorte que, non-seulement l'extrémité O de la fibre neutre soit fixe, mais encore que la tangente à cette fibre en O ne puisse pas changer de direction. Si le prisme est soumis à l'action d'une seule force F, agissant à l'autre extrémité et perpendiculairement à la direction primitive OX de la fibre neutre,

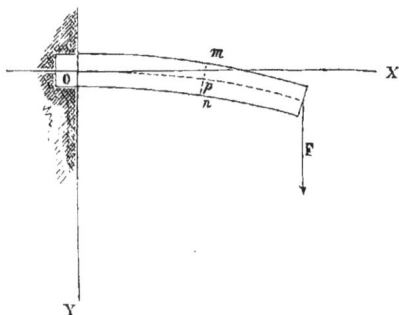

Fig. 99.

on devra exprimer que le moment de la force F par rapport au point $p$, où la fibre neutre perce le plan $mn$ d'une section transversale quelconque, est égal au moment d'élasticité du prisme correspondant à cette section.

D'après cela, si $x$ et $y$ sont les coordonnées du point $p$ par rapport aux axes OX, OY, et si $l$ est la longueur primitive du prisme, longueur qu'on peut prendre sans erreur appréciable pour l'abscisse du point d'application de la force F, on aura

$$E_\mu \frac{d^2y}{dx^2} = F(l - x);$$

d'où, en intégrant et observant que $y$ et $\dfrac{dy}{dx}$ sont nuls pour $x = 0$,

$$y = \frac{F}{E_\mu} \left( \tfrac{1}{2} l x^2 - \tfrac{1}{6} x^3 \right) :$$

telle est l'équation de la courbe formée par la fibre neutre, par suite de l'action de la force F. La flèche $f$, produite par l'action de la force F, c'est-à-dire la quantité dont l'extrémité de la fibre neutre s'est écartée de l'axe OX, s'obtient en faisant $x = l$ dans la valeur de $y$, ce qui donne

$$F = \tfrac{1}{3} \frac{F}{E_\mu} l^3.$$

Supposons maintenant que, le prisme étant dans les mêmes conditions que précédemment, il soit soumis uniquement à l'action de la pesanteur dirigée parallèlement à l'axe OY. La résultante des actions de la pesanteur sur les diverses molécules de la portion du prisme qui se trouve à droite de la section $mn$ a pour valeur $p\,(l - x)$, en désignant par $p$ le poids de l'unité de longueur du prisme, et son point d'application est situé au milieu de cette portion du prisme ; le moment de cette force par rapport au point $p$ est donc égal à

$$\tfrac{1}{2} p(l - x)^2;$$

il s'ensuit qu'on a

$$E_\mu \frac{d^2y}{dy^2} = \tfrac{1}{2} p(l - x)^2 :$$

d'où, en intégrant et observant que $y$ et $\dfrac{dy}{dx}$ doivent être nuls pour $x = 0$,

$$y = \frac{p}{2E\mu} \left( \tfrac{1}{2} l^2 x^2 - \tfrac{1}{3} l x^3 + \tfrac{1}{12} x^4 \right).$$

On en déduit pour la flèche $f$, produite par l'action de la pesanteur,

$$f = \frac{p l^4}{8 E\mu}.$$

Si le prisme, toujours dans les mêmes conditions que précédemment, est soumis à la fois à la pesanteur et à une force F appliquée à son extrémité et agissant dans le même sens que la pesanteur, il est aisé de voir que l'on obtiendra l'équation de la courbe suivant laquelle se dirige la fibre neutre, en égalant $y$ à la somme des deux valeurs que nous venons de trouver pour cette variable dans les deux cas précédents ; la valeur de la flèche $f$ sera également la somme des flèches correspondant à ces deux cas.

Considérons encore un prisme reposant simplement sur deux appuis, A, B, *fig.* 100, et soumis à l'action d'une force F dirigée perpendiculairement à sa longueur. Les résistances parallèles Q et Q', que les deux appuis A, B, exercent sur le solide, composées entre elles comme si le solide était invariable de forme, doivent évidemment avoir pour résultante une force égale et directement opposée à la force F ; elles ont donc pour valeurs

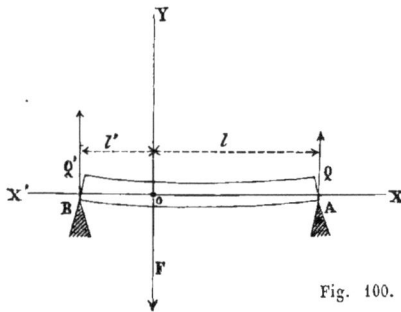

Fig. 100.

$$Q = \frac{F l'}{l + l'}, \qquad Q' = \frac{F l}{l + l'},$$

en désignant par $l$ et $l'$ les distances des points A, B à la verticale OY, ou bien, ce qui est à très-peu près la même chose,
les longueurs des deux portions du solide situées de part et
d'autre du point d'application O de la force F. Si nous nous
occupons d'abord de la portion du solide qui se trouve à droite
du point O, et qui est soumise à l'action de la force Q à son
extrémité, nous aurons pour un point quelconque de la fibre
neutre de cette portion rapportée aux axes OX, OY,

$$E\mu \cdot \frac{d^2y}{dx^2} = Q\,(l - x);$$

d'où en intégrant, et observant que $y$ est nul pour $x = 0$,

$$y = \frac{Q}{E\mu}\,(\tfrac{1}{2}\,lx^2 - \tfrac{1}{6}\,x^3) + Cx.$$

La constante C est la valeur de $\dfrac{dy}{dx}$ correspondant à $x = 0$. On
aura de même pour l'autre partie du solide rapportée aux axes
OX', OY,

$$y' = \frac{Q'}{E\mu}\,(\tfrac{1}{2}\,l'x'^2 - \tfrac{1}{6}\,x'^3) + C'x'.$$

On doit observer que C' est égal à $-$ C; et que, en outre, $y$ et
$y'$ doivent être égaux pour $x = l$, et $x' = l'$ : on en conclut, en
tenant compte des valeurs de Q et de Q',

$$C = \frac{F l l'\,(l' - l)}{3\,E\mu\,(l + l')}.$$

Les deux équations précédentes, qui définissent la forme de
chacune des deux portions de la fibre neutre, sont donc complétement déterminées.

Si, au lieu d'une seule force F agissant en un point quelconque de la longueur du prisme soutenu par deux appuis à ses
extrémités, on a deux forces F, F', égales, parallèles et appliquées en deux points également éloignés du milieu du prisme,
ces deux forces étant d'ailleurs dirigées perpendiculairement à
sa longueur, il est clair que les résistances Q et Q' des deux
appuis seront égales chacune à l'une des deux forces F, F' dont

il s'agit. Entre les points d'application de ces deux forces F, F',
le moment d'élasticité du prisme doit être partout égal au moment du couple formé par la force F et la résistance Q situées
d'un même côté de la section transversale pour laquelle on considère ce moment d'élasticité; d'après la valeur $\dfrac{E\mu}{\rho}$ du moment
d'élasticité, le rayon de courbure $\rho$ de la fibre neutre est donc
constant dans toute la partie comprise entre ces deux points
d'application des forces F, F', c'est-à-dire que cette partie de
la fibre neutre affecte la forme d'un arc de cercle. Quant aux
deux autres portions du prisme, situées en dehors des points
d'application des forces F, F', on en déterminera facilement
la forme, en opérant comme précédemment et exprimant
qu'elles se raccordent avec la partie moyenne aux points où
ces forces F, F' sont appliquées.

Si le prisme, reposant sur deux appuis de même hauteur, est
uniquement soumis à l'action de la pesanteur, les résistances
des deux appuis sont égales l'une et l'autre à $\dfrac{pl}{2}$, en désignant
par $p$ le poids de l'unité de longueur du prisme, et par $l$ sa
longueur totale. En plaçant l'origine des coordonnées au point
milieu de la fibre neutre, et n'exprimant que la partie du prisme
située à droite d'une section transversale quelconque et en équilibre, sous les actions simultanées de la pesanteur et de la force
$\dfrac{pl}{2}$ appliquée à son extrémité verticalement et de bas en haut,
on trouve facilement

$$E\mu \frac{d^2y}{dx^2} = -\tfrac{1}{2}p\left(\frac{l}{2}-x\right)^2 + \tfrac{1}{2}pl\left(\frac{l}{2}-x\right) = \tfrac{1}{2}p\left(\frac{l^2}{4}-x^2\right),$$

d'où l'on déduit

$$y = \frac{p}{48E\mu}\left(3l^2x^2 - 2x^4\right),$$

en observant que $y$ est nul pour $x = 0$, et que $\dfrac{dy}{dx}$ est également
nul pour cette valeur de $x$, en raison de la symétrie.

Les divers cas que nous venons de considérer suffisent pour montrer la marche que l'on doit suivre pour résoudre toutes les questions de ce genre qui peuvent se présenter.

§ 199. Désignons par R la force qui serait capable de rompre un prisme ayant une section égale à l'unité de surface, en agissant à l'une des extrémités de ce prisme, et dans le sens de sa longueur, de manière à l'allonger. La force capable de rompre une fibre de section $\omega$, en agissant de la même manière, sera égale à $R\omega$. Pour qu'un prisme, soumis à l'action de forces qui le font fléchir transversalement, ne se rompe dans aucune de ses parties, il faut que, pour une fibre quelconque, la force $\varphi$ (§ 197) soit plus petite que $R\omega$. Si nous nous reportons à la valeur de cette force $\varphi$, nous verrons que cette condition revient à celle-ci :

$$E\frac{v}{\rho} < R ;$$

et il est clair qu'il suffit qu'elle soit satisfaite, dans chaque section transversale, pour la fibre correspondant à la plus grande valeur de $v$, valeur que nous désignerons par V : ainsi on devra avoir, pour une section quelconque du prisme,

$$E\frac{V}{\rho} < R.$$

Si nous représentons par M le moment d'élasticité correspondant à cette section, nous savons qu'on a

$$M = \frac{E\mu}{\rho} ;$$

la condition précédente peut donc être remplacée par cette autre

$$M < \frac{R\mu}{.V} .$$

Pour que le prisme que nous considérons ne se rompe dans aucune de ses parties, sous l'action des forces qui lui sont appliquées, il suffit évidemment que la condition que nous venons d'obtenir soit satisfaite pour la section à laquelle correspond le plus grand moment d'élasticité M; c'est dans cette section que le prisme commencerait à se rompre si les forces qui le font fléchir étaient suffisamment grandes, et c'est pour cela qu'on lui donne le nom de *section de rupture*.

Il est aisé, dans chacun des cas que nous avons considérés, de trouver la section pour laquelle le moment d'élasticité est le plus grand; en effet, on sait que, pour une section quelconque, ce moment d'élasticité est égal au moment de la résultante F des forces appliquées à la partie du solide qui se trouve d'un côté de la section, pris par rapport au centre de gravité de la section même, ou bien au moment du couple C auquel ces forces se réduisent (§ 197). Dans le cas d'un prisme encastré à l'une de ses extrémités et soumis à son poids ou à l'action d'une force appliquée à son autre extrémité, la section de rupture est celle qui se trouve à l'extrémité encastrée. Dans le cas d'un prisme reposant sur deux appuis et soumis à une force qui agit en un point quelconque de sa longueur, la section de rupture est celle qui contient le point d'application de cette force.

§ 200. Ce qui précède peut évidemment s'appliquer sans erreur sensible à un solide allongé non prismatique dont les sections transversales varient très-peu d'un point à un autre, pourvu que ce solide soit symétrique par rapport à un plan, que les forces qui lui sont appliquées tendent à le faire fléchir parallèlement à ce plan, et que la fibre neutre située dans le plan de symétrie soit rectiligne lorsque le solide n'a encore subi aucune déformation. On devra, bien entendu, tenir compte de la variation des dimensions des sections transversales que nous avions regardées jusqu'à présent comme constantes dans toute la longueur du solide. Un solide de ce genre est dit *solide d'égale résistance*, si, en choisissant convenablement les forces qui lui sont appliquées, on peut avoir

$$M = \frac{R\mu}{V}$$

pour toutes les sections.

Considérons en particulier un solide encastré à l'une de ses extrémités, et soumis à l'autre extrémité à l'action d'une force F dirigée dans son plan de symétrie perpendiculairement à sa longueur, *fig.* 99 (page 340). Supposons que la section transversale soit un rectangle dont le côté $b$ perpendiculaire au plan de symétrie conserve partout la même longueur, tandis que le côté $2z$ parallèle à ce plan varie d'une section à une autre. Nous savons que, pour une section de cette forme, le moment d'inertie $\mu$ a pour valeur (§ 197)

$$\mu = \tfrac{2}{3} b z^3 ;$$

d'ailleurs V est égal à $z$ : on a donc

$$\frac{R\mu}{V} = \tfrac{2}{3} R b z^2.$$

D'un autre côté, le moment de la force F par rapport au centre de la section que nous considérons a pour valeur

$$F (l - x),$$

en désignant par $l$ la longueur totale du solide et par $x$ l'abscisse du centre de la section dont il s'agit ; et comme ce moment est égal au moment d'élasticité M du solide relatif à cette section, il s'ensuit que, pour que le solide soit d'égale résistance, il faut qu'on ait, quel que soit $x$,

$$F (l - x) = \tfrac{2}{3} R b z^2,$$

pour une valeur convenable de la force F. Cette équation, que l'on peut mettre sous la forme

$$z^2 = \frac{a^2}{l} (l - x),$$

en désignant par $a$ une constante dépendant de F, R, $b$, montre comment l'épaisseur $2z$ du solide doit varier avec l'abscisse $x$ du point où on la détermine : le plan de symétrie doit couper la surface du solide non déformé suivant une parabole du second degré ayant la fibre neutre pour axe et le point d'application de la force F pour sommet. La plus grande épaisseur du solide correspond à l'extrémité encastrée et a pour valeur $2a$.

Cherchons maintenant quelle est la forme d'équilibre que prend ce solide d'égale résistance, dans le cas où la force F a une valeur quelconque, inférieure à celle que nous avons dû lui supposer il n'y a qu'un instant et qui était capable de déterminer la rupture du solide. Nous avons, pour exprimer l'équilibre de ce solide, l'équation

$$E\mu \frac{d^2y}{dx^2} = F(l - x).$$

Ici $\mu$ n'est plus constant ; il varie d'une section transversale à une autre du solide, et, si nous nous servons de la relation trouvée entre $z$ et $x$, nous aurons

$$\mu = \tfrac{2}{3} bz^3 = \tfrac{2}{3} ba^3 \left( \frac{l - x}{l} \right)^{\frac{3}{2}}.$$

D'après cela, l'équation différentielle qui doit nous fournir la forme de la fibre neutre devient

$$\frac{d^2y}{dx^2} = \tfrac{3}{2} \frac{F l^{\frac{3}{2}}}{Eba^3} \frac{1}{\sqrt{l - x}}.$$

En intégrant, et observant que $y$ et $\dfrac{dy}{dx}$ doivent être nuls pour $x = 0$, on trouve

$$y = 2 \frac{F l^{\frac{3}{2}}}{Eba^3} (l - x)^{\frac{3}{2}} + 3 \frac{F l^2 x}{Eba^3} - 2 \frac{F l^3}{Eba^3} ;$$

telle est l'équation de la courbe suivant laquelle la fibre neutre est dirigée. Si l'on y fait $x = l$, on trouve pour la flèche $f$, produite par l'action de la force F, la valeur

$$f = \frac{F l^3}{Eba^3}.$$

Cette flèche est double de celle que la même force produirait, si le solide était prismatique et avait partout la même section transversale qu'à l'extrémité qui est encastrée : pour s'en assurer, il suffit de remplacer $\mu$ par $\frac{1}{12} ba^3$ dans la formule qui fournit la flèche $f$ relative à ce cas (§ 198).

Il est aisé de voir que, d'une part, la loi de variation de l'épaisseur du solide, d'une extrémité à l'autre, pour que ce solide soit d'égale résistance, et, d'une autre part, la valeur de la flèche produite par l'action d'une force F appliquée à l'extrémité libre, perpendiculairement à la longueur générale du solide et dans le plan de symétrie, peuvent être considérées comme s'appliquant sans grande erreur à un solide allongé dont les sections transversales n'auraient pas leurs centres de gravité en ligne droite, avant la déformation ; pourvu toutefois que ces centres de gravité soient situés sur une ligne qui ne s'écarte pas trop d'être droite. Dans ce cas, il n'y aurait, parmi les résultats que nous avons trouvés, que l'équation qui détermine la forme de la fibre neutre après la déformation, qui ne pourrait pas être appliquée.

Le dynamomètre de M. Poncelet, *fig.* 101, se compose de deux lames d'acier AB, A'B', dont les extrémités sont réunies par le moyen de chapes articulées AA', BB'. Chacune des moitiés CA, CB, C'A', C'B' de ces lames a la forme du solide d'égale résistance

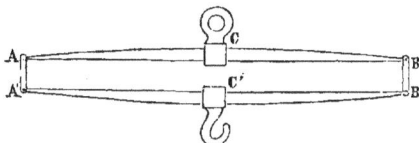

Fig. 101.

dont nous venons de nous occuper. Conformément à la remarque que nous venons de faire, on ne s'astreint pas à disposer ces lames de manière que, pour chacune d'elles, les centres de gravité des diverses sections transversales soient exactement en ligne droite ; on les construit au contraire de manière que le côté intérieur de leur contour soit une ligne droite, et que son côté intérieur soit formé par deux arcs de parabole ayant les extrémités de la lame pour sommets respectifs, et le côté intérieur pour axe commun. Il est facile de reconnaître que, par là, on fait bien décroître l'épaisseur de la lame, depuis son milieu

jusqu'à chacune des extrémités, conformément à la loi trouvée
précédemment pour un pareil solide d'égale résistance. Lorsque
le dynamomètre est en équilibre, sous l'action des forces égales et
contraires appliquées aux milieux C et C' de ses deux lames et
tendant à écarter ces points l'un de l'autre, il est clair que
chacune des quatre moitiés CA, CB, C'A', C'B' des lames se trouve
dans les mêmes conditions que le solide encastré à l'une de ses
extrémités que nous avions considéré tout d'abord ; l'accroissement total qu'éprouve la distance des milieux C, C' des deux
lames est proportionnel à la grandeur des forces qui agissent
sur ces deux points et est double de ce qu'il serait si les lames
avaient dans toute leur longueur la même épaisseur qu'en leurs
milieux : l'emploi de lames à faces paraboliques, telles que nous
venons de les définir, au lieu de lames prismatiques, présente
donc l'avantage de doubler la sensibilité de l'appareil, sans diminuer sa résistance à la rupture.

§ 201. **Actions mutuelles de deux solides qui se touchent.**
— Lorsque deux solides naturels en équilibre se touchent
par un ou plusieurs points de leurs surfaces, les molécules
de chacun des deux solides, situées dans le voisinage des points
de contact, exercent des actions sur celles de l'autre solide qui
se trouvent également dans le voisinage de ces points. Il nous
est impossible de considérer séparément chacune de ces actions
moléculaires, pour la faire entrer avec toutes les autres forces
dans les équations qui expriment l'équilibre des deux solides ;
nous ne pouvons tenir compte de ces actions qu'en les prenant
dans leur ensemble, et leur substituant un petit nombre de forces
capables de produire le même effet. Nous allons voir quelle idée
on peut se faire de ces dernières forces, que nous regarderons
comme représentant les actions que les deux solides exercent
l'un sur l'autre aux points par lesquels ils se touchent.

Considérons d'abord un solide pesant, un boulet de fonte, par
exemple, posé sur une table qu'il ne touche que par un seul
point. En réalité, le boulet touche la table par un grand nombre de points dont l'ensemble occupe une certaine étendue super-
ficielle, en raison de la déformation que la table et le boulet

éprouvent l'un et l'autre ; une petite portion de la surface du
boulet s'aplatit légèrement, et s'applique sur une portion correspondante de la surface de la table qui a été rendue légèrement
concave par la présence du boulet : mais nous ferons abstraction
de cette déformation, dans le langage, et nous parlerons du contact du boulet avec la table comme si c'était simplement le contact d'une surface sphérique avec une surface plane. Le boulet
étant en repos sur la table dont la surface est supposée horizontale, il est clair que son poids est mis en équilibre par l'ensemble des actions que ces molécules éprouvent de la part des molécules de la table dans le voisinage du point de contact ; ces forces moléculaires, appliquées au boulet, peuvent évidemment
être remplacées par une force unique égale et contraire au poids
du boulet, et par conséquent dirigée verticalement et de bas en
haut : cette force unique, capable de produire sur le boulet le
même effet que les actions moléculaires dont il s'agit, constitue
ce qu'on nomme la pression de la table sur le boulet. Les
actions que les molécules du boulet exercent sur les molécules
de la table étant respectivement égales et contraires à celles
qu'elles éprouvent de la part de ces mêmes molécules, il est clair
qu'on peut également leur substituer une force unique égale et
contraire à la précédente : cette seconde force constitue ce qu'on
nomme la pression du boulet sur la table. Ainsi, dans l'exemple
particulier que nous considérons ici, on peut regarder chacun
des deux corps comme exerçant sur l'autre une pression dirigée
suivant la normale commune à leurs surfaces menée par leur
point de contact : ces deux pressions sont égales et de sens contraires, aussi bien que les actions qui se développent entre deux
molécules quelconques.

Lorsqu'un corps pesant est en repos sur une table dont il
touche la surface par plusieurs points, on peut regarder les
choses comme se passant, pour chaque point de contact, de la
même manière que s'il n'y en avait pas d'autre. On peut dire que
le corps éprouve de la part de la table, et à chacun de ses points
de contact, une pression dirigée verticalement de bas en haut ;
et de même on peut dire que le corps exerce sur la table, en ces

divers points, des pressions égales et contraires aux précédentes. Si le corps touche la surface de la table par une face
plane d'une certaine étendue, on peut regarder chaque point
de cette face plane comme étant un point de contact ; dans ce
cas, on considérera le corps comme éprouvant de la part de la
table une pression dirigée verticalement de bas en haut, en
chaque point de la surface de contact, et comme exerçant en
même temps sur la table, en ce point, une pression égale et
contraire à la précédente.

§ 202. Un corps pesant étant dans l'état d'équilibre où nous
venons de le considérer, c'est-à-dire reposant sur une table à
surface horizontale qu'il touche par un certain nombre de points,
supposons qu'on vienne lui appliquer une force de traction horizontale F, tendant à le faire glisser sur la surface de la table.
Si cette force F est très-petite, elle ne produira aucun effet : le
corps restera immobile, tout aussi bien que si elle n'agissait
pas. Si l'on augmente progressivement l'intensité de la force F,
il arrivera bientôt un instant où l'équilibre cessera d'exister, et
où le corps commencera à se mettre en mouvement. L'équilibre
continuant à subsister après l'application de la force F, tant que
cette force n'a pas atteint la valeur pour laquelle le corps commence à glisser, il faut nécessairement qu'il se développe, entre
les molécules du corps et celles de la table, de nouvelles actions
qui s'opposent à ce que la force F produise son effet. Ces nouvelles actions moléculaires, nulles d'abord, lorsque le corps n'é-
tait soumis qu'à la pesanteur, augmentent progressivement, en
même temps que la force de traction F à laquelle elles font
constamment équilibre ; mais elles ne peuvent pas augmenter
au delà d'une certaine limite, de telle sorte que, si la force F,
en croissant continuellement, les amène à atteindre cette limite,
le moindre accroissement qu'éprouve encore la force F détermine le glissement du corps. L'ensemble des actions moléculaires qui se développent ainsi pour s'opposer au glissement du
corps, considéré à l'instant où ces actions ont atteint la limite
qu'elles ne peuvent pas dépasser, constitue ce qu'on nomme la
*résistance au glissement*, ou simplement le *frottement ;* ces

expressions désignent en particulier une force unique capable de tenir lieu des actions moléculaires dont il s'agit, force qui est dirigée dans le plan horizontal qui forme la surface de la table, et en sens contraire de la direction suivant laquelle la force F tend à faire glisser le corps sur cette surface. L'intensité de cette résistance au glissement est évidemment la même que celle de la force de traction F, au moment où elle est devenue assez grande pour que le corps commence à glisser en cédant à son action.

L'expérience a fait connaître les lois que suit le frottement, tel que nous venons de le définir, lorsqu'on fait varier les circonstances dans lesquelles il se développe. En se servant d'une caisse dans laquelle on mettait des corps pesants en quantité plus ou moins grande, on a trouvé que la force de traction F, nécessaire pour déterminer son glissement sur la surface horizontale sur laquelle elle reposait, variait proportionnellement au poids total de la caisse, c'est-à-dire proportionnellement à la pression qu'elle exerçait sur cette surface horizontale. D'un autre côté, en faisant varier l'étendue de la face d'appui de la caisse, sans rien changer à la nature de cette face et au poids total de la caisse, on a trouvé que la force de traction nécessaire pour produire le glissement ne changeait pas de grandeur. On en a conclu les deux lois suivantes : 1° le frottement est proportionnel à la pression ; 2° le frottement est indépendant de l'étendue des surfaces frottantes.

Soit N la pression exercée par le corps que l'on considère sur la surface sur laquelle on cherche à le faire glisser. Les deux lois précédentes montrent que le frottement qui se développe sous l'action de cette pression N peut être représenté par $f$N, $f$ étant un coefficient qui dépend uniquement de la nature des surfaces entre lesquelles le glissement tend à se produire. Ce coefficient $f$, qui est le rapport du frottement à la pression, se nomme *coefficient de frottement*.

§ 203. Nous pouvons appliquer les notions précédentes au cas de deux solides S, S', *fig*. 102, qui ne se touchent que par un point A. Sous l'action des forces auxquelles ces deux solides

23

sont soumis, il se développe, en A, non-seulement des pressions normales N, N′, qui s'opposent à ce que les solides pénètrent l'un dans l'autre, mais encore des réactions tangentielles R, R′, qui tendent à s'opposer à ce que ces deux solides glissent l'un sur l'autre. Ces réactions R, R′, égales et contraires l'une à l'autre comme les pressions normales N, N′, ne peuvent pas dépasser en intensité la valeur $f$N du frottement correspondant à ces pressions, $f$ étant le coefficient de frottement relatif à la nature des surfaces des deux solides S, S′; elles peuvent d'ailleurs avoir une grandeur quelconque comprise entre 0 et $f$N, et elles peuvent être dirigées d'une manière quelconque dans le plan tangent commun aux deux solides au point A.

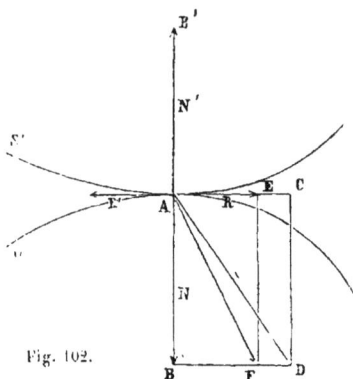

Fig. 102.

Soit AB la ligne qui représente la pression N du solide S′ sur le solide S. Portons sur la direction de la réaction tangentielle R, que le solide S éprouve également de la part du solide S′, une longueur AC représentant le frottement $f$N; et construisons le rectangle ABCD sur les deux lignes AB, AC. Construisons de même le rectangle ABFE, dans lequel le côté AE représente la réaction R. La diagonale AF du second rectangle représente la résultante des deux actions normale et tangentielle que le solide S éprouve de la part du solide S′ : on peut regarder cette résultante comme étant l'action totale que le solide S′ exerce sur le solide S. Dire que la réaction R ne peut pas dépasser $f$N, cela revient évidemment à dire que l'angle FAB ne peut pas dépasser l'angle DAB. Cet angle DAB, que nous désignerons par $\alpha$, est déterminé par la relation

$$\tan g \ \alpha = \frac{DB}{AB} = \frac{fN}{N} = f \ ;$$

il dépend donc uniquement du coefficient de frottement $f$, et par conséquent de la nature des surfaces des deux solides, dans le voisinage du point A : on lui donne le nom d'*angle de frottement*. Ainsi, l'action totale AF que le solide S′ exerce sur le solide S fait nécessairement avec la normale AB un angle plus petit que l'angle de frottement. Imaginons que la ligne AD tourne autour de la normale AB, et qu'elle décrive ainsi un cône de révolution ayant cette normale pour axe : nous pourrons énoncer autrement la condition qui vient d'être indiquée, et dire que l'action AF du solide S′ sur le solide S, au point A, est nécessairement dirigée à l'intérieur de ce cône, dont l'angle au sommet dépend, comme nous venons de le voir, uniquement de la nature des surfaces des deux solides. L'action totale que le solide S exerce sur le solide S′ étant égale et contraire à celle qu'il en éprouve, on peut dire également que cette action de S sur S′ doit être dirigée à l'intérieur d'un cône égal au précédent, ayant son sommet en A et son axe dirigé suivant AB′. Les deux cônes dont il vient d'être question sont évidemment les deux nappes d'une même surface conique ayant la normale commune BAB′ pour axe, le point A pour sommet, et l'angle de frottement $\alpha$ pour angle des génératrices avec l'axe.

Lorsque deux solides se touchent par plus d'un point, on peut répéter pour chaque point de contact ce que nous venons de dire dans le cas où il n'y en avait qu'un seul; les actions égales et contraires que les deux solides exercent l'un sur l'autre, en chacun de leurs points de contact, sont nécessairement dirigées à l'intérieur des deux nappes opposées d'une surface conique ayant pour axe la normale commune en ce point de contact, pour sommet ce point même, et pour angle des génératrices avec l'axe l'angle de frottement correspondant.

L'angle de la surface conique, à l'intérieur de laquelle les actions mutuelles de deux solides en un de leurs points de contact doivent nécessairement être dirigées, a une valeur plus ou moins petite suivant que le coefficient de frottement correspondant aux deux surfaces qui se touchent en ce point est lui-même plus ou moins petit. Si l'on supposait que ce coefficient de frottement fût nul, la surface conique se réduirait à son axe, et, par conséquent, les actions mutuelles des deux solides ne pourraient avoir qu'une seule direction, celle de la normale commune à leurs surfaces menée par le point de contact. C'est dans ce cas idéal que nous nous sommes placés, lorsque nous avons considéré l'équilibre d'un point matériel assujetti à rester sur une courbe fixe ou sur une surface fixe (§§ 126 et 134).

§ 204. **Équilibre de deux solides qui se touchent.** — Si deux solides S, S′ en équilibre se touchent par un seul point, il doit y avoir équilibre entre toutes les forces qui agissent sur chacun d'eux, c'est-à-dire entre les forces qui lui sont directement appliquées et l'action qu'il éprouve de la part de l'autre solide, au point où ils se touchent. Il suit de là que, si l'on considère chacun des deux solides comme étant invariable de forme, et si l'on compose entre elles les forces qui lui sont directement appliquées, en laissant de côté l'action qu'il éprouve de la part de l'autre solide, on devra nécessairement trouver pour ces forces une résultante unique égale et directement opposée à cette action. D'après cela il est aisé de voir que, pour que les deux solides SS′ soient en équilibre, il faut : 1° que toutes les forces directement appliquées à l'un quelconque de ces deux solides aient une résultante dirigée vers le point par lequel ils se touchent ; 2° que la résultante des forces directement appliquées au solide S soit égale et contraire à la résultante des forces directement appliquées au solide S′ ; 3° que ces deux résultantes soient dirigées à l'intérieur des deux nappes de la surface conique ayant pour sommet le point de contact des deux solides, pour axe la normale commune en ce point, et pour angle des génératrices avec l'axe l'angle de frottement correspondant à la nature des surfaces qui se touchent ; 4° enfin que ces deux résultantes agissent dans des sens tels qu'elles tendent à appuyer les deux solides l'un contre l'autre, et non à les séparer l'un de l'autre.

Lorsque deux solides en équilibre se touchent par plusieurs points, les forces directement appliquées à l'un d'eux S sont mises en équilibre par les actions qu'il éprouve de la part de l'autre solide S′ aux divers points par lesquels ils se touchent ;

et comme ces actions de S' sur S n'ont pas nécessairement une résultante unique, il s'ensuit que, pour l'équilibre, il n'est pas nécessaire non plus que les forces directement appliquées au solide S aient une résultante unique. Tout ce que nous pouvons dire ici d'une manière générale, c'est que les forces directement appliquées au solide S, et les actions que ce solide S exerce sur le solide S', constituent deux systèmes de forces équivalents (§ 180), puisque l'un et l'autre de ces deux systèmes de forces est mis en équilibre par l'ensemble des actions de S' sur S.

§ 205. Considérons en particulier deux solides S, S', qui se touchent par plusieurs points A, B, C, D,... *fig.* 103, tous situés dans un même plan P. Supposons que les parties matérielles du solide S qui se trouvent sur les perpen-

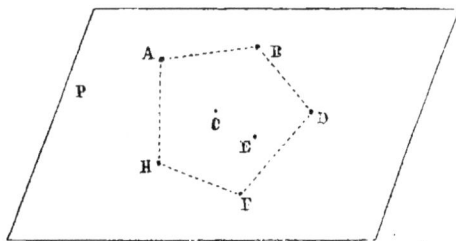
Fig. 103.

diculaires au plan P menées par les points de contact A, B, C,... et dans le voisinage de ces points, soient toutes placées d'un même côté du plan P; et que par conséquent les parties matérielles du solide S' situées sur les mêmes perpendiculaires et dans le voisinage des mêmes points A, B, C,... soient toutes placées de l'autre côté de ce plan. Supposons en outre que les forces directement appliquées au solide S aient une résultante unique R, ce qui entraîne nécessairement comme conséquence que les forces directement appliquées au solide S' aient aussi une résultante unique R' égale et contraire à la précédente.

La résultante R des forces directement appliquées au solide S est équivalente au système des actions que ce solide S exerce sur le solide S', aux divers points de contact A, B, C,..., ainsi que nous venons de le voir il n'y a qu'un instant; cette force R est donc aussi la résultante des actions de S sur S', et son moment par rapport à une droite quelconque tracée dans le plan P est égal à la somme des moments de ces actions de S sur S' par rapport à la même droite (§ 180).

Cela posé, construisons un polygone convexe ABDFH ayant pour sommets des points pris parmi les points de contact A, B, C, D,.. des deux solides, et contenant à son intérieur ou sur ses côtés tous ceux de ces points de contact qui ne sont pas à ses sommets. D'après ce que nous admettons, les diverses actions de S sur S' tendent toutes à repousser les points A, B, C,... du solide S' d'un même côté du plan P, et par suite la résultante R de ces actions doit aussi tendre à repousser le solide S' de ce même côté du plan P ; les moments de ces actions de S sur S', par rapport au côté AB du polygone que nous venons de former, sont donc tous de même signe, et le moment de la force R par rapport à ce côté a par conséquent le même signe que chacun d'eux : donc la direction de la force R doit percer le plan P en un point situé, par rapport à la ligne AB, du même côté que les points de contact C, D, E,... qui ne sont pas sur cette ligne. Ce que nous venons de dire pour le côté AB du polygone convexe ABDFH, nous pouvons le répéter pour chacun de ses autres côtés ; nous en conclurons nécessairement que la direction de la force R doit percer le plan P à l'intérieur de ce polygone convexe, auquel on donne le nom de *polygone d'appui* des deux solides. Il faut en outre, bien entendu, que la force R tende à appuyer le solide S sur le solide S', et non à l'écarter de ce dernier solide.

Si, outre les hypothèses précédentes, nous admettons encore que le coefficient de frottement soit le même pour les divers points de contact A, B, C, D,... des deux solides S, S', chacune des actions de S sur S' ne pourra pas faire avec la perpendiculaire au plan P un angle plus grand que l'angle de frottement commun aux divers points de contact ; d'ailleurs, on peut évidemment trouver la grandeur et la direction de la force R en transportant les actions de S sur S' parallèlement à elles-mêmes au point où cette force R perce le plan P, et les composant ensuite à l'aide du polygone des forces : il est aisé d'en conclure que la force R elle-même ne peut pas faire avec la perpendiculaire au plan P un angle plus grand que l'angle de frottement dont il vient d'être question.

Nous n'avons particularisé en aucune manière le nombre des points de contact A, B, C, D,... que nous avons supposés tous situés dans un même plan, et, par conséquent, tout ce que nous venons de dire est applicable au cas où les deux solides S, S' se toucheraient dans toute l'étendue d'une face plane.

§ 206. **Équilibre d'un solide pesant posé sur un plan.** — Un corps solide, soumis à la seule action de la pesanteur, et posé sur un plan, c'est-à-dire sur une face plane d'un autre corps, rentre évidemment dans le cas que nous venons d'étudier d'une manière générale (§ 205). Les actions de la pesanteur sur les diverses parties du corps ont une résultante égale à son poids, agissant suivant la verticale menée par son centre de gravité, et de haut en bas. Pour que le corps soit en équilibre, il faut : 1° que la verticale menée par son centre de gravité perce le plan sur lequel il repose à l'intérieur du polygone d'appui, tel que nous l'avons défini ; 2° que l'angle compris entre la verticale et la perpendiculaire au plan, ou, ce qui est la même chose, l'angle que le plan fait avec l'horizon, soit inférieur à l'angle de frottement correspondant à la nature des surfaces qui sont en contact.

Dans le cas particulier où le corps que l'on considère est posé sur un plan horizontal, la seconde condition est toujours satisfaite ; on n'a donc qu'à se préoccuper de la première condition, pour savoir si le corps est ou n'est pas en équilibre dans une position donnée.

Cherchons à nous rendre compte de la grandeur des pressions qu'un corps pesant, posé sur un plan horizontal, exerce en ses divers points d'appui ; et considérons pour cela les divers cas qui peuvent se présenter, eu égard au nombre des points d'appui. Si le corps ne s'appuie que par un seul point, il ne peut être en équilibre qu'autant que son centre de gravité est situé sur la verticale menée par ce point d'appui, et la pression qu'il exerce en ce point est évidemment égale à son poids. Si le corps s'appuie par deux points A, B, *fig.* 104, la verticale menée par son centre de gravité doit percer le plan, sur lequel il repose, en un point C situé sur la droite qui passe

Fig. 104.

par les deux points A, B, et entre ces deux points ; il suffit de décomposer le poids P du corps, appliqué suivant cette verticale, en deux composantes parallèles agissant sur les points A et B, pour avoir les pressions exercées par le corps en ces deux points : on trouve ainsi $\dfrac{P \times CB}{AB}$ pour la pression au point A,

et $\dfrac{P \times AC}{A}$ pour la pression au point B. Si le corps s'appuie par trois points A, B, C, non situés en ligne droite, *fig.* 105, la ver-

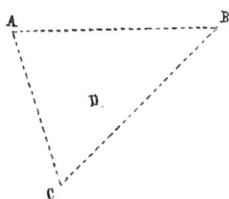

Fig. 105.

ticale menée par son centre de gravité doit percer le plan en un point D situé à l'intérieur du triangle ABC ; les pressions qu'il exerce sur le plan, aux points A, B, C, seront trois forces parallèles ayant pour résultante une force verticale égale à son poids P et appliquée au point D ; le moment de cette résultante P par rapport au plan vertical mené par BC sera égal au moment de la composante appliquée en A par rapport au même plan vertical (§ 158), et, par suite, cette composante et la résultante seront entre elles dans le rapport inverse des distances de leurs points d'application A et D au côté BC, c'est-à-dire, dans le rapport inverse des surfaces des triangles BAC, BDC : donc les pressions exercées par le corps en chacun de ses trois points d'appui A, B, C, auront respectivement pour valeurs $\dfrac{P \times BDC}{ABC}$, $\dfrac{P \times ADC}{ABC}$, $\dfrac{P \times ADB}{ABC}$.

Si le nombre des points d'appui du corps avec le plan est supérieur à trois, il n'est plus possible de déterminer les pressions qu'il exerce en chacun de ses points d'appui, par la seule connaissance de la position que la verticale menée par son centre de gravité occupe par rapport à ces points ; on peut en effet trou-

ver une infinité de systèmes de forces parallèles et de même
sens appliquées à ces points d'appui, qui aient pour résultante
le poids P du corps appliqué à son centre de gravité : on peut
prendre arbitrairement les valeurs de ces pressions à l'exception
de trois d'entre elles, sans toutefois dépasser certaines limites
pour ces valeurs, et on en conclut facilement les grandeurs des
trois pressions restantes, de manière que la résultante de toutes
ces pressions soit égale au poids du corps et soit dirigée suivant
la verticale du centre de gravité. La même difficulté se présente
également lorsque le corps s'appuie par trois points situés sur
une même ligne droite ; la détermination des pressions exercées
par le corps en chacun de ces trois points d'appui ne peut pas
s'effectuer par la seule connaissance du point où la verticale menée par le centre de gravité du corps rencontre la droite menée
par ces trois points d'appui. Les pressions que le corps exerce
sur le plan, aux divers points par lesquels il le touche, ne sont
cependant pas indéterminées ; mais on ne peut les trouver
qu'autant que l'on connaît la nature du corps pesant que l'on
considère, que l'on sait quelle est la rigidité ou la flexibilité plus
ou moins grande qu'il présente dans ses diverses parties, et que
l'on sait également comment se comporte le corps à face plane
et horizontale sur lequel il s'appuie sous l'action des pressions
que ce second corps éprouve de la part du premier. La question que nous allons traiter dans le paragraphe suivant montrera comment cette connaissance de la nature des deux corps
permet d'effectuer la détermination des pressions aux différents points par lesquels ils se touchent.

§ 207. Considérons un solide S, *fig.* 106, reposant sur un
plan horizontal par une face plane rectangulaire AB, qui est
représentée en vraie grandeur en $aba'b'$. Supposons que la
surface latérale du solide, dans le voisinage de la face d'appui
AB, soit formée de plans perpendiculaires à cette face menés
par ses quatre côtés, et que le centre de gravité G du solide se
trouve dans le plan vertical qui passe par les milieux $m$, $n$ des
côtés $aa'$, $bb'$ de la face d'appui. Supposons en outre que la surface plane sur laquelle le corps S repose présente une grande

rigidité, et reste plane malgré la légère dépression que le poids du corps lui fait subir ; que le solide S soit partout également compressible sous l'action des forces qui peuvent lui être appliquées, du moins dans la partie qui avoisine sa face d'appui AB ; enfin que, en raison de cette égale compressibilité, les molécules qui étaient primitivement dans un plan CD parallèle à la face AB et très-voisin de cette face, avant que le solide fût soumis aux pressions qu'il éprouve de bas en haut sur cette face d'appui, se trouvent encore dans un même plan C'D', après la déformation que ces pressions lui ont fait subir. Prenons en particulier dans le solide un prisme vertical HL, à base infiniment petite ω s'étendant entre les plans AB, CD, avant que le solide ait été déformé dans le voisinage de sa face d'appui ; ce prisme s'est raccourci, par suite des pressions qu'il éprouve à ses deux extrémités, et sa longueur, qui était primitivement HL, s'est réduite à HL' : LL' est donc la quantité dont sa longueur a diminué, et par conséquent on aura pour la pression $p$ que la base inférieure ω de ce prisme éprouve de la part du plan d'appui (§ 196) :

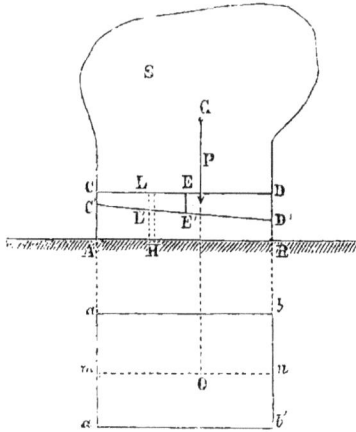

$$p = \mathrm{E}\omega \frac{\mathrm{LL}'}{\mathrm{HL}}.$$

Cette formule fournira les valeurs de la pression $p$ que le solide éprouve sur les divers éléments ω dans lesquels on peut concevoir que la face d'appui soit décomposée, pourvu qu'on y attribue à LL' la valeur qui convient à chacun de ces éléments ; quant aux quantités E et HL, elles ne varient pas, parce que, d'une part, le solide est supposé également compressible dans toute l'étendue de sa face d'appui, et d'une autre part, les plans parallèles AB, CD, sont partout également distants. Toutes les pressions telles que $p$ sont verticales et dirigées de bas en haut, et la résultante doit être égale et directement opposée au poids P du solide appliqué à son centre de gravité G. Ces pressions sont d'ailleurs proportionnelles aux produits $\omega \cdot$ LL', dont chacun représente le volume de la portion du prisme HL qui est comprise entre les plans CD, C'D'. Il est aisé d'en conclure que la résultante de ces pressions $p$ passe par le centre de gravité de la tranche du solide comprise entre les plans CD, C'D', en supposant toutefois que cette tranche soit homogène ; et qu'en outre cette résultante a pour valeur le produit du volume de la tranche CDC'D' par le facteur $\dfrac{E}{HL}$.

Nous voyons par là que le solide S doit éprouver, sous l'action de son poids, une déformation telle que la verticale menée par son centre de gravité G passe par le centre de gravité du volume CDC'D' considéré comme un corps homogène ; et les pressions que ce solide éprouve sur les divers éléments égaux de sa face d'appui AB, sont proportionnelles aux portions des verticales menées par ces éléments qui sont comprises entre les plans CD, C'D'. Le centre de gravité G étant situé par hypothèse dans le plan vertical dont la trace horizontale est $mn$, il est aisé de voir que l'intersection des plans CD, C'D' doit être parallèle aux côtés $aa'$, $bb'$ de la face d'appui du solide ; et le centre de gravité du corps homogène compris entre ces deux plans coïncide avec le centre de gravité du trapèze suivant lequel ce corps est coupé par le plan vertical mené par $mn$. On voit d'après cela que les pressions sont les mêmes, pour les divers éléments égaux de la face d'appui qui sont situés sur une parallèle quelconque aux côtés $aa'$, $bb'$ de cette face ; et que, si l'on suppose que la verticale menée par le point G passe par un point O plus rapproché de $bb'$ que de $aa'$, les pressions sur les éléments égaux de la face d'appui augmenteront constamment depuis le côté $aa'$ de cette face, jusqu'au côté $bb'$. Soient $r$ et $s$ les longueurs des côtés $ab$, $aa'$ de la face d'appui. La pression totale que supporte cette face étant égale à P, on a $\dfrac{P}{rs}$ pour la pression moyenne rapportée à l'unité de surface, et par conséquent $P \frac{\omega}{rs}$ pour la pression que supporte un élément $\omega$ situé à égale distance des côtés $aa'$, $bb'$. D'après cela, il est aisé de voir que, pour un élément $\omega$ situé tout près de l'arête $bb'$, la pression $p$, qui est plus grande que partout ailleurs, a pour valeur

$$p = P \frac{\omega}{rs} \cdot \frac{DD'}{EE'} ;$$

$EE'$ étant la ligne qui joint les milieux des côtés non parallèles dans le trapèze $CDC'D'$.

Convenons maintenant que, par un changement de forme de la partie supérieure du solide, nous déplacions son centre de gravité G, sans le faire sortir du plan vertical mené par $mn$. Le trapèze $CDC'D'$ devra changer de forme en même temps, de manière que son centre de gravité se trouve toujours sur la verticale menée par le point G. Si la projection horizontale O du centre de gravité G se rapproche du côté $bb'$ de la base, sans que le poids total P du solide change, le côté $DD'$ du trapèze doit augmenter, et le côté $CC'$ doit diminuer de la même quantité; car il faut que le volume compris entre les plans CD, C'D' reste le même, et par conséquent aussi la surface du trapèze $CDC'D'$, ce qui fait que la demi-somme $EE'$ des côtés $CC'$ et $DD'$ doit conserver la même grandeur. Lorsque O$n$ ne sera plus que le tiers de $ab$, le côté $CC'$ du trapèze se réduira à zéro, et le trapèze se changera en un triangle dans lequel le côté $DD'$ opposé au sommet C sera double de $EE'$; alors la pression $p$ supportée par un élément $\omega$ de la face d'appui situé tout près du côté $bb'$ deviendra égale à $2P \frac{\omega}{rs}$, c'est-à-dire qu'elle sera double de la pression moyenne rapportée à un élément de même étendue. Si la projection horizontale O du centre de gravité G se rapproche encore de $bb'$, la ligne C'D', qui est venue précédemment passer par le point C, doit s'élever au-dessus de ce point C et s'abaisser encore au-dessous du point D ; cela indique que la pression tend à devenir négative dans le voisinage de l'arête

$aa'$ de la face d'appui, c'est-à-dire à se changer en une traction. C'est ce qui arriverait en effet si la face d'appui était collée sur le plan sur lequel elle repose. Mais, comme cette face d'appui est simplement posée sur le plan, les choses ne peuvent pas se passer ainsi, le solide S ne peut éprouver que des pressions de la part du plan qui le supporte. Dans ce cas, les pressions ne s'exercent plus sur toute la surface du rectangle $aba'b'$; une portion de ce rectangle, située vers l'arête $aa'$, n'est plus pressée en aucun de ses points; et la portion restante, qui supporte la pression totale P, est un autre rectangle qui se trouve dans le cas où était le rectangle tout entier, lorsque O$n$ était égal au tiers de $ab$. Si nous nommons $\varepsilon$ la distance O$n$ devenue plus petite que le tiers de $ab$, $3\varepsilon$ et $s$ seront les deux côtés de la portion de la face $aba'b'$ qui s'appuie réellement sur le plan.

$P\dfrac{\omega}{3\varepsilon s}$ est la pression moyenne sur un élément $\omega$ de cette surface; et $2P\dfrac{\omega}{3\varepsilon s}$ est la pression supportée par un élément $\omega$ situé tout près de l'arête $bb'$.

On voit par la valeur que nous venons de trouver pour la pression sur un élément $\omega$ voisin de $bb'$ que cette pression augmente à mesure que $\varepsilon$ diminue. Soit R$\omega$ la pression capable de déterminer l'écrasement du prisme élémentaire qui a pour base $\omega$. Si l'on pose

$$2P\frac{\omega}{3\varepsilon s} = R\omega,$$

on en tire

$$\varepsilon = \frac{2}{3}\frac{P}{Rs}.$$

Cette valeur de $\varepsilon$ est la limite au delà de laquelle on ne doit pas faire décroître la distance $\varepsilon$ ou O$n$, sans quoi le solide S s'écraserait dans le voisinage de l'arête $bb'$. Nous sommes conduits par là à ajouter quelque chose à la condition d'équilibre du solide pesant S posé sur un plan horizontal. Nous avions trouvé que cet équilibre ne pouvait avoir lieu qu'autant que la verticale menée par le centre de gravité G du solide perçait le plan en un point situé à l'intérieur du rectangle *aba'b'* qui constitue son polygone d'appui; nous voyons qu'il faut en outre que cette verticale passe à l'intérieur de ce rectangle, à une distance suffisamment grande de chacun de ses côtés.

On comprend toute l'importance que peuvent avoir des considérations analogues aux précédentes, toutes les fois que l'on a à s'occuper de l'équilibre de corps solides se touchant par des faces planes, comme cela a lieu dans les constructions en pierre, et en particulier dans les voûtes.

# CHAPITRE VI

## ÉQUILIBRE DES FLUIDES

§ 208. Les fluides (liquides ou gaz) sont des corps dont les molécules sont extrêmement mobiles les unes par rapport aux autres. Lorsqu'on cherche à faire glisser les différentes parties d'une masse fluide les unes sur les autres, on n'éprouve pas de résistance analogue à celle qui se développe dans le glissement des corps solides et que nous nommons frottement. L'absence absolue du frottement, entre les diverses parties d'un fluide qui se déplacent les unes par rapport aux autres, constitue la *fluidité parfaite*. Les liquides et les gaz, tels qu'ils existent dans la nature, sont en général extrêmement près de présenter cette fluidité parfaite, surtout lorsqu'ils sont en équilibre absolu ou relatif. Nous supposerons dans ce chapitre qu'ils jouissent complétement de cette propriété. La vérification expérimentale des résultats auxquels nous parviendrons ainsi montre que, en faisant cette hypothèse, nous ne nous écartons pas sensiblement de la réalité.

Lorsqu'un liquide est contenu dans un vase, et qu'on cherche à diminuer le volume qu'il occupe en le comprimant dans ce vase, on ne peut pas y parvenir : le liquide conserve le volume qu'il avait d'abord, ou du moins la diminution du volume qu'il éprouve est si faible, qu'on a beaucoup de peine à s'en aperce-

voir. C'est ce qui fait qu'on donne aux liquides le nom de *fluides
incompressibles*. Dans ce qui suit, nous traiterons les liquides
comme jouissant d'une incompressibilité absolue ; nous nous
écarterons ainsi tellement peu de la réalité, que cela n'occa-
sionnera aucune erreur appréciable dans les résultats auxquels
nous parviendrons.

Un gaz se comporte tout autrement qu'un liquide, quand on
cherche à le comprimer ; on peut sans grande difficulté réduire
son volume à n'être plus que la moitié, le tiers, le quart de ce
qu'il était d'abord. Si ensuite on cesse d'exercer l'effort qui a
déterminé cette diminution de volume, le gaz revient de lui-
même à son volume primitif. C'est pour cela qu'on donne aux
gaz le nom de *fluides élastiques*.

§ 209. **Transmission des pressions dans les fluides.** — Considérons une masse fluide en équilibre dans une enveloppe

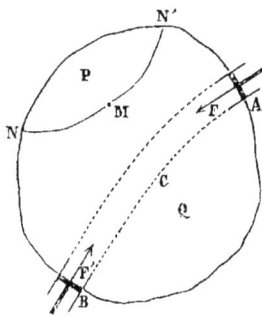

Fig. 107.

fermée qu'elle remplit complètement, *fig.* 107, et supposons que ses
molécules ne soient soumises à aucune force autre que les actions que
chacune d'elles éprouve de la part des
molécules voisines. Ce fluide exercera
généralement des pressions sur les diverses parties de l'enveloppe qui le
renferme. Si l'on vient à enlever une
petite portion de cette enveloppe, et
si on la remplace par un piston A de
même forme, mobile dans un bout de tuyau adapté au contour
de l'ouverture ainsi produite, on conçoit que le fluide pourra se
trouver exactement dans les mêmes conditions que précédemment, pourvu qu'on applique au piston A une force convenable F dirigée parallèlement aux parois du tuyau dans lequel il
peut se mouvoir. De même, on pourra remplacer une autre
portion de l'enveloppe par un piston B, également mobile dans
un bout de tuyau, et soumis à l'action d'une certaine force F',
sans que le fluide cesse d'être exactement dans les mêmes conditions. Cela posé, nous allons voir que, si les bases des deux

pistons A, B sont égales, les deux forces F, F' doivent aussi être égales.

Pour démontrer cette proposition, imaginons que nous réunissions les deux bouts de tuyau dans lesquels peuvent se mouvoir les deux pistons A, B, par un canal courbe ACB, contenu tout entier à l'intérieur de l'espace occupé par le fluide, et se raccordant à ses deux extrémités avec ces bouts de tuyau; nous pourrons même supposer que la section transversale de ce canal ACB soit partout égale à la base de l'un des pistons A, B. Le fluide dont il s'agit étant en équilibre, nous pouvons lui appliquer le théorème du travail virtuel (§ 184). Pour cela, concevons que le piston A marche d'une quantité infiniment petite ε vers l'intérieur de l'enveloppe ; que la portion du fluide qui est située en dedans du canal ACB glisse le long de ce canal sans en sortir, et suive ainsi le mouvement de ce piston A, tout en conservant le même volume ; qu'en conséquence le piston B marche vers l'extérieur d'une quantité égale à ε ; enfin que toute la portion du fluide qui se trouve en dehors du canal ACB ne se déplace pas : pour ce déplacement virtuel particulier du système matériel que nous considérons, la somme des travaux virtuels des forces qui sont appliquées à ses diverses parties doit être nulle. Or, la portion ACB du fluide, qui se déplace seule, ne change pas de volume ; les diverses parties qui la composent se meuvent séparément en glissant simplement les unes sur les autres, ou bien sur la partie du fluide qui est en dehors du canal ACB et qui reste immobile ; mais ce glissement s'effectue sans qu'il y ait de frottement, en raison de la fluidité parfaite du système (§ 208) : il résulte de là, et de ce que nous avons dit à l'occasion des systèmes matériels dans lesquels on imagine des liaisons (§ 186), que la somme des travaux virtuels dus aux actions que les molécules du fluide tout entier exercent les unes sur les autres est égale à zéro. D'après cela, on voit que la somme des travaux virtuels des forces appliquées à notre système matériel se réduit à

$$F\varepsilon = F'\varepsilon \,;$$

24

et comme cette somme doit être nulle, il s'ensuit qu'on a

$$F = F'.$$

On conclut, de la proposition qui vient d'être établie, que la force F, appliquée au piston A, donne lieu à une pression égale à F sur toute portion de l'enveloppe ayant une étendue égale à la base de ce piston. C'est ce qui constitue le *théorème de la transmission des pressions* dans un fluide dont les molécules ne sont soumises à aucune force autre que les actions que chacune d'elles éprouve de la part des molécules voisines. Il est bon d'observer que la force F, appliquée au piston A, peut recevoir une grandeur quelconque, si le fluide que l'on considère est incompressible ; mais qu'elle doit, au contraire, avoir une valeur déterminée, s'il s'agit d'un fluide élastique, valeur qui dépend de la tendance plus ou moins grande du fluide à augmenter de volume.

§ 210. **Égalité des pressions dans tous les sens, autour d'un point quelconque, dans un fluide en équilibre** — Soit M, *fig.* 107, un point quelconque pris à l'intérieur de la masse fluide dont nous nous sommes occupés dans le paragraphe précédent. Concevons que nous fassions passer par ce point une surface NN′ qui s'étende de tous côtés jusqu'à l'enveloppe, et qui soit plane jusqu'à une certaine distance, tout autour du point M. Cette surface divisera la masse fluide en deux portions P, Q. Supposons que la partie P, c'est-à-dire celle qui ne reçoit pas directement l'action du piston A, soit solidifiée sans changer de forme ; il est clair que, par là, nous ne troublons pas l'équilibre du système tout entier, et que, par conséquent, après cette solidification de la partie P, la partie Q reste à l'état d'équilibre comme précédemment. Mais alors la surface NN′ devient une partie de la paroi qui enveloppe le fluide restant Q ; donc, en vertu de l'action de la force F sur le piston A, le fluide Q exerce une pression égale à F sur une portion de la face plane menée par le point M ayant même étendue que le piston A. Ce résultat est indépendant de la direction que nous avons donnée à la partie plane de la surface NN′ menée par le point M ; la pression que le fluide situé d'un côté de cette surface exerce sur le fluide situé de l'autre côté, dans le voisinage du point M, et sur une étendue égale à la base du piston A, est donc toujours égale à F, quelle que soit la direction du plan qui sépare ces deux fluides.

Nous venons d'établir l'égalité des pressions dans tous les sens, autour d'un point quelconque M d'un fluide en équilibre, en considérant spécialement un fluide dont les diverses molécules ne sont soumises qu'à leurs actions mutuelles. Nous allons faire voir maintenant que cette égalité des pressions dans tous les sens, autour d'un point quelconque, existe toujours, quelles que soient les forces qui agissent sur les diverses molécules du fluide en équilibre. Mais, pour y arriver, nous étudierons d'abord la transmission des pressions sur les diverses parties de l'enveloppe qui renferme un liquide homogène pesant, à l'état d'équilibre.

§ 211. Reprenons donc ce que nous avons dit dans le § 209, en substituant un liquide homogène pesant au fluide quelconque que nous avons considéré, et dont les diverses molécules n'étaient soumises qu'aux actions que chacune d'elles éprouve de la part des molécules voisines. Les pistons égaux A et B, *fig.* 107, étant disposés comme nous l'avons dit, et étant soumis aux actions des forces F, F', tellement choisies que le liquide soit en équilibre, cherchons à déterminer la relation qui existe entre ces deux forces F, F'. Pour cela, concevons encore que nous fassions marcher le piston A d'une quantité ε vers l'intérieur de l'enveloppe, et le piston B d'une quantité égale vers l'extérieur ; et supposons que le liquide contenu dans le canal ACB glisse le long de ce canal pour suivre le mouvement simultané des deux pistons, sans que les molécules liquides situées en dehors du canal ACB se déplacent en aucune manière : en égalant à zéro la somme des travaux des diverses forces appliquées au système, pour ce mouvement particulier, nous arriverons à la relation cherchée entre F et F'. Or il est clair que cette somme de travaux virtuels ne différera de celle que nous avons trouvée précédemment (§ 209), qu'en ce qu'elle contiendra de plus le

travail de la pesanteur sur les diverses molécules liquides auxquelles nous attribuons un déplacement.

Pour évaluer ce travail de la pesanteur sur le liquide contenu
dans le canal ACB, nous nous appuierons sur ce qui a été démontré dans le § 173 : ce travail s'obtiendra en multipliant le
poids du liquide contenu dans ACB par la quantité dont le centre
de gravité de ce liquide s'est abaissé verticalement. Mais il
est aisé de voir que, eu égard au travail produit par la pesanteur, peu importe que le liquide ACB tout entier glisse le long
du canal qui le renferme, de manière que ses deux faces extrêmes A et B marchent chacune d'une quantité ε ; ou bien que la
portion de liquide occupant l'espace d'épaisseur ε que nous faisons parcourir au piston A soit transportée seule à l'autre extrémité du liquide ACB, de manière à remplir l'espace abandonné
par le piston B dans son mouvement vers le dehors de l'enveloppe : dans ce second cas, où la portion de liquide contenue
dans le canal ACB, entre la position finale du piston A et la
position initiale du piston B, ne se déplacerait nullement, le
centre de gravité du liquide total renfermé dans le canal ACB
s'abaisserait verticalement de la même quantité que dans le premier cas. On voit par là que, pour avoir le travail de la pesanteur
sur le liquide ACB, il nous suffira de multiplier le poids du
liquide contenu dans l'espace que nous faisons parcourir au piston A, par la distance du centre de gravité de cet espace au plan
horizontal mené par le centre de gravité de l'espace analogue
que parcourt le piston B. Désignons par ω l'aire de la base de
chacun des pistons A, B ; par ρ la masse spécifique du liquide
(§ 164) ; par $h$ la distance du centre de gravité de la base du
piston A au plan horizontal mené par le centre de gravité de la
base du piston B ; par α l'angle que la direction du déplacement ε du piston A fait avec la verticale ; et par α′ l'angle analogue pour le piston B. Le poids du liquide contenu dans l'espace que nous faisons parcourir au piston A est égal à

$$\rho g \omega \varepsilon ;$$

la hauteur verticale du centre de gravité de cet espace au-dessus du centre de gravité de l'espace parcouru par le piston B a pour valeur

$$h - \tfrac{1}{2}\varepsilon\cos\alpha + \tfrac{1}{2}\varepsilon\cos\alpha' :$$

le travail que nous cherchons est donc exprimé par

$$\rho g\omega\varepsilon\,(h - \tfrac{1}{2}\varepsilon\cos\alpha + \tfrac{1}{2}\varepsilon\cos\alpha').$$

D'après cela, l'équation fournie par le théorème du travail virtuel appliqué au mouvement particulier que nous avons choisi, sera

$$F\varepsilon - F'\varepsilon + \rho g\omega\varepsilon\,(h - \tfrac{1}{2}\varepsilon\cos\alpha + \tfrac{1}{2}\cos\alpha') = 0 ;$$

d'où l'on déduit, en observant que $\varepsilon$ est infiniment petit,

$$F' = F + \rho g\omega h.$$

Cette formule permet de déterminer la pression que le liquide exerce en un point quelconque de l'enveloppe qui le renferme, sur une surface égale à $\omega$, lorsque l'on connaît la pression F qui lui est appliquée en un point particulier, sur une surface de même étendue.

§ 212. Revenons maintenant à la question principale qui nous occupe, c'est-à-dire à la démonstration de l'égalité de pression dans tous les sens autour d'un point, dans un fluide en équilibre dont les molécules sont soumises à des forces quelconques. Pour cela nous considérerons d'abord le cas d'un liquide homogène pesant, puis celui d'un fluide quelconque pesant, enfin le cas général d'un fluide soumis à des forces quelconques.

Dans le cas d'un liquide homogène pesant, supposons encore qu'une partie de l'enveloppe ait été remplacée par un piston A, *fig.* 107, auquel on applique une force F tendant à le faire pénétrer dans le liquide, et considérons les pressions dans différents sens autour d'un point quelconque M pris à l'intérieur du liquide. Quelle que soit la direction du plan que nous ferons passer par le point M, si nous prenons sur ce plan une surface égale à $\omega$ ayant son centre de gravité au point M, la pression que le liquide Q situé d'un côté du plan exerce sur cette surface $\omega$ aura toujours pour valeur $F + \rho g \omega h$, $h$ étant la hauteur verticale du centre de gravité de la base du piston A au-dessus du point M. L'égalité des pressions dans tous les sens, autour du point M pris à l'intérieur d'un liquide pesant en équilibre, se trouve donc démontrée par là ; mais cette égalité de pression suppose que les diverses surfaces planes égales à ω, sur lesquelles s'exercent les pressions que l'on considère, sont placées de manière que le centre de gravité de chacune d'elles coïncide avec le point M, condition à laquelle nous n'avions pas besoin de nous astreindre lorsque nous considérions un fluide dont les molécules n'étaient soumises qu'à leurs actions mutuelles.

Lorsqu'un fluide pesant en équilibre n'est pas homogène, c'est-à-dire lorsque sa densité n'est pas la même dans toute l'étendue du volume qu'il occupe, on ne peut plus raisonner comme nous venons de le faire. Mais alors, pour établir l'égalité des pressions dans tous les sens autour d'un point M de ce fluide, rien ne nous empêche de considérer seulement la portion du fluide qui est contenue à l'intérieur d'une surface fermée de petites dimensions s'étendant tout autour du point M ; si nous concevons que tout le reste du fluide soit solidifié, sans que ses molécules changent de position les unes par rapport aux autres, cela constituera une nouvelle enveloppe renfermant la portion de fluide qui est voisine du point M et à laquelle nous conservons sa fluidité primitive. Cette petite portion du fluide total ne sera généralement pas homogène ; mais la densité n'y variera que très-peu d'un point à un autre, en raison du peu de distance qui existe entre ses divers points ; et l'erreur que l'on commettra en regardant la densité comme constante dans toute l'étendue de cette portion de fluide sera d'autant plus faible que les dimensions de l'espace qu'elle occupe seront supposées plus petites : on peut dire que, si l'on ne considère qu'une portion infiniment petite du fluide pesant dont il s'agit, tout autour du point M, les choses s'y passent de même que dans un fluide homogène pesant. D'après cela, les pressions supportées par diverses surfaces planes égales à ω, menées par le point M, et ayant leurs centres de gravité en ce point, sont toutes égales

entre elles, pourvu que ω soit infiniment petit. Le défaut d'homogénéité du fluide nous oblige ainsi à ajouter cette nouvelle
condition de la petitesse de ω, à celle que nous avions trouvée
d'abord par cela seul que le fluide était soumis à l'action de la
pesanteur.

. Nous n'avons plus que quelques mots à ajouter pour établir
l'égalité des pressions dans tous les sens autour d'un point, dans
le cas d'un fluide soumis à des forces quelconques. Considérons,
pour chaque molécule du fluide, la résultante de toutes les forces auxquelles elle est soumise, en faisant abstraction toutefois
des actions que cette molécule éprouve de la part des molécules
voisines. Cette résultante n'a généralement pas la même direction, et le rapport de son intensité à la masse de la molécule
n'a généralement pas la même grandeur, pour les diverses molécules du fluide ; mais ces changements de grandeur et de direction ne se font sentir que peu à peu, à mesure qu'on passe d'une
molécule à une autre, en suivant une ligne quelconque à l'intérieur du fluide : on peut donc regarder la direction de cette
force résultante, et le rapport de son intensité à la masse de la
molécule sur laquelle elle agit, comme restant les mêmes dans
toute l'étendue d'un espace très-petit. Dès lors la portion du
fluide contenue dans cet espace se trouve dans des conditions
analogues à celles où elle se trouverait si elle était uniquement
soumise à l'action de la pesanteur; donc, dans le cas général
dont nous nous occupons maintenant, il y a encore égalité entre les pressions qui s'exercent dans tous les sens, autour d'un
point, sur des surfaces planes infiniment petites et égales
ayant leurs centres de gravité en ce point.

Si l'on divise la pression P, qui s'exerce sur un élément plan
ayant son centre de gravité en un point M du fluide, par l'aire
ω de cet élément, le quotient $\dfrac{P}{\omega}$ est ce qu'on nomme la pression
en M rapportée à l'unité de surface ; ce n'est autre chose que
la pression totale que le fluide exercerait sur une surface plane
ayant pour aire l'unité de surface, dans le cas où chacun des
éléments égaux à ω dans lesquels on pourrait décomposer cette

surface plane supporterait une pression partielle égale à P. Ce quotient $\dfrac{P}{\omega}$ est souvent désigné, pour abréger, sous la simple dénomination de pression au point M ; aussi, toutes les fois que l'on parle de la pression en un point, dans un fluide en équilibre, sans spécifier quelle est l'étendue de la surface sur laquelle la pression s'exerce, on doit entendre qu'il s'agit de la pression rapportée à l'unité de surface.

§ 213. **Équilibre d'un fluide pesant.** — Considérons en particulier un fluide pesant, en équilibre dans une enveloppe fermée qu'il remplit complétement, et comparons les pressions qui correspondent aux différents points de l'espace qu'il occupe. Pour cela nous prendrons d'abord deux points M, M', situés sur

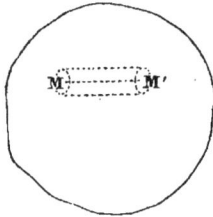

Fig. 108.

un même plan horizontal, *fig.* 108. Concevons que nous tracions deux cercles infiniment petits et égaux ayant leurs plans perpendiculaires à la droite MM', et leurs centres aux points M, M' eux-mêmes ; concevons en outre que nous joignions ces deux cercles l'un à l'autre par une surface cylindrique dont ils forment les deux bases. Le fluide que renferme le cylindre ainsi obtenu est en équilibre sous l'action de diverses forces qui sont : 1° la pesanteur ; 2° les pressions qu'il éprouve de la part du fluide environnant ; 3° les actions mutuelles de ses diverses molécules. Soient $p$ et $p'$ les pressions en M et M', et $\omega$ l'aire de l'une quelconque des bases du cylindre : $p\omega$ et $p'\omega$ seront les pressions exercées, sur chacune de ces deux bases, par le fluide environnant. Cela posé, si nous considérons toutes les forces extérieures qui agissent sur le fluide renfermé dans le cylindre, et si nous exprimons que la somme des projections de ces forces sur la droite MM' est nulle (§ 185), nous trouverons simplement l'équation

$$p\omega - p'\omega = 0 \, ;$$

car les actions de la pesanteur sur les diverses molécules du fluide sont toutes perpendiculaires à MM', et il en est de même des pressions que le fluide environnant exerce sur les diverses parties de la surface latérale du cylindre. On conclut de là que $p$ est égal à $p'$, c'est-à-dire que la pression est la même pour tous les points d'un même plan horizontal mené à l'intérieur du fluide.

Prenons maintenant deux points M, M', *fig.* 109, situés à la rencontre de deux plans horizontaux infiniment voisins avec une même verticale. Désignons par $p$ et $p'$ les pressions en ces points M, M'; par $\omega$ la surface de la base infiniment petite d'un cylindre de révolution ayant MM' pour axe; par $dz$ la distance MM', et par $\rho$ la masse spécifique du fluide en M, masse spécifique que nous supposerons être la même dans toute l'étendue du cylindre

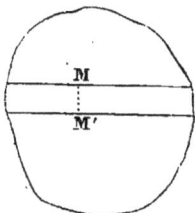

Fig. 109.

ayant pour base $\omega$ et pour hauteur MM' ou $dz$. Le poids du fluide contenu dans ce cylindre sera égal à $\rho g \omega dz$, et les pressions supportées par ses bases supérieure et inférieure auront respectivement pour valeurs $p\omega$ et $p'\omega$. Si nous projetons sur la verticale MM' les diverses forces extérieures qui agissent sur cet élément cylindrique de fluide, et si nous exprimons que la somme des projections ainsi obtenues est nulle, nous trouverons évidemment

$$p\omega - p'\omega + \rho g \omega dz = 0.$$

On en déduit

$$p' = p + \rho g dz,$$

ce qui montre que la pression augmente nécessairement quand on passe d'un plan horizontal quelconque à un autre plan horizontal infiniment voisin du premier et situé au-dessous de lui.

Cette augmentation $\rho g dz$ qu'éprouve la pression, quand on passe du point M du premier plan au point M' du second plan, doit être la même, quelle que soit la position du point M sur le premier plan ; puisque la pression est constante dans toute l'étendue de chacun des deux plans. Or $dz$ ne varie pas, et $g$ est une constante ; donc $\rho$ doit avoir la même valeur dans toute l'étendue du plan horizontal sur lequel nous avons pris le point M. Nous voyons par là que, si la densité du fluide pesant en équilibre dont nous nous occupons n'est pas la même partout, cette densité doit nécessairement être la même pour tous les points d'un même plan horizontal mené d'une manière quelconque à l'intérieur du fluide ; en sorte que la masse fluide tout entière peut être regardée comme se composant d'une infinité de couches horizontales infiniment minces, dont chacune a une densité constante dans toute son étendue.

La différence des pressions relatives à deux points qui ne sont pas situés sur un même plan horizontal a pour valeur l'intégrale de $\rho g dz$, prise entre des limites correspondant aux plans horizontaux qui passent par ces deux points ; il est aisé de voir que cette différence de pression n'est autre chose que le poids du fluide contenu à l'intérieur d'un cylindre vertical, ayant pour base l'unité de surface, et s'étendant de l'un à l'autre de ces deux plans horizontaux. Si le fluide que l'on considère avait partout la même densité, et c'est ce qui arriverait si c'était un liquide homogène, la différence de pression dont il s'agit aurait pour valeur $\rho g h$, $\rho$ étant la masse spécifique du fluide et $h$ la distance des plans horizontaux dont il vient d'être question.

Les divers plans horizontaux que l'on peut mener dans l'espace occupé par le fluide prennent le nom de *surfaces de niveau*. La distance $h$ des plans horizontaux menés par deux points quelconques est ce qu'on nomme la différence de niveau de ces deux points.

Lorsqu'un liquide pesant est placé dans un vase ouvert par le haut, ou bien dans un vase fermé trop grand pour qu'il puisse le remplir en totalité, il se dépose au fond du vase et se termine par une surface libre dont les divers points n'éprouvent aucune pression. Imaginons qu'une paroi solide s'étende sur cette surface libre du liquide, et aille se relier de tous côtés avec les parois latérales du vase, sans cependant exercer de pression en aucun point sur le liquide avec lequel elle est en contact. La masse liquide dont il s'agit se trouvera dès lors contenue dans une enveloppe fermée de toute part dont elle remplira toute la capacité, sans cesser d'être exactement dans les mêmes conditions d'équilibre qu'auparavant ; et par conséquent nous pourrons lui appliquer les résultats auxquels nous sommes parvenus dans ce qui précède. La pression étant nulle dans toute l'étendue de la surface libre, cette surface doit nécessairement être plane et horizontale ; car, s'il en était autrement, on pourrait toujours prendre sur cette surface libre deux points qui ne fussent pas sur un même plan horizontal, et par suite les pressions en ces deux points ne pourraient pas être nulles toutes deux, puisqu'elles seraient nécessairement différentes l'une de l'autre. La pression $p$, en un point quelconque situé à une distance $h$ du plan horizontal qui forme la surface libre du liquide, aura pour valeur

$$p = \rho g h,$$

puisque la pression est nulle sur la surface libre.

Lorsque deux liquides pesants, de densités différentes, se trouvent dans un même vase sans se mélanger, ils ne peuvent être en équilibre qu'autant que leur surface de séparation est plane et horizontale ; car, s'il n'en était pas ainsi, on pourrait mener un plan horizontal qui pénétrerait à la fois dans les deux liquides, et la densité ne serait pas la même dans tous les points de ce plan horizontal, ce qui est impossible.

§ 214. **Équilibre d'un fluide soumis à des forces quelconques.** — Lorsqu'un fluide est en équilibre sous l'action de forces quelconques, la pression varie en général d'un point à un autre de l'espace occupé par ce fluide. Considérons spécialement les divers points pour lesquels la pression a une même valeur ; l'ensemble de ces points forme généralement une surface à laquelle on donne le nom de *surface de niveau,* par extension de ce qui se rapporte aux fluides pesants. On comprend qu'à chaque point du fluide correspond une surface de niveau; en sorte qu'on peut imaginer une infinité de ces surfaces tracées à l'intérieur de l'espace que le fluide occupe.

La résultante R des forces appliquées à une molécule quelconque du fluide, abstraction faite des actions qu'elle éprouve de la part des molécules voisines, est dirigée normalement à la surface de niveau qui passe par le point M où cette molécule se trouve. Pour démontrer cette proposition, imaginons que, par le point M, nous tracions une courbe quelconque sur la surface de niveau qui lui correspond; nous allons voir que la résultante R doit être normale à cette courbe. Supposons, en effet, que cela ne soit pas, et que la résultante R soit oblique à la courbe dont nous venons de parler. Nous pourrons toujours prendre sur cette courbe un arc qui comprenne le point M, et qui soit assez petit pour que toutes les résultantes telles que R, appliquées aux diverses molécules par lesquelles il passe, soient inclinées par rapport à la courbe du même côté que la force R; car la direction de cette résultante R ne change que peu à peu, quand on passe d'un point du fluide à d'autres points situés dans le voisinage du premier. Regardons cet arc de courbe comme l'axe d'un canal de section uniforme et infiniment petite, et appliquons le théorème du travail virtuel au fluide contenu à l'intérieur de ce canal, en supposant que ce fluide glisse dans le sens de la longueur du canal, sans changer de volume : nous en conclurons évidemment que les pressions aux deux extrémités de l'arc de courbe que nous avons pris ne sont pas égales, et que la plus grande correspond à l'extrémité vers laquelle la direction de la force R s'incline. Mais nous savons qu'il n'en est pas ainsi, puisque, par la définition même des surfaces de niveau, les pressions doivent être les mêmes aux deux extrémités de l'arc dont il s'agit : donc nous ne pouvons pas admettre que la résultante R soit oblique par rapport à cet arc de courbe, et par conséquent elle lui est normale. La force R est donc normale à la surface de niveau correspondant au point auquel elle est appliquée, puisqu'elle est normale à toute ligne tracée par ce point sur la surface.

Considérons maintenant deux surfaces de niveau infiniment

voisines AB, A'B', *fig*. 110. Soient *p* la pression correspondant aux différents points de la surface AB, et $p + dp$ celle qui correspond à la surface A'B'. Si nous prenons deux points M, M' de ces surfaces, situés sur une normale à l'une d'elles, et si nous regardons la droite MM' comme

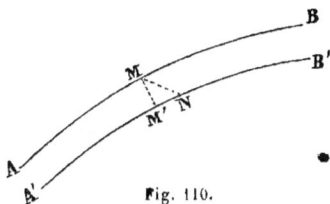

Fig. 110.

l'axe d'un cylindre ayant une base infiniment petite ω, il nous suffira de projeter sur MM' les forces extérieures appliquées aux diverses molécules du fluide contenu dans ce cylindre, ainsi que les pressions qui s'exercent sur sa surface, et d'exprimer que la somme des projections de toutes ces forces est nulle, pour trouver la valeur de la différence *dp* des pressions correspondant aux deux surfaces AB, A'B'. Désignons par ρ la masse spécifique du fluide en M ; par φ le rapport qui existe entre la résultante des forces extérieures appliquées à la molécule située en M et la masse de cette molécule, rapport qui n'est autre chose que l'accélération du mouvement que cette résultante communiquerait à la molécule M supposée libre ; et enfin par *ds* la distance MM'. La masse du fluide contenu dans le cylindre infiniment petit dont nous avons parlé est exprimée par

$$\rho \omega ds.$$

La résultante totale des diverses forces extérieures appliquées à ce fluide, non compris les pressions qu'il éprouve de la part du fluide environnant, a donc pour valeur

$$\rho \varphi \omega ds,$$

et cette résultante est dirigée suivant la ligne MM' ; les pressions qui s'exercent sur les deux bases du cylindre, en M et en M', sont respectivement égales à

$$p\omega, \qquad (p + dp)\omega,$$

et sont dirigées également suivant la ligne MM', en sens contraires l'une de l'autre. D'après cela on aura la relation

$$[p\omega - (p + dp)\omega + \rho\varphi\omega ds = 0,$$

d'où l'on tire,

$$dp = \rho ds. \qquad (a)$$

Nous pouvons regarder cette équation différentielle (a) comme fournissant la valeur de la différence des pressions en deux points M, N, *fig.* 110, qui sont infiniment voisins, et par lesquels nous avons fait passer les deux surfaces de niveau AB, A'B'. La distance MM' ou $ds$ est la projection de la distance MN de ces deux points sur la direction de la force correspondant à l'accélération $\varphi$. Désignons par $x$, $y$, $z$ les coordonnées du point M par rapport à trois axes rectangulaires; par $x + dx$, $y + dy$, $z + dz$, les coordonnées du point N; et par X, Y, Z les projections de $\varphi$ sur les trois axes coordonnés. Le cosinus de l'angle M'MN a pour valeur

$$\frac{ds}{MN},$$

et aussi

$$\frac{X}{\varphi}\frac{dx}{MN} + \frac{Y}{\varphi}\frac{dy}{MN} + \frac{Z}{\varphi}\frac{dz}{MN};$$

si l'on égale ces deux valeurs du même cosinus, on en déduit,

$$\varphi ds = Xdx + Ydy + Zdz,$$

et par suite l'équation (a) devient

$$dp = \rho(Xdx + Ydy + Zdz). \qquad (b)$$

A l'aide de cette équation différentielle, on peut déterminer la loi suivant laquelle la pression $p$ varie d'un point à un autre du fluide, en supposant que $\rho$, X, Y, Z soient connus.

La pression étant constante dans toute l'étendue d'une même surface de niveau, on a pour une pareille surface

$$Xdx + Ydy + Zdz = 0:$$

c'est l'équation différentielle des surfaces de niveau. Si l'on peut intégrer cette équation différentielle, on trouvera une relation telle que

$$f(x, y, z) = C,$$

qui sera l'équation finie des surfaces du niveau ; en attribuant à la constante C diverses valeurs, on obtiendra les différentes surfaces de niveau qui existent dans la masse fluide considérée. Si le fluide dont il s'agit est un liquide contenu dans un vase qu'il ne remplit pas complétement, la surface libre à laquelle ce liquide se termine, et le long de laquelle il n'éprouve aucune pression, sera encore représentée par l'équation précédente, pourvu qu'on y attribue à la constante C une valeur particulière.

Il est aisé de comprendre maintenant pourquoi l'on donne le nom de surfaces de niveau aux surfaces que nous avons considérées à l'occasion du théorème des forces vives dans le mouvement d'un point matériel (§ 119).

La pression $p$ est une fonction de trois variables $x$, $y$, $z$, dont la différentielle totale est fournie par l'équation ($b$). Pour que la valeur de $dp$ soit la différentielle d'une fonction de $x$, $y$, $z$, il faut qu'on ait :

$$\frac{d \cdot \rho X}{dy} = \frac{d \cdot \rho Y}{dx}, \quad \frac{d \cdot \rho X}{dz} = \frac{d \cdot \rho Z}{dx}, \quad \frac{d \cdot \rho Y}{dz} = \frac{d \cdot \rho Z}{dy}. \quad (c)$$

Les conditions exprimées par ces trois équations ($c$) sont donc nécessaires pour que le fluide soit en équilibre ; mais il est aisé de voir que généralement elles ne seront pas suffisantes. En effet, si ces conditions sont remplies, on pourra intégrer l'équation ($b$), et l'on obtiendra ainsi $p$ en fonction de $x$, $y$, $z$; or, pour que le fluide soit en équilibre, il faudra que, en chaque point, la densité correspondant à la masse spécifique $\rho$ soit telle que le fluide puisse supporter la pression $p$ relative à ce point. Cette dernière condition est toujours satisfaite dans le cas d'un liquide, en raison de son incompressibilité ; puisque, avec une densité donnée, ce liquide peut supporter une pression d'une intensité quelconque ; mais il n'en est pas de même dans le cas d'un gaz, qui, avec une densité donnée, ne peut supporter qu'une pression déterminée.

Dans le cas particulier où

$$X dx + Y dy + Z dz$$

est la différentielle d'une certaine fonction $f(x, y, z)$, les surfaces de niveau sont représentées par l'équation

$$f(x, y, z) = C.$$

Soient C et C $+ dC$ les valeurs de la constante, qui correspondent aux deux surfaces de niveau S, S', passant par deux points infiniment voisins M, M' ; si $x, y, z$ sont les coordonnées du point M, et $x + dx, y + dy, z + dz$ celles du point M', on aura évidemment :

$$X dx + Y dy + Z dz = dC ;$$

et par suite l'équation ($b$) deviendra

$$dp = \rho dC.$$

Or, quels que soient le point M pris sur la surface S et le point infiniment voisin M' pris sur la surface S', $dp$ aura toujours la même valeur, puisque $p$ est constant dans toute l'étendue de chacune de ces deux surfaces ; $dC$ restera aussi toujours le même ; donc $\rho$ est constant pour tous les points de la surface S. Ainsi, dans ce cas où

$$X dx + Y dy + Z dz$$

est la différentielle d'une fonction de $x, y, z$, le fluide en équilibre doit avoir la même densité dans toute l'étendue de chacune des surfaces de niveau ; en sorte qu'on peut le regarder comme composé d'une infinité de couches homogènes infiniment minces, séparées les unes des autres par des surfaces de niveau. Ce résultat est analogue à celui que nous avons déjà obtenu dans le cas d'un fluide pesant.

Tout ce que nous venons de dire, pour l'équilibre d'un fluide soumis à des forces quelconques, s'applique aussi bien au cas d'un équilibre relatif qu'au cas d'un équilibre absolu, pourvu que, lorsqu'il s'agit d'un équilibre relatif, on joigne aux forces réelles les forces apparentes dont on doit tenir compte dans ce cas. L'équilibre d'un fluide pesant, que nous avons considéré tout d'abord (§ 213), n'est lui-même qu'un équilibre relatif, en raison du mouvement de la terre dans l'espace; nous l'avons présenté comme un équilibre absolu, en regardant chaque molécule du fluide comme soumise à l'action de son poids, qui n'est, comme nous le savons, que la résultante de l'attraction de la terre et de la force centrifuge due à la rotation du globe terrestre (§ 146).

§ 215. **Exemples de l'équilibre des fluides.** — *Liquide tournant autour d'un axe vertical.* — Supposons qu'un liquide pesant soit contenu dans un vase, et que le tout soit animé d'un mouvement de rotation uniforme autour d'un axe vertical. Le liquide prend dans le vase un certain état d'équilibre relatif que nous allons étudier. Nous pouvons regarder le poids $mg$ d'une molécule liquide de masse $m$ comme une force réelle, que nous aurions à considérer seule, si le liquide ne tournait pas autour de la verticale et était en repos par rapport à la terre. Pour pouvoir assimiler l'équilibre relatif dont nous nous occupons, à un équilibre absolu, nous devons joindre à cette force $mg$ la force centrifuge due à la rotation du liquide. Rapportons les divers points du liquide à trois axes coordonnés rectangulaires, dont l'un, l'axe des $z$, coïncide avec l'axe de rotation; et supposons que les $z$ positifs se comptent de bas en haut. Si nous désignons par $\omega$ la vitesse angulaire constante avec laquelle le liquide tourne, par $x$, $y$, $z$, les coordonnées de la molécule de masse $m$ que nous considérons en particulier, et par $r$ la distance de cette molécule à l'axe de rotation, nous aurons

$$m\omega^2 r$$

pour la force centrifuge que nous devons joindre au poids $mg$, et

$$m\omega^2 x, \qquad m\omega^2 y,$$

pour les composantes de cette force centrifuge dirigées parallèlement aux axes des $x$ et des $y$; quant à la composante parallèle à l'axe des $z$, elle est évidemment nulle. D'après cela, nous aurons

$$X = \omega^2 x, \qquad Y = \omega^2 y, \qquad Z = -g;$$

en sorte que l'équation différentielle des surfaces de niveau sera

$$\omega^2 x\,dx + \omega^2 y\,dy - g\,dz = 0.$$

En intégrant cette équation, nous trouvons

$$z = \frac{\omega^2}{2g}(x^2 + y^2) + C,$$

ce qui montre que les surfaces de niveau sont des paraboloïdes de révolution ayant l'axe de rotation du liquide pour axe de figure. Ces paraboloïdes sont tous égaux entre eux, et peuvent être regardés comme étant les diverses positions que prendrait l'un d'eux, si on lui donnait un mouvement de translation, en le faisant glisser le long de son axe. La surface libre du liquide étant une surface de niveau pour laquelle la pression est nulle, a également la forme du paraboloïde dont il vient d'être question.

Si le liquide tournant est surmonté d'une atmosphère gazeuse pesante, comme cela a lieu lorsqu'on fait tourner un vase plein d'eau au milieu de l'air atmosphérique, les choses ne se passent plus tout à fait de la même manière. Les surfaces de niveau du liquide tournant sont bien toujours les mêmes; mais sa surface libre n'est plus une de ces surfaces de niveau, parce que les points situés à différentes hauteurs sur cette surface libre éprouvent des pressions inégales de la part du gaz pesant qui la surmonte. Cependant cette inégalité de pression est presque insensible, si le vase qui contient le liquide tournant n'a pas de très-grandes dimensions, et par conséquent la surface libre du liquide se confond presque complétement avec une surface de niveau. Si l'on admettait que le gaz qui surmonte le liquide fût entraîné par celui-ci dans son mouvement de rotation et tournât avec la même vitesse angulaire que lui autour de l'axe vertical, les surfaces de niveau seraient les mêmes pour le liquide et pour le gaz ; et comme la densité devrait être constante dans toute l'étendue de chacune de ces surfaces, il s'ensuit que la surface de séparation du liquide et du gaz serait précisément une de ces surfaces de niveau.

§ 216. *Atmosphère terrestre ; nivellement barométrique.* — L'atmosphère de la terre est une masse gazeuse que l'on peut considérer en général comme étant en équilibre sur le globe terrestre qu'elle recouvre en totalité. Diverses causes permanentes ou accidentelles viennent, il est vrai, troubler cet équilibre, et occasionnent les vents que nous observons à la surface de la terre ; mais nous ferons abstraction de ces causes de mouvement. Les diverses molécules de l'atmosphère sont pesantes, et c'est sous l'action de la pesanteur qu'elles se mettent en équilibre. S'il ne s'agissait que d'une masse gazeuse occupant un espace de peu d'étendue sur la terre, nous pourrions y regarder la pesanteur comme une force constante en grandeur et en direction ; et par suite les surfaces de niveau, dans cette masse gazeuse, seraient des plans horizontaux (§ 213) ; mais il n'en est pas ainsi, parce que le gaz que nous considérons environne la terre de toute part, et que, en conséquence, la pesanteur agit sur ses diverses molécules suivant des directions extrêmement différentes dans toute son étendue. La pesanteur, aux divers points de la surface de la terre, ne s'éloigne pas beaucoup d'être dirigée vers le centre du globe terrestre ; il s'ensuit que les surfaces de niveau de l'atmosphère sont presque des surfaces sphériques concentriques ayant pour centre commun le centre de la terre : ces surfaces de niveau sont seulement un peu aplaties vers les pôles, et renflées vers l'équateur, par l'effet de la force centrifuge qui se combine avec l'attraction de la terre pour produire ce que nous nommons la pesanteur.

Au lieu d'étudier ici cette question de l'équilibre de l'atmo-

sphère terrestre d'une manière générale, nous nous contenterons
de la traiter pour une portion restreinte de l'atmosphère, afin
d'arriver à la formule qui permet de déterminer des différences
de niveau au moyen d'observations barométriques ; et pour cela
nous chercherons spécialement la loi suivant laquelle la pression atmosphérique varie, quand on passe d'un point à un autre
d'une même verticale, en supposant que la pesanteur y soit
constante en grandeur et en direction. Soit $z$ la distance d'un
point quelconque de cette verticale au point où elle perce la
surface de la terre. D'après l'équation ($a$) du § 214, on aura

$$dp = -\varrho g dz.$$

Or, on sait que, d'après les lois de Mariotte et de Gay-Lussac,
on a, entre la pression $p$ et la masse spécifique $\varrho$ relatives à un
point quelconque de l'atmosphère, la relation

$$\varrho = \frac{kp}{1 + \alpha t},$$

en désignant par $t$ la température de l'air en ce point, par $\alpha$ le
coefficient de dilatation de l'air qui est égal à 0,00366, et par
$k$ un coefficient constant. Si l'air avait partout la même composition, et si la température $t$ aux différents points de la verticale
était connue en fonction de $z$, nous trouverions facilement la
relation exacte entre $p$ et $z$, en éliminant $\varrho$ entre les deux relations précédentes et intégrant ensuite. Mais il n'en est pas ainsi :
l'air contient habituellement de la vapeur d'eau, en quantité
variable avec la hauteur ; et la température $t$, différente d'un
point à un autre de la verticale, n'est pas connue en fonction de
$z$. Pour suppléer à ce que nous ne connaissons pas, nous rem-
placerons $t$ par la moyenne arithmétique des températures $t_0$ et
$t_1$ correspondant aux deux points particuliers entre lesquels
nous voulons calculer la différence de pression ; et, en outre,
nous mettrons 0,004 au lieu de 0,00366 pour $\alpha$, afin de tenir
compte jusqu'à un certain point de l'existence de la vapeur d'eau,
dont la proportion croît ordinairement avec la température, de
telle sorte que sa présence équivaut à une certaine augmenta-

tion du coefficient de dilatation de l'air. La relation entre $\rho$ et $p$ deviendra donc

$$\rho = \frac{kp}{1 + \frac{2}{1000}(t_0 + t_1)},$$

et par suite l'équation différentielle qui lie $dp$ à $dz$ pourra être mise sous la forme

$$dz = -\frac{1}{kg}\left[1 + \frac{2}{1000}(t_0 + t_1)\right]\frac{dp}{p}.$$

En intégrant entre des limites correspondant à deux points déterminés de la verticale, et désignant par H la distance de ces deux points, et par $p_0$ et $p_1$ les valeurs extrêmes de $p$, on trouve

$$H = \frac{1}{kg}\left[1 + \frac{2}{1000}(t_0 + t_1)\right]l \cdot \frac{p_0}{p_1}.$$

Le logarithme qui entre dans cette formule est un logarithme népérien. Enfin, si nous remplaçons les pressions $p_0$, $p_1$, par les hauteurs $h_0$, $h_1$, des colonnes barométriques qui leur servent de mesure, et qui par conséquent leur sont proportionnelles ; si nous substituons au logarithme népérien un logarithme ordinaire, et si nous donnons au coefficient constant du second membre la valeur que les mesures directes de différences de niveau ont indiquée comme étant la plus convenable, nous aurons définitivement la formule

$$H = 18393^m\left[1 + \frac{2}{1000}(t_0 + t_1)\right]\log.\frac{h_0}{h_1},$$

C'est à l'aide de cette formule que l'on détermine la différence de niveau H de deux points, en mesurant en chaque point la hauteur de la colonne barométrique et la température de l'air. D'après la manière dont elle a été obtenue, on ne devrait s'en servir que dans le cas où les deux points seraient situés sur une même verticale. Mais les surfaces de niveau de l'atmosphère peuvent être regardées comme équidistantes, dans une certaine étendue, tout autour de chaque verticale ; il s'ensuit que, lors même que les deux stations où l'on a mesuré les hauteurs $h_0, h_1$. et les températures $t_0, t_1$, ne se trouvent pas sur une même verticale, si ces stations ne sont pas très-éloignées l'une de l'autre, on peut prendre la valeur de H fournie par la formule pour la distance de l'une d'elles à la surface de niveau passant par l'autre, c'est-à-dire pour la différence de niveau qui existe entre elles. Les hauteurs $h_0, h_1$, des colonnes de mercure qui font équilibre à la pression atmosphérique dans les deux stations, doivent, bien entendu, être corrigées tout d'abord en raison de l'inégale température du mercure dans ces deux stations, et ramenées à la température de zéro.

La formule que nous venons d'obtenir suffit généralement pour déterminer les différences de niveau au moyen des observations barométriques, quoiqu'elle ait été trouvée en attribuant à l'intensité de la pesanteur une valeur constante. Si l'on veut arriver à une exactitude plus grande, il faut tenir compte de ce que cette force varie à la fois avec la latitude du lieu et avec la hauteur du point que l'on considère au-dessus de la surface de la terre; mais nous ne nous occuperons pas ici de chercher la modification qui en résulterait dans la formule qui donne la différence de niveau H.

§ 217. **Pressions d'un liquide pesant sur les parois du vase qui le renferme.** — Un liquide pesant, en équilibre dans un vase fermé qu'il ne remplit pas en totalité, ou bien dans un vase ouvert par le haut, se termine à une surface libre qui est plane et horizontale. Nous avons établi cette proposition (§ 213), en admettant que le liquide ne soit soumis à aucune pression aux différents points de sa surface libre. Elle est vraie encore dans le cas où le liquide est surmonté d'une atmosphère gazeuse, en équilibre elle-même sous l'action de la pesanteur, comme nous le voyons constamment à la surface de la terre, parce que les surfaces de niveau sont planes et horizontales, à la fois dans le liquide et dans le gaz, et que leur surface de séparation doit évidemment être une de ces surfaces de niveau. Nous allons étudier les pressions que ce liquide exerce sur les parois du vase qui le renferme.

Nous savons déjà que la pression $p$, en un point quelconque du liquide, a pour valeur

$$p = p_0 + \rho g h,$$

en désignant par $p_0$ la pression qui s'exerce sur la surface libre, et par $h$ la distance du point que l'on considère à cette surface (§ 213). L'existence de la pression $p_0$ sur la surface libre ne fait donc qu'augmenter d'une même quantité les pressions qui s'exerceraient sans cela aux différents points de la masse liquide. Nous en ferons abstraction, et nous raisonnerons comme si $p_0$ était nul : il sera facile de voir comment les résultats auxquels nous parviendrons devront être modifiés pour tenir compte de cette pression sur la surface libre, dans le cas où elle ne sera pas nulle. D'après cela, chaque élément $\omega$ de la paroi du vase sera regardé comme éprouvant de la part du liquide une pression égale à $\rho g \omega h$, $h$ étant la distance du centre de gravité de cet élément à la surface libre.

Considérons d'abord les pressions exercées sur les divers éléments d'une paroi plane. Ces pressions sont des forces parallèles et de même sens ; elles ont une résultante égale à leur somme, qui est la pression totale supportée par la paroi. Le point d'application de cette résultante, sur la paroi même, se nomme *centre de pression*. La pression supportée par un élément $\omega$ de cette paroi plane étant exprimée par $\rho g \omega h$, la pression totale est égale à

$$\Sigma \rho g \omega h ;$$

ou bien, ce qui est la même chose,

$$\rho g \mathrm{AH},$$

en désignant par A l'aire totale de la paroi, et par H la distance de son centre de gravité à la surface libre du liquide, en observant que, d'après les propriétés des centres de gravité, on a

$$\Sigma \omega h = \mathrm{AH}.$$

Pour trouver le centre de pression correspondant à la paroi

plane AB, *fig.* 111, observons que la pression sur un élément

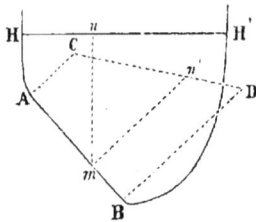

Fig. 111.

ω ayant son centre de gravité en *m*, est égale au poids d'une colonne de liquide ayant pour base ω et pour hauteur la distance *mn* du point *m* à la surface libre HH'. Si par chaque point *m* de la paroi AB nous élevons une perpendiculaire à cette paroi, et si nous prenons sur cette perpendiculaire une longueur *mn'* égale à la distance du point *m* à la surface HH' du liquide, nous obtiendrons un prisme tronqué ABCD. Concevons que ce prisme tronqué soit divisé en prismes élémentaires ayant leurs arêtes perpendiculaires à la paroi AB, et ayant pour base les divers éléments ω de cette paroi ; si chacun de ces prismes élémentaires est un solide homogène de même densité que le liquide considéré, et si ces divers prismes sont soumis à l'action de la pesanteur s'exerçant suivant une direction perpendiculaire AB, il est aisé de voir que la paroi AB sera pressée par l'ensemble de ces prismes exactement de même qu'elle l'est par le liquide avec lequel elle est en contact, et qui s'étend jusqu'à la surface libre HH'. On conclut de là qu'il suffit de chercher le centre de gravité du prisme tronqué ABCD considéré comme un solide homogène, et de le projeter sur la face AB, pour avoir le centre de pression correspondant à cette face AB.

Si, par exemple, la paroi AB est rectangulaire, et a un de ses côtés situé dans le plan horizontal HH', le centre de pression se trouve sur la ligne qui joint les milieux des côtés horizontaux du rectangle, et au tiers de cette ligne à partir du côté inférieur. Si la paroi AB est un triangle ayant son sommet dans le plan HH' et sa base dirigée horizontalement, le centre de pression est situé sur la ligne qui joint le sommet au milieu de la base, et au quart de cette ligne à partir de la base. Si la paroi plane est un triangle ayant sa base dans le plan HH', le centre de pression se trouve au milieu de la ligne qui joint le milieu de la base au sommet opposé.

§ 218. Considérons maintenant une portion de paroi de forme quelconque, et cherchons à composer entre elles les pressions que le liquide exerce sur les divers éléments dont elle est formée. Pour cela, imaginons que nous traçons trois axes coordonnés rectangulaires, dont l'un soit vertical, et décomposons la pression supportée par un élément quelconque ω de la paroi en trois composantes dirigées parallèlement à ces axes. Si nous désignons par α, β, γ les angles que la normale à l'élément considéré fait avec les trois axes, nous aurons

$$\rho g \omega h \cos \alpha, \qquad \rho g \omega h \cos \beta, \qquad \rho g \omega h \cos \gamma,$$

pour les valeurs de ces composantes ; nous voyons que ce sont précisément les pressions que le liquide exercerait sur les projections

$$\omega \cos \alpha, \qquad \omega \cos \beta, \qquad \omega \cos \gamma,$$

de l'élément de paroi ω sur les trois plans coordonnés, en supposant que le centre de gravité de chacune de ces projections se trouvât à la même distance $h$ au-dessous de la surface libre du liquide. Cette décomposition étant faite pour les pressions supportées par tous les éléments de la portion de paroi que nous considérons, nous pouvons composer entre elles toutes les pressions composantes dirigées parallèlement à chacun des axes coordonnés : nous aurons ainsi trois résultantes partielles ayant respectivement leurs directions parallèles à ces axes, et si nous pouvons trouver une force unique qui soit la résultante de ces trois résultantes partielles, cette force unique sera la résultante des pressions que le liquide exerce sur les divers éléments de la paroi. Quant à ces résultantes partielles, il est aisé de trouver la grandeur de chacune d'elles, ainsi que la position de son point d'application. On reconnaît en effet, d'après ce que nous venons de dire, que la résultante des pressions composantes dirigées parallèlement à l'un des deux axes horizontaux est précisément la pression que le liquide exercerait sur la projection de la paroi considérée sur le plan vertical perpendiculaire à cet axe. On reconnaît en outre que la résultante des pressions composantes dirigées verticalement est égale au poids du liquide contenu à l'intérieur du cylindre vertical passant par le contour de la paroi, et s'étendant depuis cette paroi jusqu'à la surface libre : cette résultante est dirigée suivant la verticale menée par le centre de gravité de la portion de liquide dont il s'agit. Ces énoncés supposent que toutes les pressions composantes parallèles à un quelconque des trois axes sont dirigées dans le même sens ; c'est-à-dire que, dans la projection de la portion de paroi considérée sur un plan perpendiculaire à cet axe, il n'y a pas plusieurs parties qui se projettent l'une sur l'autre : il est aisé de voir en quoi les énoncés devraient être modifiés, si les choses se passaient autrement.

Nous pouvons appliquer ce qui vient d'être dit à la recherche de la résultante de toutes les pressions qu'un liquide pesant exerce sur les diverses parties de la paroi du vase qui le renferme. Après avoir mené trois axes coordonnés rectangulaires, dont l'un soit vertical, concevons que nous circonscrivions à la paroi qui renferme le liquide un cylindre ayant ses génératrices parallèles à un des deux axes horizontaux ; la ligne de contact du cylindre avec cette paroi la divise en deux portions distinctes, dont les projections sur un plan perpendiculaire à cet axe se recouvrent complétement : il est aisé de voir d'après cela que les composantes des pressions élémentaires dirigées parallèlement au même axe ont une résultante nulle. Les composantes de ces pressions élémentaires dirigées parallèlement à l'autre axe horizontal ont également une résultante nulle. Ces pressions élémentaires ont donc la même résultante que leurs composantes verticales ; et par conséquent cette résultante de toutes les pressions que le liquide exerce sur la paroi du vase est égale au poids du liquide tout entier, et sa direction passe par le centre de gravité de ce liquide, ce qui était évident *à priori*.

§ 219. **Pressions supportées par un corps solide plongé dans un liquide pesant en équilibre.** — Si un corps solide plonge en totalité ou en partie dans un liquide pesant en équilibre, il éprouve de la part du liquide des pressions dont nous allons chercher la résultante. Il est clair que nous pouvons regarder la surface du solide plongé comme constituant une partie des parois qui renferment le liquide, et qu'en conséquence nous pouvons lui appliquer ce qui vient d'être dit pour les pressions supportées par ces parois.

Considérons d'abord un solide complétement plongé. Si l'on décompose la pression du liquide sur chacun des éléments de la surface du corps en trois composantes parallèles à un axe vertical et à deux axes horizontaux perpendiculaires l'un à l'autre, on verra que les composantes parallèles à l'un quelconque des deux axes horizontaux ont une résultante nulle ; en sorte que la résultante des composantes verticales sera la résultante de toutes les pressions élémentaires supportées par le corps. Si maintenant on imagine un cylindre vertical circonscrit au corps, la ligne de contact de ce cylindre divisera la surface du corps en deux portions. La résultante des composantes verticales des pressions exercées sur la portion inférieure sera une force verticale dirigée de bas en haut, et égale au poids du liquide qui remplirait le cylindre circonscrit, depuis cette portion inférieure de la surface du corps jusqu'à la surface libre du liquide ; de même la résultante des composantes verticales des pressions supportées par la portion supérieure, sera une force verticale, dirigée de haut en bas et égale au poids du liquide qui remplirait le cylindre circonscrit, depuis cette portion supérieure de la surface du corps jusqu'à la surface libre du liquide : donc la résultante des composantes verticales des pressions élémentaires supportées par toute la surface du corps, et par conséquent la résultante de ces pressions élémentaires elles-mêmes, est une force verticale, dirigée de bas en haut, égale au poids du liquide dont le corps tient la place et agissant suivant la verticale menée par le centre de gravité de ce liquide. C'est en cela que consiste le fameux *principe d'Archimède*, qu'on énonce ordinairement en disant qu'un corps plongé dans un liquide perd une partie de son poids égale au poids du liquide déplacé.

Si un corps solide ne plonge qu'en partie dans un liquide pesant en équilibre, on arrive de la même manière à trouver la résultante des pressions qu'il éprouve de la part du liquide. On reconnaît ainsi que cette résultante est égale au poids du liquide .

qui remplirait l'espace occupé par la portion du corps située au-dessous de la surface libre du liquide, et qu'elle agit de bas en haut suivant la verticale menée par le centre de gravité de ce liquide.

§ 220. **Équilibre d'un corps solide plongé dans un liquide pesant ou flottant à sa surface.** — Pour qu'un corps solide, plongé en totalité ou en partie dans un liquide, soit en équilibre sous l'action de la pesanteur et des pressions qu'il éprouve de la part du liquide, il faut que la résultante des actions de la pesanteur sur les diverses molécules du corps soit égale et directement opposée à la résultante des pressions que le liquide exerce sur les diverses parties de la surface de ce corps. On est conduit par là aux deux conditions suivantes : 1° le poids du corps doit être égal au poids du liquide qu'il déplace ; 2° le centre de gravité du corps et celui du liquide déplacé doivent se trouver sur une même verticale. Ces deux conditions sont nécessaires et suffisantes pour que le corps plongé soit en équilibre, si toutefois ce corps peut être regardé comme étant un solide invariable.

Si le corps que l'on considère est homogène, il ne peut être en équilibre, lorsqu'il est complétement plongé dans un liquide, qu'autant que sa densité est égale à celle du liquide ; cette condition est d'ailleurs suffisante pour que l'équilibre ait lieu, puisque, dans ce cas, le centre de gravité du corps et celui du liquide déplacé coïncident toujours, quelle que soit la position du corps à l'intérieur du liquide. Un corps homogène ne peut être en équilibre, en flottant sur un liquide pesant, qu'autant que sa densité est moindre que celle du liquide.

# LIVRE QUATRIÈME

# DYNAMIQUE

---

## TROISIÈME PARTIE

### DU MOUVEMENT DES SYSTÈMES MATÉRIELS

---

## CHAPITRE PREMIER

### MOUVEMENT D'UN SYSTÈME MATÉRIEL QUELCONQUE.

§ 221. **Théorème de d'Alembert.** — Un système matériel quelconque étant en mouvement sous l'action des forces tant intérieures qu'extérieures qui sont appliquées à ses diverses parties, chacun des points matériels qui le composent (§ 150) se meut conformément à ce qui a été dit dans le Livre II; l'accélération totale du mouvement de ce point a même direction et même sens que la résultante de toutes les forces qui agissent sur lui, et la grandeur de cette accélération est telle qu'en la multipliant par la masse du point, on obtient un produit égal à la résultante dont il vient d'être question. Reportons-nous maintenant à la définition que nous avons donnée de la force d'inertie (§ 138), et nous verrons que, si, à un instant quelconque, on joint la force d'inertie du point matériel dont il s'agit aux forces qui lui sont réellement appliquées, on aura un ensemble de forces qui se feront équilibre : puisque la force d'inertie, que l'on joint aux forces réelles, est égale et directement opposée à la résultante de ces forces réelles. D'après cela, si, à un instant quelconque, on joint les forces d'inertie des différents points d'un système matériel en mouvement aux diverses forces qui agissent réellement sur ces points, on obtiendra un système total de forces qui se feront équilibre sur le système, puisqu'il y aura équilibre entre les forces appliquées à chacun des points matériels dont le système se compose.

Il est aisé de reconnaître en outre qu'il suffit d'exprimer l'équilibre dont il vient d'être question, pour en conclure toutes les circonstances du mouvement du système. En effet, dire que les forces qui agissent réellement sur le système matériel, jointes aux forces d'inertie de ses différents points, se font équilibre à chaque instant sur ce système, c'est dire que cet équilibre a lieu pour un quelconque des points matériels dont le système se compose ; c'est donc dire que, pour chacun de ces points, et à chaque instant, la force d'inertie est égale et directement opposée à la résultante des forces qui agissent réellement sur ce point ; ou, en d'autres termes, c'est dire que l'accélération totale du mouvement d'un point quelconque du système est précisément celle que cette résultante des forces réellement appliquées au point est capable de lui communiquer. Exprimer qu'il y a équilibre, à chaque instant, entre les forces qui agissent sur les différents points matériels du système et les forces d'inertie de ces points, ou bien écrire les équations différentielles du mouvement de ces divers points matériels du système, ce sont deux choses équivalentes. Tel est le fameux théorème dû à d'Alembert, au moyen duquel toute question de mouvement se ramène immédiatement à une question d'équilibre.

Le théorème de d'Alembert ne présente pas d'utilité réelle, tant que le système matériel dont on s'occupe n'est qu'un assemblage de points matériels isolés pouvant se mouvoir d'une manière quelconque, les uns par rapport aux autres, sous l'action des forces qui lui sont appliquées ; puisque, pour exprimer l'équilibre des forces réelles jointes aux forces d'inertie, il faut exprimer que cet équilibre a lieu pour chacun des points matériels du système, et que, par conséquent, il est tout aussi simple d'écrire immédiatement les équations différentielles du mouvement de chacun de ses points. Mais il n'en est plus de même lorsqu'il s'agit d'un système matériel dans lequel on imagine des liaisons (§ 186). Dans ce cas, le théorème de d'Alembert, en ramenant la question du mouvement du système à une question d'équilibre entre les forces qui lui sont réellement appliquées et les forces d'inertie de ses différents points, permet de profiter des simplifications que les liaisons introduisent dans l'ensemble des équations d'équilibre des forces appliquées à un système matériel. Ainsi, pour en donner un exemple, les équations d'équilibre des forces appliquées à un solide invariable se réduisant à six (§§ 182 et 178), le théorème de d'Alembert conduit immédiatement à six équations qui suffisent pour faire connaître le mouvement d'un pareil corps.

§ 222. Premier théorème général, **ou théorème du mouvement du centre de gravité**. — Le théorème de d'Alembert ne fait connaître aucune propriété du mouvement du système matériel auquel on l'applique ; il ne fait que fournir une méthode particulière pour écrire les équations différentielles du mouvement du système, équations que l'on pourrait d'ailleurs écrire directement, sans avoir recours à ce théorème. Il n'en est pas de même des *théorèmes généraux*, dont nous allons nous occuper ; chacun de ces théorèmes, qui sont au nombre de quatre, fait connaître une propriété du mouvement. Nous commencerons par celui qui se rapporte au mouvement du centre de gravité du système.

Désignons par $m$ la masse d'un quelconque des points matériels du système ; par $x$, $y$, $z$ les coordonnées de ce point rapportées à trois axes rectangulaires ; et par X, Y, Z les forces parallèles aux axes, dans lesquelles se décompose une quelconque des forces appliquées à ce point matériel. Si nous observons que la projection de la résultante de plusieurs forces appliquées à un point, sur un axe quelconque, est égale à la somme des projections des composantes sur le même axe, nous verrons que les équations différentielles du mouvement du point matériel dont il vient d'être question peuvent s'écrire ainsi (§ 121) :

$$m \frac{d^2x}{dt^2} = \Sigma X,$$

$$m \frac{d^2y}{dt^2} = \Sigma Y,$$

$$m \frac{d^2z}{dt^2} = \Sigma Z.$$

Les signes $\Sigma$ qui entrent dans les seconds membres indiquent des sommes s'étendant à toutes les forces qui sont appliquées au point matériel considéré. Concevons que nous ayons écrit toutes les équations analogues à celles-là, pour les divers points matériels du système, et que nous ajoutions entre elles toutes celles de ces équations qui se rapportent aux mouvements projetés sur un même axe : nous trouverons ainsi les trois équations suivantes :

$$\Sigma m \frac{d^2x}{dt^2} = \Sigma X,$$

$$\Sigma m \frac{d^2y}{dt^2} = \Sigma Y,$$

$$\Sigma m \frac{d^2z}{dt^2} = \Sigma Z,$$

dans lesquelles les signes $\Sigma$ des premiers membres indiquent des sommes s'étendant à tous les points du système, et ceux des seconds membres, des sommes s'étendant à toutes les forces, sans exception, qui agissent sur les diverses parties de ce système.

Désignons maintenant par M la masse totale du système matériel, et par $x_1$, $y_1$, $z_1$, les coordonnées de son centre de gravité, à un instant quelconque. Nous aurons (§ 163) :

$$M x_1 = \Sigma m x, \qquad M y_1 = \Sigma m y, \qquad M z_1 = \Sigma m z :$$

et, par suite, en différenciant deux fois par rapport au temps $t$,

$$\mathrm{M}\frac{d^2x_1}{dt^2} = \Sigma m\frac{d^2x}{dt^2}, \quad \mathrm{M}\frac{d^2y_1}{dt^2} = \Sigma m\frac{d^2y}{dt^2}, \quad \mathrm{M}\frac{d^2z_1}{dt^2} = \Sigma m\frac{d^2z}{dt^2}.$$

Au moyen de ces formules, les trois équations que nous venons d'obtenir deviendront

$$\mathrm{M}\frac{d^2x_1}{dt^2} = \Sigma X,$$

$$\mathrm{M}\frac{d^2y_1}{dt^2} = \Sigma Y,$$

$$\mathrm{M}\frac{d^2z_1}{dt^2} = \Sigma Z.$$

Ces trois équations déterminent, comme on le voit, les valeurs des coordonnées $x_1$, $y_1$, $z_1$, du centre de gravité, en fonction du temps. Pour les interpréter, et énoncer le théorème auquel elles correspondent, nous ferons d'abord les remarques suivantes : 1° ces équations ont exactement la forme des équations différentielles du mouvement d'un point matériel de masse M; 2° les forces intérieures du système disparaissent d'elles-mêmes dans les seconds membres de ces équations, puisque, ces forces étant deux à deux égales et directement opposées, leurs projections sur un axe quelconque sont deux à deux égales et de signes contraires; 3° les forces extérieures, qui restent seules dans les seconds membres, d'après ce que nous venons de dire, peuvent être transportées parallèlement à elles-mêmes en un point quelconque, sans que ces seconds membres soient changés, puisque, par là, les projections de ces forces sur un axe quelconque ne changeront ni de grandeur ni de signe. On peut donc dire que

*Le centre de gravité d'un système matériel se meut de la même manière que si toute la masse du système y était concentrée, et que toutes les forces extérieures y fussent transportées parallèlement à elles-mêmes.*

Ce théorème nous montre que, lorsque nous faisons abstraction des dimensions d'un corps, pour le réduire par la pensée à un point matériel (§ 82), c'est à son centre de gravité que nous devons concevoir que toute sa masse est concentrée. Tout

26

ce que nous avons dit sur le mouvement d'un point matériel (Livre II) est immédiatement applicable au mouvement du centre de gravité d'un système matériel.

§ 223. Pour faire bien comprendre la vraie signification et la portée du premier théorème général que nous venons d'établir, nous allons l'appliquer à quelques exemples.

Lorsqu'on lance un corps, suivant une direction quelconque, à la surface de la terre, et qu'ensuite la pesanteur est la seule force extérieure qui agisse sur les diverses molécules de ce corps, son centre de gravité décrit une parabole dans le plan vertical mené par la direction de sa vitesse initiale (§ 122). Supposons que le corps dont il s'agit soit une bombe, et que cette bombe fasse explosion avant qu'elle soit tombée sur le sol ; l'explosion étant occasionnée uniquement par le développement de forces intérieures, le mouvement du centre de gravité de la bombe tout entière n'en est pas altéré : ce centre de gravité de l'ensemble de toutes les molécules dont la réunion constituait primitivement la bombe, continue, après l'explosion, à parcourir la parabole suivant laquelle il a commencé à se mouvoir. Ce n'est que lorsque quelqu'un des fragments de la bombe vient à rencontrer un corps étranger, que le mouvement du centre de gravité du système se modifie ; parce que la réaction éprouvée par ce fragment est une nouvelle force extérieure qui vient se combiner avec la pesanteur, et contribuer avec elle à la production de ce mouvement. Il est clair que ces résultats ne sont vrais qu'approximativement, dans le cas où la bombe se meut dans l'air atmosphérique, en raison de la résistance que l'air oppose au mouvement de la bombe et de ses fragments, résistance qui est une force extérieure, et qui, par conséquent, influe sur le mouvement du centre de gravité.

Si les forces extérieures, transportées parallèlement à elles-mêmes au centre de gravité, ont une résultante nulle, ou bien, s'il n'y a pas de forces extérieures, le centre de gravité du système est nécessairement immobile, ou animé d'un mouvement rectiligne et uniforme. Ainsi, concevons qu'un être animé, un homme, par exemple, se trouve isolé au milieu de l'espace, qu'il ne soit soumis à aucune force extérieure, et que son centre de gravité soit immobile ; cet être animé ne pourra pas de lui-même mettre son centre de gravité en mouvement, de quelque manière qu'il fasse jouer ses muscles pour déplacer les diverses parties de son corps, parce qu'il ne peut développer ainsi que des forces intérieures qui ne sont pas capables de faire sortir le centre de gravité de son état d'immobilité primitive.

Notre système planétaire étant extrêmement éloigné des étoiles qui l'environnent, on peut regarder les actions que ses diverses parties éprouvent de la part des étoiles comme insensibles. Dès lors ce système n'est soumis qu'à des forces intérieures, et, par conséquent, son centre de gravité doit être immobile ou animé d'un mouvement rectiligne et uniforme.

§ 224. DEUXIÈME THÉORÈME GÉNÉRAL, **ou théorème des quantités de mouvement projetées sur un axe.** — Si l'on projette le mouvement d'un point matériel sur un axe fixe, on a dans le mouvement projeté (§ 113)

$$mv - mv_0 = \Sigma \int_0^t F dt,$$

F étant la projection d'une quelconque des forces qui agissent sur le point matériel, et le signe $\Sigma$ indiquant une somme qui s'étend à toutes les forces auxquelles il est soumis ; car la projection de la résultante des forces appliquées à ce point est égale à la somme des projections des forces elles-mêmes, et, par conséquent, l'impulsion élémentaire ou totale de cette résultante projetée est égale à la somme des impulsions élémentaires ou totales des composantes projetées. Si l'on écrit toutes les équations de cette forme, relatives aux projections du mouvement des divers points d'un système matériel sur un même axe fixe, et correspondant à un même intervalle de temps, et qu'ensuite on les ajoute membre à membre, on trouve

$$\Sigma mv - \Sigma mv_0 = \Sigma \int_0^t F dt.$$

Les signes $\Sigma$ du premier membre de cette nouvelle équation indiquent des sommes qui s'étendent à tous les points matériels du système ; et celui du second membre, une somme qui s'étend à toutes les forces appliquées aux diverses parties de ce système. Les forces intérieures, en projection sur l'axe dont il s'agit, sont deux à deux égales et de signes contraires ; les termes correspondant à ces forces se détruisent donc mutuellement dans l'équation qui vient d'être obtenue, de sorte qu'on peut l'écrire en ne mettant dans son second membre que les termes correspondant aux forces extérieures. D'après cela, cette équation, qui constitue notre deuxième théorème général, peut s'énoncer de la manière suivante :

*L'accroissement total de la somme des quantités de mouvement du système projetées sur un axe fixe quelconque, pendant un temps aussi quelconque, est égal à la somme des impulsions totales des forces extérieures projetées sur cet axe pendant le même temps.*

§ 225. Le recul des bouches à feu s'explique naturellement au moyen de ce théorème. Avant l'inflammation de la poudre, le canon et sa charge forment un système immobile, pour lequel la somme des quantités de mouvement projetées sur l'axe du canon est nulle. Cette somme des quantités de mouvement projetées doit rester constamment nulle, tant qu'il n'y a pas de forces extérieures qui, en projection sur l'axe de la pièce, donnent lieu à une somme d'impulsions différentes de zéro. L'explosion de la poudre ne développant que des forces intérieures, il s'ensuit nécessairement que le canon et le boulet prennent en même temps des mouvements dirigés en sens contraires l'un de l'autre ; de telle manière que la somme des quantités de mouvement du système, en projection sur l'axe de la pièce, conserve sa valeur nulle. S'il était permis de négliger la masse de la poudre, ou des matières dans lesquelles elle se transforme par suite de son inflammation, on pourrait dire que le canon et le boulet prennent, au moment de l'explosion, des vitesses de sens contraires, et inversement proportionnelles à leurs masses ; mais les choses ne se passent pas tout à fait ainsi, à cause de la masse de la poudre qui n'est pas négligeable par rapport à celle du boulet :

en réalité le recul de la pièce s'effectue avec une vitesse un peu plus grande que celle que l'on trouverait de cette manière.

L'ascension des fusées s'explique d'une manière analogue. L'inflammation progressive de la poudre qui entre dans la composition d'une fusée fait sortir des quantités de matière de plus en plus grandes, par un orifice pratiqué à sa partie inférieure ; le corps de la fusée doit donc reculer, c'est-à-dire se mettre en mouvement de bas en haut. L'action de la pesanteur vient, il est vrai, modifier le résultat ; mais elle ne fait que diminuer la vitesse de la fusée, en faisant équilibre à une partie de la force verticale qui produit son mouvement de recul de bas en haut.

§ 226. TROISIÈME THÉORÈME GÉNÉRAL, **ou théorème des moments des quantités de mouvement par rapport à un axe.** — Reprenons le théorème énoncé à la fin du § 114, et observons que : 1° le moment de la projection d'une quantité de mouvement sur un plan fixe par rapport à un point O de ce plan, peut être regardé comme étant le moment de la quantité de mouvement elle-même par rapport à la droite qui se projette en ce point O (§ 103) ; 2° de même le moment de l'impulsion élémentaire de la projection d'une force sur le plan fixe, par rapport au point O, peut être regardé comme étant le moment de l'impulsion élémentaire de la force par rapport à la même droite qui se projette en O ; 3° enfin, si plusieurs forces sont appliquées à un même point, le moment de chaque impulsion élémentaire de la résultante de ces forces, par rapport à un axe fixe, est égal à la somme des moments des impulsions élémentaires correspondantes des forces composantes, par rapport au même axe (§ 103). D'après cela le théorème dont il s'agit peut s'énoncer autrement, de la manière suivante : lorsqu'un point matériel se meut dans l'espace sous l'action des diverses forces, l'accroissement total qu'éprouve le moment de la quantité de mouvement du point, par rapport à un axe fixe quelconque, et pendant un temps aussi quelconque, est égal à la somme des moments, par rapport à cet axe, des impulsions élémentaires des forces auxquelles il est soumis, correspondant aux divers éléments dont ce temps se compose.

Concevons maintenant que l'on écrive les équations analogues à celle qui résulte de cet énoncé, pour tous les points matériels qui font partie d'un système en mouvement, en considérant un même intervalle de temps pour tous ces points, et prenant les moments des quantités de mouvement et des impulsions par rapport à un même axe fixe. Si l'on ajoute entre elles toutes les équations ainsi obtenues, et que l'on observe que les moments des impulsions élémentaires des forces intérieures se détruiront mutuellement dans la somme, comme étant deux à deux égaux et de signes contraires, on trouvera une équation unique, qui peut s'énoncer ainsi :

*L'accroissement total de la somme des moments des quantités de mouvement du système par rapport à un axe fixe quelconque, pendant un temps aussi quelconque, est égal à la somme des moments, par rapport à cet axe, de toutes les impulsions élémentaires des forces extérieures, correspondant aux divers éléments dont ce temps se compose.*

C'est en cela que consiste notre troisième théorème général.

§ 227. **Théorème des aires.** — Supposons que les forces extérieures appliquées aux diverses parties d'un système matériel en mouvement, satisfassent à cette condition que la somme de leurs moments, par rapport à un certain axe fixe, soit constamment nulle. La somme des moments des impulsions élémentaires de ces forces, correspondant à un élément de temps quelconque $dt$, par rapport à l'axe dont il s'agit, s'obtient en multipliant par $dt$ la somme des moments des forces par rapport à cet axe, les forces étant prises avec les grandeurs et les directions qu'elles ont au commencement du temps $dt$; cette somme des moments des impulsions élémentaires des forces extérieures est donc nulle, pour chaque élément de temps, en vertu de l'hypothèse que nous faisons. Il en résulte que l'accroissement total de la somme des moments des quantités de mouvement du système, par rapport à l'axe fixe que l'on considère, pendant un temps quelconque, est égal à zéro; ou, en d'autres termes, la somme des moments des quantités de mouvement du système, par rapport à cet axe, conserve constamment la même valeur.

Ce théorème, auquel nous venons de parvenir, peut être énoncé autrement. Imaginons, pour cela, que nous projetions le système en mouvement sur un plan perpendiculaire à l'axe fixe, et soit O le point où l'axe lui-même se projette sur ce plan. La somme des moments des quantités de mouvement du système, par rapport à l'axe, n'est autre chose que la somme des moments des quantités de mouvement projetées sur le plan par rapport au point O ; on peut donc dire que cette dernière somme conserve constamment la même valeur. Mais si $v$ est la vitesse projetée d'un point matériel de masse $m$, et si $p$ est la distance du point O à la direction de cette vitesse, le moment $mvp$ de la quantité du mouvement projetée de ce point matériel peut s'écrire

$$m \times \tfrac{1}{2} v dt \cdot p \times \frac{1}{dt} \, ;$$

le théorème dont nous nous occupons consistant en ce que la somme des moments des quantités de mouvement projetées $\Sigma mvp$, est toujours égale à une même quantité C, on en conclut

$$\Sigma m \times \tfrac{1}{2} v dt \cdot p = \frac{C dt}{2} \, ,$$

et, par suite, en intégrant par rapport à $t$,

$$\Sigma m \int_0^t \tfrac{1}{2} v dt \cdot p = \frac{C t}{2} \cdot$$

Il résulte de cette équation et de la signification géométrique de la quantité $\tfrac{1}{2} v dt \cdot p$ (115), que le théorème dont il s'agit peut être énoncé en disant que : la somme des produits des masses des différents points matériels du système, par les aires que décrivent, pendant un temps quelconque $t$, les rayons vecteurs menés du point O aux projections de ces points matériels, est proportionnelle au temps $t$. C'est en cela que consiste le *théorème des aires*, qui a lieu pour la projection du mouvement d'un système matériel quelconque sur un plan, et par rapport à un point O de ce plan, toutes les fois que la somme des moments des forces extérieures, par rapport à l'axe qui se projette en O, est égale à zéro.

L'énoncé de ce théorème des aires se simplifierait, si les masses des divers points matériels du système étaient toutes égales entre elles. On pourrait, en effet, supprimer la masse de chaque point, qui serait un facteur commun à tous les termes de la somme, et le théorème consisterait en ce que la somme des aires décrites, pendant un temps quelconque $t$, par les rayons vecteurs menés du point O aux projections des divers points matériels, serait proportionnelle au temps $t$. Pour profiter de cette simplification de l'énoncé, dans le cas général où les masses $m$, $m'$, $m''$,... des différents points matériels sont inégales, on conçoit qu'on prenne une petite masse $\mu$ qui soit contenue un nombre exact de fois dans chacune des masses $m$, $m'$, $m''$,...., de telle sorte qu'on ait

$$m = n\mu, \qquad m' = n'\mu, \qquad m'' = n''\mu....,$$

$n$, $n'$, $n''$,..... étant des nombres entiers. Ensuite on imagine que le point matériel de masse $m$ soit remplacé par $n$ points matériels de masse $\mu$, coïncidant constamment les uns avec les autres; que le point matériel de masse $m'$ soit remplacé par $n'$ points matériels de masse $\mu$, coïncidant également ensemble, et ainsi de suite : on n'a plus dès lors que des points matériels ayant tous une même masse $\mu$, et, par conséquent, on peut supprimer cette masse commune de l'énoncé, comme nous l'avons indiqué plus haut.

D'après cela, le théorème des aires pourra toujours s'énoncer de la manière suivante : *Si la somme des moments des forces extérieures appliquées à un système matériel en mouvement, par rapport à un certain axe fixe, est constamment nulle, la somme des aires décrites, pendant un temps quelconque, par les rayons vecteurs qui joignent le pied de l'axe sur un plan perpendiculaire à sa direction aux projections des divers points matériels du système sur ce plan, est proportionnelle au temps dont il s'agit.* C'est habituellement sous cette forme que nous considérerons l'énoncé du théorème des aires; mais nous devrons nous rappeler que, en réalité, au lieu de la somme d'aires qui y entre, il faut toujours prendre la somme des produits des aires qui correspondent aux divers points matériels du système par les masses de ces points matériels.

Pour reconnaître si la somme des moments des forces extérieures appliquées à un système matériel, par rapport à un certain axe, est égale à zéro, il suffit d'opérer sur ces forces comme si elles agissaient sur un solide invariable, et de chercher à les réduire à deux forces, dont l'une ait son point d'application sur l'axe même : le moment de la seconde de ces deux forces, par rapport à l'axe, est égal à la somme des moments des forces données, par rapport au même axe, et, par conséquent, pour que cette somme de moments soit nulle, il faut que la seconde force dont il s'agit rencontre l'axe, ou lui soit parallèle.

§ 228. Considérons, en particulier, le cas où les forces extérieures, composées entre elles comme si elles agissaient sur un solide invariable, ont une résultante unique, passant constamment par un même point O de l'espace. Si l'on fait passer une droite quelconque par le point O, la somme des moments des forces extérieures par rapport à cette droite sera nulle; le théorème des aires sera donc applicable à la projection du mouvement du système sur un plan quelconque, mené par le point O, en prenant ce point pour origine des rayons vecteurs aboutissant aux projections des divers points du système. Cette existence du théorème des aires, pour tous les plans qu'on peut faire passer par le point O, peut être énoncée d'une manière très-simple, à l'aide des considérations suivantes.

Un système quelconque étant en mouvement, concevons que nous joignions les divers points qui le composent à un même point fixe O de l'espace par des lignes droites, et que nous déterminions les aires élémentaires décrites simultanément par ces rayons vecteurs, dans l'espace, pendant un élément quelconque du temps; les projections de ces aires élémentaires sur un plan quelconque mené par le point O, seront précisément les aires décrites dans le même temps par les rayons vecteurs menés du point O aux projections des points du système sur ce plan. Cela posé, rapportons le système à trois axes coordonnés rectangulaires ayant le point O pour origine, et projetons sur les plans coordonnés les aires élémentaires décrites dans l'espace par les rayons vecteurs qui joignent le point O aux différents points du système. Si $\omega$, $\omega'$, $\omega''$ sont les trois projections d'une de ces aires élémentaires, la projection de cette même aire élémentaire sur un plan P faisant des angles $\alpha$, $6$, $\gamma$ avec les plans coordonnés, aura, comme on sait, pour valeur :

$$\omega \cos \alpha + \omega' \cos 6 + \omega'' \cos \gamma.$$

La somme des projections des aires élémentaires correspondant à tous les points du système, sur ce même plan P, sera donc égale à

$$\Sigma \left( \omega \cos \alpha + \omega' \cos 6 + \omega'' \cos \gamma \right),$$

ou, ce qui est la même chose,

$$\cos \alpha . \Sigma\omega + \cos 6 . \Sigma\omega' + \cos \gamma . \Sigma\omega''.$$

Soit $\Omega$ une aire plane dont les projections sur les trois plans coordonnés aient pour valeurs $\Sigma\omega$, $\Sigma\omega'$, $\Sigma\omega''$. Si nous désignons par A, B, C les angles que le plan de cette aire fait avec ces trois plans coordonnés, nous aurons

$$\Sigma\omega = \Omega \cos A, \qquad \Sigma\omega' = \Omega \cos B, \qquad \Sigma\omega'' = \Omega \cos C,$$

et par suite la somme des projections des aires élémentaires de l'espace sur un plan P sera égale à

$$\Omega \left( \cos A \cos \alpha + \cos B \cos 6 + \cos C \cos \gamma \right).$$

La quantité entre parenthèses n'étant autre chose que le cosinus de l'angle compris entre le plan P et le plan de $\Omega$, il en résulte que la somme des projections des aires élémentaires de l'espace sur le plan P est égale à la projection de l'aire $\Omega$ elle-même sur ce plan P. On voit, d'après cela, comment varie la somme des projections des aires élémentaires décrites par les rayons vecteurs qui joignent le point fixe O aux divers points d'un système, suivant qu'on projette ces aires sur tel ou tel plan mené par le point O : la somme des aires projetées est un maximum lorsqu'on prend le plan de $\Omega$ pour plan de projection ; elle diminue à mesure que l'angle aigu compris entre le plan de projection et le plan de $\Omega$ va en augmentant ; elle est nulle lorsque le plan de projection est perpendiculaire au plan de $\Omega$. Ce plan de l'aire $\Omega$ se nomme, pour cette raison, *plan du maximum des aires*. Nous allons nous servir de la notion du plan du maximum des aires pour énoncer autrement le résultat auquel nous sommes parvenus au commencement de ce paragraphe ; mais nous ne devrons pas oublier que ce plan existe indépendamment du théorème des aires : quel que soit le système en mouvement que l'on considère, quel que soit le point de l'espace d'où l'on mène des rayons vecteurs aux différents points de ce système, et quel que soit l'élément de temps pendant lequel on considère les aires décrites dans l'espace par ces rayons vecteurs, il y a toujours un plan passant par l'origine des rayons vecteurs qui jouit de la propriété du plan du maximum des aires. Il est aisé de voir, d'ailleurs, que ce plan n'est autre chose que le plan du moment résultant des quantités de mouvement par rapport au point d'où l'on fait partir les rayons vecteurs, les quantités de mouvement étant traitées comme des forces qui agiraient sur un solide invariable (§ 161).

Revenons maintenant à la question qui fait l'objet spécial de ce paragraphe. Nous avons dit que, dans le cas où les forces extérieures d'un système matériel, composées entre elles comme si elles agissaient sur un solide invariable, ont une résultante unique passant constamment par un même point O de l'espace, le théorème des aires est applicable à la projection du mouvement du système sur un plan quelconque mené par le point O, en prenant ce point pour origine des rayons vecteurs aboutissant aux projections des divers points du système. Il s'ensuit que, si l'on considère les aires décrites dans l'espace et pendant un élément quelconque $dt$ du temps, par les rayons vecteurs qui joignent le point O aux divers points matériels de même masse dont on conçoit que le système soit composé (§ 227), et que l'on projette ces aires élémentaires sur trois plans coordonnés rectangulaires menés par le point O, les sommes

$$\Sigma\omega, \qquad \Sigma\omega', \qquad \Sigma\omega'',$$

des projections ainsi obtenues, sur chacun de ses trois plans, conserveront constamment les mêmes valeurs pendant les divers éléments de temps égaux à $dt$ qui se succèdent : donc l'aire plane $\Omega$, dont les projections sur les trois plans coordonnés sont respectivement égales à

$$\Sigma\omega, \qquad \Sigma\omega', \qquad \Sigma\omega'',$$

conservera aussi toujours la même valeur, et les angles A, B, C, que le plan de $\Omega$ fait avec ces plans coordonnés, ne changeront pas. On peut donc dire que, dans l'hypothèse que nous adoptons, le plan du maximum des aires du système, relatif au point O, conserve une direction invariable dans l'espace ; et que, en outre, la somme des aires décrites, en projection sur ce plan, par les rayons vecteurs qui émanent du point O, est proportionnelle au temps employé à les décrire.

Ce que nous venons de dire pour un point particulier O de l'espace, par lequel nous avons supposé que passait constamment la résultante des forces extérieures composées comme si elles agissaient sur un solide invariable, pourra se dire pour un point quelconque de l'espace, lorsque cette résultante des forces extérieures sera nulle, c'est-à-dire lorsque ces forces satisferont aux six conditions d'équilibre des forces appliquées à un solide invariable (§ 178).

§ 229. Donnons quelques exemples de l'application du théorème des aires.

Si nous supposons, comme nous l'avons déjà fait (§ 223), qu'un être animé soit isolé au milieu de l'espace, qu'aucune force extérieure ne lui soit appliquée, et qu'il soit primitivement immobile, non-seulement cet être animé ne pourra pas déplacer son centre de gravité, mais encore il ne lui sera pas possible de se donner un mouvement de rotation autour de ce point. En effet, de quelque manière qu'il fasse jouer ses muscles, il ne peut développer que des forces intérieures ; l'absence de toute force extérieure entraîne donc comme conséquence que la somme des aires décrites, en projection sur un plan quelconque passant par son centre de gravité, par les rayons vecteurs émanés de ce point, conserve constamment la même valeur : donc cette somme d'aires doit rester constamment nulle, puisqu'elle l'était tout d'abord en vertu de l'hypothèse que nous faisons que l'être animé dont il s'agit était primitivement immobile. Ainsi, lorsqu'il fait mouvoir certaines parties de son corps de telle manière que la somme des aires qui leur correspondent, en projection sur un certain plan, ait une valeur positive, il y a nécessairement d'autres parties du corps qui se meuvent en même temps dans un autre sens, de manière à fournir une somme d'aires négative sur le même plan, afin que la somme totale des aires relative à toutes les parties du corps soit égale à zéro. S'il s'agit d'un homme, par exemple, et qu'il tourne sa tête à droite, le reste de son corps tournera nécessairement vers la gauche ; s'il porte une jambe en avant, comme pour marcher, le reste de son corps s'inclinera en sens contraire, c'est-à-dire que la tête se portera également en avant et le milieu du corps en arrière.

Lorsqu'un homme est debout sur le sol, et que, primitivement en repos dans cette position, il commence à marcher devant lui, il fait passer son centre de gravité de l'état de repos à l'état de mouvement. Cherchons à nous rendre compte de ce qui se passe dans ce cas, où le résultat paraît en contradiction avec les théorèmes que nous avons établis. Pendant que cet homme est en repos, il est soumis à des forces extérieures qui sont, d'une part, l'action de la pesanteur sur les diverses molécules de son corps, d'une autre part, les pressions qu'il éprouve de la part du sol aux différents points par lesquels il le touche : ces forces extérieures se font équilibre. Lorsque l'homme veut commencer à marcher, et qu'il porte une jambe en avant, il ne développe en lui que des forces intérieures qui ne peuvent pas déplacer son centre de gravité. Mais, en vertu du théorème des aires, et conformément à ce que nous avons dit, il n'y a qu'un instant, en

même temps qu'il avance une jambe, le milieu du corps tend à
reculer avec l'autre jambe; cette autre jambe reculerait en effet,
si rien ne s'y opposait, et le centre de gravité du corps tout entier n'avancerait pas. La seconde jambe ne pouvant reculer
ainsi qu'en glissant sur la surface du sol, cette tendance au
glissement développe un frottement qui s'y oppose, ou au
moins jusqu'à une certaine limite; c'est ce frottement que le
sol exerce sous la partie inférieure de la seconde jambe, qui
détermine le mouvement du centre de gravité du corps. Tout
le monde sait que, lorsqu'on est sur un sol glissant, c'est-à-dire
sur un sol pour lequel le coefficient de frottement est faible, et
qu'on porte une jambe en avant pour commencer à marcher,
l'autre jambe glisse en arrière, en sorte qu'on court le risque
de tomber, si l'on n'y prend garde. C'est ce qu'on observe surtout lorsqu'on est sur la glace, et qu'on a les pieds munis de
patins. Cet effet bien connu s'accorde avec l'explication que
nous venons de donner relativement à ce qui se passe lorsqu'un
homme commence à se mettre en marche.

De même, lorsqu'un danseur, s'appuyant sur le sol par la
pointe d'un seul pied, veut se donner un mouvement de rotation
autour de la verticale passant par son centre de gravité, il ne
peut pas produire ce mouvement par la seule action de ses forces
musculaires; parce que ces forces, étant intérieures, ne peuvent
pas faire que la somme des aires décrites autour du centre de
gravité, en projection sur un plan horizontal, passe d'une valeur
nulle à une valeur différente de zéro. Mais si le danseur veut pi-
rouetter vers la gauche, il donne à son corps un mouvement de
torsion, en vertu duquel la partie supérieure tourne vers la
gauche, tandis que la partie inférieure tend à tourner vers la
droite; ce dernier mouvement ne pouvant se faire que par un
glissement des diverses parties du pied sur le sol, il en résulte
le développement d'une résistance au glissement en chacun des
points de contact du pied avec le sol, et ces résistances sont des
forces extérieures, pour lesquelles la somme des moments par
rapport à la verticale menée par le centre de gravité n'est pas
nulle : de sorte que, par suite de l'action de ces forces exté-

rieures, le corps du danseur peut prendre un mouvement de rotation autour de la verticale. Lorsqu'il a tourné un peu de cette manière, sans que son pied cesse de toucher le sol, il le soulève brusquement pour faire disparaître la torsion qui en est résultée pour son corps ; et en répétant plusieurs fois de suite la même manœuvre, il parvient à se donner un mouvement de rotation assez rapide. Si le danseur était sur un sol très-glissant, ou bien s'il ne s'appuyait sur le sol que par un seul point, il lui serait impossible de tourner sur lui-même comme nous venons de le dire.

§ 230. QUATRIÈME THÉORÈME GÉNÉRAL, **ou théorème des forces vives.** — Nous avons vu dans le paragraphe 116 que l'accroissement de la force vive d'un point matériel, en mouvement sous l'action d'une force F, pendant un intervalle de temps quelconque, est égal au double du travail de la force F pendant ce temps. Si, au lieu d'une seule force, il y en a plusieurs qui agissent sur le point mobile, on peut dire que l'accroissement de la force vive de ce point est égal au double de la somme des travaux de toutes les forces qui lui sont appliquées ; puisque la somme des travaux de ces forces est égale au travail de leur résultante (118). Concevons que l'on écrive l'équation que fournit cet énoncé, pour chacun des points matériels dont se compose un système en mouvement, en considérant un même intervalle de temps pour tous ces points mobiles, et qu'ensuite on ajoute membre à membre toutes les équations ainsi obtenues : l'équation unique que l'on trouvera de cette manière pourra s'énoncer en disant que l'accroissement total de la somme des forces vives des divers points du système matériel, pendant un intervalle de temps quelconque, est égal au double de la somme des travaux de toutes les forces appliquées à ces différents points, pendant le même temps.

On désigne simplement sous le nom de force vive d'un système matériel en mouvement, la somme des forces vives des divers points dont ce système est formé. D'après cela, on peut énoncer de la manière suivante le théorème auquel on vient de parvenir :

*L'accroissement total de la force vive d'un système matériel en mouvement, pendant un intervalle de temps quelconque, est égal au double de la somme des travaux de toutes les forces qui agissent sur les divers points de ce système pendant le même temps.*

C'est en cela que consiste le théorème général des forces vives.

Il est très-important d'observer ici que, contrairement à ce qui a lieu pour les trois premiers théorèmes généraux, les forces intérieures du système ne disparaissent pas d'elles-mêmes dans l'énoncé du théorème général des forces vives. Nous savons en effet que la somme des travaux élémentaires des deux forces égales et contraires qui se développent entre deux points matériels, n'est égale à zéro qu'autant que la distance de ces deux points ne varie pas pendant l'élément de temps auquel ces travaux se rapportent (175); la somme des travaux des diverses forces intérieures d'un système matériel en mouvement, pendant un temps quelconque, est donc généralement différente de zéro, et doit par conséquent être prise en considération, tout aussi bien que la somme des travaux des forces extérieures, pour déterminer l'accroissement de force vive du système pendant ce temps, à l'aide du théorème général dont nous nous occupons.

§ 231. L'équation fournie par le théorème général des forces vives peut s'écrire de la manière suivante (§ 119) :

$$\Sigma mv^2 - \Sigma mv_0^2 = 2\Sigma \int (X dx + Y dy + Z dz),$$

en désignant par X, Y, Z les projections d'une quelconque des forces extérieures ou intérieures du système matériel sur trois axes coordonnés rectangulaires, par $x$, $y$, $z$ les coordonnées du point d'application de cette force, par $m$ la masse d'un quelconque des points matériels du système, et par $v_0$, $v$ les vitesses de ce point au commencement et à la fin du temps auquel se rapporte l'intégrale du second membre ; quant aux signes $\Sigma$, celui du second membre indique une somme qui s'étend à toutes les forces extérieures ou intérieures qui agissent sur les diverses parties du système, et ceux du premier membre indiquent des sommes qui s'étendent à tous les points matériels dont le système est formé.

Supposons que les composantes X, Y, Z, X', Y', Z',... des diverses forces appliquées au système, soient des fonctions connues des coordonnées $x$, $y$, $z$, $x'$, $y'$, $z'$,... de leurs points d'application, et que la quantité

$$\Sigma(Xdx + Ydy + Zdz)$$

soit la différentielle d'une certaine fonction

$$f(x, y, z, x', y', z',...).$$

L'équation des forces vives deviendra

$$\Sigma mv^2 - \Sigma mv_0^2 = 2\left[f(x, y, z, x',...) - f(x_0, y_0, z_0, x'_0...)\right].$$

Il en résulte que la force vive $\Sigma mv^2$ du système reprend la même valeur, toutes les fois que la fonction

$$f(x, y, z, x', y', z',...)$$

redevient égale à une même constante. Cette circonstance se présente lorsque les points matériels du système sont attirés ou repoussés par des points fixes, ou bien s'attirent ou se repoussent mutuellement, chaque force d'attraction ou de répulsion étant uniquement fonction de la résistance au point fixe ou au point matériel mobile dont elle émane. En effet, dans le cas où X, Y, Z sont les composantes d'une force F dirigée vers un point fixe, et dépendant uniquement de la distance $r$ du point matériel sur lequel elle agit à ce point fixe, on a

$$Xdx + Ydy + Zdz = Fdr,$$

et cette quantité $Fdr$ est bien la différentielle d'une fonction des coordonnées $x, y, z$ du point soumis à l'action de la force F (§ 120); et, en second lieu, dans le cas où X, Y, Z, X', Y', Z' sont les composantes de deux forces F égales et contraires, qui se développent entre deux des points matériels du système, et dont l'intensité ne dépend que de la distance $r$ de ces deux points, la somme

27

$$X dx + Y dy + Z dz + X' dx' + Y' dy' + Z' dz',$$

qui est aussi égale à $F dr$ (§ 175), est de même la différentielle d'une fonction de $x$, $y$, $z$, $x'$, $y'$, $z'$, puisque l'on a

$$r^2 = (x - x')^2 + (y - y')^2 + (z - z')^2 :$$

de sorte que, toutes les forces appliquées au système rentrant dans l'un ou dans l'autre de ces deux cas, la somme

$$\Sigma (X dx + Y dy + Z dz),$$

qui s'étend à tout l'ensemble de ces forces, est aussi la différentielle d'une fonction des coordonnées $x$, $y$, $z$, $x'$, $y'$, $z'$,... de leurs points d'application. On en trouve un exemple dans notre système planétaire, dont les diverses parties ne sont soumises qu'à leurs actions mutuelles.

§ 232. **Remarques sur les théorèmes généraux qui précèdent.** — Les quatre théorèmes généraux que nous venons d'établir ne sont pas de même nature. Le premier, au lieu de se rapporter, comme les trois autres, au mouvement de l'ensemble des parties dont se compose le système matériel considéré, se rapporte uniquement au point idéal auquel nous attribuons le nom de centre de gravité du système; il a pour objet spécial de nous donner une notion nette et simple de la manière dont le système tout entier se déplace dans l'espace, en nous mettant à même d'étudier le mouvement de son centre de gravité, tout aussi facilement que s'il s'agissait du mouvement d'un point matériel.

Quant aux trois autres théorèmes généraux, leur objet est tout différent : ils sont destinés à fournir des relations entre les forces appliquées au système matériel et les effets produits par ces forces sur les différentes parties dont le système se compose, relations qui doivent servir à déterminer les valeurs de quelques-unes des quantités qu'elles renferment, en fonction des autres quantités supposées connues. Si l'on se reporte aux énoncés de ces trois théorèmes, on verra que le dernier d'entre eux, le théorème général des forces vives, ne peut fournir qu'une seule relation; mais il n'en est pas de même des deux précédents.

dont chacun peut fournir une infinité d'équations différentes, en raison de ce que l'axe fixe sur lequel on projette les quantités de mouvement et les impulsions, ou bien par rapport auquel on prend leurs moments, peut avoir une infinité de positions différentes dans l'espace. Il est aisé de voir cependant que, parmi toutes ces équations qui résultent du deuxième et du troisième de nos théorèmes généraux, il ne peut y en avoir six qui soient distinctes les unes des autres.

En effet, les équations fournies par le deuxième théorème général, lorsqu'on l'applique aux projections du mouvement sur divers axes, sont exactement les mêmes que celles qui exprimeraient que la somme des projections d'un certain système de forces sur chacun de ces axes est égale à zéro. D'un autre côté, les équations fournies par le troisième théorème général sont aussi les mêmes que celles que l'on obtiendrait en prenant les moments de ces forces par rapport à divers axes, et exprimant que, pour chacun de ces axes, la somme des moments ainsi obtenus est égale à zéro. (Pour trouver le système des forces dont il est question ici, considérons la trajectoire AB, *fig.* 112, d'un point de masse $m$ appartenant au système matériel dont nous étudions le mouvement. Soient MN la portion de cette trajectoire que le point parcourt pendant un temps quelconque $t$; MP la direction d'une force quelconque F appliquée à ce point, lors-

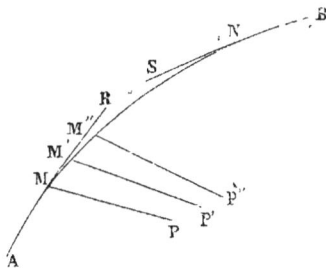

Fig. 11.

qu'il est en M; M'P', M"P",... les directions que prend successivement cette force lorsque le mobile se trouve en M', M",..... au bout des temps $dt$, $2dt$,...; F', F",... les valeurs que prend en même temps la force F; MR la direction de la vitesse $v_0$, dont le mobile est animé en M; et NS une direction contraire à celle de la vitesse $v$ dont il est animé en N. Concevons qu'on applique au point M de l'espace une force $mv_0$ dirigée suivant MR, au point N une force $mv$ dirigée suivant NS, aux points M, M', M",...

des forces $Fdt$, $F'dt$, $F''dt$,... dirigées respectivement suivant
MP, M'P', M''P'',..., et qu'on fasse la même chose pour tous les
points matériels du système que l'on considère, ainsi que pour
les diverses forces telles que F, qui agissent sur les différents
points, on aura ainsi un ensemble de forces qui est précisément
celui dont on parle.) Mais on sait que toutes les équations obtenues de ces deux manières sont précisément celles qui exprimeraient l'équilibre des forces dont il s'agit, en supposant
qu'elles soient appliquées à un solide invariable ; on sait en
outre que ces équations d'équilibre, en nombre infini, peuvent
toutes se déduire algébriquement de six d'entre elles, par exemple des six équations qui se rapportent aux projections des diverses forces sur trois axes rectangulaires, et aux moments des
mêmes forces par rapport à ces axes (§ 178) : donc aussi toutes
les équations que fournissent le deuxième et le troisième de
nos théorèmes généraux peuvent se déduire de six d'entre elles,
qui seront par exemple celles que le deuxième théorème général donnera pour les projections des quantités de mouvement
et des impulsions sur trois axes coordonnés rectangulaires, et
celles que le troisième théorème général donnera pour les moments des quantités de mouvement et des impulsions par rapport aux mêmes axes.

On voit par là que le deuxième, le troisième et le quatrième
des théorèmes généraux que nous avons établis précédemment
ne peuvent pas fournir plus de sept équations distinctes, dont
six pour le deuxième et le troisième pris ensemble, et une pour
le quatrième.

§ 233. **Extension des théorèmes généraux sur le mouvement des systèmes matériels, au cas des mouvements
relatifs**. — Les quatre théorèmes généraux que nous venons
de démontrer, et toutes les conséquences que nous en avons
déduites, peuvent s'appliquer au mouvement d'un système
matériel par rapport à des axes coordonnés mobiles, à la condition de joindre aux forces réelles les forces apparentes qui
permettent de traiter le mouvement relatif de chacun des points
du système comme un mouvement absolu (§ 139). Ces forces

apparentes sont, comme on sait, au nombre de deux pour chaque point : l'une est la force d'inertie correspondant au mouvement d'entraînement, l'autre est la force centrifuge composée.

La seule observation que nous ayons à faire à cette occasion, d'une manière générale, c'est que, dans l'application du théorème des forces vives au mouvement relatif d'un système matériel, les forces centrifuges composées disparaissent d'elles-mêmes : chacune d'elles étant dirigée perpendiculairement à la vitesse relative du point auquel elle est appliquée, son travail dans le mouvement relatif est nul.

Dans le cas où les axes mobiles, auxquels on rapporte le mouvement du système matériel, se meuvent parallèlement à eux-mêmes, les forces centrifuges composées sont toutes nulles ; les forces apparentes se réduisent donc aux forces d'inertie correspondant au mouvement d'entraînement. Si, en outre, le mouvement de translation des axes est rectiligne et uniforme, les forces d'inertie dont il vient d'être question sont également nulles ; les théorèmes généraux s'appliquent donc au mouvement relatif, dans ce cas, exactement de la même manière qu'ils s'appliquent au mouvement absolu, sans qu'on ait besoin de joindre aucune force apparente aux forces qui agissent réellement sur le système.

§ 234. **Mouvement d'un système matériel par rapport à des axes de direction constante passant par son centre de gravité.** — Considérons en particulier le cas où l'on rapporte les mouvements des diverses parties d'un système matériel à des axes de direction constante menés par le centre de gravité de ce système ; et voyons comment les quatre théorèmes généraux s'appliquent à ce mouvement relatif. Puisque les axes mobiles ne sont animés que d'un mouvement de translation, nous n'aurons pas à nous préoccuper des forces centrifuges composées, qui sont toutes nulles. Quant aux forces d'inertie, elles sont évidemment toutes parallèles et de sens contraire à l'accélération totale du centre de gravité du système dans son mouvement absolu ; et la grandeur de chacune d'elles s'obtient en multipliant la masse du point matériel auquel on la suppose appliquée, par cette accélération totale du centre de gravité.

Le premier théorème général ne peut rien nous donner ici, puisque ce théorème a pour objet de faire connaître le mouvement du centre de gravité du système matériel que l'on considère, et que nous savons *à priori* que le centre de gravité de notre système reste immobile à l'origine des coordonnées, dans le mouvement relatif dont nous nous occupons.

Pour appliquer le deuxième théorème général, il faut que nous déterminions la valeur de la somme des impulsions des forces extérieures projetées sur un axe quelconque en comprenant les forces d'inertie parmi les forces extérieures. Soit

$$\Sigma \int_0^t F dt$$ la somme des impulsions des forces extérieures réellement appliquées au système en projection sur l'axe dont il s'agit. Si l'on désigne par M la masse totale du système, et par $u$ la vitesse absolue de son centre de gravité, en projections sur le même axe, on aura évidemment

$$- M \frac{du}{dt}$$

pour la somme des forces d'inertie des divers points du système projetées sur cet axe ; la somme des impulsions de ces forces d'inertie projetées, pendant le temps $t$, a donc pour valeur

$$- \int_0^t M \frac{du}{dt} dt,$$

c'est-à-dire que cette somme est égale à

$$- Mu + Mu_0,$$

en désignant par $u_0$ la valeur $u$ au commencement du temps $t$. Ainsi, la somme des impulsions de toutes les forces extérieures que nous venons de considérer ici, en projection sur l'axe dont il s'agit, est égale à

$$\Sigma \int_0^t F dt - Mu + Mu_0.$$

Mais nous savons, d'après le premier théorème général appliqué

au mouvement absolu du système, que le centre de gravité se
meut comme un point matériel de masse M soumis aux actions
de forces égales et parallèles aux forces extérieures du système ;
de sorte que, si l'on applique le deuxième théorème général au
mouvement de ce point matériel unique, on aura, en projection
sur le même axe que précédemment,

$$\mathrm{M}u - \mathrm{M}v_0 = \Sigma \int_0^t \mathrm{F}dt .$$

Il résulte de là que la somme d'impulsions que nous venons de
trouver est nulle ; et que, par conséquent, dans le mouvement
relatif dont nous nous occupons, l'accroissement total de la
somme des quantités de mouvement projetées sur un axe quelconque est à zéro, c'est-à-dire que cette somme des quantités de mouvement projetées conserve constamment la même
valeur. Il est aisé de vérifier directement cette conséquence du
deuxième théorème général, en observant que, si $x$ est l'une des
coordonnées d'un quelconque des points matériels du système
par rapport aux axes mobiles menés par le centre de gravité, et
si $m$ est la masse de ce point matériel, on a constamment

$$\Sigma mx = 0 ;$$

d'où l'on déduit immédiatement

$$\Sigma m \frac{dx}{dt} = 0.$$

Ainsi, non-seulement la somme des quantités de mouvement
projetées sur un axe quelconque pris pour axe de $x$ est constante, comme l'indique le deuxième théorème général, mais
encore cette somme est nulle.

Le troisième théorème général, appliqué au mouvement relatif qui fait l'objet de ce paragraphe, ne donne lieu à aucune remarque particulière quand l'axe par rapport auquel on prend
les moments des quantités du mouvement et des impulsions ne
passe pas par l'origine des axes mobiles, c'est-à-dire par le centre de gravité du système matériel considéré. Mais lorsque cet

axe, auquel se rapportent les moments, passe par le centre de
gravité, l'application du troisième théorème général se simplifie. En effet, les forces d'inertie des divers points matériels qui
composent le système, sont parallèles entre elles et proportionnelles aux masses de ces points ; ces forces d'inertie, composées
comme si elles agissaient sur un solide invariable, ont donc une
résultante qui passe par le centre de gravité ; et, par conséquent,
la somme des moments des impulsions de ces forces par rapport à un axe quelconque mené par le centre de gravité, est
nulle d'elle-même : donc le troisième théorème général s'applique, dans ce cas, sans qu'on ait besoin de joindre aucune
force apparente aux forces qui agissent réellement sur le système. On en conclut que, dans le cas particulier où les forces
extérieures réelles, composées comme si elles agissaient sur un
solide invariable, ont une résultante nulle ou passant constamment par le centre de gravité, le théorème des aires (§ 228) a lieu
dans le mouvement relatif dont nous nous occupons, pour la
projection du mouvement sur un plan quelconque, en prenant
ce point pour origine des rayons vecteurs menés aux divers
points matériels du système : dans ce cas, le plan du maximum
des aires conserve une direction constante dans l'espace, et la
somme des aires projetées sur ce plan, à partir d'une époque
fixe quelconque, augmente proportionnellement au temps. C'est
en appliquant ce qui précède au mouvement de notre système
planétaire que Laplace a été conduit à considérer le plan du
maximum des aires correspondant au centre de gravité, dans
le mouvement de ce système par rapport à des axes de direction constante menés par ce point, plan auquel il a donné le
nom de *plan invariable* et qu'il a proposé de prendre pour plan
fixe dans l'étude du mouvement des divers astres.

Pour appliquer le quatrième théorème général au mouvement
d'un système matériel, par rapport à des axes de direction constante menés par son centre de gravité, il faut déterminer la
somme des travaux de toutes les forces, tant intérieures qu'extérieures, qui agissent sur les diverses parties du système,
y compris les forces d'inertie, qu'on doit joindre aux force

réelles, pour que le mouvement relatif puisse être traité comme
un mouvement absolu. Mais si l'on observe que ces forces d'i-
nertie sont parallèles entre elles et proportionnelles aux masses
des divers points auxquelles elles correspondent, on verra qu'on
peut étendre à ces forces ce qui a été dit précédemment (§ 173)
pour le travail de la pesanteur sur les diverses parties d'un système matériel en mouvement; la somme des travaux des forces
d'inertie dont il s'agit peut donc être remplacée par le travail
d'une force unique égale à leur somme appliquée au centre de
gravité du système; et, par conséquent, cette somme de travaux est nulle dans le mouvement relatif que nous considérons,
puisque le déplacement du centre de gravité, par rapport aux
axes mobiles, est constamment nul. Il résulte de là que le
théorème général des forces vives s'applique au mouvement
d'un système matériel, par rapport à des axes de direction
constante menés par son centre de gravité, sans qu'on ait besoin de joindre aucune force apparente aux forces qui agissent
réellement sur le système.

§ 235. Il arrive fréquemment que l'on décompose le mouvement d'un système matériel en deux mouvements composants,
dont l'un est le mouvement du système par rapport à des axes
de direction constante menés par son centre de gravité, et l'autre
est le mouvement de ces axes eux-mêmes. Nous allons voir
comment on peut, dans ce cas, évaluer la somme des moments
des quantités de mouvement du système, par rapport à un
axe, ainsi que sa force vive, dans le mouvement absolu.

Soient $m$ la masse d'un point quelconque du système, et
$x, y, z$ ses coordonnées rapportées à trois axes rectangulaires
fixes dans l'espace. Les projections de la quantité de mouvement de ce point matériel sur les trois axes coordonnés ont
pour valeurs

$$m\frac{dx}{dt}, \qquad m\frac{dy}{dt}, \qquad m\frac{dz}{dt}.$$

Si l'on observe que les moments des quantités de mouvement
s'évaluent de la même manière que les moments des forces, on

verra (§ 177) que le moment de la quantité de mouvement du point dont il s'agit, par rapport à l'axe des $z$, a pour valeur

$$m \left( x \frac{dy}{dt} - y \frac{dx}{dt} \right);$$

en sorte que la somme des moments des quantités de mouvement des diverses parties du système matériel, par rapport à cet axe, est exprimée par

$$\Sigma m \left( x \frac{dy}{dt} - y \frac{dx}{dt} \right).$$

Désignons par $\xi$, $\eta$, $\zeta$ les coordonnées du point quelconque que nous avons considéré tout d'abord, par rapport à des axes menés par le centre de gravité du système parallèlement aux axes fixes; et par $x_1$, $y_1$, $z_1$ les coordonnées de ce centre de gravité rapportées aux axes fixes : nous aurons

$$x = x_1 + \xi, \qquad y = y_1 + \eta, \qquad z = z_1 + \zeta.$$

En vertu de ces relations, l'expression de la somme des moments des quantités de mouvement du système, par rapport à l'axe fixe des $z$, pourra être mise sous la forme

$$\Sigma m \left\{ \begin{array}{l} x_1 \dfrac{dy_1}{dt} - y_1 \dfrac{dx_1}{dt} + x_1 \dfrac{d\eta}{dt} - y_1 \dfrac{d\xi}{dt} \\[2mm] + \xi \dfrac{dy_1}{dt} - \eta \dfrac{dx_1}{dt} + \xi \dfrac{d\eta}{dt} - \eta \dfrac{d\xi}{dt} \end{array} \right\}.$$

Mais les quantités $x_1$, $y_1$, $\dfrac{dx_1}{dt}$, $\dfrac{dy_1}{dt}$, ne variant pas quand on passe d'un point à un autre du système matériel, peuvent être mises en dehors du signe $\Sigma$; d'ailleurs, d'après les propriétés du centre de gravité qui reste constamment à l'origine des axes des $\xi$, $\eta$, $\zeta$, on a (§ 164)

$$\Sigma m \xi = 0, \qquad \Sigma m \eta = 0,$$

et par suite

$$\Sigma m \frac{d\xi}{dt} = 0, \qquad \Sigma m \frac{d\eta}{dt} = 0.$$

Il s'ensuit que, si l'on désigne par M la masse totale du système matériel, l'expression précédente se réduit à

$$M\left(x_1 \frac{dy_1}{dt} - y_1 \frac{dx_1}{dt}\right) + \Sigma m\left(\xi \frac{d\eta}{dt} - \eta \frac{d\xi}{dt}\right).$$

On voit par là que la somme des moments des quantités de mouvement du système, par rapport à un axe fixe quelconque (qu'on peut toujours prendre pour axe des $z$), se compose de deux parties, dont l'une est ce que deviendrait cette somme si toute la masse du système était concentrée en son centre de gravité, et l'autre est une somme de moments analogue, prise dans le mouvement relatif du système rapporté à des axes de direction constante menés par son centre de gravité, et par rapport à un axe parallèle à l'axe fixe passant par ce point.

En adoptant les mêmes notations, on aura, pour représenter la force vive du système matériel, l'expression

$$\Sigma m\left[\left(\frac{dx}{dt}\right)^2 + \left(\frac{dy}{dt}\right)^2 + \left(\frac{dz}{dt}\right)^2\right].$$

En vertu des relations écrites précédemment entre les coordonnées $x$, $y$, $z$ d'un point quelconque rapportées aux axes fixes, les coordonnées $\xi$, $\eta$, $\zeta$ du même point rapportées aux axes mobiles, et les coordonnées $x_1$, $y_1$, $z_1$ du centre de gravité, on pourra mettre cette expression de la force vive du système sous la forme

$$\Sigma m\left\{\begin{array}{l}\left(\frac{dx_1}{dt}\right)^2 + \left(\frac{dy_1}{dt}\right)^2 + \left(\frac{dz_1}{dt}\right)^2 \\ + 2\frac{dx_1}{dt}\frac{d\xi}{dt} + 2\frac{dy_1}{dt}\frac{d\eta}{dt} + 2\frac{dz_1}{dt}\frac{d\zeta}{dt} \\ + \left(\frac{d\xi}{dt}\right)^2 + \left(\frac{d\eta}{dt}\right)^2 + \left(\frac{d\zeta}{dt}\right)^2\end{array}\right\}.$$

Mais si l'on fait sortir les quantités $\frac{dx_1}{dt}$, $\frac{dy_1}{dt}$, $\frac{dz_1}{dt}$ du signe $\Sigma$, et si l'on tient compte de ce que l'on a

$$\Sigma m\frac{d\xi}{dt} = 0, \qquad \Sigma m\frac{d\eta}{dt} = 0, \qquad \Sigma m\frac{d\zeta}{dt} = 0,$$

cette valeur de la force vive du système se réduira à

$$\mathrm{M}\left[\left(\frac{dx_1}{dt}\right)^2 + \left(\frac{dy_1}{dt}\right)^2 + \left(\frac{dz_1}{dt}\right)^2\right] + \Sigma m\left[\left(\frac{d\xi}{dt}\right)^2 + \left(\frac{d\eta}{dt}\right)^2 + \left(\frac{d\zeta}{dt}\right)^2\right].$$

On peut donc dire que la force vive du système, dans son mouvement absolu, peut se décomposer en deux parties, dont l'une est la force vive dont le système serait animé si toute sa masse était concentrée en son centre de gravité, et l'autre est la force vive qu'il possède dans son mouvement par rapport aux axes de directions constantes menés par ce point.

§ 236. **Applications des théorèmes généraux aux cas des systèmes matériels dans lesquels on imagine des liaisons.** — Ce n'est pas seulement dans les questions d'équilibre qu'il est utile souvent de supposer que le système matériel dont on s'occupe est assujetti à certaines *liaisons* (§ 186); il est aussi très-commode, dans un grand nombre de cas, d'avoir recours à la considération des liaisons, pour simplifier l'étude du mouvement d'un système matériel. Nous allons voir comment les quatre théorèmes généraux relatifs au mouvement d'un système matériel quelconque peuvent s'appliquer à un système dans lequel on imagine de pareilles liaisons. Nous supposerons toujours que ces liaisons sont toutes comprises dans les trois espèces distinctes que nous avons définies précédemment (§ 186).

Si l'on remplace les liaisons par des forces capables d'en tenir lieu, ainsi que nous l'avons déjà expliqué lorsque nous nous occupions de l'équilibre des systèmes matériels, il est clair que le système dont on s'occupe rentre dans le cas général que nous avons considéré jusqu'à présent; et que, par conséquent, les théorèmes généraux peuvent lui être appliqués sans difficulté. Reste à voir quel est le rôle que jouent alors les forces qu'on a substituées aux liaisons, et qui ne sont pas connues *à priori*.

Dans les trois premiers théorèmes généraux, les forces intérieures du système disparaissent d'elles-mêmes, ainsi que nous l'avons observé lorsque nous avons établi ces théorèmes; il s'ensuit que toutes les forces de liaison, qui sont des forces intérieures, disparaissent également dans ces trois théorèmes, en

sorte que l'on peut en faire abstraction sans qu'il en résulte aucune erreur. Ainsi, toutes les fois qu'on suppose que certains
points du système matériel sont assujettis à rester à des distances
invariables les uns des autres, ou bien que certaines parties du
système, considérées comme des solides invariables, sont assujetties à rester en contact les unes avec les autres, sans frottement, on peut appliquer les trois premiers théorèmes généraux
sans se préoccuper en aucune manière des forces capables de
tenir lieu de ces liaisons. Mais il n'en serait plus de même si
l'on supposait que certains points du système sont obligés de
rester sur des courbes fixes ou sur des surfaces fixes : les forces
qui peuvent remplacer les courbes fixes ou les surfaces fixes
dont il s'agit, sont des forces extérieures pour le système matériel dont on s'occupe, et elles doivent être prises en considération, tout aussi bien que les autres forces extérieures, dans l'application des trois premiers théorèmes généraux à ce système
matériel.

Quant à l'application du théorème général des forces vives à
un système matériel dans lequel on imagine des liaisons, elle
peut se faire dans tous les cas sans qu'on tienne compte des forces capables de remplacer les liaisons. En effet, le mouvement
dont le système est animé, pendant un élément de temps quelconque, est nécessairement compatible avec les liaisons auxquelles il est assujetti ; les travaux développés par les forces des
liaisons pendant cet élément de temps disparaissent donc d'eux-
mêmes dans la somme des travaux élémentaires de toutes les
forces qui agissent sur le système (§ 186) ; et par conséquent le
théorème des forces vives peut être appliqué comme si ces forces de liaisons n'existaient pas.

On peut imaginer des liaisons dans un système matériel dont
on étudie le mouvement relatif, tout aussi bien que dans un système dont on étudie le mouvement absolu ; et tout ce qui vient
d'être dit, pour l'application des quatre théorèmes généraux au
mouvement absolu d'un système à liaisons, est vrai pour le
mouvement relatif d'un pareil système. Il est bon d'observer cependant que, si l'on suppose que certains points du système sont

assujettis à rester sur des courbes ou sur des surfaces, sans frottement, on ne peut appliquer le théorème général des forces
vives au mouvement du système par rapport à des axes mobiles,
en ne tenant pas compte des forces capables de remplacer ces
liaisons, qu'autant que les courbes ou surfaces dont il s'agit sont
fixes par rapport aux axes mobiles, c'est-à-dire qu'elles se
meuvent avec ces axes sans changer de position par rapport à
eux ; si l'on regardait certains points du système comme assujettis à rester sur des courbes ou sur des surfaces fixes d'une
manière absolue dans l'espace, on devrait tenir compte du travail des forces capables de remplacer ces courbes et ces surfaces, dans l'équation des forces vives appliquées au mouvement
du système par rapport à des axes mobiles.

§ 237. Pour donner un exemple de l'application des considérations qui précèdent, nous allons chercher, à l'aide du théorème général des forces vives, à nous rendre compte de la sta-
bilité de l'équilibre d'un système pesant à liaisons. Nous avons
vu (§ 189) qu'un système de ce genre est en équilibre, lorsque
son centre de gravité ne sort pas du plan horizontal qui le con-
tenait tout d'abord, quel que soit le déplacement infiniment
petit et compatible avec les liaisons, que l'on attribue au système. Admettons maintenant que l'on donne au système un
déplacement fini, mais très-petit et toujours compatible avec
les liaisons, et que, quel que soit ce déplacement fini, le centre
de gravité du système s'élève toujours au-dessus de sa position
d'équilibre ; le théorème général des forces vives va nous montrer que, dans ce cas, l'équilibre du système est *stable*. Nous
allons voir en effet, à l'aide de ce théorème, que, si l'on dérange très-peu le système de sa position d'équilibre, et qu'on
l'abandonne ensuite à lui-même, l'action de la pesanteur tendra toujours à l'y ramener.

Pour établir cette proposition, nous remarquerons d'abord
que le système matériel dont il s'agit ne peut pas rester immobile dans la nouvelle position qu'on lui a donnée, pourvu toutefois que le déplacement attribué à ce système soit suffisamment petit. Car le centre de gravité du système, qui s'est élevé

par hypothèse dans ce déplacement fini, continuerait encore à s'élever infiniment peu si l'on donnait au système un nouveau déplacement infiniment petit dans le même sens que le précédent ; et, par conséquent, on voit que la condition d'équilibre n'est plus remplie pour la position qu'occupe le système après qu'il a subi le déplacement fini dont il est question. Le système matériel, ne pouvant pas être en équilibre dans la nouvelle position qu'on lui a donnée, se mettra nécessairement en mouvement sous l'action de la pesanteur, et par conséquent acquerra une certaine force vive. Or sa force vive ne peut s'accroître qu'autant que la somme des travaux des forces qui lui sont appliquées est positive (§ 230) ; d'un autre côté, les forces capables de remplacer les liaisons ne fournissent aucun terme dans cette somme de travaux (§ 236) : il en résulte que, dans le mouvement que prend le système matériel abandonné à lui-même après avoir été dérangé très-peu de sa position d'équilibre, le travail dû à la pesanteur doit être positif. Mais nous savons que ce travail est le même que si la masse entière du système était concentrée en son centre de gravité ; donc, dans le mouvement dont il s'agit, ce centre de gravité ne peut que descendre, c'est-à-dire qu'il se rapproche nécessairement de la position qu'il occupait lorsque le système était en équilibre.

Un raisonnement analogue ferait voir qu'au contraire, dans le cas où le centre de gravité du système pourrait s'abaisser par suite d'un déplacement fini, mais très-petit, attribué au système, l'équilibre serait *instable ;* c'est-à-dire que le système, abandonné à lui-même après avoir subi un pareil déplacement, non-seulement ne reviendrait pas vers la position d'équilibre qu'il avait d'abord, mais encore continuerait à s'en éloigner.

# CHAPITRE II

§ 238. **Théorie des moments d'inertie.** — Si l'on multiplie la masse, $m$ d'un quelconque des points matériels qui composent un solide invariable par le carré de la distance $r$ de ce point à une droite quelconque D, et qu'on ajoute tous les produits ainsi obtenus pour les divers points du solide, on trouve une somme $\Sigma mr^2$ qui joue un rôle très-important dans le mouvement d'un pareil solide, ainsi que nous le verrons bientôt. On donne à cette quantité le nom de *moment d'inertie* du solide par rapport à la droite D.

Le moment d'inertie $\Sigma mr^2$ d'un solide par rapport à une droite D étant calculé, supposons que l'on détermine une ligne $k$ par la condition que l'on ait

$$\Sigma mr^2 = Mk^2,$$

M étant la masse du solide tout entier : cette ligne $k$ est ce qu'on nomme le *rayon de giration* du solide par rapport à la droite D. Il est aisé de voir que ce n'est autre chose que le rayon d'une surface cylindrique de révolution, qui aurait la droite D pour axe, et sur laquelle on pourrait répartir la masse tout entière du solide sans que son moment d'inertie par rapport à cette droite D changeât de valeur.

Pour calculer la valeur du moment d'inertie d'un solide invariable par rapport à une droite donnée, concevons que nous rapportions le solide à trois axes coordonnés rectangulaires, dont l'un, l'axe des $x$, coïncide avec la droite dont il s'agit ; et que nous le décomposions en éléments rectangulaires, comme nous l'avons déjà fait pour la recherche du centre de gravité (§ 164). Si nous désignons par $\rho$ la masse spécifique du solide au point dont les coordonnées sont $x$, $y$, $z$, nous aurons $\rho dx dy dz$ pour la masse d'un élément situé en ce point ; d'un autre côté, le carré de la distance de ce point à l'axe des $x$ est égal à $y^2 + z^2$ ; de sorte que le moment d'inertie du solide par rapport à cet axe a pour valeur

$$\int\int\int \rho\,(y^2 + z^2)\,dx dy dz,$$

l'intégrale triple s'étendant à tous les éléments dont le solide se compose. On pourra souvent simplifier la détermination de cette intégrale, en remarquant qu'elle est la somme des deux suivantes :

$$\int\int\int \rho y^2 dx dy dz, \qquad \int\int\int \rho z^2 dx dy dz.$$

La masse totale du solide a de même pour valeur

$$\int\int\int \rho\, dx dy xz\,;$$

on en conclut que le rayon de giration $k$ sera donné par la formule

$$k^2 = \frac{\int\int\int \rho\,(y^2 + z^2)\,dx dy dz}{\int\int\int \rho\, dx dy dz}.$$

On peut observer que, si le solide est homogène, $\rho$ est une constante qu'on peut supprimer comme facteur commun aux deux termes de la valeur de $k^2$ ; ce qui montre que, dans ce cas, le rayon de giration ne dépend que de la forme qu'affecte le solide, et est entièrement indépendant de sa densité.

Voici quelques résultats auxquels on parvient facilement en suivant la marche qui vient d'être indiquée. Ils se rapportent exclusivement à des solides homogènes.

1° *Cylindre droit à base circulaire.* — Le rayon de giration $k$ d'un cylindre droit à base circulaire de rayon R par

28

rapport à l'axe de figure de ce cylindre, est donné par la formule

$$k^2 = \tfrac{1}{2} R^2.$$

2° *Couche cylindrique de révolution.* — Pour une couche cylindrique de révolution dont les rayons intérieur et extérieur sont R et R', on a, pour déterminer le rayon de giration relatif à l'axe de figure,

$$k^2 = \tfrac{1}{2}(R^2 + R'^2).$$

Si l'on nomme $R_1$ le rayon moyen de cette couche, et $e$ son épaisseur, on peut remplacer la formule qui précède par celle-ci :

$$k^2 = R_1^2 + \tfrac{1}{4} e^2.$$

3° *Sphère.* — Le rayon de giration d'une sphère de rayon R, par rapport à un de ses diamètres, est fourni par la relation

$$k^2 = \tfrac{2}{5} R^2.$$

4° *Parallélipipède rectangle.* — Dans le cas d'un parallélipipède rectangle dont les trois arêtes sont $a$, $b$, $c$, si l'on détermine le rayon de giration par rapport à une parallèle aux arêtes $a$ menée par le centre du solide, on trouve

$$k^2 = \tfrac{1}{12}(b^2 + c^2).$$

Après avoir défini le moment d'inertie d'un solide par rapport à une droite, ainsi que le rayon de giration qui en dépend, et avoir indiqué la marche à suivre pour en déterminer les valeurs, nous allons nous occuper de comparer entre eux les moments d'inertie d'un même solide par rapport aux diverses droites qu'on peut imaginer dans l'espace.

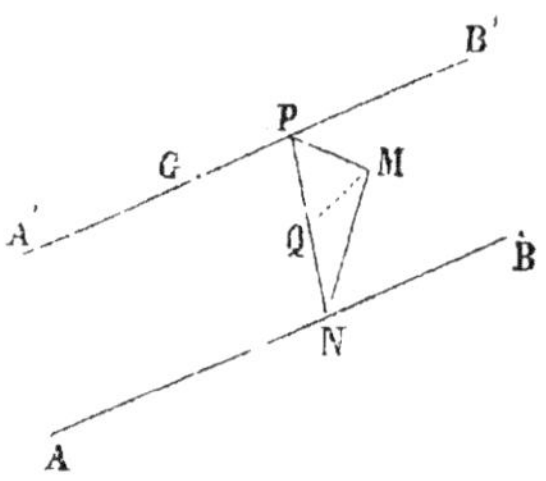

Fig. 113.

§ 239. Prenons d'abord deux droites parallèles AB, A'B',

*fig.* 113, dont l'une A'B' passe par le centre de gravité G du solide. Soit M un point quelconque du solide, situé à des distances MN $= r$, et MP $= r'$ de ces deux droites. Si nous désignons par $a$ la distance NP des deux droites, et par $z$ la distance PQ du point P au pied de la perpendiculaire abaissée du point M sur PN, nous aurons

$$r^2 = a^2 + r'^2 - 2az.$$

Multiplions tous les termes par la masse $m$ du point M, et ajoutons ensuite membre à membre toutes les équations de même forme relatives aux différents points matériels dont le solide est composé : nous trouverons ainsi

$$\Sigma mr^2 = \Sigma ma^2 + \Sigma mr'^2 - 2\Sigma maz.$$

Mais $a$ est une constante qui peut être mise en dehors du signe $\Sigma$; d'ailleurs $z$ étant évidemment la distance du point M à un plan mené par A'B' perpendiculairement au plan ABA'B', on a

$$\Sigma mz = 0,$$

puisque le centre de gravité G est situé dans le plan dont il s'agit (§ 163) : donc, si l'on désigne par M la masse totale $\Sigma m$ du solide, la relation précédente se réduit à

$$\Sigma mr^2 = Ma^2 + \Sigma mr'^2.$$

Ainsi le moment d'inertie du solide, par rapport à la droite AB, est égal au moment d'inertie du même solide par rapport à une parallèle à AB menée par son centre de gravité, augmenté du produit de la masse du solide par le carré de la distance de son centre de gravité à la droite AB. On voit par là que la connaissance du moment d'inertie du solide, par rapport à une droite menée par son centre de gravité, suffit pour qu'on puisse en déduire immédiatement le moment d'inertie de ce solide par rapport à une droite quelconque parallèle à la première.

§ 240. Comparons maintenant les moments d'inertie du solide par rapport aux diverses droites qui passent par un même point

O de l'espace. Nous ferons passer par ce point O, *fig.* 114,

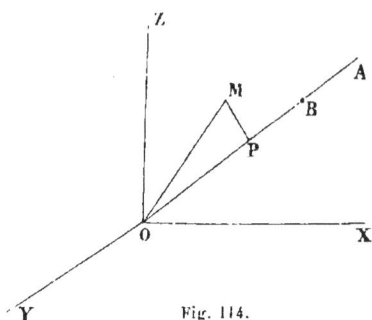

Fig. 114.

trois axes rectangulaires OX, OY, OZ. Soit OA la droite par rapport à laquelle nous allons prendre le moment d'inertie du solide ; désignons par $\alpha$, $\theta$, $\gamma$ les angles que cette droite fait avec les axes OX, OY, OZ. Pour un point quelconque M dont les coordonnées sont $x$, $y$, $z$, et dont la projection sur la droite OA est en P, on a

$$MP^2 = OM^2 - OP^2$$
$$= x^2 + y^2 + z^2 - (x \cos \alpha + y \cos \theta + z \cos \gamma)^2$$
$$= \left\{ \begin{array}{l} x^2(1 - \cos^2 \alpha) + y^2(1 - \cos^2 \theta) + z^2(1 - \cos^2 \gamma) \\ - 2xy \cos \alpha \cos \theta - 2xz \cos \alpha \cos \gamma - 2yz \cos \theta \cos \gamma \end{array} \right\}.$$

Si l'on observe qu'on a

$$\cos^2 \alpha + \cos^2 \theta + \cos^2 \gamma = 1,$$

on verra que les trois quantités

$$1 - \cos^2 \alpha, \qquad 1 - \cos^2 \theta, \qquad 1 - \cos^2 \gamma,$$

peuvent être remplacées respectivement par

$$\cos^2 \theta + \cos^2 \gamma, \qquad \cos^2 \alpha + \cos^2 \gamma, \qquad \cos^2 \alpha + \cos^2 \theta.$$

En faisant cette substitution, et groupant ensuite les termes convenablement, on trouve

$$MP^2 = \left\{ \begin{array}{l} (y^2 + z^2) \cos^2 \alpha + (x^2 + z^2) \cos^2 \theta + (x^2 + y^2) \cos^2 \gamma \\ - 2yz \cos \theta \cos \gamma - 2xz \cos \alpha \cos \gamma - 2xy \cos \alpha \cos \theta \end{array} \right\}.$$

Multiplions tous les termes de cette équation par la masse $m$ du point M, puis ajoutons membre à membre toutes les équations analogues relatives aux différents point matériels du solide : nous aurons ainsi la valeur du moment d'inertie $\Sigma m r^2$ du solide par rapport à la droite OA, valeur qui peut s'écrire de cette manière :

$$\Sigma mr^{2} = \left\{ \begin{array}{l} A \cos \alpha + B \cos^{2} \varepsilon + C \cos^{2} \gamma \\ - 2D \cos \varepsilon \cos \gamma - 2E \cos \alpha \cos \gamma - 2F \cos \alpha \cos \gamma \end{array} \right\},$$

en posant

$$\Sigma m (y^{2} + z^{2}) = A, \qquad \Sigma m (x^{2} + z^{2}) = B, \qquad \Sigma m (x^{2} + y^{2}) = C,$$
$$\Sigma myz = D, \qquad \Sigma mxz = E, \qquad \Sigma mxy = F.$$

Il est aisé de reconnaître que les lettres A, B, C désignent respectivement les moments d'inertie du solide par rapport aux axes OX, OY, OZ. Pour voir comment varie le moment d'inertie $\Sigma mr^{2}$ relatif à la droite OA, lorsque cette droite prend successivement diverses positions autour du point O, portons sur sa direction, et à partir du point O, une longueur OB égale à $\dfrac{1}{\sqrt{\Sigma mr^{2}}}$ ; nous allons chercher le lieu géométrique du point B ainsi obtenu. Si nous désignons par X, Y, Z les coordonnées de ce point B, nous aurons

$$\cos \alpha = X \sqrt{\Sigma mr^{2}}, \qquad \cos \varepsilon = Y \sqrt{\Sigma mr^{2}}, \qquad \cos \gamma = Z \sqrt{\Sigma mr^{2}}.$$

En substituant ces valeurs de cos α, cos ε, cos γ dans l'expression du moment d'inertie, et supprimant $\Sigma mr^{2}$ qui est facteur commun, il vient :

$$1 = AX^{2} + BY^{2} + CZ^{2} - 2DYZ - 2EXZ = 2FXY.$$

C'est l'équation de la surface qui renferme tous les points tels que B. Cette surface est du second ordre, et a le point O pour centre : d'ailleurs, le moment d'inertie $\Sigma mr^{2}$ ne pouvant être nul pour aucune droite menée par le point O, le rayon vecteur OB ne peut pas devenir infini : donc c'est un ellipsoïde. Ce résultat très-simple nous donne une image nette des rapports de grandeur qui existent entre les moments d'inertie du solide relatifs aux diverses droites menées par un même point de l'espace.

Les axes de l'ellipsoïde auquel nous venons de parvenir sont ce qu'on nomme les *axes principaux* du solide relativement au point O. Si on les prend pour axes coordonnés, l'équation de l'ellipsoïde se simplifie et se réduit à

$$1 = AX^2 + BY^2 + CZ^2 ;$$

c'est-à-dire que, pour ce système particulier d'axes coordonnés, les quantités que nous avons désignées par les lettres D, E, F sont nulles. La valeur de $\Sigma mr^2$ relative à l'axe OA devient dans ce cas

$$\Sigma mr^2 = A \cos^2 \alpha + B \cos^2 \beta + C \cos^3 \gamma ;$$

et les moments d'inertie que représentent les lettres A, B, C, prennent le nom de *moments d'inertie principaux* du solide relatifs au point O.

On voit que les axes principaux que nous venons de définir sont caractérisés par les trois relations

$$\Sigma myz = 0, \quad \Sigma mxz = 0, \quad \Sigma mxy = 0,$$

qui ont lieu lorsqu'on prend ces trois axes pour axes coordonnés. Si l'on considère seulement deux de ces trois relations, les deux dernières par exemple, elles expriment que l'équation de l'ellipsoïde ne contient pas la variable X au premier degré ; il s'ensuit évidemment que ces deux relations prises ensemble constituent les conditions nécessaires et suffisantes pour que l'axe des $x$ soit un axe principal du solide relatif au point O.

A chaque point de l'espace correspond un ellipsoïde tel que celui que nous venons de trouver, et qui donne la loi des moments d'inertie du solide considéré par rapport aux divers axes menés par ce point. Celui de ces ellipsoïdes qui correspond au centre de gravité du solide est spécialement désigné sous le nom d'*ellipsoïde central*.

Il peut arriver que l'ellipsoïde correspondant à un point soit de révolution ; alors les moments d'inertie relatifs à toutes les droites menées par son centre, perpendiculairement à son axe de révolution, sont égaux entre eux : toutes ces droites sont des axes principaux du solide. Si l'ellipsoïde devient une sphère, une droite quelconque menée par le point auquel il se rapporte est un axe principal du solide.

Un axe principal relatif au centre de gravité du solide jouit de la propriété d'être en même temps axe principal du solide pour un quelconque de ses points. En effet, si l'on rapporte le solide à trois axes coordonnés rectangulaires menés par son centre de gravité, en prenant la droite dont il s'agit pour axe des $x$, on aura

$$\Sigma m x y = 0, \qquad \Sigma m x z = 0,$$

puisque cette droite est par hypothèse un axe principal du solide par rapport à son centre de gravité. Concevons maintenant que l'on transporte les axes des $y$ et des $z$, parallèlement à eux-mêmes, en un point situé sur l'axe des $x$ à une distance $a$ de l'origine; on passera des coordonnées relatives aux axes primitifs à celles qui se rapportent aux nouveaux axes, en changeant simplement $x$ en $a + x'$. Les deux relations précédentes deviendront donc

$$\Sigma m y (a + x') = 0, \qquad \Sigma m z (a + x') = 0;$$

et il est aisé de voir qu'elles se réduisent à

$$\Sigma m x' y = 0, \qquad \Sigma m x' z = 0,$$

car, par une propriété connue du centre de gravité, on a

$$\Sigma m y = 0, \qquad \Sigma m z = 0.$$

On voit donc que l'axe des $x$ est un axe principal du solide, par rapport à la nouvelle origine des coordonnées, quelle que soit la distance $a$ de cette nouvelle origine à l'ancienne : c'est ce que nous nous proposions de démontrer. On peut reconnaître facilement d'ailleurs, par des considérations analogues aux précédentes, qu'il n'y a que les axes principaux relatifs au centre de gravité du solide qui jouissent de la propriété dont il s'agit : une droite ne peut être un axe principal du solide relativement à deux de ces points, qu'autant qu'elle passe par le centre de gravité du solide.

Nous avons eu à considérer précédemment le moment d'inertie d'une surface plane, par rapport à une droite tracée dans son plan (§ 197). Ce moment d'inertie rentre évidemment dans ceux que nous venons d'étudier ici ; et il est aisé de voir comment on peut lui appliquer les divers théorèmes que nous avons établis relativement aux moments d'inertie des solides.

§ 241. **Mouvement d'un solide invariable entièrement libre**. — Pour trouver les équations différentielles du mouvement d'un solide invariable entièrement libre, nous pouvons nous servir du théorème de d'Alembert (§ 221). Nous savons par ce théorème que les équations dont il s'agit s'obtiendront en exprimant que les forces appliquées au solide, jointes aux forces d'inertie de ses différents points, satisfont aux six équations (a) du § 177. Le solide étant rapporté à trois axes coordonnés rectangulaires fixes, désignons par X, Y, Z les composantes, suivant les axes, d'une quelconque des forces qui lui sont appliquées. D'un autre côté, les composantes de la force d'inertie d'un point de masse $m$ dont les coordonnées sont $x$, $y$, $z$, ont évidemment pour valeurs

$$- m\frac{d^2x}{dt^2}, \qquad - m\frac{d^2y}{dt^2}, \qquad - m\frac{d^2z}{dt^2}.$$

En exprimant que toutes ces forces réelles et d'inertie satisfont aux équations (a) du § 177, on trouve facilement les équations suivantes :

$$\Sigma m\frac{d^2x}{dt^2} = \Sigma X,$$

$$\Sigma m\frac{d^2y}{dt^2} = \Sigma Y,$$

$$\Sigma m\frac{d^2z}{dt^3} = \Sigma Z,$$

$$\Sigma m\left(y\frac{d^2z}{dt^2} - z\frac{d^2y}{dt^2}\right) = \Sigma(Zy - Yz),$$

$$\Sigma m\left(z\frac{d^2x}{dt^2} - x\frac{d^2z}{dt^2}\right) = \Sigma(Xz - Zx),$$

$$\Sigma m\left(x\frac{d^2y}{dt^2} - y\frac{d^2x}{dt^2}\right) = \Sigma(Yx - Xy).$$

Telles sont les équations différentielles du mouvement d'un

solide invariable entièrement libre. Les signes $\Sigma$ des premiers membres indiquent des sommes s'étendant à tous les points matériels dont le solide est formé ; quant à ceux des seconds membres, ils indiquent des sommes qui s'étendent à toutes les forces appliquées au solide.

Nous pouvons tirer immédiatement de ces équations une conséquence importante. Nous avons vu qu'un système de forces appliquées à un solide invariable en équilibre peut être remplacé par un autre système de forces, sans que l'équilibre soit troublé, pourvu que ce second système satisfasse aux six conditions établies dans le § 180 : dans ce cas, les deux systèmes de forces sont dits *équivalents* l'un à l'autre. Si l'on considère la forme des équations différentielles que nous venons de trouver, ainsi que celles des conditions d'équivalence dont il vient d'être question, on en conclura que le système des forces appliquées à un solide invariable en mouvement peut être remplacé par tout autre système de forces qui lui soit équivalent, sans que le mouvement du solide soit changé. Deux systèmes de forces, qui peuvent être remplacés l'un par l'autre pour agir sur un solide en repos, peuvent donc aussi se remplacer mutuellement pour agir sur un solide en mouvement.

§ 242. Les six équations différentielles que nous venons d'obtenir suffisent bien pour déterminer complétement le mouvement du solide ; mais elles ne sont pas sous une forme commode pour effectuer cette détermination : elles renferment comme inconnues les coordonnées $x$, $y$, $z$, de tous les points du solide, coordonnées qui sont généralement en très-grand nombre. Pour pouvoir se servir de ces équations, il faudrait leur adjoindre celles qui expriment que les distances mutuelles des différents points du solide sont constantes et connues ; à l'aide de ces dernières équations, les coordonnées des divers points s'exprimeraient en fonction de six d'entre elles, qui seraient alors les inconnues dont les six équations différentielles du mouvement devraient fournir les valeurs. Mais il est plus simple d'opérer autrement, pour ramener les équations différentielles à ne contenir que six inconnues.

Nous savons, par le premier théorème général (§ 222), que le centre de gravité du solide se meut comme si toute la masse du solide y était concentrée, et que toutes les forces appliquées au solide y fussent transportées parallèlement à elles-mêmes ; en écrivant les équations différentielles du mouvement du centre de gravité, ainsi transformé en un point matériel, nous aurons déjà trois équations contenant trois inconnues qui seront les coordonnées de ce centre de gravité. Il nous restera à déterminer le mouvement du solide autour de son centre de gravité, au moyen de trois autres équations différentielles ne contenant également que trois inconnues.

Pour trouver ces trois autres équations, nous considérerons le mouvement du solide autour de son centre de gravité, pendant un élément de temps $dt$ ; nous supposerons que ce mouvement soit rapporté à des axes coordonnés de direction constante menés par le centre de gravité, tellement choisis qu'ils coïncident avec les axes principaux du solide relatifs à ce point (§ 240) au commencement du temps $dt$ ; et nous appliquerons le troisième théorème général (§ 226) à ce mouvement infiniment petit du solide, en prenant les moments des quantités de mouvement et des impulsions par rapport à chacun des trois axes coordonnés. Le mouvement dont il s'agit est nécessairement une rotation autour d'un axe instantané passant par le centre de gravité (§ 27). Cette rotation peut être remplacée par trois rotations simultanées autour des trois axes coordonnés (§§ 55 et 45). Désignons par $\omega$ la vitesse angulaire dans la rotation du solide autour de son axe instantané, et par $p$, $q$, $r$ les vitesses angulaires dans les rotations composantes autour des axes coordonnés, OX, OY, OZ. Lorsque le solide tourne de l'angle $pdt$ autour de l'axe OX, les coordonnées $x$, $y$, $z$ d'un quelconque de ces points s'accroissent respectivement de

$$0, \qquad -pzdt, \qquad +pydt,$$

ainsi qu'il est facile de le reconnaître ; lorsqu'il tourne de $qdt$ autour de OY, ces coordonnées s'accroissent de

$$+qzdt, \qquad 0, \qquad -qxdt$$

et lorsqu'il tourne de $rdt$ autour de OZ, elles s'accroissent de

$$- rydt, \qquad + rxdt, \qquad 0 :$$

donc, lorsque le solide tourne de l'angle $\omega dt$ autour de son axe instantané, les mêmes coordonnées s'accroissent de

$$(qz - ry)\,dt, \qquad (rx - pz)\,dt, \qquad (py - qx)\,dt.$$

Il s'ensuit que les composantes de la vitesse du point dont il s'agit, suivant des parallèles aux axes coordonnés, ont pour valeurs

$$\frac{dx}{dt} = qz - ry, \qquad \frac{dy}{dt} = rx - pz, \qquad \frac{dz}{dt} = py - qx.$$

Or la somme des moments des quantités de mouvement des divers points du solide par rapport à l'axe OX est exprimée (§ 177) par

$$\Sigma m \left( y\frac{dz}{dt} - z\frac{dy}{dt} \right) ;$$

si l'on remplace dans cette expression $\dfrac{dy}{dt}$ et $\dfrac{dz}{dt}$ par leurs valeurs, elle devient

$$p\Sigma m\,(y^2 + z^2) - q\Sigma mxy - r\Sigma mxz,$$

quantité qui se réduit à $Ap$, si l'on suppose que les axes OX, OY, OZ coïncident avec les axes principaux du solide ; et si l'on désigne comme précédemment par A, B, C, les moments d'inertie du solide par rapport à ces axes. On trouverait de même que les sommes des moments des quantités de mouvement du solide par rapport aux axes OY, OZ, ont pour valeurs $Bq$, $Cr$.

Ainsi, au commencement du temps $dt$ pour lequel nous voulons appliquer le troisième théorème général, les sommes des moments des quantités de mouvement des divers points du solide, par rapport aux axes coordonnés OX, OY, OZ, qui coïncident à cet instant avec les axes principaux, sont respectivement égales à

$$Ap, \qquad Bq, \qquad Cr.$$

Cherchons ce que deviennent ces sommes de moments, par rapport aux mêmes axes coordonnés, à la fin du temps $dt$. A ce second instant, $p$, $q$, $r$ s'étant accrus des quantités $dp$, $dq$, $dr$ pendant le temps $dt$, les sommes de moments dont il s'agit auraient pour valeurs

$$A(p + dp), \qquad B(q + dq), \qquad C(r + dr),$$

si les moments étaient encore pris par rapport aux axes principaux du solide ; mais il n'en est pas ainsi, parce que les axes principaux qui coïncidaient avec les axes coordonnés au commencement du temps $dt$, s'en sont écartés pendant cet élément de temps en vertu de la rotation $\omega dt$ du solide autour de son axe instantané, ou, ce qui est la même chose, en vertu de ses trois rotations simultanées $pdt$, $qdt$, $rdt$ autour des trois axes coordonnés. Pour arriver aux résultats que nous cherchons, considérons l'axe du moment résultant des quantités de mouvement des divers points du solide par rapport à son centre de gravité (§ 161). D'après ce que nous venons de dire, les projections de cet axe, considéré à la fin du temps $dt$, sur les positions qu'occupent les axes principaux du solide à cet instant, ont pour valeurs

$$A(p + dp), \qquad B(q + dq), \qquad C(r + dr);$$

pour avoir la projection du même axe sur l'axe coordonné OX, il faudra projeter chacune des trois projections précédentes sur OX, et faire la somme des trois résultats ainsi obtenus. Or, par suite des rotations $pdt$, $qdt$, $rdt$, autour des trois axes OX, OY, OZ, les axes principaux du solide se sont écartés infiniment peu de ces axes coordonnés OX, OY, OZ ; et les angles que ces trois axes principaux font avec OX, après ces rotations, ont évidemment pour valeurs :

$$\sqrt{q^2 dt^2 + r^2 dt^2}, \qquad \frac{\pi}{2} + rdt, \qquad \frac{\pi}{2} - qdt;$$

si l'on multiplie les quantités $A(p + dp)$, $B(q + dq)$, $C(r + dr)$ par les cosinus de ces trois angles, et que l'on ajoute les trois produits, en négligeant les infiniment petits d'un ordre supérieur au premier, on trouve :

$$A(p + dp) + (C - B)qrdt :$$

cette expression, qui représente la projection de l'axe du moment résultant des quantités de mouvement sur OX, à la fin du temps $dt$, est donc la valeur de la somme des moments des quantités de mouvement des divers points du solide par rapport à OX, au même instant.

Si, de cette somme de moments correspondant à la fin du temps $dt$, nous retranchons la valeur $Ap$ de la somme analogue correspondant au commencement du temps $dt$, nous trouverons

$$Adp + (C - B)qrdt,$$

qui représentera l'accroissement de la somme des moments des quantités de mouvement du solide par rapport à OX, pendant le temps $dt$. D'après le troisième théorème général, cet accroissement doit être égal à la somme des moments des impulsions élémentaires des forces appliquées au solide pendant ce temps $dt$, par rapport au même axe OX. Désignons par L, M, N, les sommes des moments des forces dont il s'agit, par rapport aux trois axes coordonnés OX, OY, OZ. Il est clair que la somme des moments des impulsions élémentaires de ces forces pendant le temps $dt$, par rapport à l'axe OX, aura pour valeur $Ldt$, donc, d'après le troisième théorème général, on aura

$$Adp + (C - B)qrdt = Ldt.$$

Des considérations analogues aux précédentes, dans lesquelles l'axe OX serait remplacé par les axes OY, OZ, conduiraient de même aux deux autres relations :

$$Bdq + (A - C)rpdt = Mdt,$$
$$Cdr + (B - A)pqdt = Ndt.$$

Ces trois équations font connaître les variations $dp$, $dq$, $dr$ qu'éprouvent les vitesses angulaires $p$, $q$, $r$ du solide dans ses rotations autour des trois axes principaux relatifs à son centre de gravité, pendant le temps infiniment petit $dt$ qui s'écoule à partir de l'instant où ces axes principaux coïncident avec les axes de direction constante OX, OY, OZ; mais, comme on pourrait les établir de même pour chacun des éléments de temps $dt$ qui se succèdent, en employant à chaque fois comme auxiliaires des axes coordonnés de direction constante qui coïncident avec les axes principaux du solide au commencement de cet élément de temps, il s'ensuit qu'on peut les regarder comme vraies pour tous les éléments dont se compose un temps fini quelconque. En divisant tous les termes par $dt$, on peut mettre ces trois équations sous la forme suivante :

$$
\left.
\begin{aligned}
A\frac{dp}{dt} &= (B - C)\,qr + L, \\
B\frac{dq}{dt} &= (C - A)\,rp + M, \\
C\frac{dr}{dt} &= (A - B)\,pq + N.
\end{aligned}
\right\} \qquad (a)
$$

Ce sont les trois autres équations différentielles du mouvement du solide que nous nous proposons de trouver. Mais ces équations, qui ne sont que du premier ordre, ont besoin d'être complétées de la manière suivante.

Les axes coordonnés que nous avons considérés précédemment, pour établir les équations $(a)$, n'étaient que des axes auxiliaires dont nous n'avons plus à nous préoccuper, dès le moment que nous sommes arrivés à ces équations où il ne reste absolument rien qui dépende des axes coordonnés dont il s'agit. Concevons maintenant que le mouvement du soleil autour de son centre de gravité soit rapporté pendant un temps quelconque à un système d'axes coordonnés rectangulaires de directions constantes ayant ce point pour origine. Appelons OX, OY, OZ ces trois axes, et désignons en même temps par $OX_1$, $OY_1$, $OZ_1$ les trois axes principaux du solide relatifs à son centre de gravité. Ces derniers axes accompagnent le solide dans son mouvement, et il suffit de connaître leur déplacement progressif par rapport aux axes OX, OY, OZ, pour que le déplacement du solide lui-même par rapport à ces derniers axes soit connu. Le plan $X_1OY_1$ coupe le plan XOY suivant une droite que nous appellerons OA. Soient $\varphi$ l'angle que cette droite OA fait avec OX, $\psi$ l'angle que cette même droite OA fait avec $OX_1$, et $\theta$ l'angle que le plan

$X_1OY_1$ fait avec le plan XOY. Si l'on parvient à déterminer les valeurs des angles $\varphi$, $\psi$, $\theta$ en fonction du temps, la position du système d'axes $OX_1$, $OY_1$, $OZ_1$, et par suite celle du solide lui-même, par rapport aux axes OX, OY, OZ, sera connue à chaque instant. Pendant le temps $dt$, le solide tourne de l'angle $\omega dt$ autour de son axe instantané de rotation, et cette rotation infiniment petite peut être regardée comme la résultante des trois rotations $pdt$, $qdt$, $rdt$, autour des trois axes $OX_1$, $OY_1$, $OZ_1$. En même temps les angles $\varphi$, $\psi$, $\theta$ s'accroissent de leurs différentielles $d\varphi$, $d\psi$, $d\theta$, qui peuvent être regardées comme trois rotations infiniment petites autour des axes OZ, $OZ_1$, OA : $d\varphi$, $d\psi$, $d\theta$ sont donc trois autres composantes de la même rotation résultante $\omega dt$ relatives à ces derniers axes. Si nous représentons chacune des rotations infiniment petites dont il s'agit ici, par une droite, comme au § 53, nous pouvons dire que la rotation $pdt$ autour de $OX_1$ est la projection orthogonale de la rotation résultante $\omega dt$ sur $OX_1$ ; $pdt$ est donc aussi égal à la somme des projections orthogonales des trois composantes $d\varphi$, $d\psi$, $d\theta$ sur ce même axe $OX_1$. Si nous écrivons cette égalité, et aussi les deux égalités analogues pour les rotations $qdt$, $rdt$, relatives aux axes $OY_1$, $OZ_1$, puis que nous divisions tous les termes de ces trois égalités par $dt$, nous trouverons

$$\left.\begin{aligned}
p &= \cos\psi\frac{d\theta}{dt} + \sin\theta\sin\psi\frac{d\varphi}{dt}, \\
q &= -\sin\psi\frac{d\theta}{dt} + \sin\theta\cos\psi\frac{d\varphi}{dt}, \\
r &= \cos\theta\frac{d\varphi}{dt} + \frac{d\psi}{dt}.
\end{aligned}\right\} \qquad (b)$$

Les deux systèmes ($a$) et ($b$), formés chacun de trois équations différentielles du premier ordre, équivalent ensemble à un système de trois équations différentielles du second ordre. L'intégration de ces systèmes d'équations différentielles fera connaître complétement le mouvement du solide autour de son centre de gravité ; car on en déduira les valeurs de $\varphi$, $\psi$ et $\theta$ en fonction du temps, ce qui suffit, ainsi que nous l'avons dit, pour que la position du solide à un instant quelconque, relativement aux axes de directions constantes menés par ce point, soit entièrement connue.

§ 244. Le cas le plus simple qui se présente, dans l'étude du mouvement d'un solide invariable libre, c'est celui où le solide n'est soumis à l'action d'aucune force, et ne se déplace qu'en vertu du mouvement qu'on lui a imprimé tout d'abord. Nous allons voir que, dans ce cas, on peut se faire une idée très-nette des diverses circonstances que présente le mouvement du solide.

Nous savons d'abord (§ 223) que le centre de gravité du solide se meut uniformément et en ligne droite, ou bien qu'il reste immobile. Il ne nous reste donc qu'à voir comment le solide se meut autour de son centre de gravité. Pour y parvenir, nous pourrions nous servir des équations différentielles (a) et (b) qui viennent d'être établies (§ 242); mais il sera plus simple d'opérer autrement, en n'employant que des considérations géométriques,

Observons d'abord que le théorème des aires est applicable à ce mouvement du solide autour de son centre de gravité (§§ 234 et 228), puisqu'il n'y a pas de forces extérieures : si l'on considère les aires décrites par les rayons vecteurs menés du centre de gravité aux divers points du solide, dans leur mouvement par rapport à des axes de directions constantes passant par ce point, le plan du maximum des aires doit conserver constamment la même direction, et la somme des aires projetées sur ce plan doit avoir constamment la même valeur. Voyons donc comment on peut trouver le plan du maximum des aires, dont il s'agit, à chaque instant.

Ce plan du maximum des aires n'est autre chose que le plan du moment résultant des quantités de mouvement des différents points du solide par rapport à son centre de gravité (§ 228). Or nous avons vu (§ 242) que les projections de l'axe de ce moment résultant, sur les axes principaux du solide relatifs à son centre de gravité, ont pour valeurs

$$Ap, \qquad Bq, \qquad Cr,$$

A, B, C, $p$, $q$, $r$ ayant les mêmes significations que précédemment. On en conclut tout de suite que, si l'on prend ces axes principaux pour axes coordonnés, le plan du maximum des aires fait avec les trois plans coordonnés des angles dont les cosinus sont

$$\frac{Ap}{\sqrt{A^2p^2+B^2q^2+C^2r^2}}, \quad \frac{Bq}{\sqrt{A^2p^2+B^2q^2+C^2r^2}}, \quad \frac{Cr}{\sqrt{A^2p^2+B^2q^2+C^2r^2}}.$$

L'ellipsoïde central (§ 240), rapporté aux mêmes axes, a pour équation

$$Ax^2 + By^2 + Cz^2 = 1.$$

Considérons le point de cet ellipsoïde qui est situé sur l'axe instantané de rotation du solide, et désignons par $x'$, $y'$, $z'$, ses coordonnées et par $l$ la longueur du rayon qui le joint au centre de l'ellipsoïde ; on aura évidemment

$$\frac{x'}{l} = \frac{p}{\omega}, \qquad \frac{y'}{l} = \frac{q}{\omega}, \qquad \frac{z'}{l} = \frac{r}{\omega},$$

$\omega$ étant la vitesse angulaire dont $p$, $q$, $r$ sont les trois composantes. Le plan tangent à l'ellipsoïde aux points $x', y', z'$, a pour équation

$$Axx' + Byy' + Czz' = 1.$$

La proportionnalité des coordonnées $x'$, $y'$, $z'$ aux quantités $p, q, r$, montre que le plan du maximum des aires est parallèle à ce plan tangent. Or, on sait que, dans l'ellipsoïde, le plan diamétral conjugué d'un diamètre quelconque est parallèle au plan tangent mené à l'extrémité de ce diamètre : donc on peut dire que, dans la rotation du solide autour d'un axe instantané quelconque passant par son centre de gravité, le plan du maximum des aires relatif à ce point n'est autre chose que le plan diamétral de l'ellipsoïde central qui est conjugué du diamètre dirigé suivant l'axe instantané de rotation.

Ainsi, dans le mouvement que nous étudions, le solide doit tourner, à un instant quelconque, autour du diamètre de son ellipsoïde central qui est conjugué du plan du maximum des aires considéré comme plan diamétral de cet ellipsoïde. Si cet

29

axe de rotation n'est pas un des axes de l'ellipsoïde, son plan diamétral, entraîné par le mouvement du solide, change de direction dans l'espace ; donc le plan du maximum des aires, qui doit conserver toujours la même direction, cesse de coïncider avec ce plan diamétral, et par conséquent aussi l'axe de rotation se déplace à l'intérieur du solide.

Le théorème des forces vives, appliqué au mouvement qui nous occupe, montre que la force vive du solide conserve constamment la même valeur, puisqu'il n'est soumis à l'action d'aucune force. Or la vitesse d'un point situé à la distance R de l'axe instantané de rotation est égale à $\omega$R ; la force vive de ce point est donc égale à $m\omega^2 R^2$, en désignant sa masse par $m$, et par conséquent la force vive du solide tout entier a pour valeur

$$\omega^2 \Sigma m R^2.$$

Mais si l'on se reporte à la définition de l'ellipsoïde central (§ 240), on verra que le moment d'inertie $\Sigma m R^2$ qui entre dans cette expression est égal à $\dfrac{1}{l^2}$, en sorte que la force vive du solide peut se mettre sous la forme

$$\frac{\omega^2}{l^2}.$$

Le théorème des forces vives montre donc que $\dfrac{\omega}{l}$ est constant ; ou, en d'autres termes, à mesure que l'axe de rotation du solide se déplace à son intérieur, sa vitesse angulaire $\omega$ varie proportionnellement à la longueur $l$ de la portion de cet axe qui est comprise entre le centre de gravité et la surface de l'ellipsoïde central.

Revenons maintenant au théorème des aires. D'après ce théorème, le moment résultant des quantités de mouvement du solide par rapport à son centre de gravité est constant. Or, ce moment résultant a pour valeur

$$\sqrt{A^2 p^2 + B^2 q^2 + C^2 r^2},$$

puisque $Ap$, $Bq$, $Cr$ sont les projections de son axe sur les axes coordonnés ; et si l'on y remplace $p$, $q$, $r$ par les quantités équivalentes

$$\frac{\omega x'}{l}, \qquad \frac{\omega y'}{l}, \qquad \frac{\omega z'}{l},$$

il prend la forme simple

$$\frac{\omega}{l\delta},$$

en désignant par $\delta$ la distance du centre de gravité du solide au plan tangent de l'ellipsoïde central mené par les points $x'$, $y'$, $z'$. Cette quantité $\frac{\omega}{l\delta}$ devant conserver constamment la même valeur et $\frac{\omega}{l}$ étant d'ailleurs constant, comme nous venons de le voir, il s'ensuit que $\delta$ est constant.

D'après ce qui précède, si l'on considère le plan tangent à l'ellipsoïde central au point où il est percé par l'axe instantané de rotation du solide, ce plan tangent doit conserver une position invariable par rapport aux axes de direction constante menés par le centre de gravité ; puisque, d'une part, il reste toujours parallèle à lui-même, et que, d'une autre part, il est toujours à la même distance du centre de gravité. Le solide se meut donc de telle manière, que son ellipsoïde central touche constamment ce plan, déterminé une fois pour toutes comme nous venons de le dire ; et comme son axe de rotation passe à chaque instant par le point de contact de l'ellipsoïde et du plan, il s'ensuit que cet ellipsoïde *roule* sur le plan dont il s'agit. De plus, la vitesse angulaire avec laquelle s'effectue ce roulement varie d'un instant à un autre, de manière à rester proportionnelle à la longueur du rayon de l'ellipsoïde qui passe par son point de contact avec le plan. Cette image remarquable du mouvement d'un solide invariable autour de son centre de gravité, dans le cas où le solide n'est soumis à aucune force, est due à Poinsot.

Il est aisé de voir que, dans le cas particulier où le solide, à

un instant quelconque, tournerait autour d'un des axes principaux relatifs à son centre de gravité, il devrait continuer indéfiniment à tourner autour du même axe ; c'est ce qui fait qu'on
donne souvent aux axes principaux le nom d'*axes permanents
de rotation*. Lorsque le solide tourne ainsi autour d'un de ses
axes principaux, sa vitesse angulaire reste constante.

La connaissance que nous venons d'acquérir des circonstances que présente le mouvement d'un solide invariable abandonné à lui-même sans qu'aucune force le sollicite, vient compléter la notion que nous avions tout d'abord relativement à
l'inertie de la matière. Nous avons admis en principe (§ 83)
qu'un point matériel qui n'est soumis à aucune force se meut
uniformément et en ligne droite ; nous savons maintenant
comment les choses se passent, lorsqu'au lieu d'un point matériel on considère un solide invariable qui se trouve dans le
même cas, c'est-à-dire qui n'est soumis à l'action d'aucune
force : son centre de gravité se meut uniformément et en ligne
droite, et en même temps le solide tourne autour de son centre de gravité, conformément aux lois simples qui viennent
d'être indiquées d'après Poinsot.

§ 244. Supposons qu'un solide invariable soit soumis aux actions de diverses forces, et que ces forces aient une résultante
passant constamment par son centre de gravité ; le mouvement
du solide dans l'espace se déterminera encore très-facilement.
D'abord nous savons que le centre de gravité du solide se meut
comme si toute la masse du solide y était concentrée et que les
forces qui agissent sur le solide y fussent transportées parallèlement à elles-mêmes (§ 222) ; en sorte que le mouvement du
centre de gravité se détermine comme celui d'un simple point
matériel. Ensuite nous observerons que, la résultante des forces
appliquées au solide passant constamment par son centre de
gravité, le mouvement du solide par rapport à des axes de direction constante menés par ce point s'effectuera absolument
de la même manière que si le solide n'était soumis à l'action
d'aucune force ; les théorèmes des aires et des forces vives, que
nous pourrons appliquer dans ce cas, comme nous l'avons fait

dans le paragraphe précédent, nous conduiront à des résultats qui seront identiquement les mêmes : le solide se meut donc de telle manière que son ellipsoïde central roule sur un plan lié invariablement aux axes de direction constante menés par son centre de gravité, et la vitesse angulaire dans ce roulement est à chaque instant proportionnelle à la longueur du diamètre de l'ellipsoïde central autour duquel s'effectue la rotation instantanée du solide.

Nous pouvons donner comme exemple le mouvement d'un corps solide soumis à la seule action de la pesanteur, et lancé tout d'abord d'une manière quelconque au-dessus de la surface de la terre, en supposant toutefois que ce corps puisse être assimilé à un solide invariable. Son centre de gravité se mouvra suivant une parabole (§ 122), et en même temps il tournera autour de ce point conformément à ce qui vient d'être dit. S'il s'agit d'un boulet sphérique homogène, pour lequel l'ellipsoïde central se réduit évidemment à une sphère, on voit que l'axe de rotation du boulet autour de son centre de gravité restera toujours parallèle à une même direction, et que la vitesse avec laquelle il tournera autour de cet axe ne variera pas. S'il s'agit d'une tige rigide que l'on puisse assimiler à une ligne droite pesante, cette tige tournera autour de son centre de gravité, en restant dans un plan de direction constante mené par ce point.

§ 245. Supposons qu'un solide invariable complétement libre soit en repos, et qu'on vienne lui appliquer une *percussion* ; nous allons nous proposer de déterminer le mouvement qui en résultera pour le solide. Nous entendons par percussion, un choc brusque, tel qu'un coup de marteau. Ce choc s'effectue dans un intervalle de temps extrêmement court ; mais la force qui agit sur le corps pendant ce temps est habituellement très-grande, de sorte que, malgré le peu de durée de son action, elle détermine un mouvement qui peut être très-rapide. Quelle que soit la vitesse que prenne un point quelconque du solide à la suite de la percussion, le déplacement que ce point a déjà éprouvé, à l'instant où la percussion cesse, est toujours très-petit ; on voit en effet que, lors même que le point dont il s'agit aurait, pendant toute la durée θ de la percussion la vitesse qu'il possède à la fin, son déplacement total pendant ce temps θ n'en serait pas moins très-petit, puisque ce déplacement serait égal au produit de la vitesse du point par θ, et que θ est toujours extrêmement petit : il en est encore ainsi, à plus forte raison, dans la réalité, où le point n'acquiert que progressivement la vitesse dont il est animé à la fin de la percussion. Nous pourrons donc supposer, sans commettre d'erreur appréciable, que le solide conserve la même position dans l'espace pendant toute la durée de la percussion ; en faisant cette hypothèse, nous serons d'autant plus près de la réalité que la durée θ de la percussion sera plus courte, et nous serions exactement dans le vrai, si la percussion était instantanée. Nous admettrons en outre que la force P, qui agit sur le solide en vertu de la percussion, conserve constamment la même direction pendant tout le temps θ.

Cela posé, il va nous être facile de déterminer le mouvement que prend le solide sous l'action de la force P. D'abord, si nous appliquons au mouvement de son centre de gravité le théorème des quantités de mouvement et des impulsions projetées sur un axe, nous aurons évidemment

$$Mv = \int_0^\theta P\,dt,$$

en désignant par $v$ la vitesse du centre de gravité, et par M la masse totale du solide. Pour trouver le mouvement que prend le solide par rapport à des axes de direction constante menés par son centre de gravité, appliquons le troisième théorème général à ce mouvement relatif (§§ 226 et 234) : nous reconnaîtrons sans peine que le plan du maximum des aires par rapport au centre de gravité dont il s'agit, et à la fin du temps θ, est précisément le plan qui passe par ce centre de gravité et par la direction de la force P. En effet, si nous considérons un axe quelconque mené dans ce dernier plan et par le centre de gravité du solide, la somme des moments des impulsions élémentaires de la force P par rapport à cet axe, pendant tout le temps θ, sera nulle ; l'accroissement de la somme des moments des quantités de mouvement des divers points du solide par rapport à cet axe doit donc aussi être nul ; et comme cette somme des moments des quantités de mouvement est nulle au commencement du temps θ, il s'ensuit qu'elle est également nulle à la fin : donc, le plan du maximum des airs du solide relatif à son centre de gravité, et à la fin du temps θ, passe par l'axe dont il s'agit (§ 228), c'est-à-dire que ce plan passe par le centre de gravité du solide et par la direction de la percussion.

Si l'on se reporte maintenant à ce qui a été démontré précédemment (§ 243), on verra que, à l'instant où la percussion cesse, le solide doit tourner autour du diamètre de son ellipsoïde central qui est conjugué du plan diamétral mené par la direction de la force P. Quant à la vitesse angulaire ω avec laquelle s'effectue cette rotation, on l'obtiendra en exprimant que le moment de l'impulsion totale $\int_0^\theta P dt$, par rapport au centre de gravité du solide, est égal à $\frac{\omega}{l\delta}$, $l$ et $\delta$ ayant la même signification que précédemment ; ou bien encore, ce qui revient au même, en exprimant que le moment de cette impulsion totale, par rapport à l'axe de rotation, est égal à la somme des moments des quantités de mouvement des divers points du solide par rapport au même axe, somme qui a pour valeur $\omega \Sigma mr^2$, $\Sigma mr^2$ étant le moment d'inertie du solide par rapport à cet axe.

Si le solide, après avoir été soumis à la percussion dont il s'agit, est ensuite abandonné à lui-même, sans qu'aucune force lui soit appliquée, il se meut conformément à ce qui a été dit dans le § 243 ; et les circonstances initiales de ce mouvement sont précisément celles que nous venons de déterminer comme résultant immédiatement de la percussion.

Dans le cas où l'on appliquerait à un solide invariable en repos deux percussions égales, agissant suivant des directions parallèles, et en sens contraire l'une de l'autre, il est aisé de voir quel mouvement ce *couple de percussions* lui communiquerait. D'une part, il est clair que le centre de gravité du solide resterait immobile, puisque les forces appliquées au solide, étant transportées parallèlement à elles-mêmes en ce point, s'y détruiraient constamment. D'une autre part, le couple de percussions pouvant être transporté parallèlement à lui-même, sans que son effet soit changé (§§ 241 et 181), si on le transporte ainsi de manière que l'une des deux percussions agisse sur le centre de gravité même, l'autre percussion produira seule le mouvement du solide autour de ce point; donc le plan du maximum des aires, par rapport au centre de gravité, dans le mouvement que le couple de percussions communique au solide, est parallèle au plan de ce couple. On voit donc que, par suite de l'action du couple de percussions, le solide commence à tourner autour du diamètre de son ellipsoïde central qui est conjugué du plan diamétral parallèle au plan du couple. Cet axe, autour duquel le solide commence à tourner, n'est perpendiculaire au plan du couple de percussions, qu'autant que ce plan du couple est parallèle à l'un des plans principaux de l'ellipsoïde central du solide.

§ 246. **Mouvement d'un solide invariable assujetti à tourner autour d'un point fixe.** — Lorsqu'un solide invariable est assujetti à tourner autour d'un point fixe, on peut trouver les équations différentielles de son mouvement rapporté à trois axes menés par ce point, en prenant la somme des moments des forces qui agissent sur lui, et des forces d'inertie de ses différents points, par rapport à chacun de ces trois axes, et exprimant que chacune des trois sommes ainsi obtenues est nulle (§ 221). Mais on peut aussi établir ces équations différentielles, en raisonnant, pour le mouvement absolu dont il s'agit, comme nous avons raisonné précédemment (§ 242) pour le mouvement d'un solide libre autour de son centre de gravité. Si l'on reprend tout ce qui a été dit à cette occasion, on verra que les équations différentielles (a) et (b), auxquelles nous sommes parvenus, conviennent également, sans aucune modification, pour déterminer le mouvement d'un solide invariable assujetti à tourner autour d'un point fixe. Seulement les moments d'inertie A, B, C, les vitesses angulaires composantes $p$, $q$, $r$, et les sommes de moments L, M, N, au lieu de se rapporter aux axes principaux du solide correspondant à son centre de gravité, se rapportent à ses axes principaux correspondant au point fixe autour duquel s'effectue le mouvement.

Si l'on suppose que le solide ne soit soumis à l'action d'aucune force, et qu'il ne se déplace qu'en vertu du mouvement qu'on lui a imprimé tout d'abord, il est aisé de voir qu'on pourra encore lui appliquer tout ce qui a été dit (§ 243) relativement au mouvement d'un solide libre autour de son centre de gravité, dans le cas où aucune force n'agit sur ce solide. Ainsi l'on peut dire que, si l'on considère l'ellipsoïde qui fait connaître la loi des moments d'inertie du solide par rapport aux diverses droites menées par le point fixe, cet ellipsoïde, entraîné par le solide dans son mouvement autour de ce point, ne fait que rouler sur un plan fixe, et cela avec une vitesse angulaire qui varie proportionnellement à la longueur du rayon de l'ellipsoïde passant par son point de contact avec ce plan fixe.

Enfin on verra encore facilement que, si un solide, assujetti à tourner autour d'un point fixe et primitivement en repos, vient à être soumis à une percussion, il commencera à tourner autour d'une droite qui, dans l'ellipsoïde dont il vient d'être question, sera le diamètre conjugué du plan diamétral passant par la direction de la percussion. La vitesse $\omega$, dont il sera animé dans cette rotation, s'obtiendra de même en égalant $\frac{\omega}{l\delta}$ au moment de l'impulsion totale due à la percussion par rapport au point fixe, $l$ et $\delta$ ayant la signification qui a déjà été indiquée ; ou bien encore en égalant $\omega\Sigma mr^2$ au moment de cette impulsion totale par rapport à l'axe de rotation, $\Sigma mr^2$ étant le moment d'inertie du solide par rapport à cet axe.

§ 247. **Mouvement d'un solide invariable assujetti à tourner autour d'un axe fixe.** — Lorsqu'un solide invariable ne peut que tourner autour d'un axe fixe, une seule équation différentielle suffit pour déterminer son mouvement. Cette équation peut s'obtenir, à l'aide du théorème de d'Alembert (§ 221), en exprimant que la somme des moments des forces réelles et des

forces d'inertie par rapport à l'axe fixe est égale à zéro. Concevons que la force d'inertie de chaque point soit décomposée en
deux forces, dirigées, l'une suivant la tangente au cercle que le
point décrit, et l'autre suivant le prolongement du rayon de ce
cercle (§ 138); le moment de cette force d'inertie par rapport à
l'axe sera égal au moment de sa composante tangentielle par rapport au même axe, puisque le moment de sa composante centrifuge par rapport à cet axe est nul. Ce moment de la force d'inertie aura donc pour expression $mr \dfrac{d\omega}{dt}.r$, en désignant par $m$ la
masse du point considéré, par $r$ sa distance à l'axe, et par $\omega$
la vitesse angulaire du solide. Il s'ensuit que la somme des
moments des forces d'inertie des divers points du solide par
rapport à l'axe a pour valeur

$$\frac{d\omega}{dt}\Sigma mr^2.$$

D'après cela, si l'on représente par P la projection d'une quelconque des forces appliquées au solide sur un plan perpendiculaire à l'axe fixe, et par $p$ la plus courte distance de la direction de cette force et de l'axe, et si l'on regarde comme positifs
les moments des forces qui tendent à faire tourner le solide
dans le sens de la vitesse angulaire $\omega$ supposée positive, on aura

$$\Sigma Pp - \frac{d\omega}{dt}\Sigma mr^2$$

pour la somme des moments des forces réelles et des forces
d'inertie par rappprt à l'axe fixe. En l'égalant à zéro, on en tire

$$\frac{d\omega}{dt} = \frac{\Sigma Pp}{\Sigma mr^2},$$

qui est l'équation différentielle du mouvement de rotation du
solide autour de l'axe. L'intégration de cette équation différentielle fera connaître $\omega$ en fonction de $t$; et si l'on observe
que, $\theta$ étant l'angle dont le solide a tourné à partir de sa position initiale, on a

$$\omega = \frac{d\theta}{dt},$$

on voit qu'une nouvelle intégration fournira la valeur de cet angle θ en fonction de $t$. Les constantes introduites par ces deux intégrations se termineront d'après les valeurs de ω et de θ correspondant à $t = 0$.

Si l'on compare l'équation différentielle qui vient d'être établie avec celle qui détermine le mouvement rectiligne d'un point matériel sous l'action d'une force donnée (§ 105), on voit que ces équations ont des formes analogues. On en conclut tout de suite que le moment d'inertie $\Sigma mr^2$ du solide par rapport à l'axe fixe joue, dans le mouvement de rotation du solide autour de cet axe, le même rôle que la masse d'un point matériel dans le mouvement rectiligne de ce point : toutes choses égales d'ailleurs, l'*accélération angulaire* $\frac{d\omega}{dt}$ est d'autant plus petite que le moment d'inertie $\Sigma mr^2$ est plus grand.

§ 248. Lorsque les forces appliquées au solide sont telles que la somme de leurs moments par rapport à l'axe fixe est nulle, ω est constant, et le mouvement de rotation du solide est uniforme. C'est ce qui a lieu en particulier lorsque le solide n'est soumis à l'action d'aucune force.

Considérons spécialement ce cas particulier d'un solide qui tourne autour d'un axe en vertu d'une vitesse initiale, sans qu'aucune force lui soit appliquée, et cherchons à nous rendre compte des pressions que l'axe doit avoir à supporter de la part du solide. Si nous imaginons un système d'axes coordonnés liés invariablement au solide, et entraîné par lui dans sa rotation autour de l'axe fixe, nous pouvons regarder le solide comme étant en équilibre par rapport à ces axes coordonnés mobiles ; les pressions qu'il exerce sur l'axe fixe peuvent donc être considérées comme dues aux forces, tant apparentes que réelles (§ 188), qui sont appliquées à ses différents points, dans cet équilibre relatif. Mais nous admettons qu'il n'y a pas de forces réelles ; et d'un autre côté, le mouvement de rotation du solide étant uniforme, la force d'inertie de chacun de ces points se réduit à la force centrifuge : ce sont donc les forces centrifuges des différents points du solide qui déterminent seules les pressions que le solide exerce sur l'axe. Nous allons voir comment ces forces centrifuges peuvent se composer entre elles, de manière à simplifier la recherche des pressions dont il s'agit, dans chaque cas particulier.

La force centrifuge d'un point de masse $m$, situé à une distance $r$ de l'axe de rotation, a pour expression

$$m\omega^2 r\,;$$

on peut la supposer appliquée au point où sa direction rencontre l'axe fixe. Si les axes coordonnés, que nous imaginons liés au solide, sont choisis de manière que l'axe des $x$ coïncide avec l'axe fixe, et si $x$, $y$, $z$ désignent les coordonnées du point que nous considérons, il est aisé de voir que la force centrifuge de ce point, après avoir été transportée sur l'axe des $x$ comme nous venons de le dire, peut s'y décomposer en deux forces dirigées parallèlement aux axes des $y$ et des $z$, et ayant respectivement pour valeurs

$$m\omega^2 y, \qquad m\omega^2 z.$$

Cela posé, concevons que nous considérions tous les points matériels qui font partie d'une tranche du solide comprise entre deux plans perpendiculaires à l'axe des $x$ et distants l'un de l'autre d'une quantité infiniment petite. Si nous remplaçons la force centrifuge de chacun de ces points par deux forces parallèles aux axes des $y$ et des $z$ appliquées au point de la tranche qui est sur l'axe des $x$, nous aurons en ce dernier point une série de forces parallèles à l'axe des $y$ qui pourront être remplacées par une force unique, égale à leur somme $\Sigma m\omega^2 y$, et aussi une autre série de forces parallèles à l'axe des $z$ qui pourront être remplacées par une force unique égale à $\Sigma m\omega^2 z$ : la résultante des deux forces ainsi obtenues sera la résultante des forces centrifuges de tous les points qui composent la tranche considérée. Mais si M est la masse de cette tranche, et si $y_1$, $z_1$, sont les distances de son centre de gravité aux plans des $xz$ et des $xy$, on a

$$\Sigma m\omega^2 y = M\omega^2 y_1, \qquad \Sigma m\omega^2 z = M\omega^2 z_1,$$

puisque $\omega$ est le même pour tous les points de la tranche ; d'ailleurs $M\omega^2 y_1$, $M\omega^2 z_1$, peuvent être regardés comme des composantes de la force centrifuge d'un point matériel de masse M qui serait placé au centre de gravité de la tranche : donc on peut dire que les forces centrifuges des différents points de la tranche infiniment mince dont il s'agit, se composent en une seule force, qui est précisément la force centrifuge unique qui se développerait, si toute la masse de la tranche était concentrée en son centre de gravité.

Si toutes les tranches infiniment minces, dans lesquelles le solide tout entier peut être divisé par des plans perpendiculaires à l'axe fixe, ont leurs centres de gravité situés sur une droite parallèle à cet axe, les forces centrifuges résultantes qui correspondent à ces diverses tranches, conformément à ce qui précède, sont toutes parallèles entre elles ; d'ailleurs elles sont proportionnelles aux masses de ces tranches, et sont appliquées à leurs centres de gravité : donc elles ont une résultante qui est égale à leur somme, et qui est appliquée au centre de gravité du solide tout entier. Ainsi, dans ce cas, toutes les forces centrifuges correspondant aux différents points du solide ont pour résultante unique la force centrifuge qui se développerait si la masse totale du solide était concentrée en son centre de gravité.

Lorsque les centres de gravité des diverses tranches infiniment minces, dans lesquelles le solide peut être décomposé par des plans perpendiculaires à l'axe fixe, ne sont pas tous situés sur une droite parallèle à cet axe, il n'arrive plus en général que les forces centrifuges des différents points du solide aient une résultante unique. Si nous reprenons la force centrifuge de chaque point en particulier, et que nous la remplacions par deux forces $m\omega^2 y$, $m\omega^2 z$, dirigées parallèlement aux axes des $y$ et des $z$, et appliquées en un point de l'axe des $x$, l'ensemble de toutes les forces analogues nous donnera un système de forces parallèles à l'axe des $y$ dirigées dans le plan des $xy$, et un autre système de forces parallèles à l'axe des $z$ dirigées dans le plan des $xz$. Chacun de ces deux systèmes de forces donnera lieu, soit à une résultante unique, soit à un couple résultant; la connaissance de la résultante ou du couple résultant correspondant à chacun des plans des $xy$ et des $xz$, pourra dès lors servir à la détermination des pressions exercées par le solide sur son axe.

Supposons que l'on veuille trouver les conditions qui doivent être remplies pour que l'axe n'ait à supporter aucune pression; les composantes des forces centrifuges qui sont dirigées dans le plan de $xy$ devront se faire équilibre mutuellement, et il devra en être de même des composantes dirigées dans le plan des $xz$. Il faudra donc d'abord que la somme des composantes parallèles à l'axe des $y$ soit nulle, ce qui fournit la condition

$$\Sigma my = 0,$$

et que la somme des moments de ces forces par rapport à l'origine des coordonnées soit nulle, ce qui fournit la condition

$$\Sigma mxy = 0;$$

et ensuite qu'il en soit de même pour les composantes parallèles à l'axe des $z$, ce qui donne lieu aux deux autres conditions analogues :

$$\Sigma mz = 0, \qquad \Sigma mxz = 0,$$

Ces quatre conditions expriment : 1° que le centre de gravité du solide doit être situé sur l'axe fixe; 2° que cet axe doit être un des axes principaux du solide correspondant à son centre de gravité.

Tout ce que nous venons de dire, sur la composition des forces centrifuges des divers points d'un solide qui tourne uniformément autour d'un axe fixe, peut évidemment s'appliquer à la composition des forces centrifuges de ces points, dans le cas où le mouvement de rotation du solide est varié, puisque l'expression de ces forces est la même dans les deux cas. Seulement, dans le cas général, les forces centrifuges ne doivent plus être considérées seules, pour arriver à la détermination des pressions du solide sur l'axe : on doit tenir compte, en même temps, des forces réelles qui agissent sur le solide, et des forces d'inertie tangentielles de ces différents points.

§ 249. **Pendule composé.** — Un solide pesant, assujetti à tourner autour d'un axe horizontal qui ne passe pas par son centre de gravité, prend sous la seule action de la pesanteur une position d'équilibre dans laquelle son centre de gravité se trouve dans le plan vertical mené par l'axe. Si on le dérange de cette position d'équilibre, et qu'ensuite on l'abandonne à lui-même, il tend à y revenir en effectuant une série d'oscillations. Un solide pesant qui se trouve dans ces conditions, constitue ce qu'on nomme un *pendule composé*. Par opposition, on désigne sous le nom de *pendule simple* le pendule dont nous avons déjà étudié le mouvement (§ 132), et qui s'est formé d'un seul point matériel pesant attaché à l'une des extrémités d'un fil inextensible et sans masse dont l'autre extrémité est fixe. Nous allons voir comment on peut trouver les diverses circonstances du mouvement du pendule composé.

Désignons par $M$ la masse totale du solide, par $a$ la distance de son centre de gravité à l'axe fixe, par $k$ son rayon de giration (§ 238) par rapport à une parallèle à cet axe mené par son centre de gravité, par $\theta$ l'angle que le plan mené par le centre de gravité et l'axe fixe fait avec le plan vertical dans une position quelconque du pendule, et par $\omega$ la vitesse angulaire dont le pendule est animé dans cette position. Le moment d'inertie du solide, par rapport à l'axe fixe, a pour valeur (239)

$$M(a^2 + k^2);$$

la somme des moments des poids des différents points matériels de ce solide, par rapport à l'axe fixe, dans la position quelconque que l'on considère, est d'ailleurs égale au moment du poids total du solide appliqué à son centre de gravité, et a par conséquent pour valeur

$$Mga \sin \theta :$$

donc l'équation différentielle du mouvement de rotation de ce solide autour de l'axe fixe est

$$\frac{d\omega}{dt} = \frac{ga \sin \theta}{a^2 + k^2}.$$

Le pendule simple n'est qu'un cas particulier du pendule composé ; cette équation différentielle pourra donc s'appliquer au mouvement d'un pendule simple de longueur $l$, et pour cela il suffira d'y supposer que $k$ est nul et d'y remplacer $a$ par $l$ : ainsi l'équation différentielle du mouvement de ce pendule simple est

$$\frac{d\omega}{dt} = \frac{g \sin \theta}{l}.$$

Ces deux équations, dont l'une se rapporte au mouvement du pendule composé, et l'autre au mouvement du pendule simple, deviennent identiques si l'on suppose

$$l = a + \frac{k^2}{a} :$$

donc, si la longueur $l$ du pendule simple satisfait à cette condition, les mouvements des deux pendules s'effectueront exactement de la même manière, pourvu toutefois que les circonstances initiales du mouvement soient les mêmes de part et d'autre. Ainsi les lois du mouvement du pendule composé sont les mêmes que celles que nous avons trouvées (§ 132) dans le cas du pendule simple.

Le pendule simple, dont les oscillations s'effectuent de la même manière que celles d'un pendule composé, est dit *équivalent* à ce dernier pendule.

Si l'on mène une droite parallèle à l'axe de suspension du pendule composé, à une distance de cet axe égale à $a + \dfrac{k^2}{a}$ et dans le plan qui passe par cet axe et par le centre de gravité du pendule, tous les points du solide qui se trouvent sur cette droite se meuvent absolument de la même manière que si chacun d'eux était isolé et qu'il fût lié directement à l'axe de suspension par un fil inextensible et sans masse dirigé suivant la perpendiculaire qui mesure sa distance à l'axe : cette droite se nomme l'*axe d'oscillation* du pendule, et l'on donne le nom de *centre d'oscillation* au point où elle perce le plan perpendiculaire à l'axe de suspension mené par le centre de gravité du solide. Il est aisé de voir que les axes de suspension et d'oscillation sont réciproques l'un de l'autre ; c'est-à-dire que, si l'on prend l'axe d'oscillation pour en faire un axe de suspension du solide, l'axe de suspension primitif deviendra l'axe d'oscillation : en effet, la distance $a'$ du centre de gravité du solide à son nouvel axe de suspension étant égale à $\dfrac{k^2}{a}$, la distance $a' + \dfrac{k^2}{a'}$ de ce nouvel axe de suspension à l'axe d'oscillation correspondant sera égale à $\dfrac{k^2}{a} + a$, ce qui démontre la proposition énoncée.

Si l'on cherche, parmi tous les axes de suspension d'un solide pesant, qui sont parallèles à une même droite menée par son centre de gravité, quels sont ceux pour lesquels la durée des petites oscillations du pendule formé par ce solide a une même valeur, on trouve évidemment que ces axes sont les génératrices de deux surfaces cylindriques de révolution ayant la droite donnée pour axe commun de figure, et que les rayons $a$, $a'$ de ces deux surfaces cylindriques satisfont à la condition

$$aa' = k^2,$$

$k$ étant le rayon de giration du solide par rapport à la droite dont il s'agit ; pour toutes les génératrices de ces deux surfaces, prises comme axes de suspension, la durée des petites oscillations du pendule sera égale à celle des petites oscillations d'un pendule simple ayant pour longueur $a + \dfrac{k^2}{a}$. Parmi tous les axes de suspension parallèles à la droite donnée, ceux qui fourniront la plus courte durée pour les petites oscillations du pendule, seront les génératrices d'un cylindre de révolution autour de cette droite ayant $k$ pour rayon : car, pour que l'expression $a + \dfrac{k^2}{a}$, dans laquelle $a$ est variable, devienne un minimum, il faut que l'on ait $a = k$.

§ 250. **Centre de percussion.** — Lorsqu'un solide, assujetti à tourner autour d'un axe fixe et d'abord en repos, vient à être soumis à une percussion brusque dont la direction ne rencontre pas l'axe fixe, il se met immédiatement en mouvement. La vitesse angulaire dont il est animé, à l'instant où la percussion cesse, se détermine facilement par ce qui précède : car on a

$$\frac{d\omega}{dt} = \frac{Pp}{\Sigma mr^2},$$

P étant la projection de la force de percussion à un instant quelconque sur un plan perpendiculaire à l'axe, et $p$ la distance de la direction de cette force à l'axe, distance que nous regarderons comme constante pendant toute la durée $\theta$ de la percussion ; et si l'on multiplie par $dt$, pour intégrer ensuite entre les limites 0 et $\theta$ de la variable $t$, on trouve pour la vitesse angulaire $\omega$ du solide à la fin de la percussion

$$\omega = \frac{p \displaystyle\int_0^\theta P\,dt}{\Sigma mr^2}.$$

Cette équation aurait pu d'ailleurs être obtenue immédiatement, en appliquant le troisième théorème général (§ 226) au mouvement dont il s'agit, et prenant les moments des quantités de mouvement et des impulsions par rapport à l'axe fixe ; il est aisé de voir en effet que ce théorème peut être appliqué sans qu'on tienne compte des réactions de l'axe fixe sur le solide (§ 236), puisque les moments de ces réactions par rapport à l'axe sont nuls.

Pendant que le solide est soumis à la percussion qui le met ainsi brusquement en mouvement, l'axe supporte habituellement des pressions considérables. On peut se demander de quelle manière la percussion doit être appliquée au solide, pour

que ces pressions sur l'axe soient nulles. Pour cela, il faut évidemment que l'axe autour duquel le solide commencerait à
tourner, s'il était entièrement libre et qu'il fût soumis à la même
percussion, soit précisément l'axe autour duquel nous le supposons assujetti à tourner. S'il en est ainsi, la fixité de l'axe ne gêne
en aucune manière le mouvement que la percussion tend à faire
prendre au solide, et par conséquent le solide ne doit exercer aucune pression sur cet axe ; tandis que si l'axe fixe n'est pas celui
autour duquel la percussion ferait tourner le solide, dans le cas
où il serait entièrement libre, l'existence de cet axe fixe oblige
le solide à prendre un mouvement différent de celui qu'il prendrait sans cela, et il en résulte nécessairement une réaction du
solide sur l'axe qui le gêne dans son mouvement.

Si le solide était libre, la percussion qui lui est appliquée déterminerait à la fois un mouve-
ment de son centre de gravité, et
un mouvement de rotation du solide autour d'une droite passant par
ce point (§ 245). Pour que ces
deux mouvements se composent
en une seule rotation autour de
l'axe AB, *fig.* 115, il faut que
l'axe de la rotation composante soit

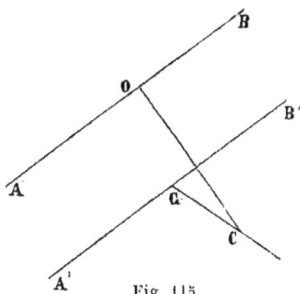

Fig. 115.

une parallèle A'B' à l'axe AB, menée par le centre de gravité G ;
il faut de plus que la direction du mouvement du centre de gravité, c'est-à-dire la direction de la percussion, soit perpendiculaire au plan ABA'B' (§ 53). Mais pour que la rotation du solide
s'effectue d'abord autour de l'axe A'B', il faut que le plan mené
par la direction de la percussion et par le point G soit le plan
diamétral de l'ellipsoïde central qui est conjugué du diamètre
dirigé suivant la droite A'B' ; donc ce plan diamétral conjugué du diamètre A'B' doit être perpendiculaire au plan ABA'B',
et en outre le point C où la direction de la percussion rencontre le plan ABA'B' doit être sur la ligne d'intersection du
plan ABA'B' avec le plan diamétral dont il s'agit. Enfin la vitesse *v* du centre de gravité doit être égale à la vitesse angulaire

ω autour de l'axe A'B' multipliée par la distance $a$ du centre de gravité G à l'axe AB (§ 53). Or, il résulte de ce qui a été dit dans le § 245, que l'on a

$$v = \frac{\int_0^\theta P\,dt}{M}, \qquad \omega = \frac{z' \int_0^\theta P\,dt}{Mk^2},$$

en désignant par M la masse du solide tout entier, par $k$ le rayon de giration de ce solide par rapport à la droite A'B', et par $z$ la distance du point C à cette droite : il s'ensuit qu'on doit avoir

$$z = \frac{k^2}{a},$$

c'est-à-dire que la distance CO du point C à l'axe AB doit être égale à la longueur du pendule simple équivalent au pendule composé que formerait le solide en oscillant autour de l'axe AB supposé horizontal.

Ainsi, en résumant, pour que l'axe fixe AB n'éprouve pas de pression pendant que la percussion est appliquée au solide, il faut 1° que le plan diamétral de l'ellipsoïde central du solide, qui est conjugué du diamètre parallèle à AB, soit perpendiculaire au plan mené par AB et par le centre de gravité G ; 2° que la direction de la percussion soit perpendiculaire à ce plan mené par le point G et la ligne AB ; 3° enfin que le point où cette direction perce le plan GAB soit à la rencontre du plan diamétral, dont il vient d'être question, avec l'axe d'oscillation correspondant à la ligne AB considérée comme axe de suspension (§ 249).

La première de ces conditions, à laquelle le solide doit satisfaire, est nécessaire et suffisante pour qu'il soit possible de trouver une direction suivant laquelle on puisse appliquer une percussion au solide, sans que l'axe AB éprouve des pressions pendant la durée de cette percussion. Lorsque cette première condition est remplie, le point C déterminé par la troisième condition se nomme le *centre de percussion*.

Si l'on supposait que le point O, pied de la perpendiculaire abaissée du point C sur l'axe AB, fût seul fixe dans le solide, la percussion devrait encore faire tourner ce solide autour de l'axe AB : donc AB doit être un des axes principaux du solide, relativement au point O (§ 246). Si à cette condition on en ajoute deux autres, savoir 1° que la percussion doit être dirigée perpendiculairement au plan GAB; 2° que la distance CO doit être égale à la longueur du pendule simple équivalent au pendule composé que formerait le solide en oscillant autour de l'axe AB supposé horizontal, on aura un système de trois conditions équivalent à celui auquel on était d'abord parvenu. On sait d'ailleurs qu'une droite AB, qui ne passe pas par le centre de gravité G du solide, ne peut être un axe principal de ce solide que pour un seul de ses points.

Si le solide est symétrique par rapport à un plan perpendiculaire à l'axe fixe AB, son ellipsoïde central est également symétrique par rapport à ce plan; alors la condition nécessaire et suffisante pour qu'on puisse appliquer une percussion au solide sans qu'il en résulte de pression sur l'axe, se trouve remplie, et la percussion doit être dirigée dans le plan de symétrie.

# CHAPITRE III

§ 251. Lorsqu'un solide se meut sans éprouver de changement de forme appréciable pendant son mouvement, on peut lui appliquer tout ce qui a été dit relativement au mouvement d'un solide invariable ; l'erreur que l'on commet ainsi, en ne tenant pas compte de la déformation du solide, est généralement très-petite, et peut être négligée. Des considérations analogues à celles qui ont été présentées à l'occasion de l'équilibre des solides (§§ 183 et 195) montrent même qu'on ne commet absolument aucune erreur en traitant un solide naturel en mouvement comme un solide invariable, s'il conserve rigoureusement la même forme pendant toute la durée de son mouvement, pourvu toutefois que l'on attribue à ce solide précisément la forme qu'il possède dans cet état de mouvement, et non telle ou telle autre forme peu différente de celle-là qu'il aurait dans d'autres circonstances, par exemple, s'il était en repos. Généralement les choses ne se passent pas comme nous venons de le supposer en dernier lieu. Chaque molécule du solide se mouvant autrement que si elle était isolée, tout en étant soumise aux mêmes forces extérieures, il faut nécessairement qu'elle éprouve de la part des molécules voisines des actions qui produisent ce changement de mouvement, actions qui ne peuvent se développer qu'autant que sa distance à chacune de ces molécules voisines varie d'une certaine quantité ; et comme ces actions moléculaires doivent en général changer d'intensité à mesure que la molécule à laquelle elles sont appliquées se trouve en tel ou tel point de sa trajectoire, il s'ensuit que les distances de cette molécule à celles qui l'environnent doivent aussi changer d'un instant à un autre : en sorte que ce n'est que dans des cas exceptionnels qu'un solide naturel en mouvement conserve invariablement la même forme, pendant un temps plus ou moins long. Mais, la plupart du temps, le changement continuel de forme qu'éprouve un solide naturel en mouvement est tellement faible, qu'on ne peut pas s'en apercevoir ; et, ainsi que nous venons de le dire, on ne commet qu'une erreur insensible en le traitant comme un solide invariable.

Lorsqu'un corps solide se meut dans l'espace, et éprouve en même temps un changement de forme assez grand pour qu'on ne puisse pas se dispenser d'en tenir compte, la détermination des diverses circonstances de son mouvement est beaucoup plus complexe ; cette détermination ne peut s'effectuer qu'autant que l'on connaît les lois suivant lesquelles varient les actions que les diverses parties du corps exercent les unes sur les autres, à mesure que leurs positions respectives viennent à changer. Alors la question rentre dans le cas général de la recherche du mouvement d'un système de points matériels soumis à la fois à leurs actions mutuelles et à des forces extérieures.

Après avoir dit que le mouvement d'un solide naturel, dont la déformation est toujours très-petite, peut être déterminé comme si le solide était de forme invariable, nous n'aurions plus rien à ajouter, si l'on avait jamais à considérer que le mouvement de solides isolés. Mais très-souvent, et surtout dans les applications de la mécanique aux machines, on a à considérer des solides qui se meuvent en touchant d'autres solides mobiles ou immobiles ; il est nécessaire de chercher à se faire une idée nette des effets dus à ce contact, afin de pouvoir en tenir compte dans l'étude du mouvement des corps dont il s'agit.

Le contact de deux solides en mouvement, ou bien d'un solide en mouvement avec un solide en repos, peut avoir lieu de deux manières très-différentes. Ce contact peut n'exister que pendant un intervalle de temps très-court, pendant lequel les mouvements des deux solides sont modifiés d'une manière notable : c'est ce qui a lieu lorsqu'il se produit un *choc* entre les deux solides. Le contact peut, au contraire, être continu, de telle manière que les deux solides *glissent* ou *roulent* l'un sur l'autre pendant toute la durée du mouvement que l'on considère, ou au moins pendant une portion notable de cette durée. Nous allons voir quelles sont les circonstances qui se présentent dans chacun de ces cas.

§ 252. **Choc de deux solides sphériques.** — Pour nous rendre compte de ce qui se passe lorsque deux corps solides viennent à se choquer, nous considérerons un cas très-simple; nous étudierons le choc de deux solides sphériques homogènes, qui sont animés chacun d'un mouvement de translation rectiligne et uniforme, et dont les centres se meuvent sur une même ligne droite.

Soit M, M′ les deux corps dont il s'agit, m, m′ leurs masses, et v, v′ leurs vitesses, que nous supposerons dirigées dans le même sens. Si le corps M est en arrière du corps M′, et que v soit plus grand que v′, il est clair que la distance des deux corps va en diminuant progressivement, et que bientôt il doit se produire un choc. En raison de la symétrie complète du système, par rapport à la droite suivant laquelle les centres des deux solides se mouvaient tout d'abord, il est clair que ces deux centres resteront sur la même droite pendant et après le choc, et que le mouvement de chacun des deux solides ne cessera pas d'être un mouvement de translation : le choc n'aura donc pour effet que de modifier la vitesse dont les deux solides sont animés.

Aussitôt que les deux corps sont arrivés au contact, il se développe, entre celles de leurs molécules qui sont voisines du point de contact, des forces qui tendent à diminuer la vitesse du corps M, et à augmenter celle du corps M′; il s'ensuit qu'au bout d'un certain temps, qui est toujours très-court, les deux corps sont animés d'une même vitesse u. Pour déterminer cette vitesse commune, nous pouvons nous servir du second théorème général sur le mouvement des systèmes matériels, c'est-à-dire du théorème des quantités de mouvement projetées sur un axe

(§ 224). Si nous projetons le mouvement du système de deux corps M, M', sur la droite suivant laquelle se meuvent leurs centres, et si nous observons qu'il n'y a pas de forces extérieures appliquées à ce système, puisque les forces développées par le choc entre les deux corps sont des forces intérieures, nous verrons que la somme des quantités de mouvement des deux solides conserve constamment la même valeur. En égalant cette somme de quantités de mouvement, prise avant le choc, à ce qu'elle devient à l'instant où les deux solides ont une même vitesse, on obtient la relation

$$mv + m'v' = (m + m')u,$$

d'où l'on déduit

$$u = \frac{mv + m'v'}{m + m'}.$$

A partir de l'instant où les deux solides ont acquis la vitesse commune $u$, les choses se passent de diverses manières, suivant la nature des solides. Les forces dont nous venons de parler, qui ont agi entre eux de manière à rendre leurs vitesses égales, n'ont pu se développer qu'autant que les solides ont éprouvé une certaine déformation dans le voisinage de leur point de contact ; ces solides se sont aplatis vers ce point, et leur aplatissement a augmenté nécessairement tant que la vitesse de M était encore supérieure à celle de M', puisque, dans ce cas, le centre de gravité de M se rapprochait toujours du centre de gravité de M'. Lorsque les deux solides ont subi cette déformation, ils peuvent tendre plus ou moins énergiquement à reprendre leurs formes primitives, en vertu de leur élasticité. Dans le cas où ces corps sont l'un et l'autre complétement dépourvus d'élasticité, ils ne tendent en aucune manière à revenir aux formes qu'ils avaient d'abord ; ils cessent donc de réagir l'un sur l'autre à partir de l'instant où leurs vitesses sont devenues égales, et par conséquent ils continuent à se mouvoir avec la vitesse commune $u$ et restent indéfiniment en contact l'un avec l'autre. Au contraire, lorsque les corps sont élastiques, l'aplatissement qu'ils ont éprouvé momentanément tend à disparaître, et ils continuent à réagir l'un sur l'autre en vertu de cette tendance après que leurs vitesses sont devenues égales ; la vitesse de M est donc encore diminuée, et celle de M' augmentée, en sorte que, au bout d'un temps très-court, les deux corps se séparent l'un de l'autre avec des vitesses différentes. Si les réactions qui se développent pendant cette seconde partie du choc ont les mêmes valeurs que celles qui s'étaient développées dans la première partie, c'est-à-dire si le choc présente une symétrie complète de part et d'autre de l'instant qui correspond à la plus grande déformation des deux corps, on dit que ces corps sont *parfaitement élastiques*. Dans ce cas, la vitesse du corps M, qui a déjà diminué de $v - u$ pendant la première partie du choc, diminue encore de la même quantité pendant la seconde partie ; et de même la vitesse du corps M', qui s'est accrue de $u - v'$ pendant la première partie, s'accroît encore d'autant pendant la seconde partie : on a donc

$$u - w = v - u, \qquad w' - u = u - v',$$

en désignant par $w$ et $w'$ les vitesses des deux corps M, M' à l'instant où ils se séparent l'un de l'autre après le choc. A l'aide de ces deux relations et de la valeur obtenue précédemment pour $u$, on trouve

$$w = \frac{(m - m')\, v + 2m'v'}{m + m'}, \qquad w' = \frac{(m' - m)\, v' + 2mv}{m' + m}.$$

Ces deux cas que nous venons de considérer, et qui se rapportent, l'un à des corps entièrement dépourvus d'élasticité, et l'autre à des corps parfaitement élastiques, doivent être regardés comme des limites extrêmes entre lesquelles tous les cas de la nature se trouvent compris.

Si l'on suppose que le corps M' ait un rayon et une masse infinis, et que sa vitesse $v'$ soit nulle, on se trouvera dans le cas où un plan fixe vient à être choqué par un corps sphérique qui se meut perpendiculairement à sa direction : les formules précédentes montrent que l'on a alors

$$u = 0, \qquad w = -v.$$

Le corps qui rencontre le plan restera donc immobile sur ce plan, s'ils sont l'un et l'autre dépourvus d'élasticité ; tandis qu'il le quittera avec une vitesse égale et contraire à celle qu'il avait d'abord, s'ils sont parfaitement élastiques. Une bille d'ivoire, qui vient tomber normalement sur un plan de marbre, réalise à très-peu près ce dernier cas.

Si l'on suppose que les masses $m$, $m'$ sont égales, et que la vitesse $v'$ est nulle, on trouvera

$$u = \tfrac{1}{2}v, \qquad w = 0, \qquad w' = v.$$

Les deux corps se meuvent donc ensemble avec une vitesse commune égale à la moitié de la vitesse primitive du corps $M$, s'ils sont tous deux dépourvus d'élasticité ; s'ils sont parfaitement élastiques, le corps $M$ s'arrête à la fin du choc, et le corps $M'$ prend précisément la vitesse dont le corps $M$ était primitivement animé. Ce dernier cas se réalise presque complétement lorsque les deux corps sphériques de même masse sont des billes d'ivoire.

§ 253. **Perte de force vive dans le choc des solides naturels.** — Considérons toujours le cas simple de deux corps sphériques homogènes qui viennent se choquer directement, et comparons les valeurs de la force vive du système de ces deux corps avant et après le choc. Pour pouvoir faire plus facilement cette comparaison, nous décomposerons la force vive du système, à un instant quelconque, en deux parties dont l'une est la force vive dont le système serait animé s'il était concentré en son centre de gravité, et l'autre est la force vive de ce système dans son mouvement par rapport à des axes de direction constante menés par son centre de gravité (§ 235). Or, il est aisé de voir que le centre de gravité du système entier se meut uniformément avec une vitesse qui est toujours la même, avant, pendant et après le choc (§ 222), vitesse qui est par conséquent égale à la vitesse commune $u$ des deux corps à l'instant de leur plus grande déformation ; la première des deux parties dans lesquelles nous décomposons la force vive du système a donc toujours la même valeur, en sorte que nous pouvons en faire abstraction, dans la recherche de l'augmentation ou de la diminution que la force vive totale a pu éprouver d'un instant à un autre.

Avant que le choc commence, la force vive du système, dans son mouvement rapporté à des axes de direction constante menés par son centre de gravité, a pour valeur

$$m\,(v - u)^2 + m'\,(u - v')^2\,;$$

à l'instant où les deux corps se meuvent avec la vitesse commune $u$, cette force vive est évidemment nulle ; enfin, si les corps sont parfaitement élastiques, la force vive du système, par rapport aux mêmes axes mobiles, a pour valeur

$$m\,(u - w)^2 + m'\,(w' - u)^2,$$

quantité qui est égale à

$$m\,(v - u)^2 + m'\,(\boldsymbol{u} - v')^2,$$

d'après les relations qui lient $w$ et $w'$ à $u$, $v$, $v'$. Ainsi l'on voit que, dans le cas des corps parfaitement élastiques, la force vive du système est exactement la même après le choc qu'avant ; tandis que, dans le cas des corps dépourvus d'élasticité, la force vive a diminué, par l'effet du choc, de toute la quantité

$$m\,(v - u)^2 + m'\,(u - v')^2,$$

c'est-à-dire de la force vive correspondant aux vitesses perdue et gagnée $v - u$, $u - v'$.

Il est aisé de se rendre compte du résultat auquel nous venons de parvenir, en se reportant au théorème général des forces vives (§ 230). Ce théorème indique, en effet, que l'accroissement de la force vive du sytème, pendant un temps quelconque, est égal au double de la somme des travaux des forces, tant intérieures qu'extérieures, qui agissent sur le système pendant ce temps. Or, pendant tout le temps que la vitesse du corps choquant M est plus grande que celle du corps choqué M', ces corps s'aplatissent de plus en plus dans le voisinage de leur point de contact ; les molécules des deux corps qui sont près de ce point de contact se rapprochent donc les unes des autres, tout en tendant à se repousser mutuellement ; il en résulte que la somme des travaux des forces qui se développent ainsi entre les molécules des deux corps est négative (§ 175), et par suite que la force vive du système doit diminuer jusqu'à l'instant où les deux solides ont atteint la vitesse commune $u$. La perte de force vive, dans le choc des deux corps supposés dépourvus d'élasticité, est donc une conséquence nécessaire du travail négatif développé par les forces moléculaires de ces deux corps, pendant qu'ils se déforment par l'effet du choc. Lorsque les deux corps sont parfaitement élastiques, les forces moléculaires développent un travail positif pendant tout le temps que ces corps emploient à revenir de leur plus grande déformation à leur forme primitive ; d'ailleurs, d'après la définition que nous avons donnée des corps parfaitement élastiques (§ 252), la somme des travaux positifs produits pendant la seconde partie du choc doit avoir la même valeur absolue que la somme des travaux négatifs correspondant à la première partie : donc la force vive du système doit s'accroître, pendant cette seconde partie du choc, de toute la quantité dont elle avait diminué d'abord, et par conséquent, à la fin du choc, elle doit avoir précisément la même valeur qu'au commencement.

Tous les solides naturels étant compris entre les deux limites extrêmes d'une élasticité parfaite et d'un défaut complet d'élasticité, il s'ensuit que le choc de ces solides doit présenter des circonstances intermédiaires entre celles qui se rapportent à ces deux limites. Ainsi, on peut dire que, dans le choc direct de deux solides naturels sphériques et homogènes, il y a toujours une perte de force vive due à ce que le travail positif développé par les forces moléculaires, pendant la seconde partie du choc, est inférieur à la valeur absolue du travail négatif que ces forces moléculaires développent pendant la première partie. Cette perte de force vive est plus ou moins petite, suivant que les deux solides se rapprochent plus ou moins de remplir les conditions de l'élasticité parfaite, telle que nous l'avons définie ; elle est égale à la somme des forces vives dues aux vitesses perdue et gagnée par les deux corps, toutes les fois que ces deux corps restent en contact l'un avec l'autre après que le choc est déterminé.

La différence entre les valeurs absolues des sommes de travaux dus aux forces moléculaires, pendant les deux parties du choc, tient à deux causes que nous devons indiquer : 1° les molécules des deux corps, écartées de leurs positions primitives pendant la première partie du choc, peuvent ne pas reprendre complétement ces positions lorsque le choc est terminé, en sorte que les corps conservent une portion de la déformation totale que le choc leur avait fait éprouver ; 2° les molécules peuvent n'être pas revenues complétement à leurs positions définitives, à l'instant où les deux corps se séparent, de sorte que ces molécules, en continuant à se mouvoir après cette séparation, en vertu de la vitesse qu'elles possèdent encore, prennent un mouvement vibratoire qui se transmet à toutes les molécules voisines sans avoir aucune influence sur le mouvement d'ensemble de chacun des deux solides dans l'espace. La différence entre la force vive du système avant le choc, et la force vive du même système après le choc (cette dernière force vive étant évaluée abstraction faite du mouvement vibratoire des molécules des deux solides), peut donc être regardée comme une perte de force vive qui est due à la fois aux déplacements moléculaires persistants et aux vibrations occasionnées par le choc. Une portion de cette différence des forces vives du système, prises avant et après le choc, est bien absorbée par le travail résistant qui correspond aux déplacements persistants des molécules. L'autre portion, au contraire, n'est pas réellement perdue par l'effet du choc, puisqu'elle se retrouve dans le mouvement vibratoire des molécules, mouvement dont nous ne tenons pas compte en évaluant la force vive finale du système ; mais, au point de vue de l'application de la mécanique aux machines, on peut regarder cette seconde portion comme tout aussi bien perdue que la première, ainsi que nous le verrons plus tard.

Il est aisé de comprendre que les conséquences auxquelles nous venons de parvenir, dans le cas simple du choc direct de deux corps sphériques homogènes, peuvent être immédiatement généralisées. On peut dire que, toutes les fois qu'il se produit un choc entre deux solides naturels, ce choc est accompagné d'une perte de force vive plus ou moins grande, qui est due aux déplacements persistants et aux vibrations des molécules des deux solides.

§ 254. **Glissement de deux solides naturels l'un sur l'autre.** — Lorsque deux solides naturels glissent l'un sur l'autre, soit que l'un de ces deux solides reste immobile, ou bien qu'ils soient tous deux en mouvement, il se présente, dans le voisinage de leurs points de contact, des circonstances analogues à celles que nous venons d'indiquer dans le choc. Chacun des deux solides tend à retenir vers lui les molécules de l'autre solide qui sont très rapprochées de sa surface. Ces molécules, ainsi dérangées de leurs positions naturelles dans le corps auquel elles appartiennent, puis abandonnées à elles-mêmes par suite de la continuation du glissement des deux corps, reviennent plus ou moins exactement dans ces positions ; si elles y reviennent, elles les dépassent en vertu de leur vitesse acquise, et prennent ainsi un mouvement vibratoire qui se transmet dans toute l'étendue du corps. Le glissement dont il s'agit doit donc être accompagné d'une perte de force vive due aux déplacements moléculaires persistants et aux vibrations des deux corps.

On conçoit que, pour chacun des points de contact des deux solides, on puisse substituer aux phénomènes complexes que nous venons d'indiquer, des forces résultantes dont le travail corresponde à la perte de force vive qu'ils occasionnent ; on peut, par exemple, regarder les deux solides comme étant dans les mêmes conditions que s'ils étaient de forme invariable, et qu'un ressort en hélice fût interposé entre eux de telle manière que, s'attachant à l'un d'eux par une de ses extrémités, et à l'autre par son autre extrémité, il tendît à s'opposer à la continuation du glissement du premier solide sur le second. Cette force résultante, que nous supposons appliquée à chacun des deux solides, et dont on se fait une idée assez nette en l'assimilant à l'action du ressort dont nous venons de parler, se nomme *résistance au glissement*, ou simplement *frottement*. Nous avons déjà employé ces expressions pour désigner la force qui agit d'une manière analogue, dans le cas où l'on cherche à déterminer le glissement de deux solides l'un sur l'autre (§ 202); mais il ne peut en résulter aucun inconvénient dans les applications, puisqu'on saura toujours si elles doivent avoir la signification que nous leur attribuons actuellement, ou bien celle que nous leur avions donnée précédemment, suivant qu'il y aura réellement un glissement entre les deux corps considérés, ou bien seulement une tendance au glissement. D'ailleurs, pour éviter toute ambiguïté, il arrive souvent qu'on distingue les deux espèces de résistance au glissement dont il s'agit, en donnant à l'une le nom de *frottement pendant le mouvement*, et à l'autre celui de *frottement au départ*.

Ainsi, d'après les explications dans lesquelles nous venons d'entrer, on peut ne pas se préoccuper des mouvements moléculaires développés par le glissement de deux solides naturels l'un sur l'autre, lorsque ces deux solides ne se touchent que par un point, pourvu que l'on regarde les deux solides comme soumis chacun à l'action d'un frottement dû à la présence de l'autre solide. Les deux forces de frottement, appliquées ainsi aux points des deux solides par lesquels ils se touchent, sont égales et directement opposées; leur direction est la même que celle du glissement élémentaire qui a lieu à partir de l'instant considéré, et par conséquent se trouve dans le plan tangent commun aux deux solides, mené par leur point de contact (§ 65). Le travail élémentaire de chacune de ces forces de frottement s'obtient en la multipliant par la projection du déplacement élémentaire absolu de son point d'application sur sa direction; et la somme des travaux analogues, pour les deux forces de frottement, est égale au produit de l'intensité de chacune d'elles par le glissement élémentaire des deux solides (§ 175).

Lorsque deux solides naturels glissent l'un sur l'autre en se touchant par plusieurs points isolés, et même par un très-grand nombre de points répartis le long d'une ligne ou dans toute l'étendue d'une certaine surface, on peut dire pour chacun de leurs points de contact ce que nous venons de dire pour leur point de

contact unique, dans le cas où il n'y en a qu'un. On peut considérer, à chacun de ces points de contact, deux forces de frottement égales et de sens contraire, appliquées l'une à un des deux
solides et l'autre à l'autre solide, et ayant même direction que
le glissement élémentaire des deux solides au point dont il s'agit.

Dans le cas particulier où les deux solides qui glissent l'un
sur l'autre se touchent par une face plane, et où leur mouvement
pendant un élément de temps est un mouvement de translation,
dont la direction est nécessairement parallèle à la face plane
de contact, il est aisé de voir que toutes les forces de frottement appliquées à l'un de ces solides sont parallèles entre elles
et dirigées dans le même sens ; ces forces peuvent donc être
remplacées par une force unique égale à leur somme, et dirigée comme elles suivant la direction du glissement élémentaire
des deux solides. Dans ce cas, on peut regarder les deux solides comme étant soumis chacun à une seule force de frottement, dont l'intensité constituera le frottement total des deux
solides l'un sur l'autre. Ces deux forces de frottement sont d'ailleurs dans le même cas que celles qui correspondent à chaque
point de contact pris séparément ; leurs travaux pendant un
élément de temps quelconque s'évaluent conformément à ce
que nous avons dit il n'y a qu'un instant.

Des expériences, faites dans le cas particulier dont nous venons de parler, ont fait connaître les lois du frottement pendant
le mouvement. En faisant varier l'étendue de la face plane par
laquelle les deux solides se touchent, la pression totale que
chacun de ces deux solides exerce sur l'autre suivant la perpendiculaire à cette face de contact, et la vitesse du glissement, on a trouvé que : 1° le frottement est proportionnel à la
pression ; 2° il est indépendant de l'étendue des surfaces frottantes ; 3° il est aussi indépendant de la vitesse de glissement
des deux solides. Les deux premières de ces trois lois sont
exactement les mêmes que celles qui se rapportent au frottement au départ (§ 202).

Il est naturel de regarder le frottement qui se développe en
chaque point de contact de deux solides qui glissent l'un sur

l'autre comme satisfaisant aux lois qui viennent d'être énoncées, à l'exception toutefois de la seconde, qui n'a plus de sens
quand il ne s'agit que d'un seul point de contact.

Nous désignerons toujours le rapport du frottement à la
pression sous le nom de *coefficient de frottement*. Ce rapport
dépend uniquement de' la nature des surfaces des corps qui
glissent l'un sur l'autre. L'expérience montre que, pour les
mêmes corps, la valeur de ce rapport qui correspond au frottement pendant le mouvement est généralement plus petite que
celle qui correspond au frottement au départ.

Nous donnerons également le nom d'*angle de frottement* à
l'angle dont la tangente est égale au coefficient de frottement.
Si l'on considère, en chaque point de contact de deux solides
qui glissent l'un sur l'autre, la résultante de la pression et du
frottement appliquées à l'un des deux solides, c'est-à-dire l'action totale que ce solide éprouve de la part de l'autre en ce
point, il est aisé de voir qu'elle fait avec la normale commune
un angle égal à l'angle de frottement correspondant ; cette action totale est d'ailleurs dirigée dans le plan mené par la normale commune et par la direction du glissement élémentaire
qui a lieu en ce point de contact.

§ 255. **Roulement de deux solides naturels l'un sur l'autre.**
— Lorsque deux solides naturels arrondis roulent l'un sur
l'autre, il se produit des phénomènes analogues à ceux que
nous venons de faire connaître dans le cas du glissement. Les
pressions égales et contraires, que ces deux solides exercent
l'un sur l'autre, déterminent pour chacun d'eux une déformation dans le voisinage de leurs points de contact. Les points de
contact se déplaçant sur les deux solides, par suite de la continuation du roulement, la déformation dont il s'agit tend à
disparaître ; mais, ou bien les molécules ne reviennent pas
exactement à leurs positions primitives, ou bien elles y reviennent en prenant un mouvement vibratoire : on peut donc dire
encore que le roulement de deux solides naturels l'un sur l'autre
est accompagné d'une perte de force vive due aux déplacements
moléculaires persistants et aux vibrations des deux solides.

On conçoit encore que l'on puisse substituer à ces phénomènes, qui se passent dans le roulement de deux corps l'un
sur l'autre, l'action de certaines forces résistantes capables
d'occasionner la même perte de force vive. Mais, pour nous
rendre un compte exact de la manière dont cette substitution
peut se faire, il est nécessaire de se reporter aux expériences
faites par Coulomb pour arriver à la connaissance des lois de
la *résistance au roulement*.

Un corps cylindrique M, *fig.* 116, étant posé sur une surface
plane et horizontale HH, Coulomb
a cherché quelle était la force de
traction qu'il fallait lui appliquer
horizontalement en B, suivant
une direction BB′ perpendiculaire
à ses génératrices, pour déterminer son roulement. Il a trouvé

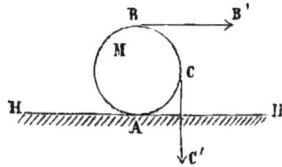

Fig. 116.

que cette force variait proportionnellement aux poids P du
cylindre, et en raison inverse de son diamètre D ; en sorte qu'il
a pu la représenter par

$$k\,\frac{P}{D},$$

*k* étant un coefficient qui ne dépend que de la nature des surfaces en contact. Une force de traction convenable, appliquée
au cylindre M suivant la verticale CC′, peut également déterminer son roulement dans le même sens. Coulomb a trouvé que
cette force varie aussi proportionnellement au poids du cylindre
et en raison inverse de son diamètre, mais que, dans chaque
cas, elle est double de celle qui doit être appliquée suivant BB
pour produire le même effet. Ce résultat s'explique facilement,
si l'on observe que le mouvement qu'on cherche à faire prendre
au cylindre, en le tirant suivant BB′ ou CC′, est une rotation
instantanée autour d'un axe qui coïncide avec son arête inférieure A, et qu'en conséquence les choses se passent au commencement du roulement comme si le cylindre était assujetti à
tourner autour de cet axe ; de quelque manière que la force de
traction lui soit appliquée, pour vaincre la résistance qui s'op-

pose au mouvement dont il s'agit, il faut que le moment de cette force par rapport à l'arête A ait une même valeur : donc, lorsque cette force agit suivant CC′, elle doit être double de ce qu'elle est lorsqu'elle agit suivant BB′, puisque la distance de sa direction à l'arête A est deux fois plus petite que dans ce dernier cas.

S l'on examine de près ce qui se passe dans l'expérience qui vien d'être indiquée, on verra que ce n'est pas seulement une force, mais bien un couple que l'on applique au cylindre pour vaincre la résistance au roulement. Considérons, par exemple, le cas où l'on exerce une force de traction F suivant CC′. Tant que cette force F n'est pas suffisamment grande, le cylindre reste immobile; mais il est clair que la pression totale qu'il exerce sur le plan HH est égale à son poids P augmenté de F, et que par conséquent il éprouve de la part du plan HH une réaction égale à P + F dirigée verticalement et de bas en haut, tandis que cette réaction était simplement égale à P, quand la force F n'agissait pas. L'application de la force F au point C, suivant la direction CC′, détermine donc en même temps l'action d'une autre force égale à F agissant en A verticalement et de bas en haut; c'est-à-dire que, en exerçant la force de traction F sur le point C, on applique réellement au cylindre un couple ayant pour force F et pour bras de levier le rayon du cylindre. On arrive facilement à une conséquence analogue, en considérant le cas où l'on cherche à mettre le cylindre en mouvement au moyen d'une force appliquée suivant BB′. Ainsi c'est au moyen d'un couple qu'on parvient à vaincre la résistance au roulement, et par conséquent on peut regarder cette résistance comme étant elle-même un couple qui agit dans un plan perpendiculaire à l'arête A, en sens contraire du roulement qu'on tend à produire.

La force de traction qu'il faut appliquer en B, pour déterminer le roulement du cylindre, étant égale à

$$k \frac{P}{D},$$

comme nous l'avons dit, et par conséquent celle qu'on doit

appliquer en C pour produire le même effet ayant pour valeur

$$2k\frac{P}{D},$$

le moment du couple à l'aide duquel on parvient à vaincre la résistance au roulement est exprimée par

$$2k\frac{P}{D} \times \frac{D}{2} = kP.$$

On peut donc dire que la résistance au roulement est un couple dont le moment a pour valeur $kP$ ; c'est-à-dire que cette résistance est proportionnelle au poids P du cylindre et indépendante de son diamètre D.

Les expériences que nous venons de rappeler et d'analyser, ne font connaître que la résistance qui se développe lorsque l'on cherche à faire rouler un cylindre pesant sur un plan sur lequel il repose ; elles ne se rapportent en aucune manière à la résistance analogue qui se développe lorsque le cylindre est déjà en mouvement depuis un certain temps, et qu'il continue à rouler ; mais on peut admettre que, dans le second cas, la résistance au roulement suit les mêmes lois que dans le premier cas. Seulement le coefficient $k$, qui entre dans l'expression du moment de cette résistance au roulement, devra être regardé comme n'ayant généralement pas la même valeur, pour les mêmes corps, suivant qu'il se rapporte à la résistance qui se développe au commencement du roulement ou bien à celle qui se développe pendant le roulement.

D'après cela, lorsque deux solides naturels rouleront l'un sur l'autre, nous pourrons regarder chacun des deux solides comme soumis à l'action d'un couple résistant, dont le moment, proportionnel à la pression normale N qu'ils exercent l'un sur l'autre, et indépendant de la courbure de leurs surfaces, sera exprimé par

$$kN,$$

$k$ étant un coefficient qui dépend uniquement de la nature des surfaces des deux solides dans le voisinage de leurs points de contact. Ce couple résistant sera dirigé dans un plan perpendiculaire à l'axe instantané autour duquel s'effectuera le roulement élémentaire absolu ou relatif d'un des solides sur l'autre, et dans un sens tel qu'il tende à s'opposer à la continuation du roulement. Le couple résistant appliqué à l'un des deux solides sera d'ailleurs égal et directement contraire au couple résistant appliqué à l'autre solide. Si l'un des deux solides reste immobile, et si la vitesse angulaire de l'autre solide dans son roulement instantané sur le premier est ω, il est aisé de voir que la somme des travaux développés pendant le temps $dt$, par les deux forces du couple résistant appliqué à ce second solide, a pour valeur

$$— kN\omega dt.$$

Dans le cas où les deux solides sont l'un et l'autre en mouvement, cette expression représente encore la somme des travaux dus aux forces des deux couples résistants égaux et contraires que nous regardons comme appliqués aux deux solides, ω étant la vitesse angulaire dans le roulement relatif de l'un des deux solides sur l'autre ; car on sait que la somme des travaux dus à des forces qui sont deux à deux égales et directement opposées ne dépend que du mouvement relatif des points d'application de ces forces (§ 175), et par conséquent, dans le cas qui nous occupe, la somme des travaux dus aux forces des deux couples résistants est la même que si le roulement relatif d'un des deux solides sur l'autre était un roulement absolu.

§ 256. **Exemples du mouvement des solides naturels.** — *Glissement d'un corps pesant sur un plan incliné.* — Si un corps solide, posé sur un plan incliné, et soumis à la seule action de la pesanteur, cède à cette action et se met à glisser parallèlement à la ligne de plus grande pente du plan, il éprouve de la part du plan un frottement qui agit en sens contraire de son mouvement. Soient $m$ la masse du corps, et φ l'angle que le plan incliné fait avec l'horizon. Si l'on décompose le poids $mg$ du corps en deux composantes, dont l'une $mg \cos φ$ agisse perpendiculairement au plan, et l'autre $mg \sin φ$ agisse parallèlement à ce plan, $mg \cos \varphi$ sera la pression exercée par le corps sur le plan pendant son mouvement (§ 131); et par suite le frottement qu'il éprouve de la part du plan aura pour expression

$$f mg \cos \varphi,$$

$f$ étant le coefficient de frottement. Ce frottement agit en sens contraire du mouvement, et, par conséquent, en sens contraire de la composante $mg \sin \varphi$ du poids du corps; donc on peut dire que le corps se meut en ligne droite sous l'action d'une force égale à

$$mg \sin \varphi - f mg \cos \varphi.$$

Cette force étant constante, le mouvement du corps est uniformément varié, et l'accélération de ce mouvement est égale à

$$g (\sin \varphi - f \cos \varphi).$$

Si nous remplaçons $f$ par $\tang \alpha$, cette expression deviendra

$$g \frac{\sin (\varphi - \alpha)}{\cos \alpha} :$$

donc le mouvement du corps sera accéléré ou retardé, suivant que l'angle $\varphi$ sera plus grand ou plus petit que l'angle de frottement $\alpha$.

Supposons que l'on fasse remonter le corps pesant le long de la ligne de plus grande pente du plan, en lui appliquant une force constante F dont la direction fasse un angle $\beta$ avec cette ligne de plus grande pente, *fig.* 117. Les projections du poids

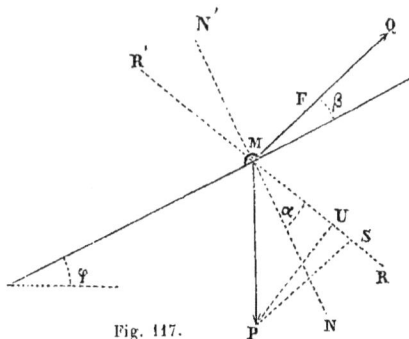

Fig. 117.

$mg$ et de la force F sur la perpendiculaire au plan auront pour valeurs

$$mg \cos \varphi, \qquad F \sin \beta ;$$

et leur différence

$$mg \cos \varphi - F \sin \beta,$$

qui sera nécessairement positive si le corps reste en contact avec le plan, sera la pression normale du corps sur le plan : le frottement aura donc pour valeur

$$f (mg \cos \varphi - F \sin \beta).$$

La projection de la force F suivant la direction du mouvement sera égale à

$$F \cos \beta ;$$

si l'on en retranche la projection

$$mg \sin \varphi$$

du poids du corps sur la même direction, ainsi que le frottement dont on vient de trouver l'expression, on aura

$$F \cos \beta - mg \sin \varphi - f (mg \cos \varphi - F \sin \beta)$$

pour la force qui agit sur le mobile suivant la direction de son mouvement rectiligne, et qui tend constamment à modifier sa vitesse. Cette force étant constante, il s'ensuit que le mouvement du corps est uniformément varié. Son mouvement sera uniforme, si l'on a

$$F \cos \beta - mg \sin \varphi - f (mg \cos \varphi - F \sin \beta) = 0,$$

d'où l'on tire

$$F = mg \frac{\sin \varphi + f \cos \varphi}{\cos \beta + f \sin \beta} = mg \frac{\sin (\varphi + \alpha)}{\cos (\beta - \alpha)},$$

$\alpha$ étant l'angle de frottement. On voit, par ce dernier résultat, que la force F, capable de faire remonter uniformément le corps sur le plan, varie de grandeur avec l'angle $\beta$ que sa direction fait avec le plan ; cette force F est un minimum lorsque $\beta = \alpha$. C'est ce qu'on peut reconnaître facilement par des considérations géométriques, si l'on remarque que la réaction totale du plan sur le corps (résultante de la pression et du frottement) est dirigée suivant une ligne MR′ faisant l'angle α avec la normale MN′ (§ 254), et qu'en conséquence, pour que la vitesse du corps ne change pas, il faut que la résultante des forces F et $mg$ soit égale et directement opposée à cette réaction totale ; en sorte que, si l'on mène par l'extrémité P de la droite qui représente la force $mg$ une ligne PS parallèle à la direction de F, jusqu'à la rencontre de MR, prolongement de MR′, la longueur PS fera connaître la grandeur de la force F : donc, pour que F soit un minimum, il faut que la parallèle à sa direction menée du point P à la ligne MR soit la perpendiculaire PU abaissée de P sur MR, et par suite, il faut que cette direction de F, perpendiculaire à MR, fasse avec le plan un angle β égal à α.

§ 257. *Mouvement d'une bille de billard.* — Cherchons à nous rendre compte des circonstances que présente le mouvement d'une bille sur un billard, en supposant que cette bille ait été animée tout d'abord d'un mouvement de translation et d'un mouvement de rotation autour de son centre, et que l'axe de la rotation initiale soit dirigé perpendiculairement au plan vertical mené par la direction de la vitesse initiale de son centre. Il est aisé de voir d'abord que, en raison de la symétrie, le centre de la bille ne sortira pas du plan vertical dont on vient de parler, et que, par conséquent, ce point se mouvra en ligne droite, suivant la direction de la vitesse qu'il avait au commencement du mouvement ; de plus, par la même raison, l'axe de rotation de la bille, dans son mouvement autour de son centre, restera toujours parallèle à sa direction primitive. Si les sens de la translation et de la rotation initiales de la bille sont ceux qu'indiquent les flèches ci-contre, *fig.* 118, il est aisé de voir qu'il se développe au point A un frottement dirigé en sens contraire du mouvement de translation. Ce frottement, égal à $f\mathrm{M}g$, si M est la masse de la bille, tend à ralentir à la fois le

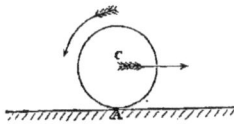

Fig. 118.

mouvement du centre C, et le mouvement de rotation autour de ce point ; en sorte que si l'on désigne par $v$ la vitesse du point C, et par ω la vitesse angulaire de la bille dans sa rotation autour de ce point, on aura

$$\frac{dv}{dt} = -fg, \qquad \frac{d\omega}{dt} = -\frac{fMgR}{\Sigma mr^2},$$

R étant le rayon de la bille, et $\Sigma mr^2$ son moment d'inertie pris par rapport à un de ses diamètres. Or on sait (§ 238) que l'on a dans ce cas

$$\Sigma mr^2 = M \cdot \frac{2}{5}R^2 :$$

la valeur de $\dfrac{d\omega}{dt}$ se réduit donc à

$$\frac{d\omega}{dt} = -\frac{2}{5}\frac{fg}{R}.$$

En intégrant, on trouve

$$v = v_0 - fgt, \qquad \omega = \omega_0 - \frac{2}{5}\frac{fg}{R}t,$$

$v_0$ et $\omega_0$ étant les valeurs initiales de $v$ et de ω La vitesse $v$ du centre de la bille, et sa vitesse angulaire ω autour de ce point, vont continuellement en diminuant. Bientôt une de ces deux quantités devient égale à zéro ; comme le glissement de la bille sur le billard ne cesse pas encore d'exister à cet instant, cette quantité qui s'est annulée la première devient négative, et augmente dès lors de plus en plus en valeur absolue, pendant que l'autre quantité continue à décroître : il arrive donc, au bout de quelque temps, que l'on a

$$v + R\omega = 0.$$

A l'instant où cette condition est remplie, le point le plus bas de la bille est animé à la fois de deux vitesses égales et contraires ; ce point a donc une vitesse absolue nulle, et par conséquent, il cesse d'y avoir glissement de la bille sur le billard ; dès lors le frottement n'agit plus, la bille roule sur le billard, et ce roulement s'effectue uniformément, si toutefois on néglige la résistance au roulement dont l'effet consiste à dimi-

nuer peu à peu la vitesse de la bille dans cette dernière partie
de son mouvement.

D'après cela, si nous nous reportons aux valeurs de $v$ et de $\omega$
en fonction de $t$, c'est lorsque l'on aura

$$t = \frac{2}{7} \frac{v_0 + R\omega_0}{fg}$$

que la bille cessera de glisser pour commencer à rouler. Cette
valeur de $t$ est comprise entre les valeurs

$$t = \frac{v_0}{fg}, \qquad t = \frac{2}{5} \frac{R\omega_0}{fg},$$

pour lesquelles on a $v = 0$ ou $\omega = 0$. Si $\dfrac{v_0}{fg}$ est plus grand que

$\dfrac{2}{5} \dfrac{R\omega_0}{fg}$, $\omega$ s'annulera avant $v$, et le roulement qui succédera au
glissement, se fera dans le sens de la vitesse $v_0$. Si, au contraire,
$\dfrac{v_0}{fg}$ est plus petit que $\dfrac{2}{5} \dfrac{R\omega_0}{fg}$, $v$ s'annulera avant $\omega$, et la bille
roulera, en revenant vers son point de départ. Enfin, si $\dfrac{v_0}{fg}$ est
égal à $\dfrac{2}{5} \dfrac{R\omega_0}{fg}$, $v$ et $\omega$ s'annuleront en même temps, et la bille,
au lieu de rouler dans un sens ou dans l'autre, restera immo-
bile sur le billard.

Dans le cas général où l'axe autour duquel s'effectue la rotation initiale de la bille n'est pas perpendiculaire à la direction
du mouvement de son centre, le frottement qu'elle éprouve
change à chaque instant la direction de ce dernier mouvement,
c'est-à-dire que la bille se meurt en ligne courbe. C'est ainsi
qu'on peut se rendre compte des *effets* que l'on produit au jeu
de billard, en donnant à une bille, à la fois un mouvement de
translation et un mouvement de rotation autour de son centre.

§ 258. *Roulement d'un cylindre pesant sur un plan incliné.*
— Supposons qu'un cylindre homogène descende en roulant
sur un plan incliné, sous la seule action de la pesanteur, de

telle manière que son axe de figure reste toujours parallèle à la trace horizontale du plan. La vitesse angulaire du corps, dans son mouvement de rotation autour de son axe, va en s'accélérant, de même que la vitesse de son centre de gravité ; et cela ne peut avoir lieu qu'autant que ce corps éprouve de la part du plan une réaction tangentielle F dirigée en sens contraire du mouvement de son centre de gravité. Si nous désignons par M la masse du cylindre, par R son rayon, par $v$ la vitesse de son centre de gravité, par $\omega$ la vitesse angulaire avec laquelle il tourne autour de ce point, et par $\varphi$ l'angle que le plan incliné fait avec l'horizon, nous aurons

$$\text{M}g \sin \varphi - \text{F}$$

pour la somme des projections des forces extérieures sur la direction du mouvement du centre de gravité, et par suite ce mouvement sera déterminé par l'équation

$$\frac{dv}{dt} = g \sin \varphi - \frac{\text{F}}{\text{M}} \, ;$$

nous aurons aussi FR pour la somme des moments des forces extérieures par rapport à l'axe du cylindre, de sorte que le mouvement de rotation autour de cet axe sera déterminé par l'équation

$$\frac{d\omega}{dt} = \frac{\text{FR}}{\Sigma mr^2},$$

ou bien, en remplaçant le moment d'inertie $\Sigma mr^2$ par sa valeur $\frac{1}{2} \text{MR}^2$ (§ 238),

$$\frac{d\omega}{dt} = \frac{2\text{F}}{\text{MR}} \cdot$$

Mais $v$ doit être égal à R$\omega$, puisqu'il y a roulement du cylindre sur le plan : on en déduit

$$g \sin \varphi - \frac{\text{F}}{\text{M}} = \frac{2\text{F}}{\text{M}},$$

d'où

$$F = \frac{Mg \sin \varphi}{3}.$$

Le frottement que le cylindre éprouverait de la part du plan, s'il glissait au lieu de rouler, serait égal à $f Mg \cos \varphi$, en désignant par $f$ le coefficient de frottement ; la réaction F que le plan exerce sur le cylindre, quand il y a simplement roulement, ne pouvant pas être supérieure à ce frottement, il faut qu'on ait

$$\frac{Mg \sin \varphi}{3} < f Mg \cos \varphi,$$

c'est-à-dire

$$\mathrm{tang}\, \varphi < 3f.$$

Lorsque cette condition est remplie, le cylindre roule sur le plan, et l'on trouve les valeurs de $v$ et de $\omega$ au moyen des relations établies précédemment, dans lesquelles on remplace F par sa valeur $\dfrac{Mg \sin \varphi}{3}$.

Si l'on avait

$$\mathrm{tang}\, \varphi > 3f,$$

le cylindre ne roulerait pas sur le plan ; mais il glisserait, et le frottement qu'il éprouverait le ferait également tourner autour de son axe. En désignant par F ce frottement, on aurait encore pour déterminer $v$ et $\omega$, les équations

$$\frac{dv}{dt} = g \sin \varphi - \frac{F}{M}, \qquad \frac{d\omega}{dt} = \frac{2F}{MR};$$

seulement, au lieu de chercher la valeur de F de manière que l'on ait $v = R\omega$, on devrait supposer.

$$F = f Mg \cos \varphi.$$

Dans ce qui précède, nous avons négligé la résistance au roulement à laquelle le cylindre est soumis pendant qu'il roule sur le plan. Voici comment on pourrait en tenir compte. Cette résistance au roulement, que nous pouvons assimiler à un couple (§ 255), n'influe pas directement sur le mouvement du centre de gravité du cylindre; en sorte que, si la réaction tangentielle du plan sur le cylindre est toujours désignée par F, on aura encore

$$\frac{dv}{dt} = g \sin \varphi - \frac{F}{M}.$$

Pour trouver l'équation du mouvement de rotation du cylindre autour de son axe, nous observerons que le moment du couple dont il vient d'être question peut être représenté par $kMg \cos \varphi$, $k$ étant une quantité qui dépend uniquement de la nature des surfaces qui se touchent; la somme des moments des forces extérieures par rapport à l'axe du cylindre est donc égale à

$$FR - kMg \cos \varphi;$$

et, par suite, on a

$$\frac{d\omega}{dt} = \frac{FR - kMg \cos \varphi}{\Sigma mr^2} = \frac{2F}{MR} - \frac{2kg \cos \varphi}{R^2}.$$

En exprimant ensuite que $v$ est égal à $R\omega$, on trouve pour F la valeur

$$F = \frac{Mg}{3} \left( \sin \varphi \times \frac{2k}{R} \cos \varphi \right);$$

et, par conséquent, en tenant compte de cette valeur de F, on peut déterminer complétement $v$ et $\omega$. On voit que, si la résistance au roulement n'agit pas directement pour modifier le mouvement du centre de gravité, elle n'en influe pas moins sur ce mouvement en raison de l'augmentation qu'elle fait subir à la réaction tangentielle F du plan sur le cylindre.

On voit que, lorsqu'un cylindre roule sur un plan incliné, dans les circonstances que nous venons d'indiquer, l'accélération du mouvement de son centre de gravité est plus petite que celle du mouvement d'un point matériel pesant, qui glisserait le long de ce plan sans en éprouver de frottement, et cela lors même que l'on ne tient pas compte de la résistance au roulement. Cela tient à ce que la pesanteur détermine en même temps le mouvement de translation du cylindre le long du plan, et son mouvement de rotation sur lui-même. Le travail développé par la pesanteur, pendant que le centre de gravité du cylindre descend d'une certaine hauteur, doit produire non-seulement l'accroissement de force vive de la masse entière du corps supposé concentré à son centre de gravité, mais encore l'accroissement de force vive de ce corps dans son mouvement autour de son centre de gravité (§§ 230 et 235).

# CHAPITRE IV

## MOUVEMENT DES FLUIDES.

§ 259. **Équations différentielles du mouvement des fluides.**
— Lorsqu'un fluide est en mouvement sous l'action de diverses forces, on peut lui étendre la notion que nous avons acquise relativement à la pression en un point quelconque d'une masse fluide en équilibre (§ 212). Cette notion repose essentiellement, il est vrai, sur l'hypothèse de la fluidité parfaite, hypothèse qui ne peut pas être admise complétement, quand il s'agit d'un fluide en mouvement; en effet, l'expérience prouve qu'il se développe un certain frottement dans le glissement des diverses parties d'un fluide les unes sur les autres, et que ce frottement est d'autant plus grand que la vitesse de glissement est elle-même plus grande; mais on peut regarder les choses comme se passant de la même manière que s'il s'agissait d'un fluide parfait, et que le frottement qui se développe en réalité fût une force extérieure appliquée aux diverses molécules de ce fluide parfait.

D'après cela, on voit que l'on peut distinguer, en chaque point de l'espace occupé par un fluide en mouvement, et à un instant quelconque : 1° la pression qui a lieu en ce point; 2° la masse spécifique du fluide au même point; 3° enfin la vitesse de la molécule qui y est située. Si l'on rapporte les positions des divers points du fluide à trois axes coordonnés rectangulaires, la connaissance complète de la vitesse dont il vient d'être question suppose celle de ses trois composantes $u$, $u_1$, $u_2$, parallèles aux axes des $x$, $y$ et des $z$; de sorte qu'en y joignant la pression $p$ et la masse spécifique $\rho$, cela fait cinq quantités dont on doit connaître les valeurs, pour que le mouvement du fluide soit connu. Ces cinq quantités, considérées pour un même point de l'espace, varient en général avec le temps $t$; d'ailleurs, à un même instant, elles varient aussi quand on passe d'un point de l'espace à un autre point, c'est-à-dire quand on fait varier les coordonnées $x$, $y$, $z$ du point auquel elles se rapportent : ce sont donc des fonctions de $t$, $x$, $y$, $z$. Nous allons établir les équations différentielles qui peuvent servir à déterminer ces cinq fonctions inconnues.

D'après le théorème de d'Alembert, pour trouver les équations du mouvement d'un système matériel quelconque, on peut exprimer qu'il y a équilibre entre les forces qui lui sont appliquées et les forces d'inertie de ses différents points. Nous pouvons donc ici nous appuyer sur la théorie de l'équilibre des fluides, pour établir les équations que nous cherchons. Considérons en particulier une molécule située au point dont les coordonnées sont $x$, $y$, $z$; désignons par $j$, $j_1$, $j_2$ les projections de son accélération totale sur les trois axes, et par X, Y, Z les trois projections de l'accélération totale que lui communiquerait la résultante des forces extérieures auxquelles elle est soumise, si elle était libre. Nous devons exprimer que l'équation différentielle $(b)$ du § 214 est satisfaite quand on y remplace X, Y, Z par X — $j$, Y — $j_1$, Z — $j_2$; ou bien, ce qui revient au même, que la fonction $p$ satisfait aux trois équations

$$\frac{dp}{dx} = \rho\,(X - j), \qquad \frac{dp}{dy} = \rho\,(Y - j_1), \qquad \frac{dp}{dz} = \rho\,(Z - j_2).$$

Remarquons maintenant que, pendant le temps $dt$, les coordonnées $x$, $y$, $z$ de la molécule que nous considérons s'accroissent de $u\,dt$, $u_1\,dt$, $u_2\,dt$; et que par conséquent l'accroissement qu'éprouve la composante $u$ de sa vitesse a pour valeur

$$\frac{du}{dt}\,dt + \frac{du}{dx}\,u\,dt + \frac{du}{dy}\,u_1\,dt + \frac{du}{dz}\,u_2\,dt:$$

on aura donc pour la composante $j$ de l'accélération totale
de cette molécule

$$j = \frac{du}{dt} + u\frac{du}{dx} + u_1\frac{du}{dy} + u_2\frac{du}{dz}.$$

Si l'on détermine de même les valeurs de $j_1$ et $j_2$, et que l'on
substitue les résultats ainsi obtenus dans les équations différentielles précédentes, on trouvera

$$\left.\begin{array}{l}
\dfrac{1}{\rho}\dfrac{dp}{dx} = X - \dfrac{du}{dt} - u\dfrac{du}{dx} - u_1\dfrac{du}{dy} - u_2\dfrac{du}{dz}, \\[2mm]
\dfrac{1}{\rho}\dfrac{dp}{dy} = Y - \dfrac{du_1}{dt} - u\dfrac{du_1}{dx} - u_1\dfrac{du_1}{dy} - u_2\dfrac{du_1}{dz}, \\[2mm]
\dfrac{1}{\rho}\dfrac{dp}{dz} = Z - \dfrac{du_2}{dt} - u\dfrac{du_2}{dx} - u_1\dfrac{du_2}{dy} - u_2\dfrac{du_2}{dz}.
\end{array}\right\} \quad (a)$$

Nous avons donc déjà trois équations auxquelles doivent satisfaire nos cinq fonctions inconnues $p$, $\rho$, $u$, $u_1$, $u_2$. Voyons comment nous pourrons en trouver deux autres.

Nous observerons d'abord que la masse spécifique $\rho$ est nécessairement liée aux vitesses $u$, $u_1$, $u_2$, des diverses molécules,
indépendamment de toute considération des forces qui leur sont
appliquées. En effet, si l'on connaissait $u$, $u_1$, $u_2$, en fonction de
$x$, $y$, $z$ et $t$, le mouvement de la masse fluide serait complètement connu; on pourrait savoir où sont situés à un instant
quelconque les diverses molécules qui occupaient primitivement
des positions données; on pourrait savoir en particulier quelles
sont les molécules qui se trouvent à cet instant à l'intérieur d'un
élément quelconque de volume, et par conséquent quelle est la
masse totale du fluide contenu dans cet élément: donc on pourrait en conclure la valeur de la masse spécifique du fluide relative au point de l'espace où cet élément de volume est placé.
Pour trouver la relation qui existe entre $u$, $u_1$, $u_2$ et $\rho$, considérons le fluide contenu, au bout du temps $t$, dans un parallélé-
pipède rectangle dont les arêtes, parallèles aux axes coordonnés,
aient pour valeurs les quantités infiniment petites $\xi$, $\eta$, $\zeta$; voyons

ce qu'est devenu ce fluide à la fin du temps $t + dt$, en vertu du déplacement de ses diverses molécules, et exprimons que sa masse est la même dans les deux cas. Il est aisé de voir que le fluide dont il s'agit, affectant la forme d'un parallélipipède rectangle à la fin du temps $t$, pourra être regardé comme ayant encore la forme d'un parallélipipède à la fin du temps $t + dt$; que, les arêtes de ce nouveau parallélipipède faisant entre elles des angles dont chacun diffère infiniment peu d'un angle droit, son volume ne diffère du produit de ses trois arêtes que d'une quantité infiniment petite du second ordre par rapport à lui-même, en sorte qu'on peut le considérer comme étant égal à ce produit; enfin que, par une raison semblable, chacune des arêtes du nouveau parallélipipède peut être regardée comme égale à sa projection sur l'axe coordonné avec lequel elle fait un angle infiniment petit. Désignons par $x, y, z$ les coordonnées du sommet du parallélipipède primitif qui est le plus voisin de l'origine des coordonnées; de sorte que les coordonnées du sommet opposé soient $x + \xi, y + \eta, z + \zeta$. Pendant le temps $dt$, $x$ s'accroît de $u\,dt$; $x + \xi$ s'accroît donc de $\left(u + \xi \dfrac{du}{dx}\right) dt$, et par suite l'arête du parallélipipède qui était parallèle à l'axe des $x$ à la fin du temps $t$, et qui avait pour valeur $\xi$, s'accroît de $\xi \dfrac{du}{dx} dt$. Le volume du parallélipipède dont il s'agit devient donc égal à

$$\xi \left(1 + \frac{du}{dx}dt\right) . \eta \left(1 + \frac{du_1}{dy}dt\right) . \zeta \left(1 + \frac{du_2}{dz}dt\right),$$

à la fin du temps $t + dt$. Si nous multiplions le volume primitif $\xi \eta \zeta$ de ce parallélipipède par la masse spécifique $\rho$ qui correspond au temps $t$ et au point dont les coordonnées sont $x, y, z$, nous aurons la masse du fluide renfermé dans ce volume à la fin du temps $t$. En multipliant de même le nouveau volume dont nous venons de trouver l'expression, par ce que devient $\rho$ lorsqu'on y fait croître $t$ de $dt$, $x$ de $u\,dt$, $y$ de $u_1 dt$ et $z$ de $u_2 dt$, c'est-à-dire par

$$\rho + \frac{d\rho}{dt}dt + \frac{d\rho}{dx}udt + \frac{d\rho}{dy}u_1 dt + \frac{d\rho}{dz}u_2 dt \,,$$

on aura la masse du même fluide considéré à la fin du temps $t + dt$. Ces deux masses devant être égales, on en conclut facilement la relation

$$\rho \left( \frac{du}{dx} + \frac{dv_1}{dy} + \frac{du_2}{dz} \right) + \frac{d\rho}{dt} + u\frac{d\rho}{dx} + u_1 \frac{d\rho}{dy} + u_2 \frac{d\rho}{dz} = 0,$$

que l'on peut mettre sous la forme plus simple

$$\frac{d\rho}{dt} + \frac{d \cdot \rho u}{dx} + \frac{d \cdot \rho u_1}{dy} + \frac{d \cdot \rho u_2}{dz} = 0. \qquad (b)$$

Outre cette équation $(b)$, nous pouvons en trouver une autre qui nous sera fournie par la nature du fluide. S'il s'agit d'un fluide incompressible, homogène ou hétérogène, la masse spécifique d'une portion infiniment petite quelconque du fluide restera toujours la même, de quelque manière que cette portion du fluide se place : donc, d'après ce qui précède, on aura

$$\frac{d\rho}{dt} + u\frac{d\rho}{dx} + u_1 \frac{d\rho}{dy} + u_2 \frac{d\rho}{dz} = 0,$$

et par suite l'équation $(b)$ se réduira à

$$\frac{du}{dx} + \frac{du_1}{dy} + \frac{du_2}{dz} = 0.$$

S'il s'agit d'un fluide élastique, auquel la loi de Mariotte soit applicable, on aura

$$p = k\rho,$$

$k$ étant un coefficient constant. En général, la connaissance de la nature du fluide fournira une relation entre la masse spécifique $\rho$ et la pression $p$ que cette masse spécifique permet au fluide de supporter ; et cette relation, dont les deux exemples que nous venons de citer ($\rho =$ constante, $p = k\rho$) ne sont que des cas particuliers, étant jointe aux équations $(a)$, $(b)$, complétera le système d'équations nécessaires pour déterminer les inconnues $p$, $\rho$, $u$, $u_1$, $u_2$, en fonction de $t$, $x$, $y$, $z$.

L'intégration de ces équations différentielles introduira des fonctions arbitraires qui devront être déterminées d'après les circonstances initiales du mouvement, et aussi d'après les conditions dans lesquelles se trouve la surface du fluide considéré, qui peut se mouvoir le long de parois fixes, ou bien éprouver sur sa surface libre des pressions constantes ou variables suivant des lois données.

Il est à peine nécessaire d'ajouter que les quatre théorèmes généraux démontrés dans le premier chapitre de ce livre sont applicables au mouvement d'une masse fluide quelconque, et que, toutes les fois que leur application pourra suffire pour arriver aux résultats que l'on cherche, on devra s'en contenter, sans recourir aux équations différentielles qui viennent d'être établies.

§ 260. **Mouvement permanent d'un fluide.** — Lorsque le mouvement d'un fluide est tel que, pour chaque point de l'espace dans lequel le fluide se meut, les cinq quantités, $p$, $\rho$, $u$, $u_1$, $u_2$, conservent constamment les mêmes valeurs, ces quantités ne changeant que quand on passe d'un point à un autre de l'espace dont il s'agit, on dit que le mouvement du fluide est *permanent*. Pour donner un exemple de ce genre de mouvement, on peut citer le mouvement des eaux dans les fleuves et les rivières; les circonstances qui caractérisent le mouvement permanent s'y trouvent à très-peu près réalisées. Dans un pareil mouvement, chaque molécule ne conserve pas nécessairement la même vitesse; mais les diverses molécules qui viennent successivement passer par un même point de l'espace y prennent des vitesses de même grandeur et de même direction. Il est aisé de voir que toutes les molécules qui viennent ainsi passer par un même point de l'espace se suivent constamment et parcourent toutes la même trajectoire; l'ensemble de ces molécules, réparties le long de leur trajectoire commune, constitue ce qu'on nomme un *filet* du fluide en mouvement.

D'après la définition même du mouvement permanent, les dérivées partielles des quantités $p$, $\rho$, $u$, $u_1$, $u_2$, prises par rapport à $t$, sont toutes nulles. Ces cinq quantités ne sont fonctions que des trois variables indépendantes $x$, $y$, $z$. Il en résulte une simplification notable dans les équations qui servent à les déterminer.

§ **261. Écoulement permanent d'un liquide pesant par un orifice.** — Supposons qu'un vase renferme un liquide pesant, et qu'un orifice de petites dimensions soit pratiqué dans la paroi du vase, de telle sorte que le liquide puisse s'écouler en le traversant. A partir de l'instant où l'écoulement commence, le liquide sort avec une vitesse qui croît assez rapidement ; bientôt cette vitesse d'écoulement cesse d'augmenter, et si le niveau du liquide est entretenu constant dans le vase, par un moyen quelconque, le mouvement devient permanent. Nous allons nous proposer de déterminer la vitesse avec laquelle le liquide sort du vase, lorsque la permanence du mouvement a été ainsi établie.

Nous admettrons que l'orifice est percé dans une paroi sans épaisseur, pour ne pas avoir à tenir compte de l'influence que la surface intérieure d'un orifice pratiqué dans une paroi épaisse peut exercer sur l'écoulement du liquide ; nous admettrons, en outre, que les molécules liquides traversent l'orifice avec des vitesses égales, dirigées toutes perpendiculairement au plan de l'orifice ; enfin nous supposerons que la surface libre du liquide dans le vase a une étendue très-grande par rapport à celle de l'orifice d'écoulement, de sorte que le mouvement descendant des molécules qui se trouvent près de cette surface libre à un instant quelconque s'effectue avec une vitesse très-petite.

Appliquons le théorème des forces vives au mouvement du liquide pendant un élément de temps $dt$. Si nous désignons par $u$ la vitesse avec laquelle les diverses molécules traversent l'orifice de sortie, par $\omega$ l'aire de cet orifice, et par $\rho$ la masse spécifique du liquide, nous aurons $\omega u\,dt$ pour l'expression du volume de liquide sorti pendant le temps $dt$, et par conséquent $\rho\omega u\,dt$ pour l'expression de sa masse. Considérons le liquide qui était contenu dans le vase au commencement du temps $dt$, entre la surface libre à laquelle il se termine vers le haut et le plan de l'orifice de sortie; et voyons ce qu'est devenu ce liquide à la fin du temps $dt$. Pendant le temps infiniment petit dont il s'agit, un volume $\omega u dt$ de liquide traverse l'orifice; en même temps les molécules qui étaient d'abord sur la surface libre s'abaissent de manière à parcourir dans leur ensemble un espace ayant également pour volume $\omega u dt$, puisque le volume total du liquide que nous considérons ne change pas. Si nous comparons les conditions dans lesquelles se trouve ce liquide au commencement et à la fin du temps $dt$, nous verrons qu'à ces deux instants il se compose d'une partie commune, comprise entre le plan de l'orifice et la surface sur laquelle sont venues se placer à la fin du temps $dt$ les molécules qui étaient sur la surface libre au commencement de ce temps; de plus, les molécules placées de la même manière, dans cette partie commune, sont animées des mêmes vitesses dans les deux cas, puisque le mouvement est supposé permanent : donc l'accroissement de la force vive du liquide tout entier, pendant le temps $dt$, se réduit à la différence qui existe entre la force vive du liquide de volume $\omega u dt$ qui traverse l'orifice pendant ce temps, et la force vive d'une quantité de liquide de même volume prise immédiatement au-dessous de la surface libre. Mais cette dernière force vive peut être négligée, puisque nous admettons que, près de la surface libre, le liquide descend très-lentement : on aura donc simplement

$$\rho \omega u dt \times u^2$$

pour l'accroissement de la force vive dont il s'agit.

Le travail de la pesanteur, dans le mouvement que nous étudions, peut s'obtenir facilement de la manière suivante. Observons que le centre de gravité du liquide tout entier que nous considérons éprouverait le même déplacement pendant le temps $dt$, si, au lieu que toutes les molécules de ce liquide se mettent en mouvement pour se rapprocher de l'orifice de sortie, il n'y avait qu'une tranche infiniment mince de volume $\omega u dt$ qui passât de la surface libre à l'orifice, le reste du liquide ne changeant nullement de position : le travail de la pesanteur sur le liquide tout entier, pendant le temps $dt$, peut donc s'obtenir en multipliant le poids $\varrho g\omega u dt$ de cette tranche par la distance $h$ du centre de gravité de l'orifice de sortie au plan horizontal qui forme la surface libre du liquide dans le vase (§ 173).

Le liquide n'étant soumis qu'à l'action de la pesanteur, et le frottement que ces molécules éprouvent dans leur glissement les unes sur les autres et sur les parois du vase étant négligé, on aura, d'après le théorème des forces vives,

$$\varrho \omega u dt \times u^2 = 2 \cdot \varrho g \omega u dt \times h ;$$

d'où l'on tire

$$u = \sqrt{2gh}.$$

Telle est la vitesse avec laquelle s'effectue l'écoulement permanent du liquide à travers l'orifice, dans les circonstances où nous nous sommes placés. On voit que cette vitesse est précisément celle qu'acquerrait un corps pesant en tombant, sans vitesse initiale, d'une hauteur égale à $h$.

Si l'on supposait que le liquide fût soumis à une même pression extérieure sur la surface libre et à l'orifice d'écoulement, comme cela a lieu à très-peu près lorsque l'écoulement se produit au milieu de notre atmosphère, on arriverait encore au même résultat ; cette pression qui s'exerce de part et d'autre, et qui s'équilibrerait d'elle-même sur le liquide supposé immobile, ne donne lieu qu'à un travail nul dans le mouvement dont ce liquide est animé, de sorte que la vitesse d'écoulement n'en dépend en aucune manière.

Le volume du liquide qui sort du vase pendant le temps $dt$ étant égal à $\omega u dt$, le volume du liquide qui s'écoule pendant l'unité de temps a pour valeur $\omega u$ ou $\omega \sqrt{2gh}$ : c'est ce qu'on nomme la *dépense*. L'expérience montre qu'il ne s'écoule pas réellement une quantité de liquide aussi grande que celle qu'indique cette formule ; la *dépense effective* n'est guère que les 0,62 de la *dépense théorique* dont nous venons de trouver l'expression. Cela tient à ce que les molécules liquides qui traversent l'orifice de sortie ne se meuvent pas suivant des directions parallèles ; les filets liquides, à l'intérieur du vase, convergent de tous côtés vers l'orifice, et cette convergence ne disparaît

complétement que lorsque les molécules ont déjà parcouru une
certaine distance en dehors du vase : la veine liquide, en un
mot, se contracte à partir de l'orifice, au lieu d'être cylindrique
comme nous l'avions supposé. Mais, s'il est inexact de raisonner comme nous l'avons fait, toute inexactitude disparaît en
remplaçant l'orifice de sortie par la section contractée de la
veine, c'est-à-dire par la section faite dans cette veine au point
où les filets liquides sont devenus sensiblement parallèles entre eux. Ainsi, ce qu'il y avait de défectueux dans notre hypothèse n'influe pas sur la vitesse d'écoulement, qui a bien réellement pour valeur $\sqrt{2gh}$; cela n'a d'influence que sur la valeur
de la dépense, qui doit être regardée comme égale à $\omega'\sqrt{2gh}$,
$\omega'$ étant l'aire de la section contractée de la veine, et non pas
l'aire de l'orifice, comme nous l'avions trouvé d'abord.

Si l'orifice est muni d'un ajutage cylindrique, et si le liquide
traverse cet ajutage en coulant le long de ses parois, les circonstances de l'écoulement ne sont plus les mêmes que précédemment. La veine liquide présente, immédiatement après sa sortie
de l'orifice, la forme cylindrique que nous lui avions attribuée
tout d'abord : l'action de l'ajutage fait complétement disparaître
la convergence des filets liquides aussitôt qu'ils pénètrent à son
intérieur. Dans ce cas, la dépense doit nécessairement être expri-
mée par $\omega u$, $\omega$ étant l'aire de l'orifice ; ou bien par $\omega\sqrt{2gh}$,
si la vitesse $u$ a pour valeur $\sqrt{2gh}$. L'expérience indique encore
que la dépense effective est plus petite que la dépense théorique $\omega\sqrt{2gh}$, et qu'elle n'en est que les 0,82. Cela tient à ce que
la vitesse d'écoulement du liquide est inférieure à $\sqrt{2gh}$; la
présence de l'ajutage, en obligeant les filets liquides qui étaient
convergents dans le vase à devenir brusquement parallèles
dès qu'ils traversent l'orifice, occasionne une perte de force
vive qui se manifeste par une diminution dans la vitesse d'é-
coulement du liquide. Si nous désignons par $\mu$ le rapport de
la dépense effective à la dépense théorique, rapport que l'on
désigne souvent sous le nom de *coefficient de dépense*, la dépense effective aura pour expression

$$\mu\omega \sqrt{2gh},$$

et la vitesse $u$ avec laquelle le liquide s'écoule sera égale à

$$\mu \sqrt{2gb} = \sqrt{2g \cdot \mu^2 h}.$$

Ainsi la vitesse d'écoulement $u$ est celle avec laquelle le liquide coulerait à travers un orifice percé en mince paroi, si la hauteur de la surface libre du liquide dans le vase au-dessus du centre de gravité de l'orifice était $\mu^2 h$. La hauteur dont il s'agit étant en réalité $h$, on voit que l'ajutage cylindrique a pour effet de rendre complétement inutile la portion $h - \mu^2 h$ de cette hauteur ; $h - \mu^2 h$, ou ce qui revient au même $\dfrac{u^2}{2g}\left(\dfrac{1}{\mu^2} - 1\right)$, est ce qu'on nomme la *perte de charge* due à l'ajutage cylindrique.

§ 262. **Écoulement permanent d'un gaz par un orifice.** — Supposons qu'un gaz, contenu dans un réservoir, s'écoule en dehors uniquement en vertu de sa force expansive, par un orifice de petites dimensions, pratiqué dans une paroi mince de ce réservoir ; et que, la pression intérieure et la pression extérieure étant entretenues constantes, l'écoulement soit devenu permanent. Nous allons chercher à déterminer la vitesse avec laquelle le gaz traverse l'orifice.

Soient $\omega$ l'aire de l'orifice, et $u$ la vitesse que possède une molécule de gaz lorsqu'elle le traverse vitesse que nous supposerons être la même pour toutes les molécules, et dont nous regarderons la direction comme étant perpendiculaire au plan de l'orifice. Pendant le temps $dt$, il sortira du réservoir un volume de gaz égal à $\omega u dt$, et la masse de ce gaz aura pour valeur $\rho\omega u d$, $\rho$ étant la masse spécifique du gaz dont il s'agit, dans les circonstances où il se trouve à sa sortie du réservoir. Désignons par P la pression qui est entretenue constante dans le réservoir, ou au moins dans toutes les parties qui ne sont pas très-rapprochées de l'orifice ; et par P' la pression constante, dans l'espace où se rend le gaz à sa sortie du réservoir : P' est nécessairement plus petit que P. Si nous prenons le gaz qui traverse l'orifice pendant le temps $dt$, et dont le volume est alors $\omega u dt$,

et que nous remontions, par la pensée, à toutes les positions
que ce gaz a occupées antérieurement, à divers instants éloignés
les uns des autres du même intervalle de temps $dt$, nous verrons sans peine que ces positions ne se pénètrent pas, mais
qu'elles sont contiguës les unes aux autres ; nous verrons, de
plus, que l'ensemble de ces positions successives de la quantité
infiniment petite de gaz que nous considérons, forme une
masse gazeuse totale complétement identique avec le gaz qui
existe à un instant donné dans la portion du réservoir à laquelle correspondent ces diverses positions successives. Le gaz
renfermé dans le réservoir se trouve, par là, divisé en une infinité de parties infiniment petites, de même masse, dont chacune vient prendre la place de celle qui est immédiatement à
côté d'elle, pendant le temps $dt$.

Si nous considérons une de ces portions infiniment petites du
gaz, situés assez loin de l'orifice pour que, dans tous ses points,
elle soit soumise à la pression P, nous voyons que cette portion
de gaz vient successivement prendre la place de toutes les autres
portions de même masse qui se trouvent entre elle et l'orifice ;
que son volume s'accroît peu à peu, à mesure qu'elle a à supporter une pression plus faible, jusqu'à devenir égal à $\omega u dt$, à
l'instant où elle traverse l'orifice, et où elle n'est plus soumise
qu'à la pression P' ; et qu'en même temps les vitesses de ses diverses molécules, très-petites d'a-
bord, vont en augmentant jusqu'à
devenir égales à $u$. Prenons, à un
instant quelconque, la totalité du
gaz contenu dans l'espace $abcmn$
($fig.$ 119), que cette portion infiniment petite parcourt, depuis la
position $abca'b'c'$, où elle supporte la pression P, jusqu'à l'orifice de sortie $mn$ ; et appliquonslui le théorème des forces vives,
pendant le temps infiniment pe-

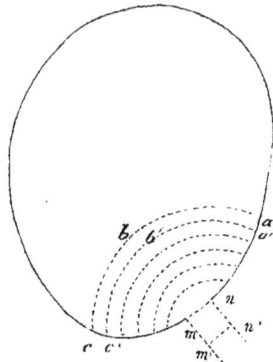

Fig. 119.

tit $dt$. Ce gaz total, étant considéré dans les deux positions *abcmn*, *a'b'c'm'n'*, qu'il occupe au commencement et à la fin du temps *dt*, contiendra évidemment une partie commune *a'b'c'mn*, dont les différents points auront une même vitesse dans les deux cas, en vertu de la permanence du mouvement ; l'accroissement de sa force vive pendant le temps *dt* se réduira donc à l'excès de la force vive du gaz *mnm'n'* qui a traversé l'orifice pendant ce temps, sur celle du gaz de même masse, qui occupait la position *abca'b'c'* au commencement de ce temps *dt*. Si nous négligeons cette dernière force vive de la couche gazeuse *abca'b'c'*, dont les différents points ne sont animés que d'une très-petite vitesse, nous aurons simplement la force vive du gaz *mnm'n'*, c'est-à-dire

$$\rho \omega u dt \times u^2,$$

pour l'accroissement de force vive du gaz total *abcmn* pendant le temps *dt*.

Évaluons maintenant la somme des travaux développés pendant le temps *dt* par les forces qui agissent sur les diverses parties du gaz total *abcmn*. Ces forces se réduisent aux actions répulsives qui s'exercent entre les diverses molécules du gaz, et aux pressions qu'il éprouve aux différents points de sa surface, puisque nous supposons que l'écoulement est uniquement dû à la force expansive de ce gaz, et, par conséquent, que ses molécules ne sont soumises à aucune force extérieure, telle que la pesanteur. Pour trouver le travail dû aux pressions que le gaz éprouve sur sa surface, considérons d'abord la pression P qui s'exerce dans tous les points de la surface *abc*. Soient σ un élément de cette surface, et ε l'épaisseur de la couche *abca'b'c'* près de l'élément σ ; Pσ est la pression supportée par cet élément, et Pσε est le travail que produit cette pression élémentaire pendant le temps *dt*, pendant lequel la surface *abc* vient se placer en *a'b'c'* ; donc le travail dû à la pression P, qui s'exerce sur toute la surface *abc*, est égal à P × Σσε, c'est-à-dire égal au produit de P par le volume de la couche gazeuse *abca'b'c'*. On trouverait, de même, que le travail dû à la pression P' s'exerçant sur la surface *mn*, pendant que cette surface passe de *mn* en *m'n'*, est égal au produit de P′ par le volume *mnm′n′*. Mais, de ces deux travaux, le premier est positif, et le second est négatif; d'ailleurs, leurs valeurs absolues sont égales, puisque *abca′b′c′* et *mnm′n′* sont les deux volumes que prend une même masse de gaz sous les pressions P et P′, et que ces volumes sont en raison inverse des pressions P et P′, d'après la loi de Mariotte : donc, la somme des travaux développés par les pressions que le gaz *abcmn* supporte sur toute sa surface, pendant le temps *dt*, est égale à zéro.

Il ne nous reste plus qu'à déterminer le travail développé par les actions moléculaires, dans le gaz dont il s'agit, pendant qu'il passe de la position *abcmn* à la position *a′b′c′m′n′*. Nous observerons, pour cela, que ce travail total est égal à la somme des travaux dus aux forces moléculaires dans les diverses couches dont nous regardons le gaz total comme composé, couches dont chacune vient prendre la place de la couche voisine, pendant le temps infiniment petit *dt*; et, par conséquent, il est le même que la somme des travaux développés par les forces moléculaires dans une seule de ces couches, pendant qu'elle passe de la position *abca′b′c′* à la position *mnm′n′*. Cherchons donc à déterminer l'expression de cette dernière somme de travaux, et pour cela considérons d'une manière générale le travail dû aux forces moléculaires d'un gaz qui se dilate, en passant du volume V à un volume plus grand V′. Soit *p* la pression qu'il faudrait exercer sur toute la surface de ce gaz pour le maintenir en équilibre, lorsque son volume a pris une valeur quelconque *v* comprise entre V et V′. D'après le théorème du travail virtuel, appliqué à l'équilibre qui vient d'être indiqué, la somme des travaux dus aux forces moléculaires de ce gaz, lorsque son volume s'accroît d'une quantité infiniment petite *dv*, est égale et de signe contraire à la somme des travaux développés en même temps par la pression *p* qui s'exerce aux différents points de sa surface; mais si l'on répète ici le raisonnement qui vient d'être fait pour trouver le travail dû à la pression P s'exerçant sur la surface *abc* (*fig.* 119), on reconnaît que, dans le cas dont nous nous occupons maintenant, la somme des travaux dus à la pression *p* appliquée à toutes les parties de la surface du gaz, est égale à — $pdv$ : donc, pendant que le gaz se dilate, de manière que son volume passe de la valeur $v$, à la valeur $v - dv$, les forces moléculaires qui agissent entre ses diverses parties développent des travaux dont la somme est égale à $pdv$. Or, d'après la loi de Mariotte, on a

$$p = \frac{P'V'}{v},$$

$P'$ étant la valeur que prend la pression $p$, lorsque $v$ devient égale à $V'$; il s'ensuit que la somme de travaux que nous venons de déterminer peut s'écrire sous la forme

$$P'V' \cdot \frac{dv}{v},$$

et que, par conséquent, le travail total dû aux forces moléculaires, pendant que le gaz passe du volume V au volume V', a pour valeur

$$P'V' \int_{V}^{V'} \frac{dv}{v} = P'V' \, l \cdot \frac{V'}{V}.$$

Appliquons cette formule au cas que nous avons spécialement en vue, c'est-à-dire au cas d'une couche gazeuse qui passe de la position $abca'b'c'$ (fig. 119), où elle supporte la pression P, à la position $mnm'n'$, où elle supporte la pression P'; et observons que le rapport des deux volumes qu'elle a dans ces deux positions est égal au rapport inverse des pressions P et P', et que d'ailleurs le volume V' est égal à $\omega u dt$ : nous trouverons ainsi

$$P'\omega u dt \cdot l \cdot \frac{P}{P'}$$

pour l'expression de la somme des travaux dus aux forces moléculaires de cette couche, et par conséquent aussi de la somme des travaux développés par les forces moléculaires du gaz $abcmn$, pendant que ce gaz passe à la position $a'b'c'm'n'$.

Nous avons donc, en appliquant le théorème des forces vives

$$\rho \omega u dt . u^2 = 2 \mathrm{P}' \omega u dt . l . \frac{\mathrm{P}}{\mathrm{P}'} ;$$

d'où, en observant que $\rho$ est la masse spécifique du gaz sous la pression $\mathrm{P}'$, et posant en conséquence

$$\mathrm{P}' = k\rho,$$

nous tirons

$$u = \sqrt{2k . l . \frac{\mathrm{P}}{\mathrm{P}'}} .$$

Telle est la vitesse avec laquelle le gaz s'écoule à travers l'orifice $\omega$.

D'après ce qui précède, le volume du gaz qui traverse l'orifice pendant l'unité de temps doit être à $\omega u$, en supposant toutefois que ce volume soit mesuré sous la pression $\mathrm{P}'$. L'expérience montre que cette valeur de la *dépense* est trop grande, ce qui tient à ce que la veine gazeuse se contracte à la sortie de l'orifice, au lieu d'être cylindrique comme nous l'avons supposé. Les choses se passent de la même manière que dans l'écoulement d'un liquide par un orifice, et tout ce que nous avons dit à l'occasion de ce dernier écoulement (§ 261), pour expliquer la différence entre les résultats de la théorie et ceux de l'observation, pourrait être répété ici. Nous devons dire cependant que, dans le cas d'un gaz, les considérations théoriques que nous avons développées ne sont complétement conformes à la réalité, quand on substitue la section contractée de la veine à l'orifice de sortie, qu'autant que le rapport des pressions $\mathrm{P}$ et $\mathrm{P}'$ est peu différent de l'unité : s'il en était autrement, on ne serait pas dans le vrai en regardant la pression comme étant égale à $\mathrm{P}'$ dans toute l'étendue de la section contractée de la veine gazeuse, parce que cette veine se dilaterait au delà de sa section contractée, ce qui indiquerait un excès de la pression qui s'exerce à son intérieur sur la pression environnante.

L'action de la pesanteur sur un gaz qui s'écoule dans les conditions que nous venons d'étudier, n'a évidemment qu'une influence insignifiante sur les résultats, et on peut en conséquence ne pas en tenir compte.

§ 263. **Mouvement permanent d'un liquide pesant dans un tuyau.** — Dans les deux questions que nous venons de traiter (§§ 261 et 262), nous avons avons regardé le liquide ou le gaz dont il s'agissait comme jouissant de la fluidité parfaite ; nous n'avons tenu compte en aucune manière des frottements que les molécules fluides exercent les unes sur les autres. Les résultats auxquels nous sommes parvenus sont cependant d'accord avec ceux que fournit l'expérience, pourvu, bien entendu, que l'on fasse attention à la contraction de la veine fluide, ainsi que nous l'avons dit. Cela provient de ce que, dans l'un et l'autre des deux cas que nous avons étudiés, les molécules fluides ne prennent une vitesse un peu grande que dans le voisinage de l'orifice vers lequel elles se dirigent ; de sorte que le frottement qui se développe entre ces molécules, et qui croît avec leur vitesse, n'agit d'une manière un peu sensible que dans une petite portion de l'espace total que le fluide occupe, et n'a en conséquence qu'une très-faible influence sur l'écoulement du fluide. Mais il n'en est plus de même lorsqu'il s'agit d'un fluide qui coule dans un tuyau d'une grande longueur ; l'influence du frottement se fait alors sentir d'une manière très-notable. C'est dans un pareil mouvement que le frottement des fluides a été étudié : nous allons voir quels sont les résultats auxquels on est parvenu à ce sujet.

Considérons d'abord le mouvement permanent d'un liquide pesant dans un tuyau dont la section transversale est partout la même. Il est aisé de voir que le mouvement de chaque molécule doit être uniforme dans toute la longueur du tuyau. Mais les diverses molécules ne se meuvent pas toutes avec une même vitesse ; celles qui sont tout près des parois du tuyau se meuvent très-lentement, et, à mesure qu'on s'éloigne de ces parois pour se rapprocher de l'axe du tuyau, on en trouve dont les vitesses sont de plus en plus grandes : le liquide tout entier peut être regardé comme formé de couches cylindriques concentriques

qui glissent les unes dans les autres, et dont les vitesses sont
d'autant plus petites que leurs rayons sont plus grands.

Les diverses molécules liquides étant animées de mouvements
uniformes, les forces qui agissent sur chacune d'elles doivent se
faire équilibre, et par
conséquent il doit en
être de même de toutes
les forces appliquées à
la portion de liquide
comprise entre deux
sections transversales
AB, CD, *fig.* 120; la
somme des projections
de ces forces sur l'axe
du tuyau doit donc être
nulle. Désignons par ω

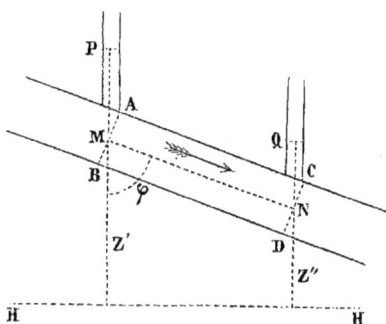

Fig. 120.

l'aire de la section du tuyau : par $l$ la longueur de la portion du
tuyau ABCD ; par φ l'angle que l'axe de ce tuyau fait avec la
verticale ; par $z'$ et $z''$ les distances des centres M, N des deux
sections AB, CD à un plan horizontal HH ; par ρ la masse spécifique du liquide ; et par F une force appliquée au liquide
ABCD, en sens contraire de son mouvement et capable de produire le même effet que l'ensemble des frottements que ce liquide éprouve. Soit de plus $p'$ la pression moyenne dans la section AB, et $p''$ la pression analogue dans la section CD. Le liquide
ABCD est soumis : 1° à la force $p'\omega$ qui agit sur la section AB,
dans le sens du mouvement ; 2° à la pression $p''\omega$ qui agit sur la
section CD, en sens contraire de la précédente ; 3° à son poids
qui a pour expression $\rho g \omega l$, et dont la projection sur l'axe du
tuyau a pour valeur $\rho g \omega l \cos \varphi$, ou bien $\rho g \omega (z' - z'')$ ; 4° à la force
F qui agit en sens contraire du mouvement. Donc, d'après ce
qui précède, on doit avoir

$$p'\omega - p''\omega + \rho g \omega (z' - z'') - F = 0.$$

Cette relation permet de déterminer F, lorsque l'on connaît les
autres quantités qui y entrent, quantités qui peuvent être fa-

33

cilement déterminées. Des expériences nombreuses, discutées par Prony, lui ont fait voir que la force peut être représentée par l'expression

$$F = l\varepsilon\,(\alpha u + \beta u^2),$$

$\varepsilon$ étant le périmètre de la section du tuyau, $u$ la vitesse moyenne du liquide dans une section quelconque, et $\alpha$, $\beta$ deux coefficients constants pour un même liquide. Le facteur $l\varepsilon$ sert de mesure à la surface par laquelle le liquide considéré touche la paroi du tuyau ; il est aisé de comprendre que la force F doit en effet être proportionnelle à cette surface. En remplaçant F par l'expression que nous venons d'indiquer, en divisant ensuite tous les termes par $\rho g\omega$, la relation que nous avons trouvée devient

$$\frac{p'}{\rho g} - \frac{p''}{\rho g} + z' - z'' - \frac{l\varepsilon}{\omega}(au + bu^2) = 0,$$

$a$ et $b$ étant mis au lieu de $\dfrac{\alpha}{\rho g}$, $\dfrac{\beta}{\rho g}$. Concevons que l'on implante sur le tuyau, aux points A, C, des tubes verticaux ouverts par le haut, dans lesquels une portion du liquide puisse s'élever ; et que ce liquide s'y maintienne immobile pendant que l'écoulement continue au-dessous d'eux. Les quantités $\dfrac{p'}{\rho g}$, $\dfrac{p''}{\rho g}$ sont évidemment les hauteurs MP, NQ auxquelles le liquide s'élèvera dans ces tubes au-dessus des points M, N ; et par suite

$$\frac{p'}{\rho g} - \frac{p''}{\rho g} + z' - z''$$

est la différence de niveau des points P, Q. Cette dernière quantité n'est autre chose que la charge qui tend à accélérer le mouvement du liquide ABCD, charge qui est entièrement perdue par l'effet du frottement. Ainsi,

$$\frac{l\varepsilon}{\omega}(au + bu^2)$$

est la perte de charge due au frottement dans la longueur $l$ du tuyau ; de sorte que la perte de charge par mètre de longueur est exprimée par

$$\frac{\varepsilon}{\omega}\,(au + bu^2).$$

Prony a trouvé que, pour l'écoulement de l'eau dans un tuyau, on doit prendre

$$a = 0,0000173, \qquad b = 0,000348,$$

les unités de longueur et de temps étant le mètre et la seconde.

La loi qui vient d'être indiquée, pour le frottement éprouvé par un liquide en mouvement, montre bien qu'un liquide en équilibre peut être regardé comme jouissant d'une fluidité parfaite, puisque ce frottement est d'autant plus petit que la vitesse est elle-même plus petite, et qu'il se réduit à zéro lorsque la vitesse est nulle.

§ 264. **Mouvement permanent d'un gaz dans un tuyau.** — Lorsqu'un gaz est animé d'un mouvement permanent dans un tuyau d'une grande longueur, les choses se passent à peu près comme nous venons de le dire pour un liquide ; il y a cependant une différence qui tient à ce que le gaz se dilate à mesure qu'il est soumis à une pression plus faible. L'action de la pesanteur sur le gaz n'ayant qu'une influence insignifiante sur son mouvement, il est nécessaire que la pression soit plus grande du côté d'où vient le gaz que du côté vers lequel il marche, afin que le frottement que ce gaz éprouve dans son mouvement puisse être vaincu par l'excès de la première pression sur la seconde. Il en résulte nécessairement que la densité du gaz décroît peu à peu pendant qu'il parcourt le tuyau, et par conséquent que sa vitesse va en augmentant constamment ; car la permanence du mouvement exige que des masses égales de gaz traversent en même temps toutes les sections du tuyau, ce qui ne peut avoir lieu qu'autant que, dans ces diverses sections, la vitesse du gaz est en raison inverse de sa densité. Cependant, dans les circonstances les plus ordinaires, le rapport des pressions extrêmes est peu différent de l'unité ; la vitesse du gaz ne s'accroît pas beaucoup d'un bout à l'autre du tuyau, et on peut appliquer à son mouvement ce qui a été dit pour le mouvement permanent d'un liquide dans un tuyau, en regardant sa vitesse comme égale à la

moyenne de ses vitesses extrêmes. En se fondant sur ces considérations, on a reconnu par l'expérience que la perte de charge
par mètre de longueur, occasionnée par le frottement du gaz
contre le tuyau dans lequel il se meut, peut être représentée
par l'expression simple

$$\frac{\varepsilon}{\omega}\, b u^2.$$

Cette expression ne diffère de celle qui a été trouvée pour les
liquides que par la suppression du terme $au$, suppression que
l'on peut également opérer quand il s'agit d'un liquide et que
la vitesse $u$ est un peu grande. On a trouvé par l'expérience que,
quel que soit le gaz, on peut prendre

$$b = 0,000355, \cdot$$

valeur qui diffère à peine de celle qui correspond au mouvement de l'eau.

§ 265. **Pression exercée par une veine liquide sur une surface plane.** — Pour donner une idée de la manière dont on
peut trouver l'action qu'un fluide en mouvement exerce sur la
surface d'un corps solide, nous considérerons le cas où une
veine liquide vient rencontrer un plan fixe AB, *fig.* 121, dont

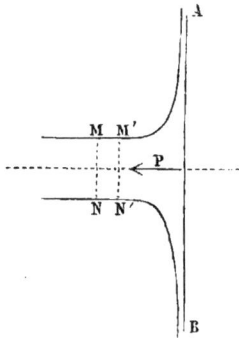

Fig. 121.

la direction est perpendiculaire à l'axe
de la veine. Nous supposerons que le
plan est assez large pour que les filets
liquides, déviés de leur route par la pré
sence de ce plan, finissent par être tous
dirigés à angle droit sur l'axe de la
veine. Si le plan n'était pas maintenu
dans l'immobilité, la veine le repous-
serait devant elle ; concevons donc
qu'on lui applique une force de retenue
P, dirigée suivant l'axe de la veine et
en sens contraire du mouvement du
liquide, et proposons-nous de déterminer la grandeur que
doit avoir cette force pour que le plan ne cède pas à l'action

de la veine : il est clair que nous aurons par là la mesure de la pression que la veine liquide exerce sur le plan.

Considérons tout le liquide qui se trouve à un instant quelconque dans le voisinage du plan AB, depuis la section transversale MN de la veine jusqu'au contour du plan, et appliquonslui le théorème des quantités de mouvement projetées sur un axe (§ 224), en considérant son mouvement pendant un élément de temps $dt$, et projetant les quantités de mouvement et les impulsions sur l'axe même de la veine. Si nous comparons le liquide dont il s'agit, dans les deux positions qu'il occupe au commencement et à la fin du temps $dt$, nous voyons que dans ces deux positions il renferme une partie commune ; cette partie est comprise entre la section M'N' où se trouvent, à la fin du temps $dt$, les molécules liquides qui étaient dans la section MN au commencement de ce temps, et la limite correspondant au contour du plan AB à laquelle se terminait le liquide considéré au commencement du temps $dt$. L'accroissement de la somme des quantités de mouvement projetées sur l'axe de la veine pendant le temps $dt$ sera donc simplement la différence entre la somme des quantités de mouvement projetées correspondant au liquide qui était compris entre MN et M'N' au commencement du temps $dt$, et la somme des quantités de mouvement projetées correspondant à une quantité égale de liquide située vers le contour du plan AB à la fin de ce temps. Mais les vitesses de toutes les molécules de ce dernier liquide sont, par hypothèse, dirigées à angle droit sur l'axe de la veine ; donc la somme de leurs quantités de mouvement projetées sur cet axe est nulle. Ainsi l'accroissement que subit pendant le temps $dt$ la somme des projections des quantités de mouvement du liquide tout entier sur le même axe se réduit à

$$- \rho \omega v dt . v,$$

en désignant par $\rho$ la masse spécifique du liquide, par $\omega$ l'aire de la section transversale de la veine, et par $v$ la vitesse des molécules liquides qui composent cette veine. D'un autre côté, les actions que le liquide éprouve de la part du plan AB sont les

seules forces extérieures qui lui soient appliquées ; et la somme
de leurs projections sur l'axe de la veine est évidemment égale
à P ; en sorte que, si l'on observe que ces forces projetées agissent en sens contraire du mouvement du liquide, on aura

$$- \text{P}dt$$

pour l'expression de la somme de leurs impulsions pendant le
temps $dt$. Donc, d'après le deuxième théorème général que nous
voulons appliquer ici, on a

$$- \varrho \omega v dt \, . \, v = - \text{P}dt \, ,$$

d'où l'on tire

$$\text{P} = \varrho \omega v^2 .$$

Telle est la valeur de la pression que la veine liquide exerce
sur le plan AB, dans les circonstances où nous nous sommes
placés.

# CHAPITRE V

THÉORIE DU MOUVEMENT DES MACHINES.

§ 266. **Notions générales sur les machines.** — Si l'on passe
en revue les diverses espèces de machines qui sont employées
dans l'industrie, on reconnaît facilement qu'elles peuvent être
groupées dans deux classes bien distinctes. Les unes servent à
vaincre des résistances plus ou moins considérables ; telles sont
celles qui ont pour objet d'élever des fardeaux, de comprimer
ou de broyer des corps, de tourner, de couper ou de percer les
bois ou les métaux, etc. Les autres sont destinées à faire des
ouvrages qui demandent de l'adresse plutôt que de la force ;
telles sont celles qui servent à filer et à tisser les matières
textiles, à broder les étoffes, à fabriquer les dentelles, etc.

En ne considérant d'abord que les machines de la première
classe, nous voyons qu'elles sont employées, non-seulement
pour vaincre des résistances, mais encore pour faire marcher
les points d'application de ces résistances. Lorsqu'une machine de cette classe est en activité, lorsqu'elle *travaille*, il y a
à la fois résistance vaincue et déplacement du point d'application de la résistance en sens contraire de son action. D'ailleurs,
il est aisé de voir, par divers exemples simples, que le travail
effectué par la machine (en attribuant au mot *travail* son acception vulgaire) varie proportionnellement à l'intensité de la résistance vaincue, lorsque le point sur lequel cette résistance
agit se déplace de la même manière ; et aussi que, à égalité de
résistance vaincue, le travail varie proportionnellement au

chemin que le point d'application de cette résistance parcourt
suivant sa direction, c'est-à-dire à la projection du chemin parcouru par ce point sur la direction de la force : donc, en général, le travail effectué par la machine est proportionnel au
produit de la résistance vaincue par la projection du chemin
parcouru par le point d'application de cette force sur sa direction. C'est pour cela que précédemment nous avons adopté le
mot *travail* pour désigner un produit tel que celui dont il
vient d'être question (§§ 116 à 118). Mais, pour qu'une machine
puisse vaincre une résistance et faire marcher en même temps
le point d'application de cette résistance en sens contraire de
sont action, il faut qu'une force mouvante, ou une puissance,
lui soit appliquée ; il faut en outre que le point de la machine
sur lequel agit la puissance marche dans le sens de cette action : il faut donc que la puissance développe un certain *travail*, conformément à l'acception que nous attribuons à cette
expression. Ce travail, développé par la puissance, fait que la
machine soumise à son action peut effectuer le travail correspondant à la résistance qu'elle a à vaincre. La machine sert
d'intermédiaire entre ces deux travaux : on peut dire qu'elle
a pour objet de transmettre le travail de la puissance au point
où la résistance est appliquée.

Les machines comprises dans la seconde des deux classes
que nous avons indiquées plus haut ne sont pas destinées directement à vaincre des résistances. Mais l'ouvrage auquel on
les emploie ne peut pas se faire sans qu'il se développe des résistances accessoires, telles que les frottements entre les diverses pièces dont elles sont formées ; il en résulte que, pour entretenir le mouvement de ces machines, il est encore nécessaire
de faire agir sur elles certaines puissances, et le travail de ces
puissances correspond au travail occasionné par les résistances
accessoires dont il vient d'être question.

Ainsi on peut dire d'une manière générale que *les machines
sont des appareils qui servent à transmettre le travail des forces.*
Nous allons voir de quelle manière s'effectue cette transmission du travail par l'intermédiaire des machines.

§ 267. **Transmission du travail dans les machines.** — C'est par l'application du théorème général des forces vives (§ 230) à l'ensemble des corps qui font partie d'une machine en mouvement, que nous arriverons à nous faire une idée nette sur la transmission du travail dans cette machine. Pour faire cette application, nous distinguerons, parmi les diverses forces qui agissent sur la machine, celles dont le travail est positif, et celles dont le travail est négatif. Les premières, dont les directions font à chaque instant des angles aigus avec les chemins élémentaires parcourus par leurs points d'application, sont les forces mouvantes, ou les puissances ; les dernières, dont les directions font au contraire des angles obtus avec les déplacements de leurs points d'application, sont les forces résistantes ou les résistances. Le travail d'une force mouvante est désigné spécialement sous le nom de *travail moteur ;* et celui d'une force résistante, considéré en valeur absolue, c'est-à-dire indépendamment du signe — dont il est affecté, se nomme par opposition *travail résistant*. La somme des travaux développés pendant un temps quelconque par les diverses forces mouvantes qui agissent sur une machine, constitue ce qu'on nomme le *travail moteur total*, ou simplement le travail moteur, correspondant à ce temps ; et de même on donne le nom de *travail résistant total*, ou simplement de travail résistant, à la somme des valeurs absolues des travaux dus aux forces résistantes pendant le même temps.

Cela posé, si nous considérons le mouvement d'une machine pendant un intervalle de temps quelconque, et si nous désignons par $T_m$ le travail moteur total développé pendant ce temps, et par $T_r$ le travail résistant total correspondant, nous aurons $T_m - T_r$ pour la somme des travaux de toutes les forces qui agissent sur la machine pendant le temps dont il s'agit : donc, d'après le théorème général des forces vives, on aura

$$\Sigma mv^2 - \Sigma mv_0^2 = 2 (Tm - Tr). \qquad (a)$$

Cette équation exprime que l'accroissement total de la force vive de la machine, pendant le temps que l'on considère, est égal au double de l'excès du travail moteur sur le travail résistant, pendant le même temps; elle renferme en elle-même toute la théorie de la transmission du travail dans les machines.

Supposons d'abord que le mouvement de la machine soit uniforme, c'est-à-dire que la vitesse de chacun de ses points reste constamment la même. Le premier membre de l'équation ($a$) est nul, quel que soit l'intervalle de temps auquel cette équation se rapporte : donc le travail moteur $T_m$ est constamment égal au travail résistant $T_r$. Ainsi la machine transmet le travail développé par les forces mouvantes aux points sur lesquels agissent les forces résistantes, sans que la grandeur de ce travail ait subi aucune modification. Dans le cas particulier où la machine n'est soumise qu'à une seule puissance et à une seule résistance, l'uniformité du mouvement entraîne comme conséquence que le travail de la puissance est égal à celui de la résistance; ou, en d'autres termes, que la puissance et la résistance sont entre elles dans le rapport inverse des chemins parcourus dans le même temps par leurs points d'application, et suivant leurs directions respectives : d'où l'on conclut la maxime, bien connue, que *ce qu'on gagne en force, on le perd en vitesse.*

Lorsqu'une machine ne se meut pas uniformément, l'égalité des travaux moteur et résistant $T_m$, $T_r$, correspondant à un intervalle de temps quelconque, n'existe plus. Mais, dans ce cas, le mouvement de la machine est habituellement périodique : c'est-à-dire que ce mouvement s'accélère et se ralentit alternativement, de telle manière que la vitesse de chacun des points de la machine reste toujours comprise entre certaines limites. Si l'on considère une des périodes de temps qui se succèdent, et qui sont telles qu'au commencement et à la fin de chacune d'elles les vitesses des diverses parties de la machine sont les mêmes, il est clair que, pour cette période, le premier membre de l'équation ($a$) est égal à zéro, et par conséquent le second l'est aussi : donc le travail moteur $T_m$, développé pendant cet intervalle de temps, est égal au travail résistant $T_r$ correspondant. Ainsi, quoique $T_m$ et $T_r$ ne soient pas égaux pour chaque élément du temps, l'égalité de ces deux quantités peut être regardée comme existant, en moyenne, pendant toute la durée de la marche périodique de la machine; puisqu'elle a lieu pour une quelconque des périodes de mouvement dont nous venons de parler, et par conséquent aussi pour le temps formé d'un nombre quelconque de ces périodes.

Si l'on applique l'équation (a) à la totalité du temps pendant lequel la machine se meut, c'est-à-dire au temps compris entre l'instant où elle commence à se mettre en mouvement et l'instant où elle s'arrête, on voit que le premier membre de l'équation est nul, puisque chacun des deux termes qui le composent est nul séparément : donc, pendant ce temps total, on a encore $T_m = T_r$. De telle sorte que, quelles que soient les variations du mouvement de la machine, le travail développé par les forces mouvantes qui lui sont appliquées, pendant tout le temps qu'elle est en marche, est toujours égal au travail développé dans le même temps par les forces résistantes.

L'équation (a) nous montre encore que, si la force vive $\Sigma mv^2$ de la machine, à la fin d'un certain intervalle de temps, est plus grande que la force vive $\Sigma mv_o^2$ correspondant au commencement de cet intervalle de temps, $T_m$ est plus grand que $T_r$; et de même que, si la force vive finale est plus petite que la force vive initiale, $T_m$ est plus petit que $T_r$. On voit par là comment varie le mouvement de la machine, suivant que le travail moteur est supérieur ou inférieur au travail résistant. Tant que l'on a $T_m = T_r$, la force vive de la machine reste la même. Si $T_m$ devient plus grand que $T_r$, le mouvement de la machine s'accélère; sa force vive augmente d'une quantité égale au double de l'excès de $T_m$ sur $T_r$. Si, au contraire, $T_m$ devient plus petit que $T_r$, le mouvement de la machine se ralentit et sa force vive diminue du double de l'excès de $T_r$ sur $T_m$. On peut dire d'après cela que, lorsque $T_m$ est plus grand que $T_r$, le travail moteur $T_m$ se décompose en deux parties respectivement égales à $T_r$ et $T_m - T_r$; la première de ces deux parties du travail moteur permet à la machine d'effectuer le travail $T_r$ correspondant aux résistances qui lui sont appliquées; et la seconde partie détermine l'accroissement de la force vive de la

machine. Lorsque, au contraire, $T_m$ est plus petit que $T_r$, le travail moteur $T_m$ ne peut occasionner la production que d'une
portion du travail résistant, portion qui est égale à $T_m$; quant
à l'autre portion $T_r$ — $T_m$ de ce travail résistant, elle est produite aux dépens de la force vive de la machine, qui diminue
d'une quantité correspondante. Les choses se passent comme
si, dans le premier cas, l'excès du travail moteur sur le travail
résistant s'emmagasinait dans la masse totale de la machine,
sous forme de force vive ; et si, dans le second cas, l'excès de
travail moteur, ainsi emmagasiné précédemment, reparaissait
pour occasionner la production d'une quantité de travail résistant précisément égale à celle que cet excès de travail moteur
aurait pu produire directement. On comprend par là comment
il se fait que l'uniformité du mouvement de la machine n'est
pas nécessaire pour que cette machine transmette le travail
qu'elle reçoit sans en changer la valeur totale.

Au commencement du mouvement d'une machine, pendant
tout le temps compris entre l'instant où elle part du repos et
celui où elle arrive à l'état de mouvement régulier qu'elle doit
ensuite conserver, le travail moteur $T_m$ surpasse le travail résistant $T_r$ d'une quantité égale à la moitié de la force vive que possède la machine à la fin de ce temps. A partir de là, et pendant
tout le temps que la machine conserve son mouvement régulier
ou périodique, les travaux moteurs et résistants sont égaux,
ainsi que nous l'avons dit. Mais, à la fin, lorsque la machine
part de son mouvement régulier pour revenir à l'état de repos,
$T_r$ surpasse $T_m$ d'une quantité égale à la moitié de la force vive
que la machine perd : la portion du travail moteur qui avait
été employée tout d'abord, pour amener la machine à son état
de mouvement régulier, et qui était dissimulée dans cette machine sous forme de force vive, reparaît donc à la fin, et occasionne la production d'une quantité égale de travail résistant.

§ 268. On voit par ce qui précède que, dans tous les cas, une
machine transmet la totalité du travail qui lui est appliqué,
sans en changer la valeur. Si cette transmission intégrale du
travail par l'intermédiaire de la machine ne s'effectue pas

complétement dans chacun des éléments du temps total pendant lequel·la machine est en marche, il se produit, entre ces divers éléments de temps, des compensations telles, qu'en définitive, aucune portion du travail moteur confié à la machine ne se trouve perdue. Mais il faut bien faire attention que, pour arriver à un pareil résultat, nous avons dû tenir compte du travail développé par toutes les forces appliquées à la machine, sans aucune exception; et nous savons que, pour cela, on doit considérer aussi bien les forces intérieures que les forces extérieures (§ 230). Or, parmi les forces qui jouent le rôle de forces résistantes, il y en a de deux espèces : 1°·celles qui sont nécessairement appliquées à la machine d'après l'objet auquel elle est destinée, c'est-à-dire celles qui correspondent au travail même que l'on se propose de produire par l'emploi de la machine; 2° celles qui se développent dans les diverses parties de la machine, par suite de son mouvement, comme les frottements entre les pièces solides dont la machine est formée, et qui n'ont rien de commun avec le travail en vue duquel la machine est employée. Les forces résistantes de la première espèce sont souvent désignées sous le nom de *résistances utiles* et celles de la seconde espèce sous le nom de *résistances passives*. Le travail développé par les résistances utiles se nomme *travail utile*.

Désignons ce travail utile par $T_u$, et posons

$$T_r = T_u + T_f :$$

le terme $T_f$ représentera le travail dû aux résistances passives. Nous avons vu que, si l'on considère le mouvement d'une machine dans son ensemble, le travail résistant $T_r$ est toujours égal au travail moteur $T_m$; mais le travail utile $T_u$ est inférieur au travail moteur $T_m$ d'une quantité égale au travail $T_f$ dû aux résistances passives. De sorte que, s'il est vrai de dire que les machines transmettent la totalité du travail moteur qui leur est confié, sans qu'aucune partie de ce travail soit perdue, on peut ajouter qu'une portion de ce travail transmis est mal employée : c'est la portion qui correspond au travail résistant $T_f$ dû aux résistances passives. Plus cette portion T du travail moteur

total $T_m$ est grande, plus la machine est mauvaise. Pour voir si
une machine est plus ou moins bonne, on considère le rapport

$$\frac{T_u}{T_m}$$

du travail utile au travail moteur ; la machine est d'autant
meilleure que ce rapport, toujours inférieur à l'unité, se rapproche davantage de cette limite : ce rapport est ce qu'on
nomme le *rendement* de la machine.

Il est clair, d'après ce qui a été dit précédemment (§ 267),
que l'on doit éviter autant que possible tout ce qui peut occasionner des pertes de force vive dans une machine ; c'est-à-dire
tout ce qui peut amener une diminution dans la force vive de la
machine, sans que cette diminution soit accompagnée de la
production d'une quantité correspondante de travail utile ; car
la force vive de la machine représente une partie du travail moteur qui lui a été précédemment appliqué, et la perte d'une portion de cette force vive équivaut en conséquence à la perte
d'une certaine quantité du travail moteur dont il s'agit. Or,
toutes les fois que les molécules de certaines pièces de la machine prennent un mouvement vibratoire, outre le mouvement
d'ensemble dont ces pièces sont animées, on doit regarder les
choses comme se passant, au point de vue de la transmission
du travail, de la même manière que si ce mouvement vibratoire
était anéanti instantanément : car les vibrations des molécules
se transmettent de proche en proche aux corps voisins de la
machine, par l'intermédiaire de ses supports et de l'air environnant, et finissent par se perdre dans la masse totale de la
terre, sans occasionner la production d'aucune quantité de travail utile. Il résulte de là qu'on doit faire en sorte que le mouvement des diverses molécules de la machine prenne le moins
possible la forme de mouvement vibratoire, puisque cela équivaut à la perte de force vive que la machine éprouverait dans
l'hypothèse où ce mouvement vibratoire viendrait à être anéanti
brusquement, sans que le mouvement d'ensemble des diverses
pièces qui la composent cessât d'être le même. On comprend

par là pourquoi nous n'avons pas tenu compte du mouvement vibratoire des molécules, en évaluant la perte de force vive, dans le choc de deux corps sphériques qui ne présentent pas les caractères de l'élasticité parfaite (§ 253) : nous avions en vue de nous faire une idée de ce qui se passe dans les machines, lorsqu'il se produit des chocs entre les pièces dont elles sont formées.

La perte de force vive par les mouvements vibratoires que prennent les molécules, constitue certainement la principale cause de perte de travail dans les machines. Elle ne se produit qu'exceptionnellement par les chocs, que l'on est presque toujours en mesure d'éviter complétement ; mais elle se présente au contraire constamment par suite du mouvement des pièces solides qui se meuvent en se touchant par leurs surfaces, soit que ces pièces glissent les unes sur les autres, soit que leur mouvement relatif se réduise à un simple roulement. Nous avons vu (§§ 254 et 255) comment, dans l'étude du mouvement de ces pièces, on peut faire abstraction de la production du mouvement vibratoire dont il s'agit, en lui substituant certaines forces capables d'occasionner la même perte de travail. C'est de cette manière que l'on doit comprendre que les frottements et les résistances au roulement soient mis au nombre des forces résistantes auxquelles nous avons attribué le nom de résistances passives.

En établissant une machine, on cherche toujours à rendre $T_f$ aussi petit que possible par rapport à $T_u$ ; et on y parvient en se fondant sur les idées que nous venons d'indiquer, relativement aux causes de perte de travail et de force vive. Ainsi, par exemple, en donnant un poli et une dureté convenables aux surfaces des corps qui doivent glisser les uns sur les autres, et en graissant ces surfaces, on diminue l'intensité du frottement qui se développe entre elles ; d'un autre côté, en faisant en sorte que la vitesse du glissement soit aussi petite que possible, on diminue le travail dû au frottement dans un temps donné. Mais, de quelque manière qu'on s'y prenne, on ne peut pas faire que la quantité de travail moteur $T_m$, nécessaire pour produire une quantité donnée $T_u$ de travail utile, par l'intermédiaire d'une machine, s'abaisse au-dessous de cette dernière quantité de travail : $T_m$ est toujours au moins égal à $T_u$ et même lui est toujours supérieur, puisqu'on ne peut jamais réduire $T_f$ à zéro. On reconnaît par là combien est grande l'erreur de ceux qui cherchent ce qu'on nomme le *mouvement perpétuel ;* car l'objet qu'ils se proposent, c'est précisément de trouver une machine à l'aide de laquelle on puisse produire du travail utile sans dépense de travail moteur, ou au moins, produire une quantité de travail utile plus grande que la quantité de travail moteur employée.

Si nous nous reportons à la division que nous avons faite des machines en deux grandes classes (§ 266), nous verrons que dans les machines de la seconde classe, le travail résistant se réduit presque uniquement à $T_f$ : le travail utile $T_u$ est pour ainsi dire nul, parce que l'ouvrage auquel la machine est employée n'occasionne par lui-même qu'une résistance insignifiante. Dans ce cas, en diminuant $T_f$ par les divers moyens connus, on peut parvenir à faire une grande quantité d'ouvrage avec une faible dépense de travail moteur. On en a un exemple dans les machines qui servent à filer le coton ou la laine : avec une quantité de travail moteur assez petite, on entretient le mouvement d'un nombre considérable de broches, dont chacune produit un fil. Mais il faut bien se garder de confondre l'ouvrage que peut produire une machine, avec le travail nécessaire à la production de cet ouvrage.

§ 269. **Machines motrices : machines outils.** — Dans une machine complète, on doit distinguer trois parties distinctes, savoir : 1° la partie qui est destinée à recevoir le travail moteur, sur laquelle agissent directement les forces mouvantes ; 2° la partie qui est destinée à produire le travail utile, sur laquelle agissent directement les résistances utiles ; 3° enfin la partie intermédiaire, qui est destinée à relier les deux premières l'une à l'autre. On s'en fera une idée nette en pensant à un moulin à eau, dans lequel une roue hydraulique fait marcher une meule : la roue hydraulique constitue la première partie ; la meule forme la seconde ; et la troisième se compose des arbres et des roues dentées, par l'intermédiaire desquels le mouvement de la roue se transmet à la meule. La première partie, celle qui reçoit le travail moteur, est désignée spécialement sous le nom de *machine motrice;* elle varie de forme suivant la manière dont le travail moteur se produit : les roues hydrauliques, l'appareil extérieur des moulins à vent et les machines à vapeur en fournissent des exemples. La seconde partie, celle qui produit le travail utile, se nomme *machine outil;* elle varie également d'après la nature du travail auquel elle est destinée.

Toutes les considérations développées précédemment, relativement à la transmission du travail dans les machines, peuvent être appliquées à une machine motrice, ou à une machine outil, considérée isolément ; et de même on peut les appliquer à l'ensemble des mécanismes qui servent à faire communiquer l'une avec l'autre, ou bien encore à une portion quelconque de ces mécanismes. Il est aisé de voir que les machines outils seules peuvent rentrer dans la seconde des deux classes de machines qui ont été indiquées plus haut (§ 266) : les machines motrices, et les parties de machines qui servent à relier les machines motrices aux machines outils, font nécessairement partie de la première classe.

Les machines motrices ont été imaginées pour remplacer l'action de l'homme et des animaux sur les machines. La force (1) de ces machines se mesure par la quantité de travail qu'elles peuvent effectuer dans un temps donné. Pour pouvoir évaluer

---

1) Le mot *force* est employé ici avec une acception différente de celle qui lui a été attribuée dans tout ce qui précède ; il doit être regardé comme signifiant *capacité de travail*. Il est certainement fâcheux d'employer ainsi le même mot pour désigner deux choses essentiellement différentes, mais il serait difficile de changer cette manière de parler qui est consacrée par l'usage. D'ailleurs, il n'y a pas à craindre que l'on confonde jamais une force, qui s'évalue en kilogrammes, avec la force d'une machine, qui s'évalue en chevaux-vapeur. La manière dont le mot force se trouve introduit dans une phrase indique toujours suffisamment à laquelle de ces deux acceptions il se rapporte.

Le mot force se trouve encore dans l'expression *force vive*, que nous avons fréquemment employée; mais on ne doit dans ce cas lui attribuer aucune signification particulière. Il ne fait que constituer une partie du mot complexe *force vive*, dont le sens est parfaitement défini.

34

cette force en nombre, on a besoin de faire choix d'une unité particulière. L'unité qui est généralement adoptée pour cela porte le nom de *cheval-vapeur*, ou simplement de *cheval :* elle correspond à une production de 75 kilogrammètres de travail (§ 118) en une seconde de temps.

§ 270. **Moyens de régulariser le mouvement d'une machine.** — Lorsqu'une machine est destinée à marcher pendant un temps un peu long, il est généralement très-important que son mouvement soit uniforme, ou au moins ne s'écarte pas beaucoup de l'uniformité. Cela est utile notamment pour que le travail moteur se transmette convenablement aux machines motrices, et aussi pour que les machines outils effectuent régulièrement le travail auquel elles sont employées. Pour obtenir cette régularité du mouvement d'une machine, on a recours à deux moyens différents que nous allons indiquer.

Si le travail moteur se développe d'une manière intermittente, ou bien si, en se développant d'une manière continue, il est tantôt plus grand, tantôt plus petit, pour un même intervalle de temps, il est clair qu'il doit en résulter des variations dans le mouvement de la machine. De même, l'intermittence ou les changements périodiques d'intensité du travail utile doivent également faire varier la rapidité du mouvement. Mais nous savons que l'excès du travail moteur sur le travail résistant, ou inversement du travail résistant sur le travail moteur, détermine dans la machine une augmentation ou une diminution de force vive, qui a pour valeur le double de cet excès. On voit donc que, pour un même excès de l'un des deux travaux sur l'autre, les variations de vitesse des diverses parties de la machine seront d'autant plus faibles, que cette machine aura une plus grande masse ; et, si l'on considère en particulier un arbre tournant faisant partie de la machine, les variations de la vitesse angulaire de cet arbre seront d'autant moindres que son moment d'inertie sera plus grand : pour augmenter ce moment d'inertie, et par conséquent pour diminuer les variations de vitesse que l'arbre éprouve successivement, on lui adapte une grande roue massive, nommée *volant*.

A l'aide d'un volant adapté à l'un des arbres d'une machine, on atténue autant qu'on veut les augmentations et diminutions de vitesse, occasionnées par les excès alternatifs des travaux moteur et résistant l'un sur l'autre ; mais il n'en résulte pas que le mouvement de la machine, considéré dans son ensemble, et abstraction faite des variations périodiques qu'il présente, ne puisse pas s'accélérer peu à peu, de manière à atteindre une rapidité excessive au bout d'un temps assez long, ou bien qu'il ne puisse pas se ralentir progressivement, de manière que la machine finisse par s'arrêter tout à fait. Pour que le mouvement d'une machine s'effectue avec une vitesse moyenne qui reste toujours la même, il faut que la valeur moyenne du travail moteur soit égale à la valeur moyenne du travail résistant, pendant un nombre quelconque des périodes dont se compose le mouvement de la machine. On parvient à établir cette égalité des travaux moteur et résistant, considérés en moyenne pendant un temps plus ou moins long, en employant des appareils dits *régulateurs*, parmi lesquels on peut citer, comme type, le *régulateur à force centrifuge*. Ces appareils, changeant de forme suivant que la machine marche plus ou moins vite, agissent par cela même sur des organes spéciaux, à l'aide desquels ils augmentent ou diminuent le travail moteur, de manière à le mettre toujours en rapport avec la grandeur du travail résistant à vaincre.

Ainsi les régulateurs servent à conserver à la vitesse de la machine une valeur moyenne qui soit toujours la même ; et les volants sont destinés à empêcher que la vitesse de la machine ne s'écarte trop de cette vitesse moyenne, soit en plus, soit en moins, suivant que le travail moteur est momentanément plus grand ou plus petit que le travail résistant correspondant.

# TABLE DES MATIÈRES.

## LIVRE II. — DYNAMIQUE. PREMIÈRE PARTIE.

DE L'ÉQUILIBRE ET DU MOUVEMENT D'UN POINT MATÉRIEL.

## LIVRE III. — DYNAMIQUE. DEUXIÈME PARTIE.

### DE L'ÉQUILIBRE DES SYSTÈMES MATÉRIELS.

# LIVRE IV. — DYNAMIQUE. TROISIÈME PARTIE.

### DU MOUVEMENT DES SYSTÈMES MATÉRIELS.

FIN DE LA TABLE DES MATIÈRES.

2687-77. — CORBEIL. Typ. et stér. de CRÉTÉ.

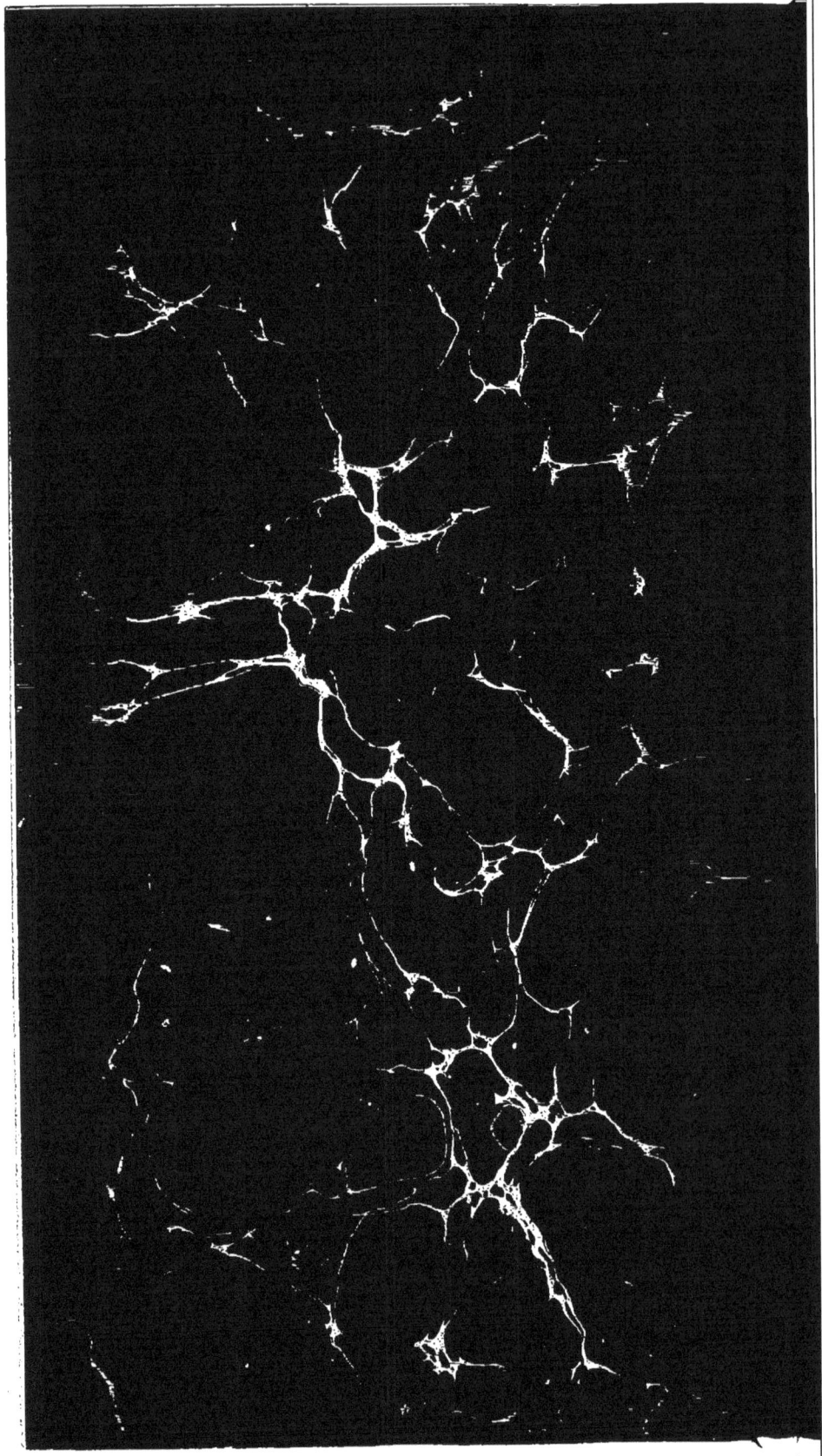

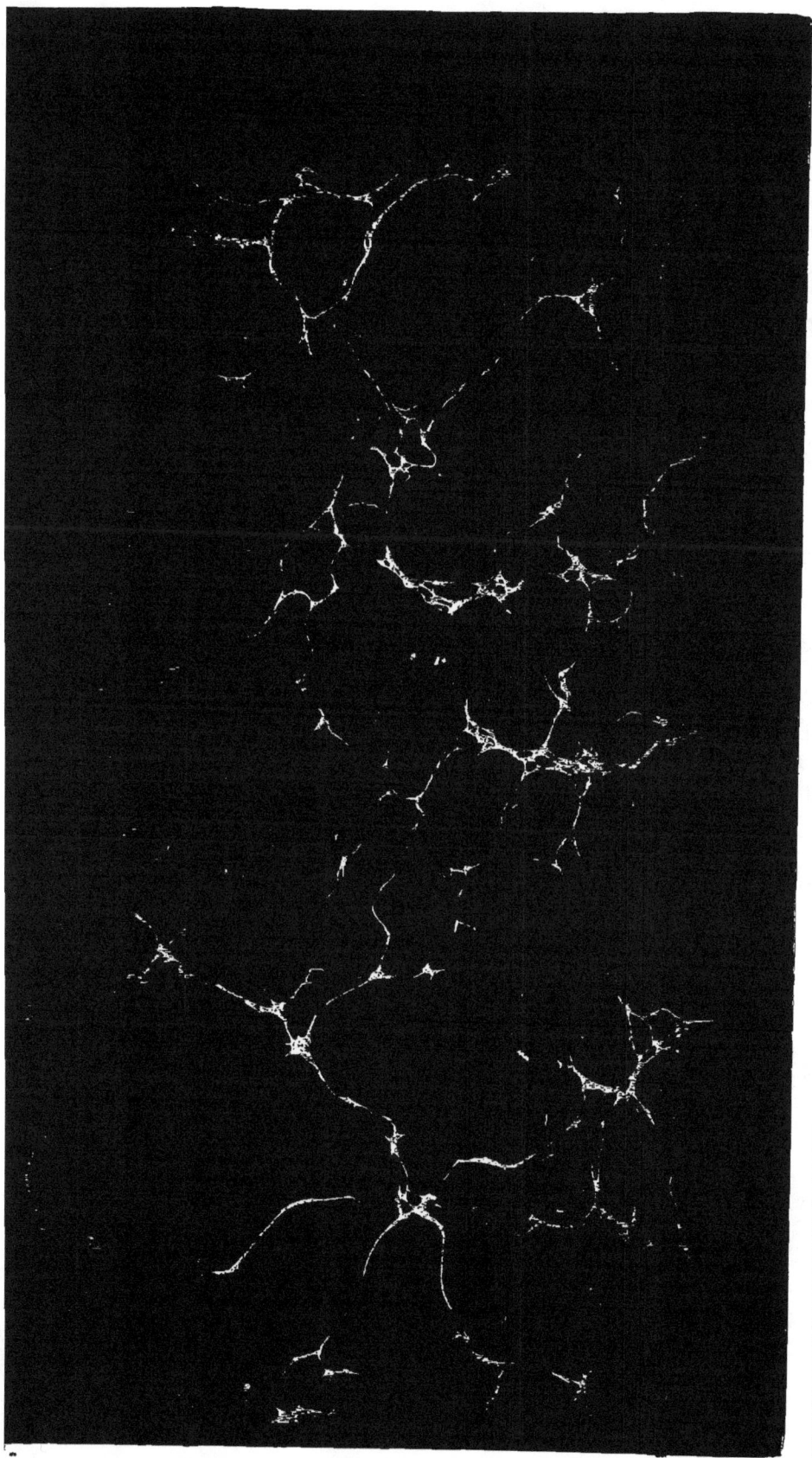